KB192947

SEMICONDUCTOR DEVICE ENGINEERING

반도체 입문부터 PN 다이오드

반도체 소자공학 1

김경생 저

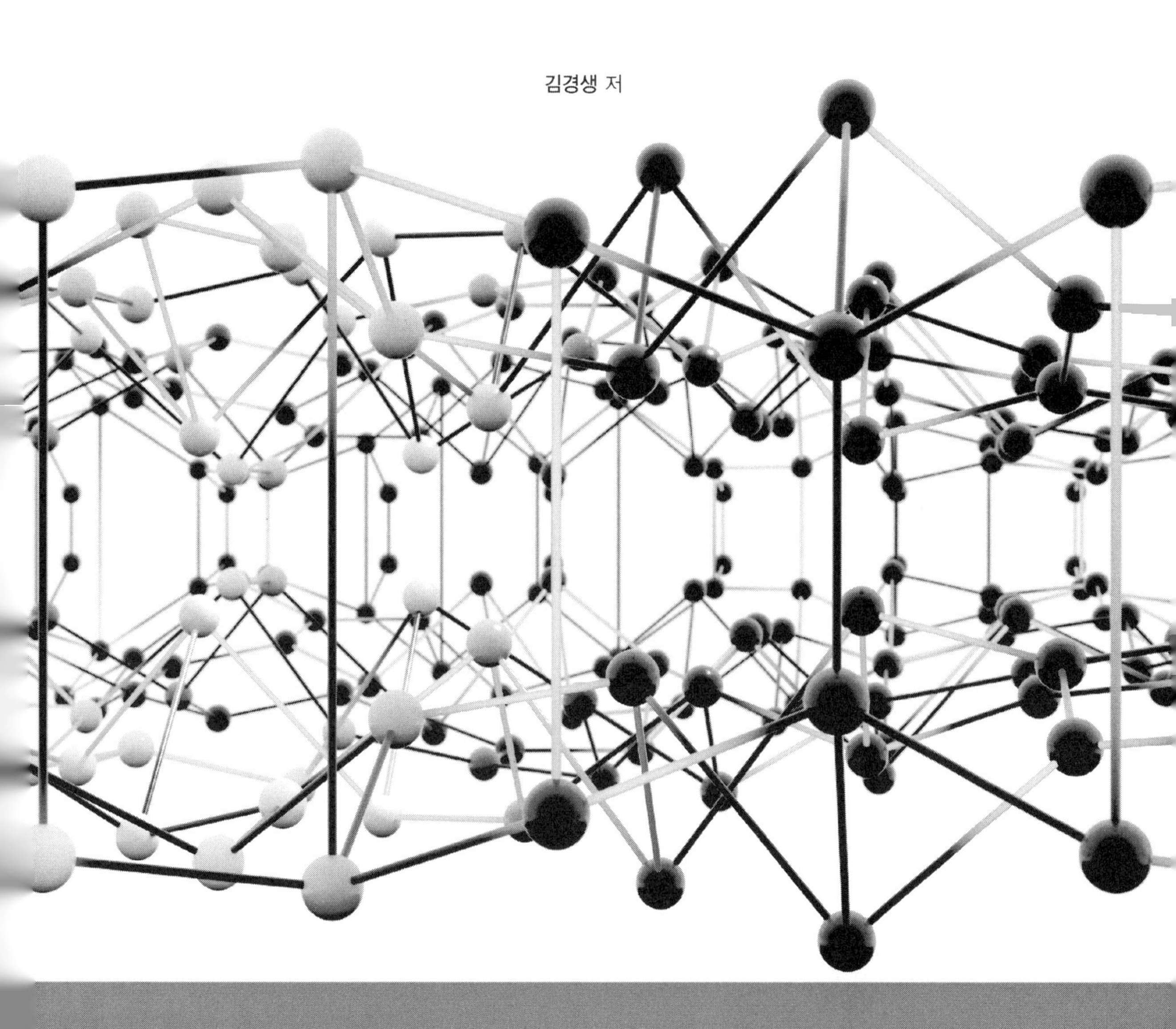

반도체는 현대 기술의 심장이자, 모든 전자기기의 기반을 이루는 핵심 분야입니다. 그러나 반도체를 처음 접하는 학생들에게는 이 방대한 학문은 때로 어렵고 복잡하게 느껴질 수 있습니다. 이 책은 이러한 장벽을 낮추며, 반도체 공학의 기초부터 차근차근 이해할 수 있도록 설계되었습니다.

저자는 수십 년간 반도체 산업 현장에서 연구와 개발에 매진하며 실무적 통찰을 쌓아왔으며, 이후 교육자로서 반도체 인재 양성에 전념해 왔습니다. 산업 현장에서 얻은 실질적인 경험과 학교에서의 체계적인 교육 방식을 결합하여, 기초를 탄탄히 다지는 동시에 창의력을 발휘할 수 있는 실무형 인재를 양성하는 것이 본인의 교육 철학입니다.

이 책은 한 학기 동안 학생들이 반도체 공학의 출발점에서 확고한 기초를 다질 수 있도록 기획되었습니다. 어려운 개념을 최대한 쉽게 풀어 설명하고, 실무와 연계된 예제를 통해 학습 효과를 극대화하고자 했습니다. 특히, 반도체 소자의 기본 원리부터 PN 다이오드까지 다룸으로써, 반도체 분야의 전반적인 틀을 이해하고 회로와 공정 실무에 적용할 수 있는 기반을 마련하는 데 초점을 맞추었습니다.

책은 매주 한 개의 장을 학습할 수 있도록 총 12개의 장으로 구성되어 있으며, 다음과 같은 주요 내용을 포함합니다:

1. 반도체 물질과 단결정 구조, 격자 상수와 밀러 지수
2. 반도체 물리량과 고전적 관점에서의 양자화
3. 슈뢰딩거 방정식과 양자역학의 기초
4. 에너지 밴드와 $E-k$ 다이어그램, 직접 및 간접 밴드갭 반도체

5. 페르미-디랙 분포 함수와 진성 반도체의 특성
6. 불순물 반도체, n형 및 p형 반도체의 형성과 특성
7. 반도체 내 전하의 운동: 드리프트와 확산
8. 비평형 상태에서의 과잉 전하와 평형 복귀
9. PN 접합의 열평형 상태와 에너지 밴드 구조
10. PN 접합에 외부 전압이 인가될 때의 물리적 변화
11. PN 다이오드의 이상적 및 비이상적 특성
12. PN 접합의 응용 사례와 다양한 전자 소자의 동작 원리

다양한 인재 양성 프로그램을 통해 학생들과 함께하며, 저는 기본기의 중요성을 깊이 깨달았습니다. 탄탄한 기초는 응용 능력을 배양하며 창의적 문제 해결 능력을 키우는 기반이 됩니다. 이 책 또한 이러한 철학을 반영하여 기초와 응용의 균형을 이루는 데 중점을 두었습니다.

이 책이 반도체 공학의 문턱을 낮추어, 학생들에게 친근한 길잡이가 되기를 바랍니다. 또한, 교육 현장에서 유용한 교재로 활용되기를 기대하며, 반도체 공학의 세계로 나아가는 첫걸음에 든든한 동반자가 되기를 희망합니다.

2025년, 청주에서

저자

CONTENTS
목차

CHAPTER 01_
물질과 입자

CHAPTER 02_
반도체 물리량과 고전적(뉴턴) 관점에서의 양자화

CHAPTER 03_

슈뢰딩거(Schrödinger)의 파동방정식과 양자역학

CHAPTER 04_

결정에서의 양자역학과 에너지밴드화

CHAPTER 05_

진성 반도체와 페르미-디랙 분포 함수

CHAPTER 06_

불순물 반도체

CHAPTER 07_

반도체에서 전하의 운동

CHAPTER 08_

비평형 상태의 과잉 전하의 농도와 평형 상태 복귀

CHAPTER 09_

열평형 상태에서의 PN 접합

CHAPTER 10_

외부 전압과 PN 접합

CHAPTER 11_

외부 전압과 PN다이오드

CHAPTER 12_
PN다이오드의 비이상적 특성과 PN 접합 응용

CHAPTER

01

물질과 입자

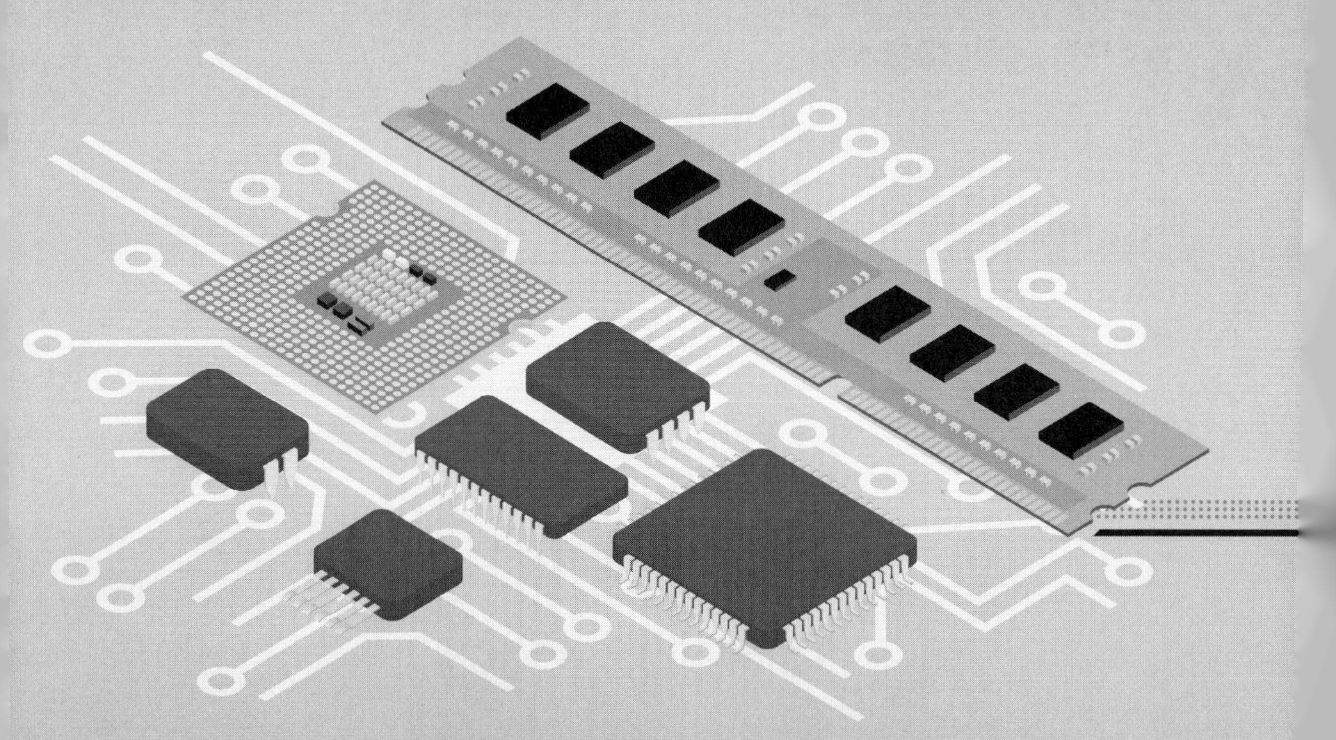

- UNIT GOALS

본 장에서는 반도체의 중요한 개념인 단결정을 이해하고, 단결정의 표현 방법인 격자 상수와 밀러 지수, 실리콘의 결정구조, 그리고 도체, 반도체 및 부도체의 기본 개념을 살펴본다.

1.1 물질의 구성요소

우리에게 친숙한 물질은 질량과 부피를 가지며, 입자로 구성되어 있다. 물질은 분자(Molecule)라는 입자로 이루어져 있으며, 분자는 원자(Atom)로, 원자는 원자핵(Atomic nucleus)과 전자로 구성된다. 물론 원자핵은 양성자(Proton)와 중성자(Neutron)로 이루어져 있으며 양성자와 중성자를 구성하는 입자에 대한 연구도 계속 진행되고 있다.

반도체 소자는 미시 세계에서 동작하므로, 거시 세계의 특성에 익숙한 우리에게는 반도체 소자의 특성이 익숙하지 않다. 따라서, 반도체 소자를 응용하려면, 원자핵과 전자로 이루어지는 미시 세계, 즉 원자에 대한 이해가 필요하다. 이를 위해 미시 세계에서의 입자 특성을 양자역학적 관점에서 기술하고 살펴본다.

분자(Molecule)는 물질의 성질을 유지하는 최소 기본 단위이며, 더 이상 물질의 고유 성질을 갖지 않는 원자 (Atom)로 분해할 수 있다. 이러한 원자는 자연 상태에서 발견되고 실험실에서 만들어질 수 있으며, 현재까지 118 개의 원자가 알려졌다.

예를 들어, 화학식 H_2O 로 표현되는 물은 물분자로 구성되어 있으며, 물분자는 물의 성질을 지니지 않는 두 개의 수소(H) 원자와 하나의 산소(O) 원자로 구성된다. 118 개의 원자는 원자번호(Atomic number)에 따라 구분되며, 각 원자는 원자번호와 동일 크기의 양전하를 가진 원자핵(Atomic nucleus)과 동일한 음전하를 가진 전자(Electron)로 구성되어 전기적으로 중성을 띤다.

[그림 1-1] 물질을 구성하는 요소

입자인 전자, 양성자, 그리고 중성자의 질량과 전하량은 [표 1-1]과 같다. 양성자의 질량은 전자 질량의 약 1,836 배로, 원자 질량의 대부분은 원자핵의 질량임을 알 수 있다.

일정한 질량과 크기를 가지는 실제 입자인 원자와 달리, 성질이 동일한 원자의 집합을 추상화한 개념인 원소(Element)를 사용하여 물질의 특성을 나타내기도 한다.

[표 1-1] 전자, 양성자, 그리고 중성자의 전하량과 정지 질량

		전하량	정지질량
전자 (Electron)		$-1.602 \times 10^{-19}C$	$9.109 \times 10^{-31}\text{kg}$
원자핵	양성자 (Proton)	$+1.602 \times 10^{-19}C$	$1.673 \times 10^{-27}\text{kg}$
	중성자 (Neutron)	중성	$1.675 \times 10^{-27}\text{kg}$

1.2 물질을 이루는 결합방식

원자들은 상호작용하여 결합함으로써 물질을 형성하며, 이러한 결합 방식에는 이온결합, 공유결합, 금속결합 등이 있다.

이온결합(Ionic bonding)

주로 금속과 비금속 사이에서 일어나는 결합이다. 하나의 원자가 다른 원자에 전자를 주거나 받음으로써 양이온과 음이온이 되어 정전기적 힘에 의해 결합하는 강한 결합이다. 이러한 이온결합을 가진 물질은 고체 상태에서는 부도체이지만, 용융 상태나 물에 녹아 있는 상태에서는 전기 전도성을 나타낸다.

반도체에서는 전자를 제거하거나 추가하는 데 필요한 에너지를 이온화 에너지와 전자 친화도로 표현한다.

이온화 에너지(Ionization energy)

가장 낮은 에너지 상태인 바닥 상태(기저 상태, Ground state)에 있는 중성의 원자로부터 한 개의 전자를 제거하는 데 필요한 최소 에너지를 의미한다. 이온화 에너지가 낮으면 전자를 쉽게 잃어 양이온이 되기 쉽다.

원자 + 에너지 → 원자$^+$ + e^-

전자 친화도(Electron affinity)

기체 상태의 중성 원자가 전자 하나를 얻어 1 가 음이온이 될 때 방출되는 에너지를 의미한다. 전자 친화도는 일반적으로 음의 값을 가지며, 절대값이 클수록 원자는 전자를 더 쉽게 얻는 경향을 보인다.

원자 + e^- → 원자$^-$ + 에너지

공유결합(Covalent bonding)

비금속 원자들 사이에서 전자쌍을 공유하여 형성되는 강한 결합이다. 이러한 결합을 가진 물질은 일반적으로 전기 전도성이 낮지만, 흑연과 같이 예외적으로 전기 전도성이 높은 물질도 존재한다. 반도체 소재로는 실리콘(Si), 탄소(C), 게르마늄(Ge) 등의 원소 반도체와 GaAs, InP, GaN 등의 화합물 반도체가 있다.

금속결합(Metallic Bonding)

금속원자들 사이에서 일어나는 결합이다. 금속결합에서는 금속 원자들이 전자를 잃어 양이온이 되고, 이 양이온들은 자유 전자와의 정전기적 인력에 의해 결합을 유지한다. 이러한 자유 전자들은 금속 내를 자유롭게 이동하며, 일반적으로 금속 결합을 가진 물질은 높은 전기 전도성을 가진다.

1.3 물질의 분류

물질은 일반적으로 질량과 부피를 가지며, 다양한 기준에 따라 분류할 수 있다. 대표적인 기준으로는 상태, 전기 전도성, 그리고 입자 배열의 규칙성이 있다.

(1) 상태에 따른 분류

물질은 고체, 액체, 기체의 세 가지 상태로 나눌 수 있다. 이는 물질의 온도와 압력 조건에 따라 결정되며, 물질의 거시적인 성질을 나타낸다.

(2) 전기 전도도에 따른 분류

물질의 전기 전도도(또는 전기 전도율)는 매우 다양한 값을 가진다. 예를 들어, 은(Ag)은 약 6.3×10^7 $[\Omega^{-1}m^{-1}]$의 높은 전기 전도도를 가지나, 석영(SiO_2)의 전기 전도도는 $10^{-17}[\Omega^{-1}m^{-1}]$ 수준으로 매우 낮은 값을 보인다.

이러한 전기 전도도 값을 기준으로 물질은 다음과 같이 분류된다.

- 도체: 전기 전도도가 높고 자유전자가 많아 전류가 잘 흐른다.(예: 은, 구리)
- 절연체(부도체): 전기 전도도가 매우 낮아 전류가 거의 흐르지 않는다.(예: 석영, 유리)

- 반도체: 도체와 절연체의 중간 특성을 가지며 전기 전도도가 외부 조건(온도, 빛 등)에 따라 변하는 물질이다.(예: 실리콘, 게르마늄).

이러한 도체, 절연체, 반도체의 분류는 밴드갭 에너지(E_g)와 밀접하게 관련이 있다. 밴드갭 에너지는 전도대와 가전자대 사이의 에너지 차이를 의미한다.

- 도체: 밴드갭이 거의 없으며, 전도대와 가전자대가 겹쳐져 있거나 매우 가까워 전자가 쉽게 이동할 수 있다.
- 절연체(부도체): 큰 밴드갭을 가지며, 전자가 전도대로 쉽게 이동할 수 없다.
- 반도체: 적당한 크기의 밴드갭을 가지며, 열이나 빛 에너지에 의해 전자가 전도대로 이동할 수 있다.

[표 1-2] 다양한 물질의 전기 전도도

단위 $[\Omega^{-1}m^{-1}]$

물질	전기전도도	물질	전기전도도
은 (Ag)	6.3×10^7	실리콘 (Si)	$\sim 4 \times 10^{-4}$
구리 (Cu)	5.9×10^7	증류수 (H_2O)	$\sim 10^4$
금 (Au)	4.1×10^7	유리 (SiO_4)	$\sim 10^{-12}$
알루미늄 (Al)	3.5×10^7	딱딱한 고무	$\sim 10^{-15}$
탄소 (C)	$\sim 3 \times 10^5$	석영 (SiO_2)	$\sim 10^{-17}$

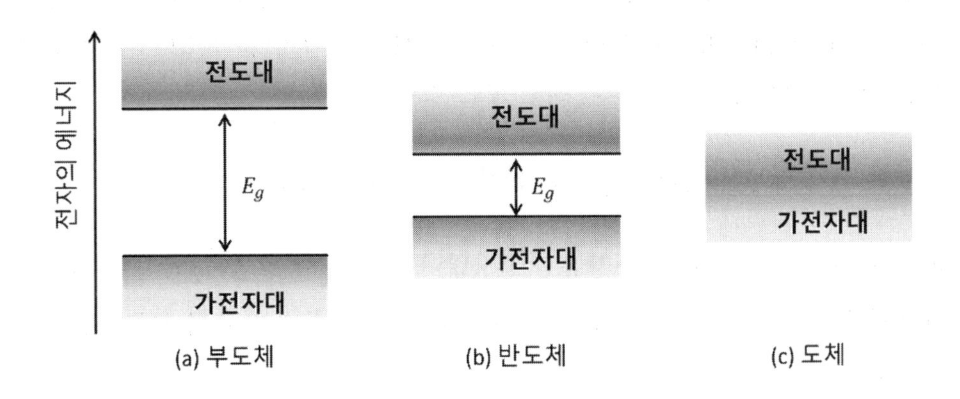

[그림 1-2] 밴드갭 에너지 관점에서의 부도체, 반도체 및 도체

(3) 입자 배열의 규칙성에 따른 분류

물질은 원자 배열의 규칙성에 따라 단결정(Single crystal), 다결정(Polycrystal) 그리고 비정질(Amorphous)으로 분류할 수 있다.

- 단결정: 물질 전체가 하나의 규칙적인 원자 배열을 가지는 구조로, 반도체 웨이퍼나 LED 소자의 기판 등에 주로 사용된다.
- 다결정: 여러 개의 작은 단결정이 모여 이루어진 구조이다. 다결정 내 작은 단결정을 그레인(Grain)이라 부르며, 그레인 간의 경계로 인해 단결정과는 다른 전기적 특성을 나타낸다.
- 비정질: 규칙적인 배열이 없는 구조로, 유리나 비정질 실리콘 등이 이에 속한다. 비정질 실리콘은 주로 박막 형태로 사용되며, CVD 나 PVD 방식으로 박막을 형성한다.

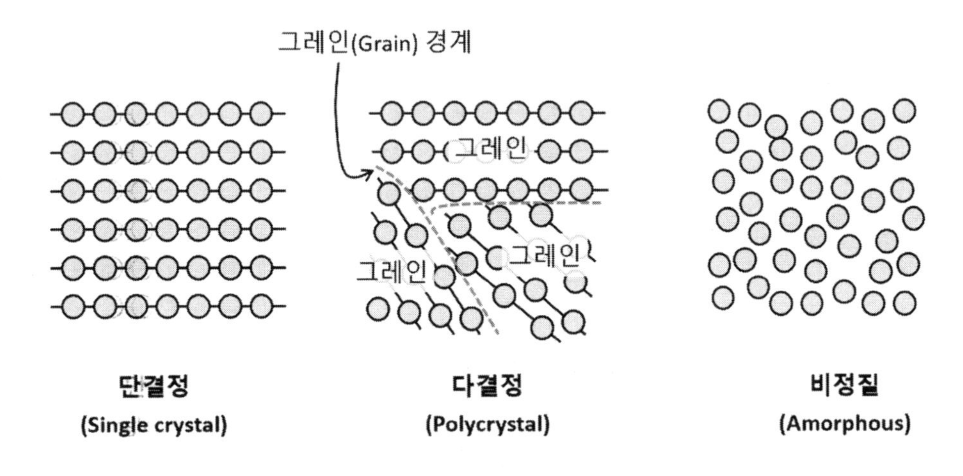

[그림 1-3] 단결정, 다결정, 무정형 결정의 개념

1.4 단결정의 표현 방법

물질을 구성하고 있는 특정 단위가 일정한 규칙에 의해 반복되는 규칙적인 배열을 결정격자(Crystal lattice)라 하며, 이를 격자점(Lattice point), 단위셀(Unit cell) 그리고 밀러 지수(Miller indices) 등으로 표현할 수 있다.

결정격자(Crystal lattice)와 단위셀(Unit cell)

단결정은 규칙적인 배열에 의해 구성되어 있으므로, 크기가 커져도 동일한 패턴을 유지한다. 예를 들어, [그림 1-4]의 결정구조가 x, y, z 축 방향으로 2 배 확장되더라도, 배열 패턴은 그대로 유지된다. 이러한 결정격자에서 규칙적으로 반복되는 점을 격자점이라고 하며, 이는 원자, 원자단, 분자, 이온 등 다양한 구성 단위로 나타날 수 있다.

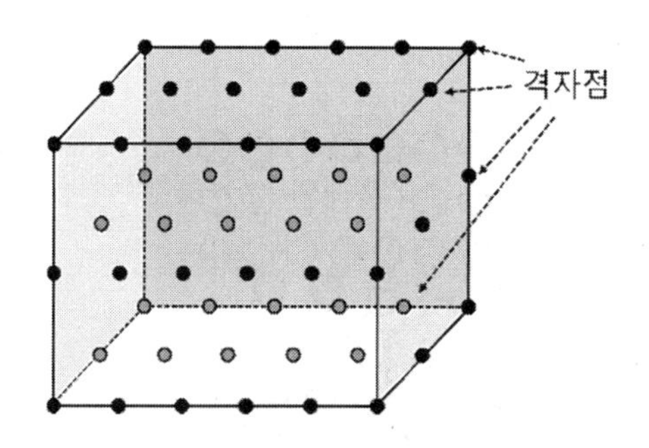

[그림 1-4] 간단한 3 차원 단결정의 예

결정격자는 단위셀(Unit cell), 기저 벡터(Basis vector) 그리고 단위셀에 있는 유효 원자의 개수(Effective number of atoms)로 설명할 수 있다. 단위셀은 결정을 구성하는 기본 단위로, 이 안에 포함된 원자의 개수로 부피 밀도(Volume density)가 정의된다. 또한, 격자점과 격자점 사이의 거리는 격자 상수(Lattice constant)라고 하며, 이 값은 보통 $[\text{Å}, \text{옹스트롬}]$단위로 표시되며, 1Å은 $10^{-10}m$ 또는 $10^{-8}cm$ 에 해당한다. 단위셀은 [그림 1-5]처럼 선형 독립적인 벡터로 정의되며, 이러한 벡터를 기저 벡터(Basis vector)라고 한다. 기저 벡터로 구성되는 수많은 단위셀 중에서 부피 밀도가 1 인 단위셀을 기본셀(Primitive cell)이라 한다.

기저 벡터와 기본셀

[그림 1-5]의 결정격자에서 나타나는 여러 단위셀 중에서 3 개의 a, b, c 단위셀을 음영으로 표현하였다. 단위셀 a는 기저 벡터(a_1, a_2)로 구성되고, 단위셀 b는 기저 벡터(b_1, b_2)로, 단위셀 c는 기저 벡터(c_1, c_2)로 구성된다. 이러한 단위셀 a, b, c를 반복하면, 2 차원 격자 구조인 [그림 1-5]가 형성된다. 단위셀 a는 $|a_1|$ 크기의 격자 상수와 $\widehat{a_1}$방향, $|a_2|$ 크기의 격자 상수와 $\widehat{a_2}$ 방향으로 정의된다.

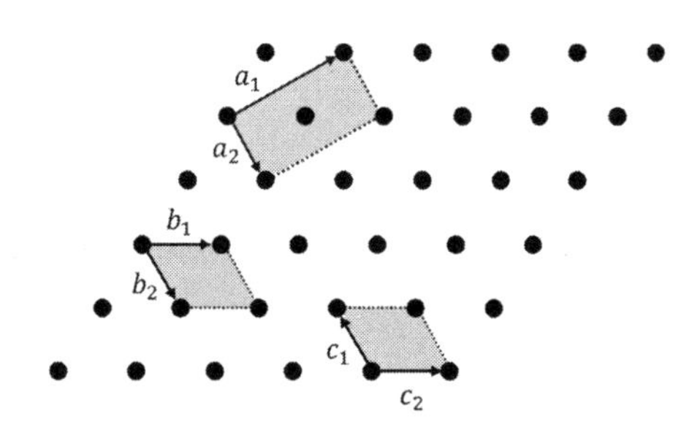

[그림 1-5] 간단한 2 차원 결정격자와 여러가지 단위셀

2 차원 단위셀 a의 기저 벡터(a_1, a_2)를 확장한 결정구조가 [그림 1-6]에 표현되었다. 그림에서 단위셀 a 가 4 번 반복된 배열이 음영으로 표시되었으며, 단위셀의 각 모서리에 위치한 격자점은 인접한 4 개의 단위셀에 의하여 공유된다.

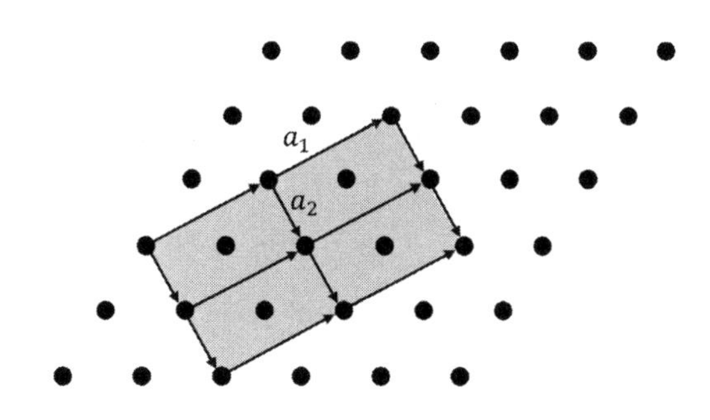

[그림 1-6] 단위셀 $a(a_1, a_2)$의 확장과 격자점 공유

[표 1-3]은 간단한 2 차원 단결정에서 a, b, c 단위셀의 유효 원자수(격자점의 개수)와 기본셀 여부를 나타낸다. 예를 들어, 단위셀 a에서는 각 격자점이 인접한 4 개의 단위셀과 공유되므로 각 격자점은 1/4 씩 단위셀 a 에 해당한다. 내부에 별도로 1 개의 격자점이 있으므로 총 유효 원자는 $4 \times (1/4) + 1$로 총 2 개가 된다.

[표 1-3] 간단한 2 차원 격자 결정의 단위셀 특성

Unit Cell	Effective number of atom	Primitive Cell
a	2	No
b	1	Yes
c	1	Yes

격자 에너지와 포논(Phonon)

고체 내부의 격자는 고정된 상태로 존재하지 않으며, 격자점에 위치한 원자들은 열에너지를 흡수하여 끊임없이 진동한다. 이러한 진동은 고전적인 물리학만으로는 설명할 수 없으며, 양자역학적으로 해석되어 특정 에너지를 가진 양자화된 상태로 표현된다. 이를 포논(Phonon)이라는 준입자의 개념으로 설명한다.

포논은 고체의 격자 진동 모드를 나타내는 양자적 개념으로, 전자가 고체 내부를 이동할 때 포논과 충돌하거나 상호작용하면 전자의 이동 속도가 감소하고, 그 결과 전기 저항이 발생하는 등 전기적 특성을 설명한다. 또한, 포논은 열에너지 전달의 주요 매개체로서, 물질의 열전도도와 열팽창 계수를 결정하는 데 중요한 역할을 한다.

더 나아가, 포논은 광자(Photon)와 상호작용하여 격자 구조 분석에 활용되며, 격자 결함을 포함한 다양한 물리적 특성을 측정하고 분석하는 데 응용된다.

간단한 3 차원 결정구조인 단순입방, 체심입방 및 면심입방 구조

각 기저 벡터의 크기가 a인 간단한 3 차원 결정구조에는 단순입방(Simple cubic, SC) 구조, 체심입방(Body-centered cubic, BCC) 구조, 그리고 면심입방(Face-centered cubic, FCC) 구조가 있다.

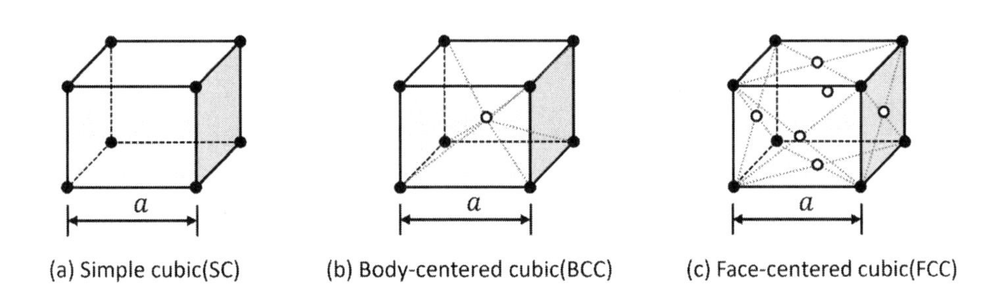

[그림 1-7] 간단한 3 차원 단결정의 예 (SC, BCC 그리고 FCC)

우선, 단순입방 구조의 그림 [1-7(a)]를 확장하여, 임의의 격자점을 중심으로 배치하면 [그림 1-8]과 같은 구조를 얻을 수 있다.

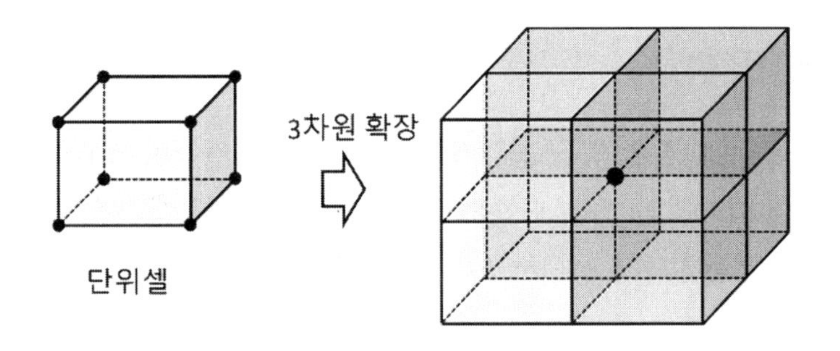

[그림 1-8] 격자점을 위주로 단순입방(SC) 구조를 연장한 배열과 격자점 공유

[그림 1-8]을 살펴보면, 각 격자점은 아래층의 4 개 단위셀과 위층의 4 개 단위셀에 의해 공유된다. 따라서 단위셀은 각 격자점을 1/8 만큼 점유하게 된다. 단순입방 구조의 단위셀에는 총 8 개의 격자점이 존재하며, 각 격자점은 1/8 씩 점유되므로 단위셀 안에 포함된 격자점(원자)의 총 개수는 다음과 같이 계산된다.

$$\text{단위셀 내 격자점의 수} = 8 \times \frac{1}{8} = 1 \qquad (\text{식 } 1.1)$$

단순입방 구조(SC)

단순입방 구조는 결정구조의 각 모서리에 격자점이 위치하며, 격자 사이의 거리는 격자 상수 a 이다. 따라서 단위셀의 부피는 a^3이며, 단위셀 내 격자점의 수는 1 개가 된다. 이로 인해 부피 밀도(Volume density)는 $1/a^3$으로 정의된다. 여기서 부피 밀도란 단위셀 부피당 단위셀 내 존재하는 격자점의 수를 의미한다.

$$\text{부피 밀도(Volume density)} = \frac{\text{단위셀 내 격자점의 수}}{\text{단위셀 부피}} = \frac{1}{a^3} \qquad (\text{식 } 1.2)$$

체심입방 구조(BCC)

체심입방 구조는 단순입방 구조에서 부피 중심에 격자점이 추가된 형태로, 단위셀 내의 격자점의 수는 2 가 된다. 격자 상수가 a 이므로 단위셀의 부피는 a^3이며, 이에 따라 부피 밀도는 $2/a^3$이 된다.

면심입방 구조(FCC)

면심입방 구조는 단순입방 구조의 6 개면 중심에 격자점이 1 개씩 추가된 형태이다. 단위셀 내의 격자점의 수는 단순입방 구조의 격자점 1 개와 6 개의 면 중심 격자점이 각각 1/2 씩 공유되어 총$(1 + 1/2 \times 6) = 4$개의 격자점이 된다. 단위셀의 부피는 a^3이므로 부피 밀도는 $4/a^3$이 된다.

[표 1-4] 단순입방, 체심입방, 면심입방 구조의 부피 밀도

	Simple cubic (SC)	Body-centered cubic (BCC)	Face-centered cubic (FCC)
Volume density	$\frac{1}{a^3}$	$\frac{2}{a^3}$	$\frac{4}{a^3}$

밀러 지수(Miller index)

밀러 지수(Miller index)는 3 차원 격자구조에서 결정면을 지정하기 위해 사용된다. 이는 결정면의 방향성과 위치를 정량적으로 표현하는 방법으로, [그림 1-9]에 다양한 예시가 제시되어 있다.

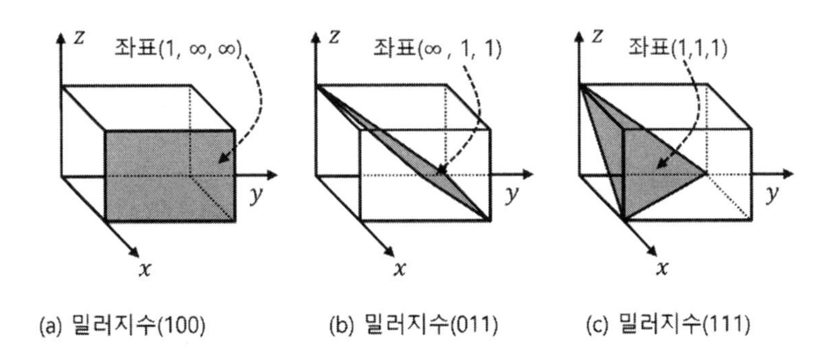

[그림 1-9] 격자의 다양한 면에서의 밀러 지수

3 차원 좌표 (1, ∞, ∞)로 이루어진 결정면의 밀러 지수는 다음 단계를 통해 구할 수 있다.

[1] 결정면의 좌표값 확인: (1, ∞, ∞)

결정면의 3 차원 좌표값을 구한다. 결정면이 축과 평행하면 좌표를 ∞로 표시한다.

[2] 좌표값을 정수로 변환: (1, ∞, ∞) (정수이므로 배수하지 않는다.)

좌표값의 정수를 확인한다. 정수가 아닌 경우, 좌표값을 배수하여 정수로 만든다.

[3] 좌표값의 역수 계산: (1, 0, 0)

각 좌표값의 역수를 구한다. ∞의 역수는 0 으로 취급한다.

[4] 정수 변환: (1, 0, 0) (이미 정수이므로 변환하지 않는다.)

역수를 계산한 결과가 정수가 아닌 경우, 최소공배수를 곱하여 정수로 변환한다.

[5] 밀러 지수 표현: (100)

최종적으로 쉼표 없이 좌표값을 나열한 뒤 괄호로 묶어 밀러 지수를 표현한다.

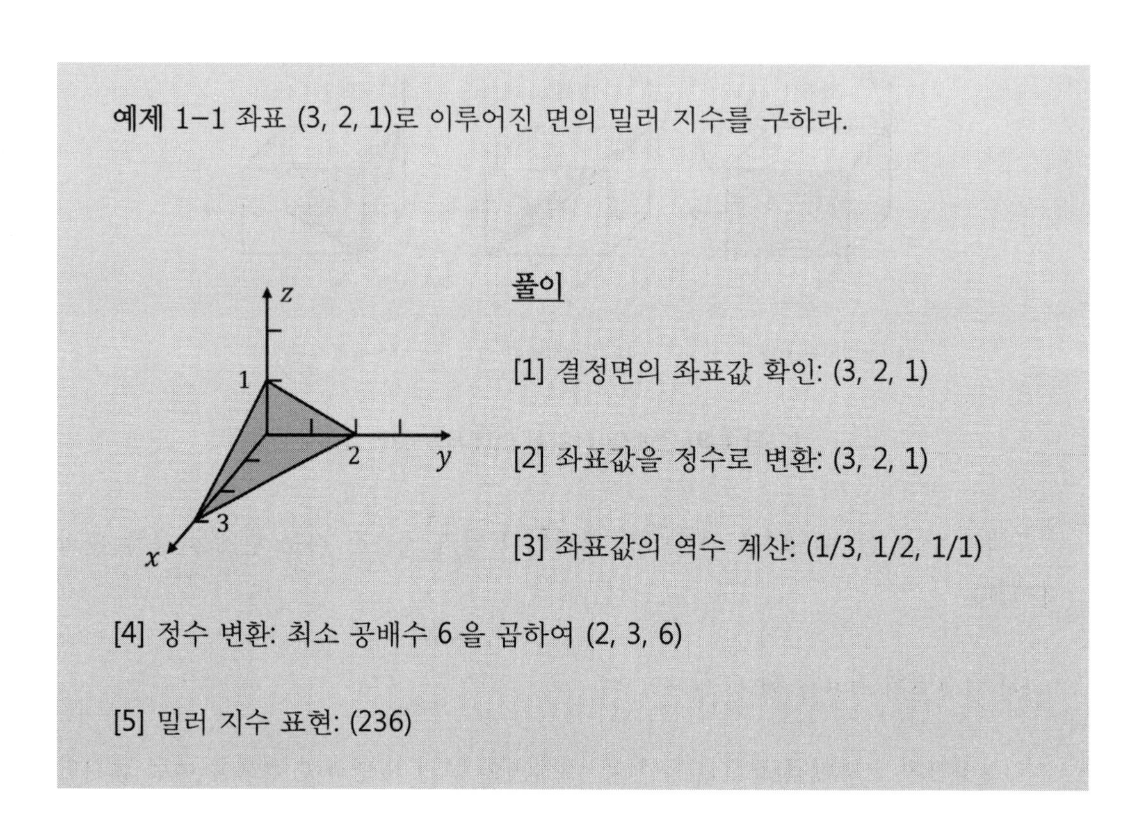

예제 1-1 좌표 (3, 2, 1)로 이루어진 면의 밀러 지수를 구하라.

<u>풀이</u>

[1] 결정면의 좌표값 확인: (3, 2, 1)

[2] 좌표값을 정수로 변환: (3, 2, 1)

[3] 좌표값의 역수 계산: (1/3, 1/2, 1/1)

[4] 정수 변환: 최소 공배수 6 을 곱하여 (2, 3, 6)

[5] 밀러 지수 표현: (236)

현재 많이 사용되고 있는 실리콘 웨이퍼의 결정면을 밀러 지수를 이용해 표현하면 [그림 1-10]과 같다. 일반적으로 실리콘 IC 는 밀러 지수 (100) 면 위에서 제조되며 웨이퍼의 평탄면은 (011)임을 알 수 있다.

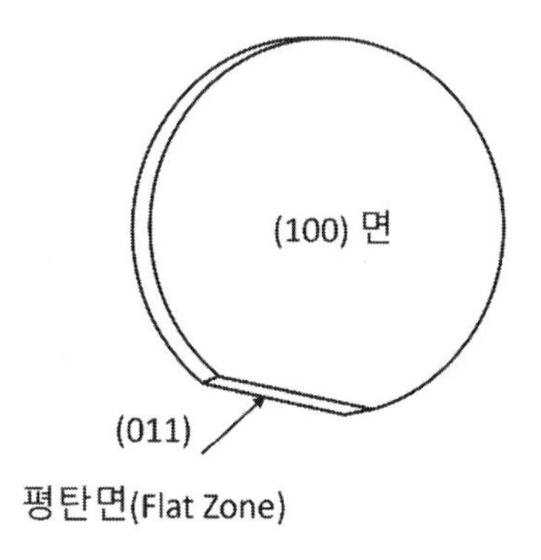

[그림 1-10] 실리콘(Si) 웨이퍼의 (100)과 (011) 결정면

1.5 **실리콘의 결정구조**

반도체 소자를 제조하는 여러 물질 중에서 실리콘(Si)은 가장 널리 사용되고 있다. 실리콘 단결정은 다이아몬드 구조(Diamond Structure)를 가지며, 격자 상수는 5.43Å 이다. 이 구조는 [그림 1-11]에 나타나 있다. 실리콘 외에도, 게르마늄(Ge)과 같은 일부 물질이 동일한 다이아몬드 구조를 가진다.

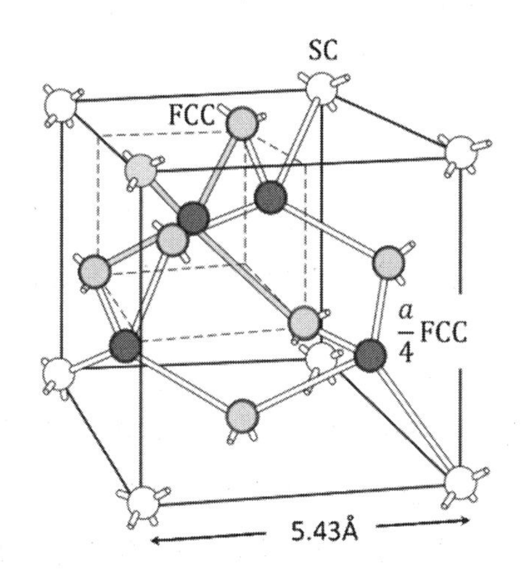

[그림 1-11] 실리콘(Si)의 결정구조(다이아몬드 구조)와 격자 상수

다이아몬드 구조의 특징

다이아몬드 구조는 면심입방(FCC) 격자에 추가적인 원자가 특정 위치에 배치된 형태로 구성되어 있다. 면심입방 격자의 8 개 모서리에 있는 격자점은 [그림 1-11]에서 빈 원형 표시로 나타나 있다.

또한, 면심입방 격자의 6 개 면 중심에 있는 격자점은 [그림 1-11]에서 회색의 원으로 표시되었다. 추가된 원자는 기존 격자점에서 x, y, z 축 방향으로 각각 $a/4$ 씩 이동한 위치에 배치되며, 이러한 4 개의 격자점은 [그림 1-11]에서 검은 원으로 표시되어 있다.

부피 밀도 계산

다이아몬드 구조의 단위셀에는 총 8 개의 원자가 있으므로, 부피 밀도는 $8a^{-3}$이 된다. 따라서, 격자 상수가 5.43Å 인 실리콘의 부피 밀도는 $5 \times 10^{22} cm^{-3}$이다.

$$\text{다이아몬드 구조의 부피 밀도} = \frac{\left(\frac{1}{8}\right) \times 8 + \left(\frac{1}{2}\right) \times 6 + 4}{a^3} = \frac{8}{a^3} \quad (\text{식 } 1.3)$$

$$\text{Si 의 부피 밀도} = \frac{8}{a^3} = \frac{8}{\left(5.43\text{Å}\right)^3} = \frac{8}{(5.43 \times 10^{-8} cm)^3} = 5 \times 10^{22} cm^{-3} \quad (\text{식 } 1.4)$$

단위셀과 기본셀

다이아몬드 구조의 실리콘 결정에서, [그림 1-11]의 점선으로 표시된 셀은 단위셀의 1/8 크기로 이루어진 기본셀(Primitive cell)이며, 기본셀 내에서 각 격자 사이의 길이는 (a/4)가 된다.

[그림 1-11]의 기본셀(Primitive cell)을 기반으로 4 개의 가전자(Valence electron)를 가진 14 족 원소인 실리콘 결정을 [그림 1-12]에 표현하였다. 이 그림에서 각 실리콘 원자는 가장 가까운 4 개의 실리콘 원자와 (a/4) 만큼 떨어져 있음을 확인할 수 있다. 이러한 사면체 구조는 실리콘의 결정구조에서 중요한 특징 중 하나가 된다.

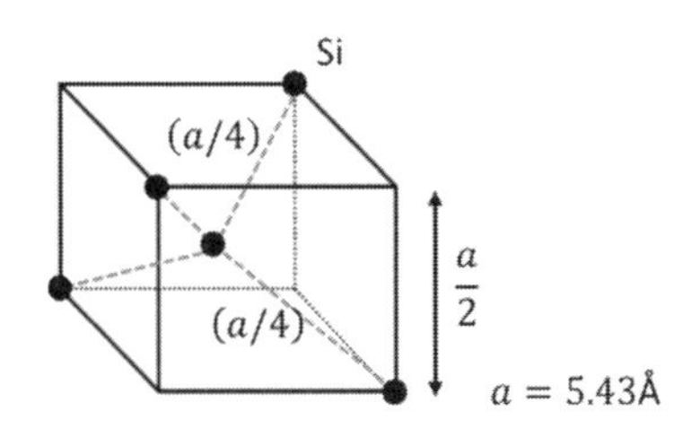

[그림 1-12] 실리콘 결정의 기본셀과 최인접 격자점(원자)

2 차원 모형과 공유결합

3 차원 기본셀로 표현된 실리콘 결정([그림 1-12])보다 [그림 1-13]에 나타난 2 차원 모형이 구조를 직관적으로 이해하는 데 더 유리하다.

이 모형에서 실리콘 원자는 각각 4 개의 가전자를 가지고 있으며, 주변의 4 개 실리콘 원자와 1 개의 전자를 공유한다. 이 과정에서 실리콘 원자는 공유결합을 통해 8 개의 전자를 가지는 안정된 구조를 형성한다. 이러한 공유결합은 실리콘 결정의 기계적 강도와 전기적 특성을 결정짓는 중요한 요인이다.

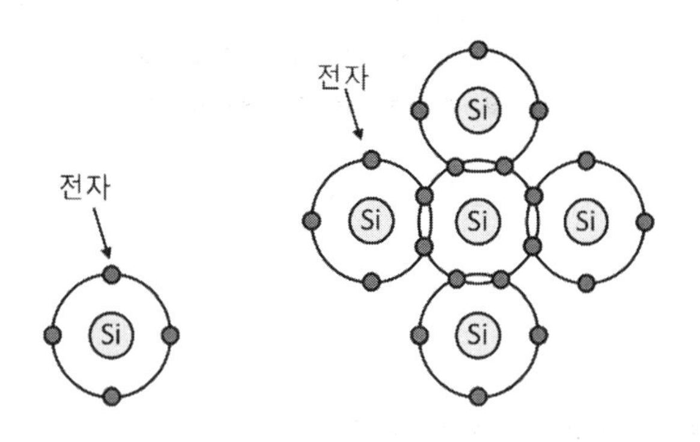

[그림 1-13] 단일 실리콘(Si) 가전자와 실리콘 2 차원 결정구조에서의 공유결합

결함과 불순물

결정 내에서 원자 배열이 완벽하지 않은 경우, 이를 결함(Defect)이라고 한다. 결

함은 일반적으로 점(Point) 결함, 선(Line) 결함, 면(Surface) 결함으로 분류된다. 이러한 결함은 반도체의 물리적, 전기적 특성에 영향을 미칠 수 있다.

특히, 결함은 특정 조건에서 반도체 특성을 변화시키며, 도핑(Doping)과 같은 공정을 통해 결함의 성질을 유리하게 활용할 수 있다. 그러나 예기치 않은 결함은 반도체의 성능 저하를 초래할 수 있다.

결함의 주요 유형으로는 격자 구조에 원자가 없는 빈공간(Vacancy), 격자 공간 사이에 추가로 원자가 존재하는 침입형(Interstitial), 원래의 원자가 아닌 다른 원자가 격자 위치에 존재하는 치환형(Substitutional) 그리고 원자의 배열이 추가로 존재하는 1 차원 선 결함인 가장자리 결함(Edge dislocation) 등이 있다.

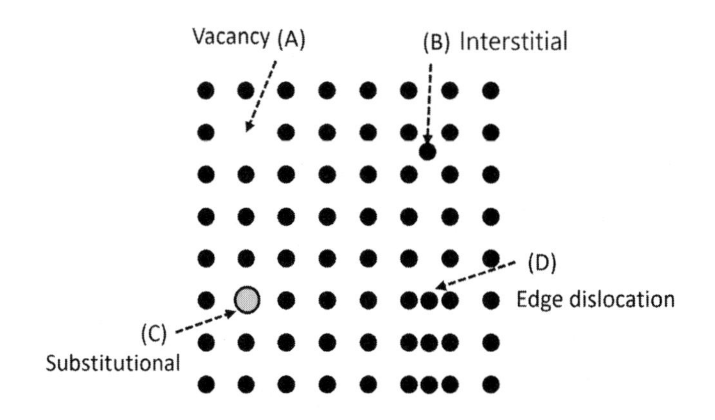

[그림 1-14] 결정 내 존재하는 결함(Defect)

1.6 반도체 구성 성분에 따른 종류

반도체는 구성 성분에 따라 원소 반도체(Elemental semiconductor)와 화합물 반도체(Compound Semiconductor)로 나눌 수 있다. 원소 반도체는 다시 진성 반도체(Intrinsic semiconductor)와 불순물 반도체(Extrinsic Semiconductor, 외인성 반도체)로 나눌 수 있다.

화합물 반도체는 12 족과 16 족, 13 족과 15 족 원소의 조합으로 이루어지며 구성 원소의 수에 따라 2 원소 화합물, 3 원소 화합물, 4 원소 화합물로 나눌 수 있다.

진성 반도체는 불순물이 첨가되지 않은 순수한 반도체로, 일반적으로 14 족 원소인 탄소(C), 실리콘(Si), 게르마늄(Ge) 등이 이에 해당한다. 이러한 진성 반도체는 전자와 정공의 농도가 같다.

불순물 반도체는 진성 반도체에 불순물을 첨가하여 전기적 특성을 변화시킨 것으로, 도핑(doping)을 통해 형성된다. 예를 들어, 실리콘에 15 족 원소를 첨가하면 전자의 농도가 더 높은 n 형 반도체가 되고, 13 족 원소를 첨가하면 정공의 농도가 더 높은 p 형 반도체가 된다.

[표 1-5] 반도체 분류

반도체 종류		예
원소 반도체	진성 반도체	Si, Ge
	불순물 반도체	n형 (Si)반도체, p형 (Si)반도체
화합물 반도체	구성 요소에 따른 분류	12-16족 화합물 반도체: CdS, ZnS
		13-15족 화합물 반도체: GaAs
	구성 원소의 개수에 따른 분류	2원소 화합물 반도체: GaAs, GaN
		3원소 화합물반도체: AlGaAs, InGaN
		4원소 화합물반도체: InGaAsP, InGaAlP

CHAPTER

02

반도체 물리량과 고전적(뉴턴) 관점에서의 양자화

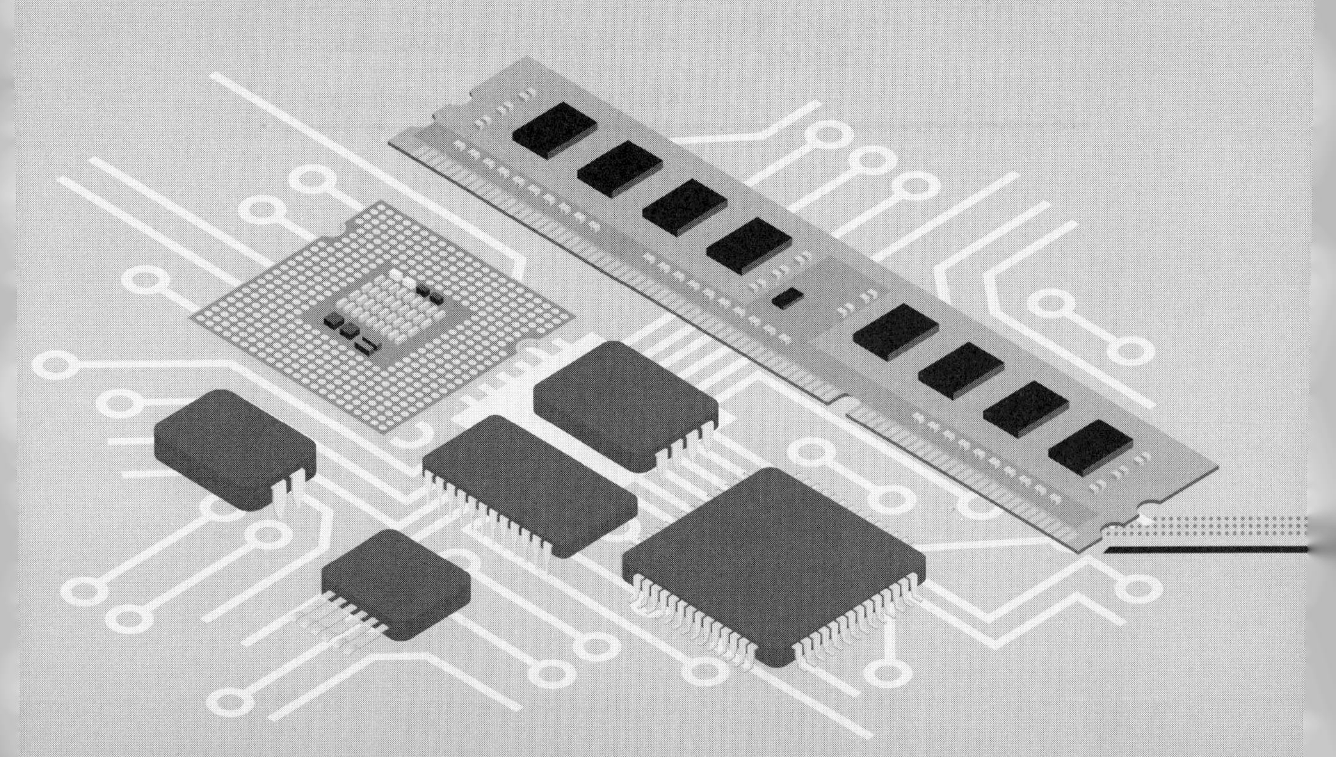

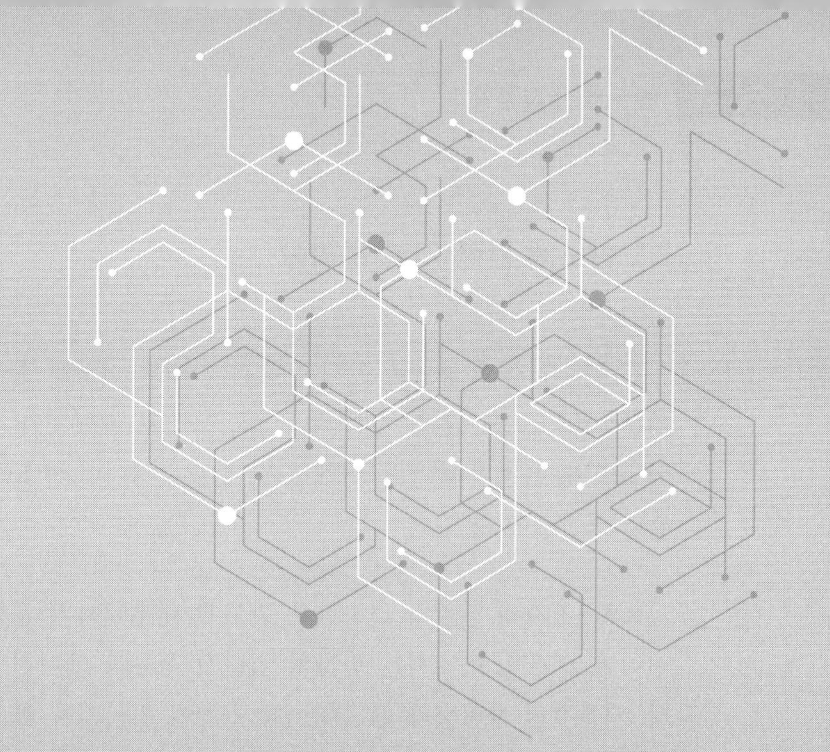

• UNIT GOALS

본 장에서는 파동방정식과 양자역학의 본격적인 논의에 앞서, 반도체 소자의 기본 물리량과 고전적인 뉴턴 역학의 관점에서 양자화의 개념을 살펴본다. 이를 통해 고전 물리학과 양자 물리학 사이의 연결점을 이해하고, 반도체 소자에서 나타나는 양자적 특성을 학습하기 위한 기초를 다질 것이다.

2.1 반도체 관련 기본 물리량

전자는 입자 특성으로 인해 운동과 관련된 다양한 물리량을 갖는다. 대표적인 물리량으로는 속도, 질량, 전하량, 전류, 그리고 에너지가 있다. 이러한 물리량은 전자의 물리적 특성과 운동을 이해하는 데 필수적이며, 반도체 소자의 설계와 분석에 중요한 역할을 한다.

특히, 전자의 질량과 전하량은 반도체 내부에서의 운동 방식을 결정짓는 주요 요인이며, 전류와 에너지는 전자의 집단적 행동과 에너지 상태를 기술하는 데 사용된다. 기본적인 물리량과 그 값은 [표 2-1]에 정리되어 있으며, 이를 통해 전자의 물리적 행동을 정량적으로 이해할 수 있다.

[표 2-1] 기본 물리량

물리량	정의 또는 크기
빛의 속도	$c = 3 \times 10^8\, m/s$
수소 원자질량	$1.66 \times 10^{-27} kg$
전자의 정지 질량	$m_0 = 9.109 \times 10^{-31} kg$
	수소 원자질량의 $\frac{1}{1836}$
속도 v 로 움직이는 전자의 질량	$m = \frac{m_0}{\sqrt{1-(v/c)^2}}$
진공의 유전율	$\varepsilon_0 = 8.854 \times 10^{-12}\, F/m$
전자의 전하량	$e = 1.602 \times 10^{-19}$C
1암페어 (1A) 전류	매초 1쿨롱(Coulomb)의 전하가 흐를 때 전류 1쿨롱이 되기 위한 전자의 개수 $= 1/(1.602 \times 10^{-19}) = 0.63 \times 10^{19}$ea
1J (Joule)	1V의 전압상태에서 1A를 1초 동안 흘렸을 때의 에너지, 1 J = $0.63 \times 10^{19} eV$
	1 뉴턴의 힘으로 물체를 1 미터 이동하는데 필요한 에너지($N \cdot m$)
전자볼트 (eV, Electron volt)	전자 한 개가 $1V$의 전압으로 가속될 때 전자가 가지는 운동 에너지
	1eV= $1.602 \times 10^{-19} C \times 1V = 1.602 \times 10^{-19} J$

예제 2-1 전자의 정지 질량 $m_0 = 9.109 \times 10^{-31} kg$ 빛의 속도 $c = 3 \times 10^8\, m/s$ 를 이용하여 전자의 속도가 $v = 2.97 \times 10^8\, m/s$일 때 전자의 상대론적 질량 m 을 구하라.

<u>풀이</u>

$$m = \frac{m_0}{\sqrt{1-(v/c)^2}} = \frac{9.109 \times 10^{-31} kg}{\sqrt{1-\left(\frac{2.97 \times 10^8\, m/s}{3 \times 10^8\, m/s}\right)^2}} = 6.46 \times 10^{-30} kg$$

예제 2-2a 전자 무리가 진공에서 $1\,V$ 전압으로 가속되어 총 $1\,eV$ 의 에너지를 가지게 되었다. 이 전자 무리를 구성하는 전자의 개수는 몇개인가?

<u>풀이</u>

전자 하나가 $1eV$의 에너지를 가지므로, 전자 무리를 구성하는 전자의 개수는 1 개이다.

예제 2-2b 전자 무리가 모여 총 1J 의 에너지를 가지게 되었다. 이 전자 무리를 구성하는 전자의 개수는 몇개인가?

<u>풀이</u>

전자 하나의 에너지가 $1eV = 1.602 \times 10^{-19} J$이므로, 전자 무리를 구성하는 전자의 개수 n 은 다음과 같이 계산할 수 있다.

$$n = \frac{1J}{1.602 \times 10^{-19}\ J/electron} = 0.624 \times 10^{19} ea$$

2.2 쿨롱(Coulomb) 힘과 가우스(Gauss) 법칙

본 절에서는 쿨롱 힘과 가우스 법칙을 중심으로 정전기 현상을 고찰한다. 즉, 정전기력인 쿨롱 힘으로 인한 입자의 가속, 전하에 의해 발생하는 전기장, 그리고 전기장 내에서 전하의 운동으로 인해 발생하는 에너지와 일을 포함한 고전적 물리량을 다룬다.

특히, 전기장과 전위의 개념은 반도체 소자에서 널리 사용되며, 이러한 물리량이 반도체의 동작 원리에 미치는 영향을 살펴본다. 쿨롱 힘과 가우스 법칙 간의 연관성을 이해함으로써, 전하 분포와 전기장 간의 관계를 체계적으로 파악할 수 있다.

힘을 받는 입자의 가속

질량 m 인 물체가 힘 $\vec{F}$를 받으면, 물체는 힘의 방향으로 가속도 $\vec{a}$를 가지며, 이는 다음과 같은 관계를 따른다.

$$\vec{F} = m\vec{a} \qquad (식\ 2.1)$$

두 전하 사이의 쿨롱 힘(Coulomb force)

위치 $(\vec{r_1})$에 있는 전하 q_1과 위치 $(\vec{r_2})$에 있는 전하 q_2가 서로 거리 $|\vec{r_{12}}|$만큼 떨어져 있을 때, 두 전하 사이의 쿨롱 힘을 고찰해 보자. 이 상황은 [그림 2-1]에 나타나 있다.

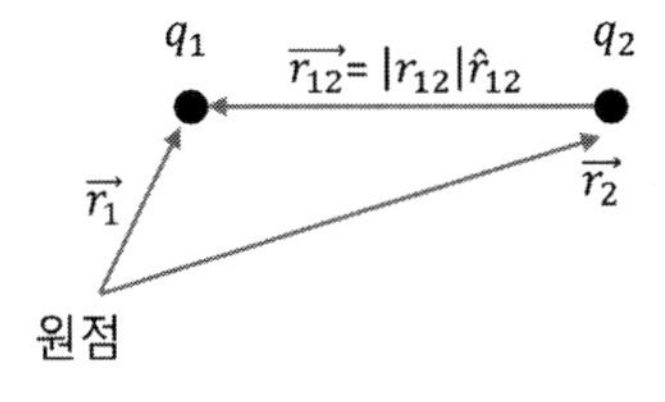

[그림 2-1] 전하 q_1과 전하 q_2의 위치 벡터

두 전하 사이에는 쿨롱 힘(Coulomb force)이 작용하며, q_1이 받는 쿨롱 힘 $(\overrightarrow{F_1})$은 다음과 같이 주어진다.

$$\overrightarrow{F_1} = \frac{1}{4\pi\varepsilon_o}\frac{q_1 q_2}{|\overrightarrow{r_{12}}|^2}\hat{r}_{12} \qquad (\text{식 } 2.2)$$

여기서 $|\overrightarrow{r_{12}}|$는 두 전하 사이의 거리이고, $\hat{r}_{12}$는 전하 q_2에서 q_1으로의 방향을 나타내는 단위 벡터이다. ε_o는 진공의 유전율로, 전하가 있는 공간의 물리적 특성을 나타낸다.

전하 q_1은 (식 2.1)에 따라 힘을 받아 가속도를 얻게 되며, 이는 다음과 같다.

$$\vec{a} = \frac{\overrightarrow{F_1}}{m} \qquad (\text{식 } 2.3)$$

따라서, 두 전하의 극성이 같은 경우에는 $q_1 q_2 > 0$이 되어 쿨롱 힘의 방향은 전하 q_2로부터 멀어지는 방향이 된다. 반면, 두 전하의 극성이 다른 경우에는 $q_1 q_2 < 0$이 되어, 전하 q_1이 받는 쿨롱 힘의 방향은 $-\hat{r}_{12}$로 전하 q_2를 향하게 된다.

이로써, 같은 극성의 전하끼리는 서로 밀어내고, 다른 극성의 전하끼리는 서로 끌어당긴다는 것을 이해할 수 있다.

전기장에서 전하가 받는 힘

전하 q 를 가진 입자가 [그림 2-2]과 같이 전기장($\vec{\mathbb{E}}$, Electric field)내에 존재하면, 전하는 전기장에 의해 힘을 받게 된다. 이때 전하가 받는 힘 $\vec{F}$는 다음과 같이 주어진다.

$$\vec{F} = q\vec{\mathbb{E}} \qquad (\text{식 } 2.4)$$

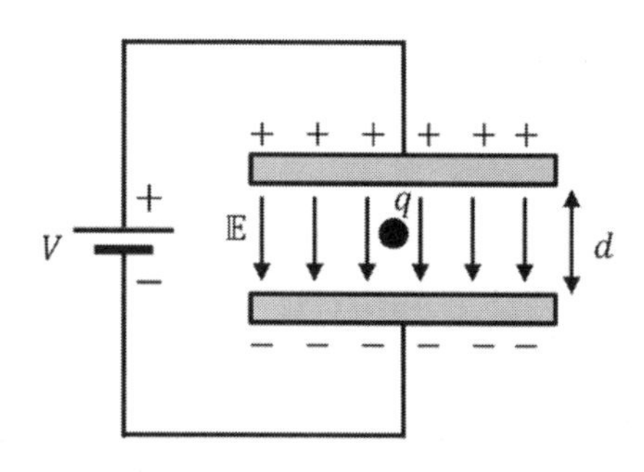

[그림 2-2] 평행 도체판에 전압이 인가된 경우의 전기장과 전하

예제 2-3 전하 q가 진공에 있다. 거리 r 만큼 떨어진 곳에서의 전기장의 크기를 (식 2.3)과 (식 2.4)로부터 구하라.

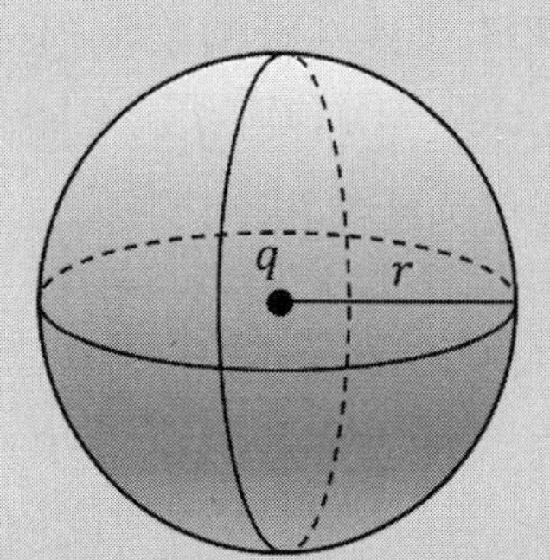

풀이

전하 q에서 거리 r 만큼 떨어진 위치에 전하 Q가 존재한다고 가정하면, 두 전하 사이의 쿨롱 힘의 크기 F_{qQ}는 다음과 같다.

$$F_{qQ} = \frac{1}{4\pi\varepsilon_o} \cdot \frac{qQ}{r^2}$$

여기서, 전기장은 단위 전하에 작용하는 힘으로 정의되므로, 전기장의 크기 $\mathbb{E}$는 다음과 같이 계산된다.

$$\mathbb{E} = \frac{F_{qQ}}{Q} = \frac{1}{4\pi\varepsilon_o} \cdot \frac{q}{r^2}$$

가우스 법칙(Gauss's law)

난일 선하에 의한 전기장은 쿨롱의 법칙으로 쉽게 계산할 수 있지만, 다수전하가 존재하거나 대칭성을 가진 경우에는 가우스 법칙을 활용하면 효과적으로 전기장을 구할 수 있다. 가우스 법칙에 따르면, 폐곡면을 통과하는 전기선속 ($\varPhi_{\mathbb{E}}$, Flux)은 폐곡면 내부의 알짜 전하 Q를 진공의 유전율 ε_o로 나눈 값과 같으며, 다음과 같이 표현된다.

$$\varPhi_{\mathbb{E}} = \frac{Q}{\varepsilon_o} \qquad (\text{식 } 2.5)$$

또한, 전기선속 $\varPhi_{\mathbb{E}}$는 폐곡면에 수직인 전기장 성분과 면적의 곱을 폐곡면 전체에 대해 적분한 값으로 정의되며, 다음과 같은 관계식을 가진다.

$$\varPhi_{\mathbb{E}} = \oint \vec{\mathbb{E}} \cdot d\vec{A} \qquad (\text{식 } 2.6)$$

여기서 $\vec{\mathbb{E}} \cdot d\vec{A}$는 $|\vec{\mathbb{E}}| \cdot |d\vec{A}| \cdot \cos\theta$로 표현되며, θ는 전기장이 통과하는 면의 수직 방향 벡터와 전기장의 방향 사이의 각도이다.

폐곡면의 수직 방향과 전기장 방향 사이의 각도 θ가 전기선속에 미치는 영향을 이해하기 위해, [그림 2-3]은 다양한 각도에서의 전기장과 면적 요소 간 관계를 보여준다.

[그림 2-3(a)]에서, 면의 수직 방향과 전기장 $\vec{\mathbb{E}}$가 같은 방향일 때 $\theta = 0°$가 되어 $\vec{\mathbb{E}} \cdot d\vec{A} = |\vec{\mathbb{E}}| \cdot |d\vec{A}| \cdot \cos 0° = |\vec{\mathbb{E}}| \cdot |d\vec{A}|$ 가 된다. [그림 2-3(c)]에서, 면의 수직 방향이 전기장 $\vec{\mathbb{E}}$와 수직일 때, $\theta = 90°$가 되어 $\vec{\mathbb{E}} \cdot d\vec{A} = |\vec{\mathbb{E}}| \cdot |d\vec{A}| \cdot \cos 90° = 0$이므로 면을 통과하는 전기선속은 0 이 된다.

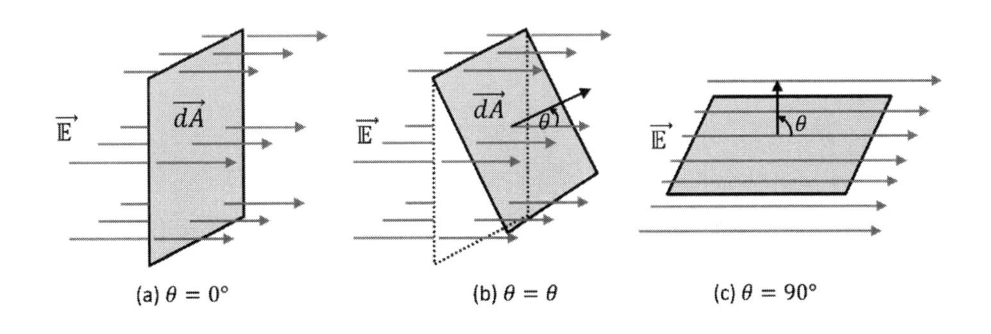

[그림 2-3] 폐곡면과 전기장 각도에 따른 전기선속

전기선속 ($\Phi_{\mathbb{E}}$), 전기장 ($\vec{\mathbb{E}}$), 폐곡면 안의 알짜 전하 (Q), 그리고 전하 밀도(ρ)는 가우스 법칙의 적분형과 미분형으로 계산할 수 있으며, 이는 다음과 같이 표현된다.

(1) 가우스 법칙의 적분형

폐곡면을 통과하는 전기선속 $\Phi_{\mathbb{E}}$는 폐곡면 내부의 알짜 전하를 진공의 유전율 ε_o로 나눈 값과 같다.

$$\Phi_{\mathbb{E}} = \oint \vec{\mathbb{E}} \cdot d\vec{A} = \frac{Q}{\varepsilon_o} \qquad (식\ 2.7)$$

(2) 가우스 법칙의 미분형

전기장의 발산은 공간에서의 전하 밀도를 진공 유전율ε_o로 나눈 값과 같으며, 다음과 같이 나타난다.

$$\nabla \cdot \vec{\mathbb{E}} = \frac{\partial \mathbb{E}_x}{\partial x} + \frac{\partial \mathbb{E}_y}{\partial y} + \frac{\partial \mathbb{E}_z}{\partial z} = \frac{\rho}{\varepsilon_o} \qquad (식\ 2.8)$$

예제 2-4 전하 q가 진공에 있다. 거리 r 만큼 떨어진 구의 표면에서의 전기장을 가우스 법칙으로 구하고 쿨롱 힘에 의한 전기장의 크기와 비교하라.

풀이

전하 q로부터 거리 r만큼 떨어진 구의 표면에서의 전기장은 구의 대칭성으로 인해 모든 방향에서 일정하다. 또한, 면적 요소 $d\vec{A}$의 방향은 전기장의 방향과 같아 $\theta = 0°$가 된다.

따라서,

$$\oint \vec{\mathbb{E}} \cdot d\vec{A} = \mathbb{E} \oint \cos\theta \, dA = \mathbb{E} \oint dA = \mathbb{E} \cdot 4\pi r^2$$

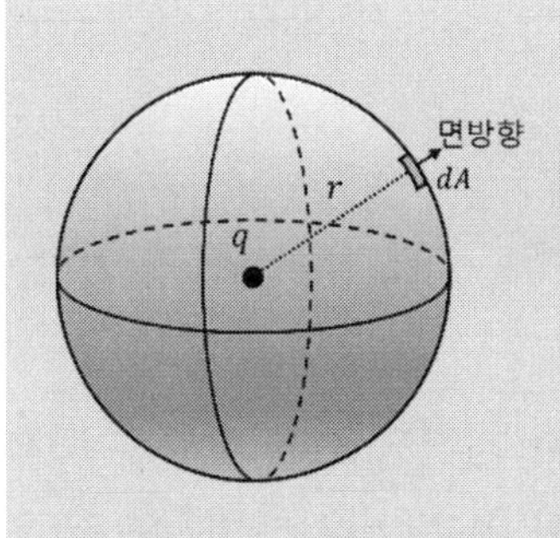

가우스 법칙의 적분형인 (식 2.7)을 이용하여 대입하여 정리하고 $\mathbb{E}$를 구하면 다음과 같다.

$$\Phi_{\mathbb{E}} = \oint \vec{\mathbb{E}} \cdot d\vec{A} = \frac{Q}{\varepsilon_o}$$

$$\mathbb{E} \cdot 4\pi r^2 = \frac{Q}{\varepsilon_o}$$

$$\mathbb{E} = \frac{1}{4\pi\varepsilon_o} \cdot \frac{q}{r^2}$$

가우스 법칙으로부터 구한 전기장은 (예제 2-3)의 쿨롱 힘에 의한 전기장과 동일함을 알 수 있다.

예제 2-5 그림과 같이 무한 평면 도체가 $+Q$전하로 대전되었다. 면적을 A, 전하밀도를 $\sigma = Q/A$로 가정한다. 가우스 법칙을 이용하여 전기장을 구하라.

<u>풀이</u>

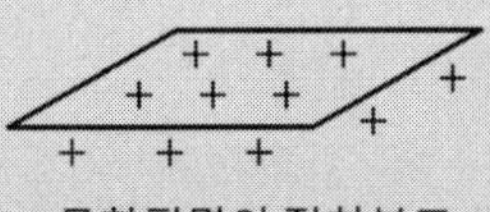

(a) 무한평면의 전하분포

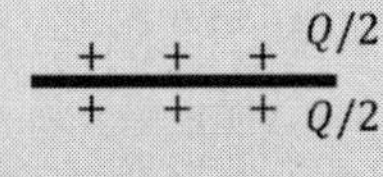

(b) 수평방향에서 본 무한평면의 전하분포

무한 평면이므로 그림 (b)와 같이 평면의 두께는 무시할 수 있으며, 전하의 절반은 윗면에, 나머지 절반은 아래면에 균일하게 분포한다. 윗면의 전기장은 위쪽으로 향하고, 아래면의 전기장은 아래쪽으로 향한다.

윗면에 있는 전하 $(Q/2)$에 의해서 위쪽으로 향하는 전기장을 계산하면

$$\mathbb{E}_u = \frac{1}{\varepsilon_o} \cdot \frac{Q/2}{A} = \frac{\sigma}{2\varepsilon_o}$$

아래면 전하$(Q/2)$에 의해 아래쪽으로 향하는 전기장은

$$\mathbb{E}_d = \frac{1}{\varepsilon_o} \cdot \frac{Q/2}{A} = \frac{\sigma}{2\varepsilon_o}$$

따라서 평면 위 또는 아래의 총전기장의 크기는 $\mathbb{E} = \mathbb{E}_d = \mathbb{E}_d = \sigma/2\varepsilon_o$이 된다.

예제 2-6 그림과 같이 평행판 도체가 $+Q$, $-Q$로 각각 대전되었다. 평행판 도체의 전하 밀도는 각각 $\sigma = +(Q/A)$, $\sigma = -(Q/A)$이다. 이 경우 가우스 법칙을 이용하여 전기장을 구하라.

풀이

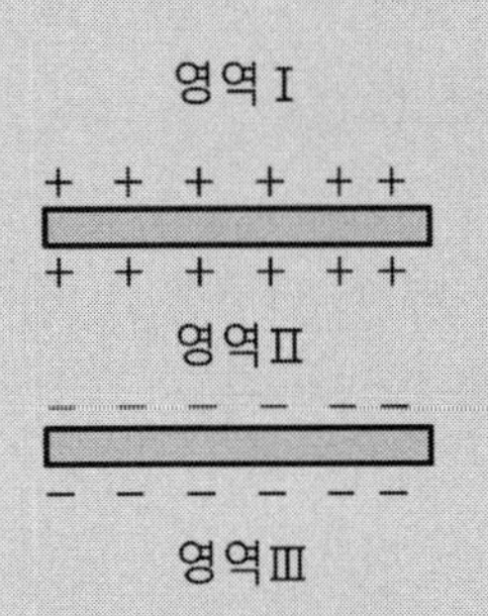

도체가 평행판이므로, 평행판 도체의 전기장은 다음과 같이 세 가지 영역으로 구분된다. 즉, 위쪽 평면 바깥 영역(영역 I), 두 평면 사이의 내부 영역(영역 II), 아래쪽 평면 바깥 영역(영역 III)으로 구분된다.

영역 I에서는 양전하에 의해 위쪽으로 향하는 전기장 $(\sigma/2\varepsilon_o)$와 음전하에 의해 아래쪽으로 향하는 전기장 $(-\sigma/2\varepsilon_o)$이 발생한다. 이 두 전기장은 크기가 같고 방향이 반대이므로 총 전기장은 0이 된다.

영역 III에서는 양전하에 의해 아래쪽으로 향하는 전기장 $(\sigma/2\varepsilon_o)$와 음전하에 의해 위쪽으로 향하는 전기장 $(-\sigma/2\varepsilon_o)$이 발생한다. 이 두 전기장 역시 크기가 같고 방향이 반대이므로 총 전기장은 0이 된다.

평행판 내부의 영역 II에서는 양전하에 의해 아래쪽으로 향하는 전기장의 크기가 $(\sigma/2\varepsilon_o)$이며, 음 전하에 의해 아래쪽으로 향하는 전기장의 크기 역시 $(\sigma/2\varepsilon_o)$이 된다. 따라서, 총 전기장은 크기가 (σ/ε_o) 이며 아래 방향(양전하에서 음전하 방향)으로 나타난다.

$$\mathbb{E} = \frac{\sigma}{2\varepsilon_o} + \frac{\sigma}{2\varepsilon_o} = \frac{\sigma}{\varepsilon_o}$$

전기장에서 전하의 운동

전기장 $\vec{\mathbb{E}}$ 내에서 양전하 q 또는 음전하 $(-q)$가 있다면, 양전하는 전기장 방향으로 힘($\vec{F}$)을 받지만, 음전하는 전기장의 반대 방향으로 힘을 받는다.

$$\vec{F}(\text{양전하}) = q\vec{\mathbb{E}} \qquad (\text{식 } 2.9)$$

$$\vec{F}(\text{음전하}) = (-q)\vec{\mathbb{E}} \qquad (\text{식 } 2.10)$$

이 힘에 의해 전하는 가속되며, 양전하가 받는 가속도는 다음과 같이 주어진다.

$$\vec{a} = \frac{\vec{F}}{m} = \frac{q\vec{\mathbb{E}}}{m} \quad (\text{식 } 2.11)$$

음전하인 경우, 가속도는 전기장의 방향과 반대가 된다.

전하가 초기 위치 A에서 정지 상태로 있다가 전기장에 의해 힘을 받아 위치 B로 이동하여 속도 v가 되었다면, 위치 B에서의 운동 에너지 E_k^B는 다음과 같다.

$$E_k^B = \frac{1}{2}mv^2 \qquad (\text{식 } 2.12)$$

총 역학적 에너지 보존

전기장에서 전하의 총 역학적 에너지 E_t 는 운동 에너지와 퍼텐셜 에너지(Potential energy)의 합으로 정의되며, 보존 법칙에 따라 항상 일정하다

$$E_t = E_k + U(r) \qquad (\text{식 } 2.13)$$

따라서, 초기 위치 A와 최종 위치 B에서의 총 역학적 에너지는 다음 관계를 가진다.

$$E_k^A + U(r_A) = E_k^B + U(r_B) \qquad (\text{식 } 2.14)$$

전기장(전기력)에 의해 운동 에너지가 증가하면 $\left(E_k^B > E_k^A\right)$, 퍼텐셜 에너지 $U(r_B)$는 감소한다.

$$U(r_A) > U(r_B) \quad \because E_k^A < E_k^B \quad (\text{식 } 2.15)$$

퍼텐셜 에너지(Potential energy)와 일(Work)

전기장 내에서 전하 q가 위치 A에서 B로 이동할 때, 보존력인 전기력이 한 일은 다음과 같이 정의된다.

$$W_{BA} = \int_A^B \vec{F} \cdot d\vec{l} = q\int_A^B \vec{\mathbb{E}} \cdot d\vec{l} \quad (\text{식 } 2.16)$$

보존력에 의해 수행된 일이 양수라면($W_{BA} > 0$), 운동 에너지가 증가하고 퍼텐셜 에너지는 감소한다. 보존력에 의한 일과 퍼텐셜 에너지는 반대 관계에 있으며 이는 다음과 같이 표현된다.

$$W_{BA} = -(U_B - U_A) = -\Delta U_{BA} \quad (\text{식 } 2.17)$$

퍼텐셜 에너지는 일반적으로 기준점으로 무한대를 사용하며, 이때의 퍼텐셜 에너지 값은 0 으로 정의된다. 보존력에 의해 무한대에서 r 지점까지 전하를 이동시키는데 필요한 일은 다음과 같다.

$$W(r) = \int_\infty^r \vec{F} \cdot d\vec{l} = q\int_\infty^r \vec{\mathbb{E}} \cdot d\vec{l} = -U(r) \quad (\text{식 } 2.18)$$

여기서 $W(r)$은 기준점인 무한대에서 r 지점까지로 전하를 이동시키는데 필요한 일을 의미하며, 이는 r에 대한 함수로 표현된다. 따라서, r 지점에서의 퍼텐셜 에너지 $U(r)$도 다음과 같이 r의 함수로 나타난다.

전위(Potential)와 전압(Volt)

전기적 퍼텐셜 에너지 $U(r)$를 이용하면 전위 ($\phi(r)$, Potential)를 위치에 따른 함수로 정의할 수 있다. 전위는 단위 전하당 가지는 전기적 퍼텐셜 에너지로, 수학적인 표현은 다음과 같다.

$$\phi(r) = \frac{U(r)}{q} \qquad (\text{식 } 2.19)$$

두 지점 A와 B 사이의 전위차로 정의되는 전압 V_{BA}는 다음과 같으며, 단위는 볼트 [V]이다.

$$V_{BA} = \phi_B(r) - \phi_A(r) = \frac{1}{q}[U_B(r) - U_A(r)] \qquad (\text{식 } 2.20)$$

전기장에 의한 일과 퍼텐셜 에너지의 관계 (식 2.17)과 (식 2.18)을 이용하면 전압을 다음과 같이 정의할 수 있다.

$$V_{BA} = \frac{1}{q}[U_B(r) - U_A(r)] = -\frac{W_{BA}}{q} = -\frac{1}{q}q\left[\int_A^B \vec{\mathbb{E}} \cdot d\vec{l}\right] \qquad (\text{식 } 2.21)$$

즉, 전기장을 경로에 따라 적분하면 전압을 구할 수 있다.

$$V_{BA} = -\int_A^B \vec{\mathbb{E}} \cdot d\vec{l} \qquad (\text{식 } 2.22)$$

반대로, 전기장은 전압의 위치에 따른 변화율로 계산된다. 전기장의 단위는 $[V/m]$이다.

$$\mathbb{E} = -\frac{dV}{dx} \qquad (\text{식 } 2.23)$$

$$\vec{\mathbb{E}} = -\nabla \cdot V \qquad (\text{식 } 2.24)$$

전기장과 전위의 관계 (식 2.24)와 가우스 법칙의 미분형 (식 2.8)을 결합하면 푸아송 방정식(Poisson's equation)을 유도할 수 있다. 푸아송 방정식은 전하 분포로부터 전위와 전기장을 계산하는 중요한 방정식으로 다음과 같이 표현된다.

$$\nabla^2 V = -\frac{\rho}{\varepsilon_o} \qquad (\text{식 } 2.25)$$

여기서 라플라시안 연산자 $\nabla^2 = \nabla \cdot \nabla$이다.

예제 2-7 간격이 1m, 0.1mm, 1um 인 평행 도체에 일정한 전기장 $\mathbb{E} = 10^4[V/m]$ 이 인가되었다. 각 경우에서 평행 도체에 인가된 전압과 전하 $q(1C)$가 느끼는 힘의 크기를 구하라.

풀이

평행 도체	전압($\mathbb{E} \cdot d$)	힘($q \cdot \mathbb{E}$)
1m 평행 도체	$10^4\,V/m \times 1m = 10^4 V$	$10^4 J/m$
0.1mm 평행 도체	$10^4\,V/m \times 10^{-4}m = 1V$	$10^4 J/m$
1um 평행 도체	$10^4\,V/m \times 10^{-6}m = 10mV$	$10^4 J/m$

예제 2-8 그림과 같이 $2m$ 떨어진 평행 도체에 전압 10 V 가 인가되었다.

1. 평행 도체 내 전기장 $\mathbb{E}$를 구하라.

2. 전기장 $\mathbb{E}$에서 전하 $1C$인 입자가 받는 힘을 구하라.

3. 전하 $1C$ 와 질량 $2kg$ 인 입자가 $x = 0$ 과 $x = 1m$인 지점에서 받는 전기장, 힘, 그리고 각 지점에서 초속도 0 인 입자가 충돌없이 $x = 2m$ 지점에 도달할 때의 운동 에너지와 최종 속도를 구하라.

풀이

1. $\mathbb{E} = -\dfrac{dV}{dx} = -\dfrac{10}{2} = -5\ V/m$

2. $F = q\mathbb{E} = 1C \cdot (-5\,V/m) = -5\,J/m$

3. $E_k = W = F \cdot s(\text{길이}) = \dfrac{1}{2}mv^2$

$$\therefore v = \sqrt{\frac{2}{m}E_k}$$

초속도 0 인 입자가 $x = 0$ 과 $x = 1m$인 지점에서 출발하여 충돌없이 $x = 2m$ 지점에 도달하는 경우의 운동 에너지와 최종 속도를 구하면 다음과 같다.

물리량	$x = 0$ 출발	$x = 1m$ 출발
전기장	$-5\,J/m$	$-5\,J/m$
힘	$-5\,J/m$	$-5\,J/m$
운동에너지	$10\,J$	$5\,J$
속도	$v = \sqrt{10}\,m/s = 3.16\,m/s$	$v = \sqrt{5}\,m/s = 2.23\,m/s$

예제 2-9 전기장의 세기가 $\mathbb{E} = 10^4[V/m]$인 균등 전기장에 놓인 전자의 가속도를 계산하라. 정지 질량 $m_0 = 9.109 \times 10^{-31}kg$과 $e = 1.602 \times 10^{-19}C$를 사용하라.

풀이

(식 2.11)을 이용하여 가속도를 구하면 다음과 같다.

$$a = \frac{1.602 \times 10^{-19} \times 10^4}{9.109 \times 10^{-31}} = 1.76 \times 10^{15} m/s^2$$

2.3 **전자의 양자역학**

물질을 구성하는 입자는 질량, 위치 등 여러 물리량으로 정의된다. 반면, 파동(Wave)은 물리적 특성이 다르며 주기적으로 변하고 공간을 따라 전파된다. 파동은 진동하는 매질을 통해 에너지를 전달하거나, 매질 없이도 전달(예: 빛)될 수 있다. 파동은 에너지를 전달하지만 매질 자체를 이동시키지 않는다.

입자는 비연속성(Locality)과 국소성을 가지며, 두 개 이상의 입자가 동일한 시간에 동일한 공간을 점유할 수 없다. 반면, 파동은 연속적이며 비국소성(Non-locality)을 가져 여러 파동이 동일한 공간에 존재할 수 있다. 이 차이로 인해 고전적인 관점에서는 물리현상을 입자 또는 파동으로 구분하였다.

파동은 파장, 진동수, 주기, 진폭 등의 물리량으로 설명되며, 반사, 굴절, 간섭, 회절과 같은 현상을 기술할 수 있다. 빛은 이러한 파동적 특성을 보이는 대표적인 예로 간주되었다. 그러나 광전 효과(빛이 금속 표면에서 전자를 방출하는 현상)와 콤프턴 효과(빛의 산란에서 파장이 변하는 현상)를 통해 빛이 입자적 성질도 가진다는 것이 입증되었다.

따라서 빛은 입자성과 파동성을 동시에 가지는 이중성(Duality)을 보이며, 상황에 따라 입자처럼 또는 파동처럼 행동한다. 그러나 빛은 동시에 두 특성을 특정할 수 없으며, 이는 상보성(Complementarity)이라는 원리를 따른다.

빛의 이중성과 마찬가지로, 전자와 양성자 같은 모든 물질 입자도 드브로이의 물질파 이론에 따라 파장으로 기술될 수 있다. 이로써 물질도 경우에 따라 파동으로 행동하며, 이중성과 상보성의 특성을 가지는 것이 실험적으로 입증되었다.

실생활에서 인식되는 큰 입자들은 고전역학으로 설명이 가능하다. 반면, 전자와 같은 미시 세계의 입자는 양자역학적 관점에서 설명되며, 슈뢰딩거 방정식으로 기술된다. 전자는 다양한 원자 모형의 발전을 거치며, 보어의 원자 모델에서 양자화의 개념이 도입됨으로써 양자역학적으로 설명할 수 있게 되었다.

반도체는 전자와 정공이라는 전하를 가진 입자의 개수를 조절하여 전류를 제어하므로, 전자와 정공의 상태를 이해하는 것이 매우 중요하다. 그러나 미시 세계에서 입자의 수는 매우 많기 때문에 개별 입자의 상태를 기술하는 대신, 확률분포 함수를 사용하여 입자 집단의 상태를 표현한다.

대표적인 확률분포 함수에는 맥스웰-볼츠만(Maxwell-Boltzmann) 확률분포 함수, 보스-아인슈타인(Bose-Einstein) 확률분포 함수, 페르미-디랙(Fermi-Dirac) 확률분포 함수가 있다.

맥스웰-볼츠만(Maxwell-Boltzmann) 확률분포 함수는 고전적인 관점에서 적용되며, 입자가 구별 가능하고 각 에너지 상태에 점유되는 입자의 수에 제한이 없는 경우에 사용된다. 이 함수는 낮은 압력 상태의 용기에 있는 가스 분자 운동을 설명하는 데 적합하다. 반면, 보스-아인슈타인(Bose-Einstein) 확률분포 함수는 입자가 구별 불가능하며, 하나의 에너지 양자 상태에 여러 입자가 동시에 점유할 수 있는 경우에 적용된다. 이 함수는 광자(Photon)와 포논(Phonon) 같은 보손(Boson) 입자의 상태를 설명하는 데 유용하다. 페르미-디랙(Fermi-Dirac) 확률분포 함수는 전자와 같은 페르미온(Fermion) 입자의 상태를 기술하며, 입자는 구별 불가능하고 각 에너지 양자 상태에 단 하나의 입자만 점유할 수 있다. 이 함수는 반도체와 금속의 전자 분포를 설명하는 데 필수적이다.

2.4 광전 효과 (Photoelectric effect)

주파수 f 를 가진 단색광이 금속 표면에 입사하면, 금속 내부의 전자들이 빛 에너지를 흡수하여 표면 밖으로 방출된다. 이를 광전 효과(Photoelectric effect)라 한다.

광전 효과를 측정하기 위한 실험의 구성과 결과는 [그림 2-4]에 나타나 있다. 이 실험에서는 금속 방출체에서 방출된 전자를 반대편 포획체에서 포집하고, 전류계를 이용해 빛에 의해 발생한 전류를 측정한다.

[그림 2-4(b)]에서 알 수 있듯이, 양의 전압이 증가해도 광전류는 일정하게 유지된다. 그러나 빛의 세기가 I_1보다 큰 I_2 조건에서는 더 많은 전류가 생성된다. 이는 빛의 세기가 클수록 광자(Photon)의 개수가 증가하여, 전자와 충돌하는 광자의 수가 늘어나기 때문이다. 이 결과는 빛의 입자적 특성을 잘 보여준다.

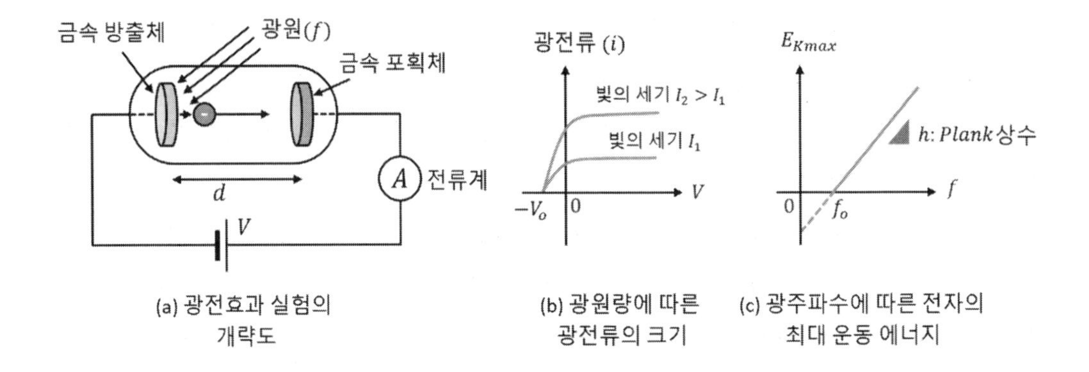

(a) 광전효과 실험의 개략도

(b) 광원량에 따른 광전류의 크기

(c) 광주파수에 따른 전자의 최대 운동 에너지

[그림 2-4] 광전 효과의 개략적인 구성과 결과

[그림 2-4(b)]에서 광전류가 0 이 되는 문턱 전압 V_o는 금속 방출체를 탈출하는 전자의 최대 운동 에너지 (E_{Kmax})를 나타낸다.

$$E_{Kmax} = eV_0 \qquad (식\ 2.26)$$

이 값은 빛의 세기와 관계없이 일정하며, 금속의 에너지 장벽을 극복하기 위해 필요한 에너지를 의미한다. 금속 방출체를 탈출한 전자 중 운동 에너지가 0 보다 큰 전자는 외부 전기장에 의해 금속 포획체에 포집되어 전류를 생성한다.

입사광의 주파수에 따른 전자의 최대 운동 에너지의 실험 결과는 [그림 2-4(c)]에 나타나 있다. 전자의 최대 운동 에너지는 빛의 세기에 무관하지만, 주파수 f 에 의존한다. 전자가 방출되려면 빛의 주파수가 문턱 주파수 f_o 이상이어야 하며, f_o는 금속의 일함수(Work function, hf_o)와 관련이 있다.

입사광의 주파수 f 가 문턱 주파수 f_o보다 작으면 전자는 금속을 탈출하지 못한다. 반면, $f > f_o$일 경우, 입사광의 에너지가 속박 에너지를 극복하고 남은 에너지가 전자의 최대 운동 에너지로 전환된다.

$$E_{Kmax} = h(f - f_o) = hf - hf_o \qquad (식\ 2.27)$$

이로써 빛은 파동의 진폭에 비례하여 에너지를 전달하는 것이 아니라, 양자화된 에너지를 가지는 광자(Photon)로서 전자와 충돌하여 에너지를 전달한다는 사실이 밝혀졌다.

$$E_{photon} = hf \qquad (\text{식 } 2.28)$$

또한, 광전 효과 실험에서는 수 나노초 이하의 짧은 시간 내에 광전류가 생성된다. 이는 에너지가 축적될 필요가 없으며, 광자와 전자의 일대일 상호작용을 통해 즉시 전달됨을 보여준다. 이러한 결과는 빛의 입자적 특성을 잘 설명한다.

광전 효과 실험은 빛이 파동적 성질뿐만 아니라 입자적 성질도 가지고 있음을 입증하였다. 아인슈타인은 이 현상을 설명하여 빛의 이중성 개념을 확립하였으며, 이 업적으로 1921 년 노벨 물리학상을 수상하였다.

2.5 원자 모형의 발전과 보어의 원자 모형

원자의 개념은 기원전 약 400 년경에 그리스 철학자 데모크리토스에 의해 처음 제안되었다. 그는 모든 물질이 더 이상 나눌 수 없는 작은 단위인 원자(atomos)로 이루어져 있다고 주장하였다. 1803 년, 돌턴은 원자를 더 이상 쪼갤 수 없는 작은 공과 같은 형태로 묘사하며 최초의 원자 모형을 제안하였다. 1897 년, 톰슨은 음(-)전하를 띤 전자가 원자 내부에 존재하며, 양(+)전하가 전체적으로 퍼져 있는 구조라는 톰슨 모형(건포도 구조)을 제시하였다. 1911 년, 러더퍼드는 알파 입자 산란 실험을 통해 원자 중심에 (+)전하를 띤 원자핵이 존재하며, 음(-)전하를 띤 전자가 마치 행성이 태양 주위를 도는 것처럼 원자핵 주위를 돌고 있다고 주장하였다. 이를 러더퍼드의 행성 모형이라 한다. 그러나 이 모형은 전자가 방사 에너지를 잃고 결국 원자핵으로 떨어질 가능성을 설명하지 못하는 문제를 안고 있었다. 1913 년, 보어는 러더퍼드의 원자 모형을 발전시켜 보어의 원자 모형을 제안하였다. 그는 전자가 특정 에너지에 해당하는 불연속 궤도에서만 회전한다고 설명하며, 이를 통해 양자화의 개념을 도입하였다. 보어의 원자 모형은 수소 원자의 선 스펙트럼을 성공적으로 설명하였고, 이는 양자역학 발전의 중요한 초석이 되었다. 보어는 이러한 업적으로 1922 년 노벨 물리학상을 수상하였다.

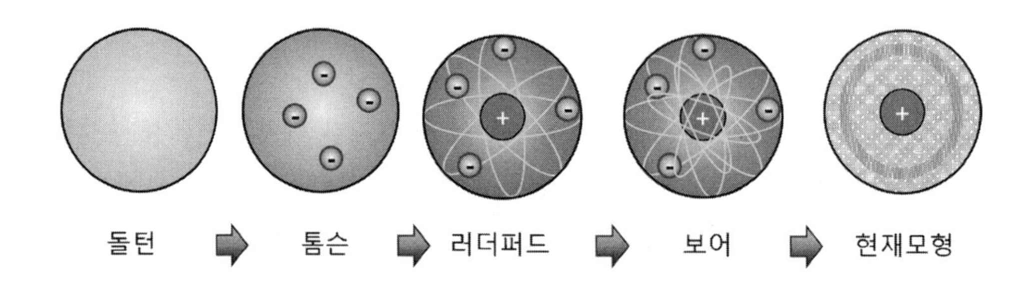

[그림 2-5] 원자 모형의 변천

현대의 원자 모형에서는 원자핵이 양성자와 중성자로 이루어져 있으며, 전자는 특정한 궤도를 가지지 않는다. 대신, 전자의 위치는 특정 지점에서 발견될 확률로 기술되며, 이를 전자 분포(Electron distribution)라고 한다. 이러한 전자 분포는 오비탈(Orbital)로 나타내며, 이는 전자의 공간적 확률 밀도를 의미한다.

보어의 원자 모형은 전자의 움직임을 설명하기 위해 양자 조건을 도입한 점에서 중요한 의의를 가진다. 이 모형은 단순하면서도 수소 원자의 에너지 준위와 스펙트럼을 매우 높은 정확도로 설명할 수 있다는 장점이 있다. 이러한 이유로 보어 모형은 양자역학 학습의 기초로 유용하다.

그러나, 보어 모형은 다전자 원자에서는 정확한 설명을 제공하지 못하며, 전자의 파동적 특성을 반영하지 못한다는 한계가 있다. 이 한계는 이후 슈뢰딩거 방정식과 같은 현대 양자역학을 통해 해결되었다.

2.5.1 원자핵과 고전적인 원자 모형

원자번호 Z 인 원자는 Z 개의 양성자로 이루어진 원자핵과 Z 개의 핵외 전자로 구성된다. 원자핵은 +Ze 의 전하를 가지며, 이는 핵외 전사의 총 선하 −Ze 와 합쳐져 원자의 총 전하량이 0 이 되는 중성 상태가 된다. 원자번호 Z 인 원자는 원자핵 내 양성자의 개수를 나타내며, 이는 원소의 화학적 성질을 결정하는 중요한 역할을 한다. 그러나 원자는 이온화 과정을 통해 전자를 잃거나 얻어 전하를 가질 수 있다.

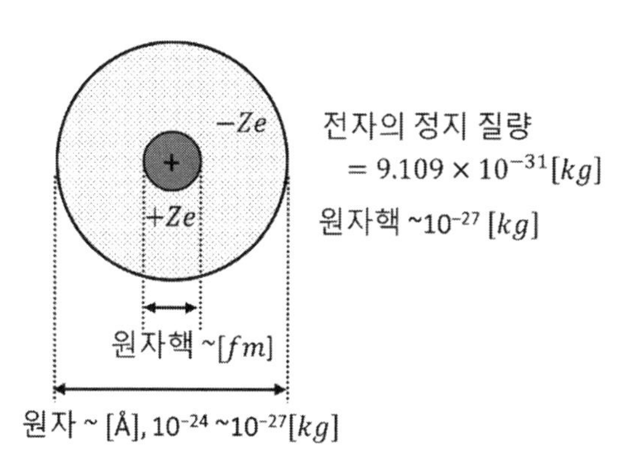

[그림 2-6] 원자의 일반적인 물리량

원자의 지름은 대략 1Å(10^{-10}m)이며, 질량은 약 10^{-24} ~10^{-27} kg 정도로 매우 작다. 원자의 중심에 위치한 원자핵은 양성자와 중성자로 이루어진 핵자와 중간자로 구성된 작고 밀도가 높은 영역이다. 원자핵의 지름은 원자 종류에 따라 다르며, 수소 원자인 경우 약 1.6×10^{-15}m, 무거운 우라늄 원자인 경우 약 $15 \times 10^{-15} m$에 이른다.

2.5.2 궤도 운동하는 원자 모형

궤도 운동을 하는 원자 모형은 중심에 위치한 원자핵과 원운동을 하는 전자로 구성된다. [그림 2-7]은 질량 m과 전하 $-e$인 전자가 전하 $+e$ 인 원자핵 주위를 반지름 r 의 궤도를 형성하며, 속도 v로 원운동하는 모습을 보여준다.

속도 v로 운동하는 물체는 구심력(F_C)에 의해 반지름 r인 궤도를 유지하며 원운동을 한다. 이 구심력은 물체의 원운동에 필요한 힘으로, 다음과 같이 주어진다.

$$F_C = \frac{mv^2}{r} \qquad (식\ 2.29)$$

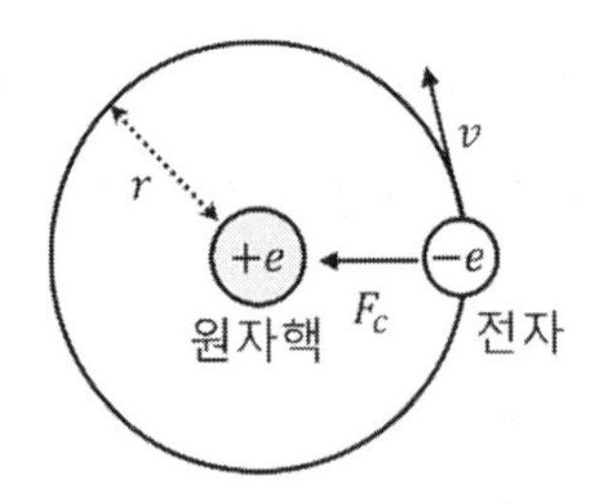

[그림 2-7] 궤도 운동을 하는 원자 모형

궤도 운동을 하는 전자의 운동 에너지

궤도 운동을 하는 전자의 구심력(F_C)는 전자($-e$)가 원자핵($+e$)으로부터 느끼는 쿨롱 힘(F_{-e})에서 비롯된다. 이때, 쿨롱 힘은 다음과 같이 표현된다.

$$F_{-e} = -\frac{1}{4\pi\varepsilon_o} \cdot \frac{e^2}{r^2} \qquad (식\ 2.30)$$

여기서 부호는 힘의 방향을 나타낸다. 구심력(F_C)와 쿨롱 힘(F_{-e})의 크기는 같으므로, 이를 이용하여 원운동을 하는 전자의 속도를 구할 수 있다.

$$\left|\frac{mv^2}{r}\right| = \left|-\frac{1}{4\pi\varepsilon_o} \cdot \frac{e^2}{r^2}\right| \qquad (식\ 2.31)$$

$$v = \sqrt{\frac{e^2}{4m\pi\varepsilon_o r}} \qquad (식\ 2.32)$$

속도 v 로 운동하는 질량 m을 가진 물체의 운동 에너지는 $E_k = mv^2/2$ 이므로, 속도 v 대신 (식 2.32)를 대입하면 반지름 r 에서 궤도 운동을 하는 전자의 운동 에너지는 다음과 같이 계산된다.

$$E_k = \frac{e^2}{8\pi\varepsilon_o r} \qquad (식\ 2.33)$$

궤도 운동을 하는 전자의 반지름 r 위치에서의 퍼텐셜 에너지

궤도 운동을 하는 전자가 원자핵으로부터 반지름 r 위치에서 운동할 때, 전자의 퍼텐셜 에너지는 전기력이 전자를 이동시키는 과정에서 수행한 일로 정의된다. 따라서, 전자의 퍼텐셜 에너지는 원자핵으로부터 정전기력이 미치지 않는 무한대 위치에서 반지름 r 인 위치로 전자를 이동시키기 위해 정전기력 $F_{-e}(r)$이 한 일의 음의 값으로 표현된다. 정전기력 $F_{-e}(r)$은 쿨롱 힘으로 표현되므로, 전자의 퍼텐셜 에너지는 다음과 같다.

$$U(r) = -\int_{\infty}^{r} F_{-e}(r)dr = -\int_{\infty}^{r}\left(-\frac{1}{4\pi\varepsilon_o}\cdot\frac{e^2}{r^2}\right)dr \qquad (\text{식 } 2.34)$$

다음의 적분 공식을 이용하여 계산하면

$$\int x^n\, dx = \frac{x^{n+1}}{n+1} + c \qquad (\text{식 } 2.35)$$

퍼텐셜 에너지는 다음과 같이 주어진다.

$$U(r) = \frac{e^2}{4\pi\varepsilon_o}\int_{\infty}^{r}\frac{1}{r^2}dr = -\frac{e^2}{4\pi\varepsilon_o}\frac{1}{r}\bigg|_{\infty}^{r} \qquad (\text{식 } 2.36)$$

$$U(r) = -\frac{1}{4\pi\varepsilon_o}\cdot\frac{e^2}{r} + \frac{1}{4\pi\varepsilon_o}\cdot\frac{e^2}{\infty} = -\frac{1}{4\pi\varepsilon_o}\cdot\frac{e^2}{r} \qquad (\text{식 } 2.37)$$

전기력이 전자를 무한대 위치에서 r 위치로 이동시키는 과정에서, 퍼텐셜 에너지는 정의에 따라 0 에서 감소하며 음의 값을 갖는다. 이는 전자가 원자핵에 의해 끌리는 힘을 받음을 나타낸다.

궤도 운동을 하는 전자의 총 역학적 에너지

물체의 총 역학적 에너지는 운동 에너지(E_k)와 퍼텐셜 에너지($U(r)$)의 합으로 정의된다. 따라서, 원자핵으로부터 반지름 r 위치에서 궤도 운동을 하는 전자의 총 역학적 에너지는 다음과 같이 표현된다.

$$E = E_k + U(r) = \frac{e^2}{8\pi\varepsilon_o r} - \frac{e^2}{4\pi\varepsilon_o r} = -\frac{e^2}{8\pi\varepsilon_o}\cdot\frac{1}{r} \qquad \text{(식 2.38)}$$

여기서 운동 에너지 E_k는 (식 2.33)을, 퍼텐셜 에너지 $U(r)$은 (식 2.37)을 이용하여 계산하였다.

총 역학적 에너지를 [그림 2-8]에 나타내었다. 전자의 총 역학적 에너지는 반지름 r 에 반비례하며, 모든 양의 실수 반지름 값에 대해 연속적인 에너지 값을 가진다. 또한 반지름 r이 무한대로 갈 때, 총 역학적 에너지는 0 이 되고, 반지름 r이 0 에 접근하면 총 역학적 에너지는 $-\infty$에 수렴한다. 음의 총 역학적 에너지는 전자가 정전기적 인력에 의해 원자핵에 속박되어 있음을 의미한다.

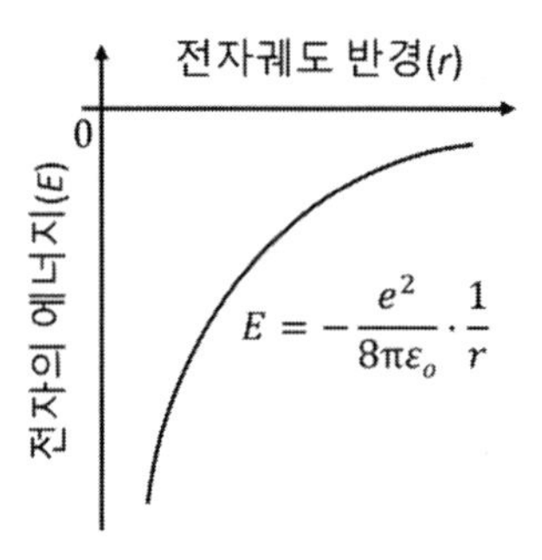

[그림 2-8] 궤도 운동을 하는 전자의 반지름과 총 역학적 에너지

2.5.3 보어의 원자 양자 모형

전자가 연속적인 에너지를 가지며 원자핵 주위를 궤도 운동한다고 설명하는 고전적인 원자 모형과는 달리, 보어는 전자가 불연속적인 에너지 상태와 특정 반지름을 가지며 원형 궤도 운동을 한다고 주장하는 원자 양자 모형을 제시하였다. 보어의 원자 양자 모형의 주요 특징은 다음과 같다.

1. 전자는 양전하를 띤 원자핵(양성자) 주위를 원형 궤도 운동한다.
2. 전자의 궤도는 특정한 정상상태에서만 허용되며, 정상상태에서는 광파를 방출하지 않는 안정된 상태로 궤도를 유지한다.

3. 전자가 한 정상상태에서 다른 정상상태로 이동할 때, 에너지 차이는 빛의 형태로 방출되거나 흡수된다. 이때 방출되거나 흡수된 에너지는 다음 식으로 표현된다.

$$\Delta E = hf \qquad (식\ 2.39)$$

여기서 h는 플랑크(Planck) 상수이며 $6.63 \times 10^{-34} J \cdot sec$ 또는 $4.13 \times 10^{-15} eV \cdot sec$이며, f는 방출되거나 흡수된 빛의 주파수이다

4. 허용된 전자 궤도(r)에서 속도 v 로 궤도 운동을 하는 각운동량 (mvr)은 다음 조건을 만족한다.

$$mvr = \frac{nh}{2\pi} \qquad (식\ 2.40)$$

이는 각운동량이 플랑크 상수의 정수배로 양자화되어 있음을 의미한다.

이러한 특징을 가진 보어의 원자 양자 모형은 [그림 2-9]에 나타내었다.

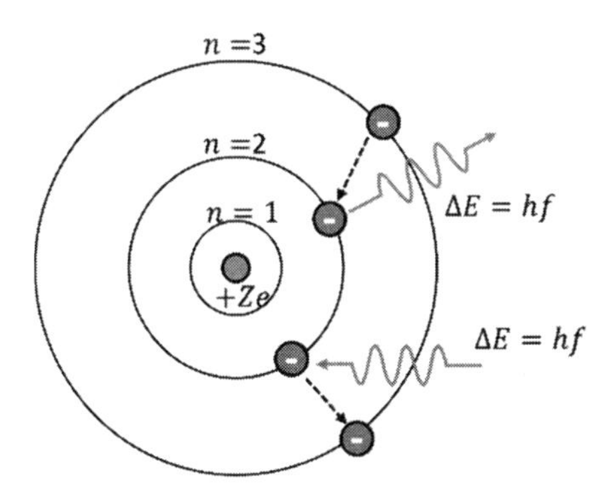

[그림 2-9] 궤도 운동을 하는 보어의 원자 양자 모형

보어의 양자 모형은 [그림 2-7]의 고전적 원자 모형과 비교할 때 다음과 같은 주요 차이점이 있다.

1. 불연속적인 궤도 반지름: 고전적 모형에서는 전자가 연속적인 반지름을 가지는 궤도를 형성하지만, 보어의 양자 모형에서는 전자가 특정 반지름 r_n에서만 궤도 운동을 할 수 있으며, 이 반지름은 n=1, 2, 3, ... 과 같은 양자 상태만 허용된다.
2. 에너지의 방출 및 흡수: 보어 모형에서는 전자가 한 정상상태에서 다른 정상상태로 궤도를 이동할 때, 두 정상상태의 에너지 차이 ($\Delta E = hf$)가 빛의 형태로 방출되거나 흡수된다. 예를 들어, [그림 2-7]에서 n=3 에서 n=2 으로의 이동 시 빛이 방출되며, n=2 에서 n=3 으로의 이동 시 빛이 습수된다.

보어 모형에서의 궤도 운동하는 전자의 궤도 양자화

보어의 4 번째 가정에 따르면, "질량 m인 전자가 허용된 전자 궤도 r에서 속도 v로 운동할 때, 각운동량 mvr은 $h/2\pi$ 의 정수배이다." 이를 수식으로 표현하면 다음과 같다.

$$mvr = n\frac{h}{2\pi} = n\hbar \ (n = 1,\ 2,\ 3, \dots) \quad \hbar = \frac{h}{2\pi} \qquad (식\ 2.41)$$

전자의 궤도 속도 v를 (식 2.32)로 대체하면,

$$mvr = m\sqrt{\frac{e^2}{4m\pi\varepsilon_o r}}\, r = \frac{nh}{2\pi} \qquad (n = 1,\ 2,\ 3, \dots) \qquad (식\ 2.42)$$

양변을 제곱하면,

$$m^2\frac{e^2}{4m\pi\varepsilon_o r}r^2 = \frac{n^2h^2}{4\pi^2} \qquad (n = 1,\ 2,\ 3, \dots) \qquad (식\ 2.43)$$

r 에 대해 정리하면 다음과 같다.

$$r = \frac{\varepsilon_o h^2 n^2}{\pi m e^2} \qquad (n = 1,\ 2,\ 3, \dots) \qquad (식\ 2.44)$$

보어의 양자 원자 모형에 따르면, 궤도 반지름 r 은 양자화된 정수 n 값에 의해 결정된다. 이는 궤도 반지름이 연속적이지 않고 양자화되어 있으며, n^2에 비례함을 의

미한다. 이를 강조하기 위해 전자의 궤도 반지름을 첨자 n 으로 나타내면 다음과 같다.

$$r_n = \frac{\varepsilon_o h^2 n^2}{\pi m e^2} \quad (n = 1,\ 2,\ 3, \dots) \quad (\text{식 } 2.45)$$

보어 모형에서의 궤도 운동하는 전자의 에너지 양자화

보어 모형에서 궤도 운동을 하는 전자의 총 역학적 에너지인 (식 2.38)로 표현된다. 여기서 연속적인 반지름 r 대신, 양자화된 보어의 반지름 r_n (식 2.45)을 대입하면 전자의 총 역학적 에너지는 다음과 같이 양자화된다.

$$E = E_k + U(r) = -\frac{e^2}{8\pi\varepsilon_o}\cdot\frac{1}{r_n} \quad (n = 1,\ 2,\ 3, \dots) \quad (\text{식 } 2.46)$$

$$E_n = -\frac{me^4}{8{\varepsilon_0}^2 h^2}\cdot\frac{1}{n^2} \quad (n = 1,\ 2,\ 3, \dots) \quad (\text{식 } 2.47)$$

양자화된 에너지의 계수는 리드버그(Rydberg) 상수 R_H 로 정의되며, 크기는 13.61 eV이다.

$$R_H = \frac{me^4}{8{\varepsilon_0}^2 h^2} = 13.61\ eV \quad (\text{식 } 2.48)$$

이를 이용하면, 보어 모형에서 전자의 양자화된 총 에너지는 다음과 같이 간단히 표현된다.

$$E_n = -R_H\frac{1}{n^2} \quad (n = 1,\ 2,\ 3, \dots) \quad (\text{식 } 2.49)$$

여기서 $n = 1$일 때, 전자의 에너지는 가장 낮은 값인 $-R_H$이며, 전자가 원자핵의 속박에서 벗어나는 상태인 $n = \infty$ 에서는 에너지가 0 으로 수렴한다.

보어 모형에서 정상상태 이동시 흡수 또는 방출되는 빛의 파장

보어 원자 모형의 3 번째 가정은 다음과 같다. "전자가 한 정상상태에서 다른 정상상태로 이동할 때, 에너지 차이는 빛의 형태로 방출되거나 흡수되며, 이때 방출되거나 흡수된 에너지는 $\Delta E = hf$로 표현된다." 이는 전자의 양자화된 에너지 (식 2.49)로부터, n 값이 큰 높은 에너지 상태에서 낮은 에너지 상태로 전자가 이동하면 에너지 차이만큼 빛이 방출된다. 반대로 낮은 에너지 상태에서 높은 에너지 상태로 이동하기 위해서는 빛이 흡수되어야 함을 의미한다.

전자가 높은 에너지 상태 (n_2)에서 낮은 에너지 상태 (n_1)로 이동할 때, 방출되는 빛의 에너지는 다음과 같이 표현된다.

$$\Delta E = E_{n2} - E_{n1} = -R_H\left(\frac{1}{{n_2}^2} - \frac{1}{{n_1}^2}\right) \quad (n_1 < n_2) \qquad (\text{식 } 2.50)$$

보어 모형에 따르면, 전자가 높은 에너지 상태에서 낮은 에너지 상태로 전이할 때 방출되는 빛의 파장은 고유한 값을 가지며, 이는 수소 원자의 스펙트럼 선을 형성한다. 이러한 전이는 특정 양자 궤도 전이에 따라 계열로 구분되며, 물질의 스펙트럼 분석에 널리 활용된다.

양자 궤도 $n \geq 2$ 에서 $n = 1$ 궤도로의 전이는 라이먼(Lyman) 계열 복사로 알려져 있으며, 방출되는 빛은 높은 에너지를 가져 자외선 영역에 속한다. $n \geq 3$ 에서 $n = 2$ 궤도로의 전이는 발머(Balmer) 계열 복사로, 방출되는 빛은 가시광선 영역에 해당한다. 또한 $n \geq 4$ 에서 $n = 3$ 궤도로의 전이는 파셴(Paschen) 계열 복사로, 적외선 계열의 빛이 방출된다.

전자가 낮은 에너지 상태(안정상태)에서 더 높은 에너지 상태로 이동하는 과정을 여기(Excitation)라고 하고, 전리(Ionization)는 전자가 원자핵의 구속력을 벗어나 자유전자가 되는 것을 의미한다.

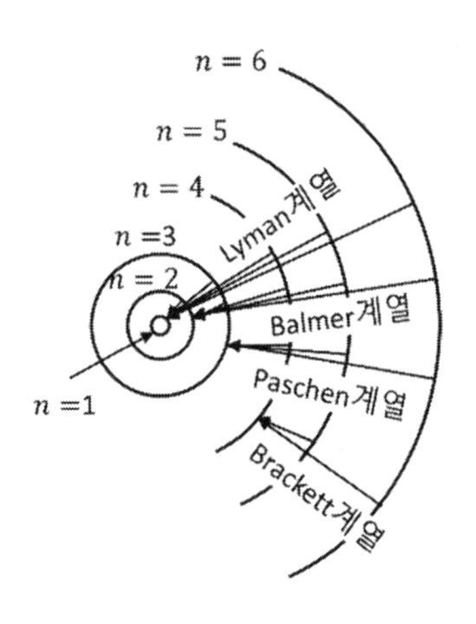

[그림 2-10] 수소 원자의 전자 궤도 및 복사 스펙트럼

예제 2-10 리드버그(Rydberg) 상수 R_H (식 2.48) 값을 구하라.

$\varepsilon_o = 8.85 \times 10^{-12} F/m$, $h = 6.63 \times 10^{-34} J \cdot sec$, $m = 9.109 \times 10^{-31}\text{kg}$, $e = 1.602 \times 10^{-19} C$이다.

<u>풀이</u>

$$R_H = \frac{me^4}{8{\varepsilon_o}^2 h^2} = \frac{9.109 \times 10^{-31} \times (1.602 \times 10^{-19})^4}{8 \times (8.85 \times 10^{-12})^2 \times (6.63 \times 10^{-34})^2} J \times 0.63 \times 10^{19} \frac{eV}{J}$$

$$R_H = 13.61 eV$$

예제 2-11 $n = 2$에서 $n = 1$ 상태로 전자가 전이할 때 방출되는 빛의 파장을 구하라.

$R_H = 13.61\ eV, h = 4.13 \times 10^{-15} eV \cdot sec, c = 3.0 \times 10^8\ m/s$ 이다.

풀이

각 에너지 준위에 해당하는 E_2와 E_1은 보어 모형의 에너지 양자화 에너지 (식 2.49)에 의하여,

$$E_2 = -13.61\ \frac{1}{2^2} = 3.40eV$$

$$E_1 = -13.61\ \frac{1}{1^2} = 13.61eV$$

따라서, 두 에너지 준위 간의 차이는 방출되는 빛의 에너지와 같고 파장과 주파수의 관계식을 이용하면 방출되는 빛의 파장은 다음과 같다.

$$\lambda = \frac{c}{f} = \frac{hc}{E_2 - E_1} = \frac{4.13 \times 10^{-15} \times 3.0 \times 10^8}{10.21}$$

$$\lambda = 1.2 \times 10^{-7} m$$

예제 2-12 보어의 원자 모형에서 $n = 1$인 궤도의 반지름을 보어의 반지름이라 한다. 보어의 반지름을 구하라.

$\varepsilon_o = 8.85 \times 10^{-12} F/m$, $h = 6.63 \times 10^{-34} J \cdot sec$, $m = 9.109 \times 10^{-31}$kg , $e = 1.602 \times 10^{-19} C$이다.

풀이

보어의 원자 모형의 반지름 수식인 (식 2.45)에 n=1 을 대입하면 보어의 반지름이 구해진다.

$$r_1 = \frac{\varepsilon_o h^2 1^2}{\pi m e^2} = \frac{8.85 \times 10^{-12} \times (6.63 \times 10^{-34})^2}{3.14 \times 9.109 \times 10^{-31} \times (1.602 \times 10^{-19})^2} = 0.0529nm$$

예제 2-13 수소 원자에서 n=1 인 상태를 기저 상태(Ground state)라 한다. 기저 상태에 있는 수소 원자의 전자를 전리시키는데 필요한 에너지를 구하라.

풀이

보어 모형에 따르면, 수소 원자의 에너지 상태는 다음과 같이 계산된다.

$$E_n = -13.61\ \frac{1}{n^2}$$

기저 상태 ($n = 1$)에서의 에너지는

$$E_1 = -13.61 \frac{1}{1^2} = -13.61eV$$

전리 상태 ($n = \infty$)에서의 에너지는

$$E_\infty = -13.61 \frac{1}{\infty^2} = 0$$

전리를 위해 필요한 에너지는 $n = 1$에서 $n = \infty$로 전자를 이동시키는 데 필요한 에너지로 정의된다. 이를 계산하면,

$$\Delta E = E_\infty - E_{n1} = 0 - (-13.61) = 13.61eV$$

따라서, 기저 상태에 있는 수소 원자의 전자를 전리시키는데 필요한 에너지는 13.61eV 이다.

보어 모형에서의 궤도 운동하는 전자의 궤도와 에너지 양자화

보어의 양자 원자 모형에 따르면, 전자는 양자화된 궤도 반지름과 에너지를 가지며, 이는 각각 (식 2.45)와 (식 2.47)로 표현되며 이를 시각적으로 표현한 것이 [그림 2-11]이다.

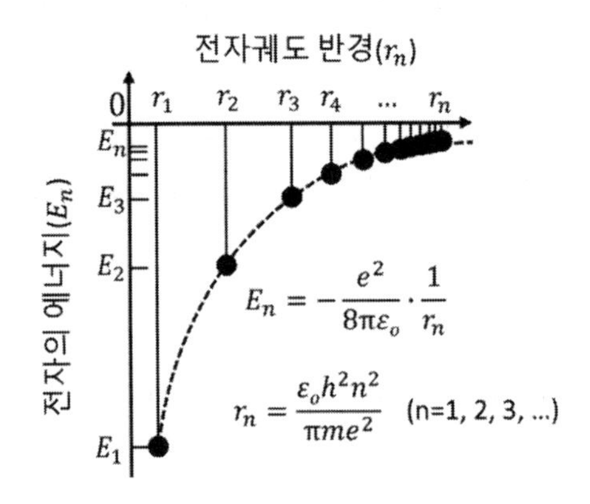

[그림 2-11] 수소 원자의 양자화된 궤도 반지름과 전자의 에너지

2.6 드브로이의 물질파

빛이 파동성과 입자성을 동시에 가지는 것처럼, 물질 또한 파동성을 가질 수 있다는 가설이 제안되었다. 1924 년, 드브로이는 물질의 파동적 특성을 설명하는 물질파 이론을 발표하여, 물질의 이중성(Duality)과 상보성(Complementarity) 개념을 확립하였다.

이 이론은 전자의 움직임과 특성을 양자역학적 관점에서 슈뢰딩거의 파동방정식으로 설명하는 기반을 마련하였다. 이후, 1927 년 전자의 회절 실험을 통해 물질파의 존재가 실증되었으며, 드브로이는 이 업적으로 1929 년 노벨 물리학상을 수상하였다.

드브로이는 "물질의 파장(λ)은 입자의 운동량 (p)에 반비례한다"고 주장하며, 이를 다음과 같은 수식으로 표현하였다. 이때의 물질 파장을 드브로이 파장이라고 한다.

$$\lambda = \frac{h}{p} \qquad (식\ 2.51)$$

$$\lambda = \frac{h}{mv} \qquad (식\ 2.52)$$

$$\lambda = \frac{\sqrt{1-({}^{v}/_{c})^2 h}}{m_0 v} h \qquad (식\ 2.53)$$

즉, 정지 질량이 m_0인 물질 입자가 속력 v로 이동하면 드브로이 파장 λ의 파동성을 가지게 된다. 특히, 입자가 작고 미시적인 영역일수록 드브로이 파장은 커지며, 물질의 파동성이 더욱 두드러지게 나타난다. 여기서 플랑크(Planck) 상수 $h = 6.63 \times 10^{-34}[J \cdot sec]$ 또는 $4.13 \times 10^{-15}[eV \cdot sec]$이다.

예제 2-14 다음의 각 경우에 대하여 물질의 드브로이 파장을 구하라.

(a) $1\,m/s$의 속도로 운동하는 $1\,kg$ 공

(b) 속도가 $0.1c$ 인 전자

$c = 3.0 \times 10^8[m/s]$, 플랑크 상수 $h = 6.63 \times 10^{-34}[J \cdot sec]$, 전자의 정지질량 $m_0 = 9.109 \times 10^{-31}\ [kg]$ 이다.

풀이

(a) $1\,m/s$의 속도로 운동하는 $1\,kg$물체의 드브로이 파장은 다음과 같이 계산된다.

$$\lambda = \frac{h}{p} = \frac{\sqrt{1-(v/c)^2}h}{m_0 v} = \frac{\sqrt{1-\left(\frac{1}{3.0\times10^8}\right)^2}\times 6.63\times10^{-34}}{1\times1} = 6.63\times10^{-34}\,m$$

(b) 속도가 $0.1c$ 인 전자의 드브로이 파장은 다음과 같이 계산된다.

$$\lambda = \frac{\sqrt{1-\left(\frac{3.0\times10^7}{3.0\times10^8}\right)^2}\times 6.63\times10^{-34}}{9.109\times10^{-31}\times3.0\times10^7} = 2.41\times10^{-11}\,m$$

이 결과는 미시 세계의 입자인 전자가 거시 세계의 물체에 비해 훨씬 더 큰 드브로이 파장을 갖는다는 것을 보여준다.

파동의 운동 에너지와 파수 k (Wave number)

드브로이 물질파 관계식 $(\lambda = h/p)$으로부터, 플랑크 상수를 물질파의 파장으로 나누면 운동량이 됨을 알 수 있다.

$$p = \frac{h}{\lambda} = \frac{h}{2\pi}\cdot\frac{2\pi}{\lambda} = \hbar k \quad (\text{식 } 2.54)$$

여기서 파수(Wave number) k는 단위 길이당 파동이 진행하는 라디안(radian) 수를 나타내며, 다음과 같이 정의된다.

$$k = \frac{2\pi}{\lambda}\ [rad/L] \quad (\text{식 } 2.55)$$

예를 들어, 파장이 1m 인 경우 파수 k는 6.28 rad/m가 된다.

운동량 p가 파수 k에 비례하므로, 이를 통해 물질과 파동은 물리량으로 연결되며, 운동 에너지는 파수 k를 이용하여 다음과 같이 표현된다.

$$E_k = \frac{1}{2}mv^2 = \frac{(mv)^2}{2m} = \frac{p^2}{2m} = \frac{\hbar^2k^2}{2m} \quad (\text{식 } 2.56)$$

입자성 속도 v는 파수 k를 이용하면 다음과 같이 표현된다.

$$v = \frac{\hbar k}{m} \quad (\text{식 } 2.57)$$

또한, 속도 v를 가진 물질파의 파수는 다음과 같다.

$$k = \frac{mv}{\hbar} \quad (\text{식 } 2.58)$$

이를 $k = 2\pi/\lambda$ 관계식에 적용하면, 속도 v인 물질파의 파장은 다음과 같이 표현된다.

$$\lambda = \frac{2\pi\hbar}{mv} = \frac{h}{p} \quad (\text{식 } 2.59)$$

보어 원자 모형에서의 궤도 운동하는 전자의 드브로이 물질파

보어의 양자 원자 모형에 따르면, 전자의 각운동량은 $h/2\pi$의 정수배 $(mvr = n \cdot h/2\pi)$가 되어야 한다. 이를 수식으로 표현하면,

$$pr_n = mvr_n = n\frac{h}{2\pi} \quad (\text{식 } 2.60)$$

여기서 p는 전자의 운동량이다. 양변을 2π로 곱하고 운동량 p로 나누면,

$$2\pi r_n = n\frac{h}{p} \quad (\text{식 } 2.61)$$

이 되고, $(h/p) = \lambda$ 이므로

$$2\pi r_n = n\frac{h}{p} = n\lambda \quad (\text{식 } 2.62)$$

이는 궤도 운동을 하는 전자의 원둘레가 드브로이 파장의 정수배가 되어야 함을 의미한다. 이를 n=1, 2, 3 의 경우로 나타내면 다음과 같다.

$$2\pi r_1 = \lambda \quad (\text{식 } 2.63)$$

$$2\pi r_3 = 2\lambda \quad (식\ 2.64)$$

$$2\pi r_3 = 3\lambda \quad (식\ 2.65)$$

[그림 2-12]는 n=1, 2, 3 에 해당하는 원자의 반지름과 보어의 원운동 모형에서 정상파를 형성하는 전자의 물질파를 시각적으로 보여준다. 보어 반지름은 (식 2.45)에 의해 계산되었으며, 드브로이 파장은 (식 2.63), (식 2.64), (식 2.65)를 이용하여 구하였다. 보어 모형에 따르면, 원자 반지름은 양자수 n^2에 비례하지만, 그림에서는 이러한 비율이 생략되었으며, 단순히 $r_1 < r_2 < r_3$의 크기로 표현하였다.

보어의 양자 원자 모형에서, 속도 v로 원 운동하는 전자의 물질파의 파장은 (식 2.62)에 의해 정의된다. 이때, 전자는 물질파의 파장의 정수배에 해당하는 양자화된 궤도에서만 원운동을 할 수 있으며, 이러한 궤도에서는 파동이 서로 상쇄간섭을 일으키지 않고 정상파를 형성한다. 반면, 물질파의 파장이 양자화되지 않은 궤도를 가지는 경우, 상쇄간섭이 발생하여 전자는 안정적인 궤도를 유지하지 못하여 지속적인 원운동이 불가능해진다.

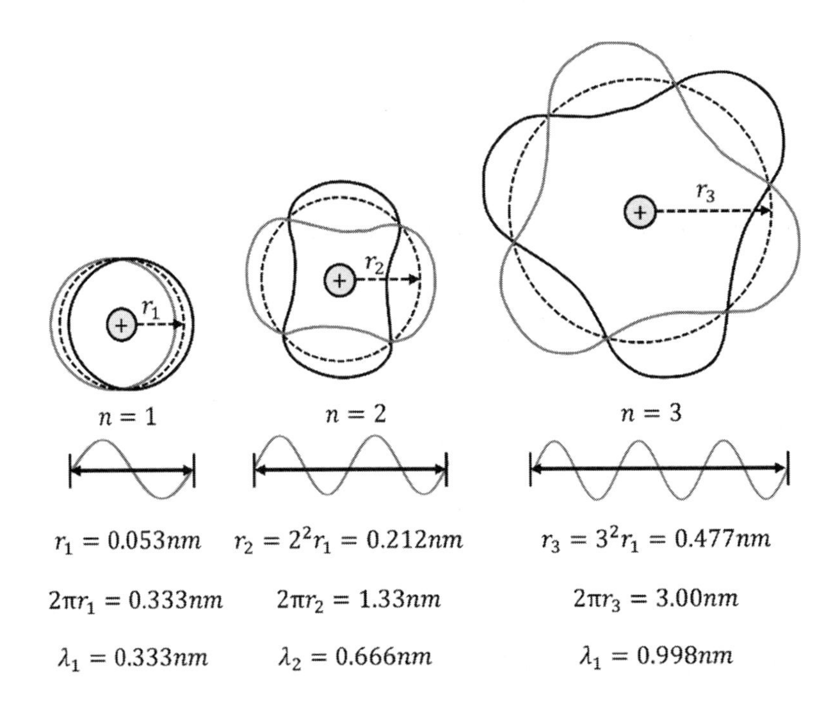

[그림 2-12] 수소 원자의 양자화된 궤도 반지름과 물질파

CHAPTER

03

슈뢰딩거(Schrödinger)의 파동방정식과 양자역학

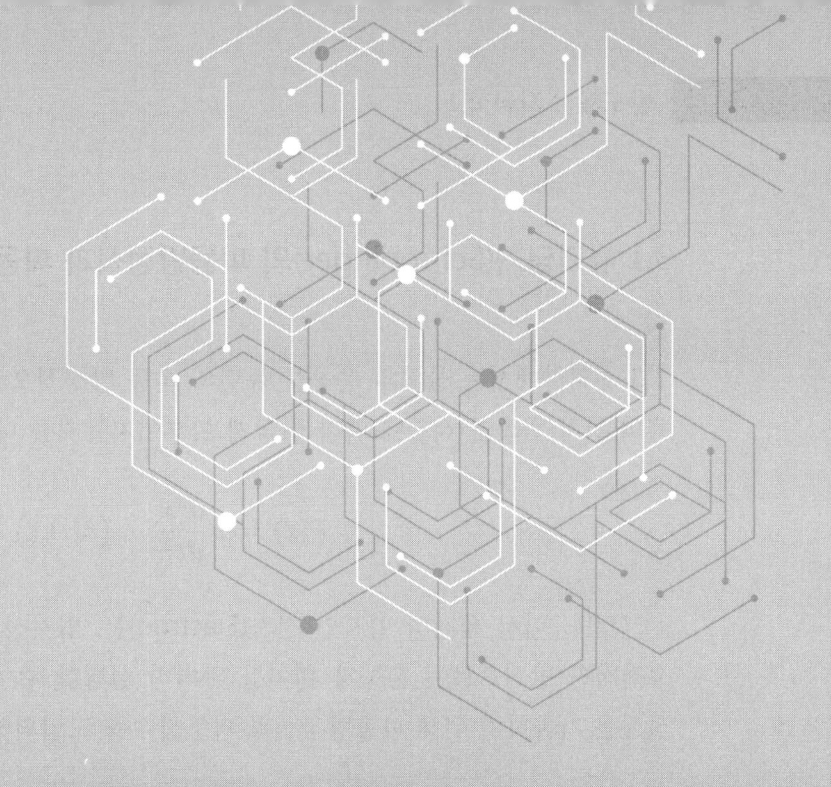

• UNIT GOALS

본 장에서는 전자를 양자역학적으로 기술하기 위한 파동방정식과 파동함수의 의미를 다룬다. 이를 통해 전자의 양자역학적 성질을 이해하고, 다양한 물리적 상황에서 전자가 어떻게 행동하는지 분석한다.

구체적으로 전자가 자유롭게 움직이는 경우, 1차원 무한 퍼텐셜 에너지 장벽 내에 전자가 갇혀 있는 경우, 무한 및 유한 계단 퍼텐셜 에너지 장벽에 전자가 입사하는 다양한 상황을 통해 전자의 양자역학적 성질을 이해한다.

이와 함께, 수소 원자의 3차원 파동방정식을 통해 주양자수, 부양자수와 자기양자수 등 양자수의 개념을 학습하고, 이를 기반으로 다전자 원자의 개념과 실리콘 원자의 에너지 준위와 가전자 구조를 살펴본다.

3.1 슈뢰딩거(Schrödinger)의 파동방정식과 파동함수

고전역학에서는 물체의 운동을 뉴턴의 운동 방정식으로 기술한다. 이 방정식은 물체의 위치 변화가 시간에 따라 어떻게 이루어지는지를 다음과 같이 표현한다.

$$F(x) = m\frac{d^2x}{dt^2} \quad (식\ 3.1)$$

그러나, 미시 세계의 입자인 전자(Electron)는, 입자성과 파동성을 동시에 가지며, 고전적인 방식으로는 운동과 위치를 완벽히 설명할 수 없다. 이러한 전자의 파동적 성질을 기술하기 위해 파동방정식과 파동함수를 도입되었다.

파동방정식의 해인 파동함수는 전자의 상태를 기술하며, 파동함수는 공간 내에서 연속적이며 유한하고, 파동함수의 1 차 미분 역시 연속적이며 유한한 특성을 가진다.

슈뢰딩거는 전자의 파동적 성질을 설명하기 위해 파동방정식을 제안하였고, 이를 통해 미시 세계의 입자들을 양자역학적으로 분석할 수 있는 기반을 마련하였다.

슈뢰딩거의 파동방정식은 다양한 물리적 시스템에 적용 가능하며, 이를 통해 전자의 에너지 상태, 위치 확률 분포, 그리고 양자역학적 성질을 구체적으로 이해하는 방법을 제시한다.

1 차원 시변(Time-variant) 슈뢰딩거 방정식

슈뢰딩거는 미시 세계의 입자를 설명하기 위해 에너지 보존식(식 3.2)을 기반으로 파동방정식과 파동함수를 제안하였다. 본 장에서는 문제를 단순화하기 위해 1 차원에서 운동하는 입자의 경우를 고려하여 슈뢰딩거 방정식을 유도한다.

고전역학적 에너지 보존식은 다음과 같이 표현된다.

$$E = E_k + U(x,t) = \frac{1}{2}mv^2 + U(x,t) = \frac{p^2}{2m} + U(x,t) \quad (식\ 3.2)$$

여기서 E는 입자의 총 에너지, E_k는 운동 에너지, $U(x,t)$는 퍼텐셜 에너지, m은 입자의 질량, p는 운동량, v는 속도이다.

에너지 보존식에 파동함수 $\Psi(x,t)$를 곱하면 다음과 같다.

$$E\Psi(x,t) = \frac{p^2}{2m}\Psi(x,t) + U(x,t)\Psi(x,t) \quad \text{(식 3.3)}$$

에너지 물리량 E 대신에 양자역학적 에너지 연산자를 도입하고,

$$E \Rightarrow j\hbar\frac{\partial}{\partial t} \quad \text{(식 3.4)}$$

운동량 물리량 p 대신에 양자역학적 운동량 연산자를 도입하여

$$p \Rightarrow -j\hbar\frac{\partial}{\partial x} \quad \text{(식 3.5)}$$

(식 3.3)에 대입하고 정리하면 시간 의존적인(Time dependent) 슈뢰딩거 방정식이 도출된다.

$$j\hbar\frac{\partial\Psi(x,t)}{\partial t} = -\frac{\hbar^2}{2m}\frac{\partial^2\Psi(x,t)}{\partial x^2} + U(x,t)\Psi(x,t) \quad \text{(식 3.6)}$$

파동함수 $\Psi(x,t)$를 위치 함수 $\psi(x)$와 시간 함수 $\phi(t)$의 곱으로 분리하고, 퍼텐셜 에너지 $U(x,t)$가 시간에 의존하지 않는 위치 함수 $U(x)$인 경우, 파동함수는 $\Psi(x,t) = \psi(x)\phi(t)$로 표현할 수 있다. 이를 (식 3.6)에 대입하면,

$$j\hbar\frac{\partial\big(\psi(x)\phi(t)\big)}{\partial t} = -\frac{\hbar^2}{2m}\frac{\partial^2\big(\psi(x)\phi(t)\big)}{\partial x^2} + U(x)\psi(x)\phi(t) \quad \text{(식 3.7)}$$

이를 정리하면,

$$j\hbar\psi(x)\frac{\partial\phi(t)}{\partial t} = -\frac{\hbar^2}{2m}\phi(t)\frac{\partial^2\psi(x)}{\partial x^2} + U(x)\psi(x)\phi(t) \quad \text{(식 3.8)}$$

(식 3.8)의 양변을 $\psi(x)\phi(t)$로 나누고 정리하면, 다음과 같은 1 차원 시변(Time-variant) 슈뢰딩거 방정식이 된다.

$$j\hbar\frac{1}{\phi(t)}\frac{\partial\phi(t)}{\partial t} = -\frac{\hbar^2}{2m}\frac{1}{\psi(x)}\frac{\partial^2\psi(x)}{\partial x^2} + U(x) \quad (식\ 3.9)$$

이 방정식은 파동함수를 시간 및 공간에 대하여 독립적으로 해석할 수 있게 하며, 이를 통해 시간에 따른 입자의 변화와 공간 내에서의 확률 분포를 각각 구분하여 분석할 수 있다.

1 차원 슈뢰딩거 방정식의 시간해

1 차원 시변 슈뢰딩거 방정식 (식 3.9)의 좌변은 시간에만 의존하고, 우변은 위치에만 의존하므로, 이 값은 시간과 위치에 독립적인 상수이어야 한다. 이러한 상수를 분리 상수(Separation constant)라 하며, 이를 η 로 표현한다.

$$j\hbar\frac{1}{\phi(t)}\frac{\partial\phi(t)}{\partial t} = \eta \quad (식\ 3.10)$$

(식 3.10)의 미분 방정식을 정리하면,

$$\frac{\partial\phi(t)}{\phi(t)} = \frac{\eta}{j\hbar}\partial t = -j\frac{\eta}{\hbar}\partial t \quad (식\ 3.11)$$

양변을 적분하면

$$\int\frac{\partial\phi(t)}{\phi(t)} = \int -j\frac{\eta}{\hbar}\partial t \quad (식\ 3.12)$$

$$\ln|\phi(t)| = -j\frac{\eta}{\hbar}t + C \quad (식\ 3.13)$$

양변에 지수 함수를 취하면,

$$\phi(t) = e^{C}e^{-j(\eta/\hbar)t} = C_1e^{-j(\eta/\hbar)t} \quad (식\ 3.14)$$

여기서 $C_1 = e^{C}$는 상수항이다.

파동함수 $\Psi(x,t) = \psi(x)\phi(t)$이므로, 시간 함수 $\phi(t)$의 상수항 C_1은 위치 함수 $\psi(x)$에 포함될 수 있다. 따라서, 시간해 $\phi(t)$는 단순히 다음과 같이 표현된다.

$$\phi(t) = e^{-j(\eta/\hbar)t} \quad (\text{식 } 3.15)$$

여기서 $(\eta/\hbar)t$ 는 복소수의 위상 θ에 해당하므로

$$\frac{\eta}{\hbar}t = \theta \quad (\text{식 } 3.16)$$

위상 θ를 시간 t로 나눈 값은 단위 시간당 각도의 변화량인 각속도 ω로 정의된다.

$$\omega = \frac{\theta}{t} = \frac{\eta}{\hbar} \quad (\text{식 } 3.17)$$

각속도 ω와 에너지 E의 관계는 다음과 같다.

$$\eta = \hbar\omega = \frac{h}{2\pi}\cdot 2\pi f = hf = E \quad (\text{식 } 3.18)$$

따라서, η는 에너지 E에 해당하며, 1 차원 슈뢰딩거 방정식의 시간해는 다음과 같이 표현된다.

$$\phi(t) = e^{-j(E/\hbar)t} = e^{-j\omega t} \quad (\text{식 } 3.19)$$

1 차원 슈뢰딩거 방정식의 위치해와 파수 k

1 차원 시변 슈뢰딩거 파동방정식 (식 3.9)를 분리 상수 $\eta = E$를 이용하여 분리하면, 위치에 대한 부분은 다음과 같은 1 차원 위치 파동방정식으로 표현된다.

$$\frac{\partial^2\psi(x)}{\partial x^2} + \frac{2m}{\hbar^2}[E - U(x)]\psi(x) = 0 \quad (\text{식 } 3.20)$$

이 방정식은 2 차 미분 방정식으로, 물리적 상황에 따라 입자의 상태를 설명하기 위한 일반해는 두 가지로 구분된다.

1. 입자가 이동하는 경우의 일반해

$$\psi(x) = Ae^{+jkx} + Be^{-jkx} \qquad (식\ 3.21)$$

여기서 A는 오른쪽으로 진행하는 파동의 진폭이며, B는 왼쪽으로 진행하는 파동의 진폭을, k는 파수를 의미한다.

2. 입자가 갇혀 있는 경우(정상파)의 일반해

$$\psi(x) = A\cos kx + B\sin kx \qquad (식\ 3.22)$$

여기서 A와 B는 삼각 함수의 계수이며 k는 파수를 의미한다. 각 계수는 경계 조건에 의해 결정되며, 파수 k는 다음과 같이 정의된다.

$$k = \sqrt{\frac{2m}{\hbar^2}\left(E - U(x)\right)} \qquad (식\ 3.23)$$

이동하는 입자의 진행파와 역진행파

1 차원 슈뢰딩거의 방정식의 시간해 $\phi(t)$ (식 3.19)와 이동하는 입자의 위치해 $\psi(x)$ (식 3.21)을 조합하면, 이동하는 입자의 파동함수 $\Psi(x,t)$는 다음과 같이 표현된다.

$$\Psi(x,t) = \psi(x)\phi(t) = \left(Ae^{+jkx} + Be^{-jkx}\right)e^{-j\omega t} \qquad (식\ 3.24)$$

이를 전개하면 다음과 같다.

$$\Psi(x,t) = Ae^{j(kx-\omega t)} + Be^{-j(kx+\omega t)} \qquad (식\ 3.25)$$

여기서 $\pm kx$는 위치에 따른 변화량을, $-\omega t$는 시간에 따른 변화량을 의미한다.

결과적으로, 이동하는 입자의 슈뢰딩거 방정식의 해는 $e^{j(kx-\omega t)}$와 $e^{-j(kx+\omega t)}$로 구성된다. $e^{j(kx-\omega t)}$ 파동함수는 x방향으로 진행(오른쪽으로 이동)하는 진행파가 되며, $e^{-j(kx+\omega t)}$ 파동함수는 $-x$방향으로 진행(왼쪽으로 이동)하는 역진행파를 의미한다. 이때, 파동에서 위상이 이동하는 속도를 위상 속도 v_p라고 하며, 다음과 같이 정의된다.

$$v_p = \frac{\omega}{k} \quad (식\ 3.26)$$

진행파와 역진행파의 특성은 [그림 3-1]에 나타나 있다. 이 그림에서는 $t = 0$일 때와 $t = t_1$일 때를 비교하여, 진행파가 x방향으로 이동하고 역진행파가 $-x$방향으로 이동하며, 시간 경과에 따라 파동의 위상이 변화하는 모습을 보여준다.

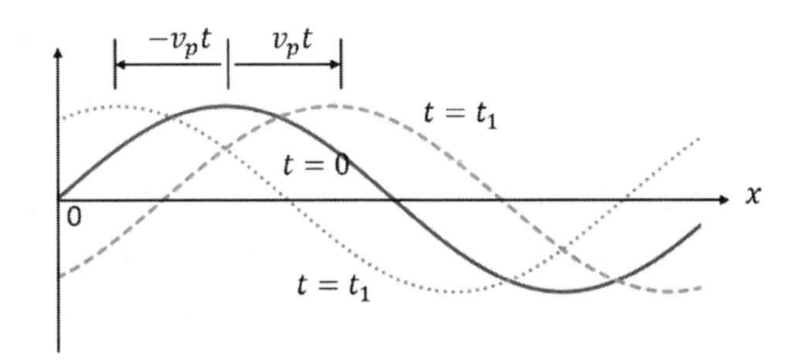

[그림 3-1] 진행파와 역진행파

진행파 $e^{j(kx-\omega t)}$의 위상을 $\theta = kx - \omega t$로 정의하고, 이를 시간 t로 미분하여 그 값을 0 으로 두자. 이는 위상이 변하지 않는 특정 위치를 나타내며, 시간에 따른 파의 이동 속도를 계산하는 데 사용한다.

$$\frac{d\theta}{dt} = k\frac{dx}{dt} - \omega = 0 \quad (식\ 3.27)$$

여기서 위상 이동 속도를 의미하는 dx/dt가 양의 ω/k값이 되므로, $e^{j(kx-\omega t)}$는 x 방향(오른쪽)으로 진행하는 진행파로 해석된다. 즉, 위상의 이동 속도가 양의 값이므로 파는 오른쪽으로 이동하는 진행파의 특성을 나타낸다.

한편, 역진행파 $e^{-j(kx+\omega t)}$의 위상을 $\theta = kx + \omega t$로 정의하고, 이를 시간 t로 미분하여 그 값을 0 으로 두면, dx/dt는 음의 $-\omega/k$가 되므로, $e^{-j(kx+\omega t)}$는 $-x$방향(왼

쪽)으로 이동하는 역진행파가 된다. 즉, 위상의 이동 속도가 음의 값이므로 파는 왼쪽으로 이동하는 역진행파의 특성을 나타낸다.

3.2 파동함수의 양자역학 이해

확률

고전역학에서 뉴턴의 운동 방정식의 해를 통해 입자의 위치와 운동량을 정확히 예측할 수 있다. 그러나, 양자역학에서는 슈뢰딩거 방정식의 해인 파동함수 $\Psi(x,t)$ (식 3.24)가 복소함수이기 때문에, 그 자체로는 직접적인 물리적 의미를 가지지 않는다.

1926 년, 막스 보른(Max Born)은 "임의의 시간 t 에서 위치 x 와 $x + dx$ 사이에서 입자를 발견할 확률 $P(x)dx$는 $|\Psi(x,t)|^2 dx$로 나타낼수 있다"고 해석하였다. 이에 따라 $|\Psi(x,t)|^2$는 입자를 발견할 확률밀도 함수로 해석되었으며, 공간에서의 확률밀도 함수는 $|\psi(x)|^2$로 정의된다.

확률밀도 함수는 다음과 같이 표현된다.

$$P(x) = |\Psi(x,t)|^2 = \Psi(x,t)\Psi^*(x,t) \qquad (식\ 3.28)$$

여기서 $\Psi^*(x,t)$는 $\Psi(x,t)$의 공액복소함수(Complex conjugate function)이다.

파동함수가 시간과 공간으로 분리 가능한 경우, 확률밀도 함수는 다음과 같이 전개된다.

$$P(x) = \left[\psi(x)e^{-j(E/\hbar)t}\right]\left[\psi^*(x)e^{+j(E/\hbar)t}\right] \qquad (식\ 3.29)$$

이를 계산하면, 시간 의존성이 제거되며, 다음과 같이 공간에만 의존하는 확률밀도 함수로 표현된다.

$$P(x) = \psi(x)\psi^*(x) = |\psi(x)|^2 \qquad (식\ 3.30)$$

고전역학에서는 운동 방정식의 해가 입자의 위치를 정확히 결정하는 반면, 양자역학에서 슈뢰딩거 방정식의 해는 입자가 특정 위치에 존재할 확률밀도를 제공한다. 또한, 입자는 시공간 전체에서 반드시 존재해야 하므로, 확률밀도 함수는 전체 구간에서의 적분값이 1 이 되는 정규화 조건을 만족한다.

시공간 전체에서의 확률밀도 적분값은 다음과 같다.

$$\int_{-\infty}^{\infty} |\Psi(x,t)|^2 dx = 1 \qquad (식\ 3.31)$$

공간 확률밀도 $P(x)$도 동일한 조건을 만족한다.

$$\int_{-\infty}^{\infty} P(x) dx = 1 \qquad (식\ 3.32)$$

마찬가지로, 공간 파동함수의 확률밀도 적분값도 다음과 같이 정규화된다.

$$\int_{-\infty}^{\infty} |\psi(x)|^2 dx = 1 \qquad (식\ 3.33)$$

기대값

양자역학에서 확률변수 x의 평균값은 $\langle x \rangle$로 표기되며, 이는 확률론에서의 기대값(Expectation Value)을 의미한다. x의 확률밀도 함수가 $P(x)$로 주어질 때, 평균값 $\langle x \rangle$는 다음과 같이 정의된다.

$$\langle x \rangle = \int_{-\infty}^{\infty} x P(x) dx \qquad (식\ 3.34)$$

양자역학에서 임의의 함수 $f(x)$의 평균값(또는 기대값)을 확률밀도 함수를 $P(x)$를 사용하여 표현하면,

$$\begin{aligned} \langle f(x) \rangle &= \int_{-\infty}^{\infty} f(x) P(x) dx = \int_{-\infty}^{\infty} f(x) |\Psi(x,t)|^2 dx \\ &= \int_{-\infty}^{\infty} \psi(x) f(x) \psi^*(x) dx \qquad (식\ 3.35) \end{aligned}$$

이 된다. 여기서 $\Psi(x,t)$는 파동함수, $|\Psi(x,t)|^2$는 확률밀도 함수, $\psi^*(x)$는 $\psi(x)$의 공액복소함수이다.

예제 3-1 전자가 1차원에서 존재할 위치에 대한 확률밀도 함수가 우측의 그림과 같다고 가정한다.

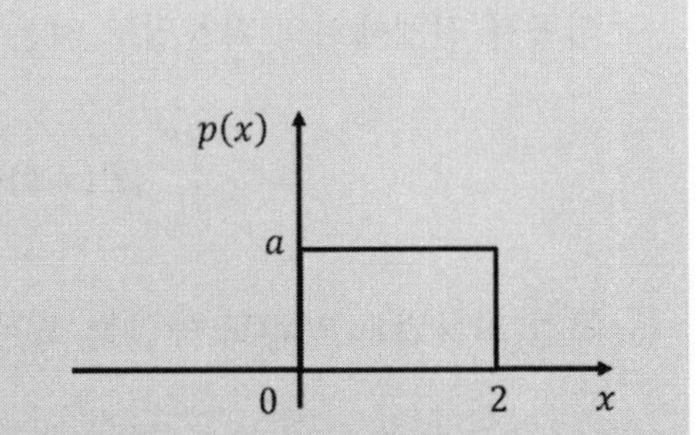

(a) 전구간에서 전자가 존재할 확률이 1이 되기 위한 정규화 상수 a 값을 구하라.

(b) 전자가 존재할 평균 위치(기대값) $\langle x \rangle$를 구하라.

풀이

(a) 전구간에서 확률밀도 함수 $P(x)$의 적분값은 항상 1이 되어야 한다. 이를 정규화 조건이라 하며, 다음과 같이 표현된다.

$$\int_{-\infty}^{\infty} p(x)dx = 1$$

확률밀도 함수 $p(x) = a$는 [0, 2] 구간에서만 정의되므로

$$\int_0^2 adx = 1$$

$$a[x]_0^2 = 1$$

(b) 1차원에서 전자의 평균 위치 $\langle x \rangle$는 다음과 같이 정의된다.

$$\langle x \rangle = \int_0^2 xp(x)dx$$

여기서 확률밀도 함수 $p(x) = 1/2$를 대입하면,

$$\langle x \rangle = \int_0^2 x\frac{1}{2}dx = \frac{1}{2}\int_0^2 xdx$$

적분을 계산하면,

$$\langle x \rangle = \frac{1}{2} \times \left[\frac{1}{2}x^2\right]_0^2 = \frac{1}{4}[4-0]$$

$$a(2-0)=1$$

$$a=\frac{1}{2}$$

따라서, 정규화 상수 a 는 1/2 이다.

$$\langle x\rangle = 1$$

따라서, 전자가 $[0,2]$ 구간에서 존재할 평균 위치는 $x=1$ 이다.

불확정량

양자역학에서 전자의 위치는 확률밀도 함수로 표현되므로, 전자의 특정 가상 위치 x와 전자의 평균 위치(기대값) $\langle x\rangle$ 사이의 차이를 위치 불확정량 (Δx)으로 정의하며, 다음과 같이 표현된다.

$$\Delta x = |x - \langle x\rangle| \quad (식\ 3.36)$$

마찬가지로, 전자의 운동량 P_x와 평균 운동량(기대값) $\langle P_x\rangle$ 사이의 차이를 운동량 불확정량 (ΔP_x)으로 정의하며, 다음과 같이 표현된다.

$$\Delta P_x = |P_x - \langle P_x\rangle| \quad (식\ 3.37)$$

위치와 운동량의 불확정량 사이의 관계는 하이젠베르크의 불확정성 원리에 의해 설명되며, 이는 3.7 절에서 다룬다.

파동함수의 경계 조건

1 차원 위치 파동방정식 (식 3.20)에서 에너지 E와 퍼텐셜 에너지 $U(x)$가 유한하다면, 파동함수 $\psi(x)$와 1 차 도함수(미분 함수) $d\psi(x)/dx$는 유한하고 연속적이며 단일값을 가진다.

[그림 3-2]는 유한 및 무한 퍼텐셜 에너지에서의 파동함수와 그 연속성을 나타낸다. 유한 퍼텐셜 에너지인 경우, 파동함수 $\psi(x)$는 유한하고 연속적이고 단일값을 가지고, 1차 미분 함수 $d\psi(x)/dx$ 역시 유한하고 연속적인 단일값을 가진다. 그러나, 무한 퍼텐셜 에너지인 경우, 파동함수 $\psi(x)$는 연속적이고 단일값을 가지지만, 1차 미분 함수 $d\psi(x)/dx$는 일반적으로 불연속이다. 이러한 파동함수의 경계 조건 특성은 양자역학에서 입자의 운동을 기술하고 에너지 준위를 결정하는 데 중요한 역할을 한다.

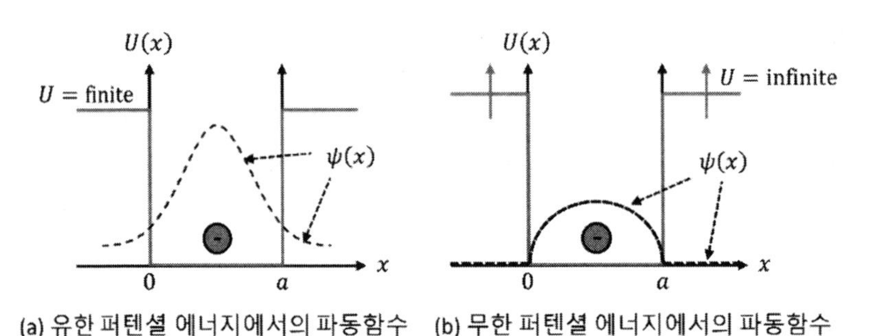

[그림 3-2] 유한 및 무한 퍼텐셜 에너지에서의 파동함수의 연속성

예제 3-2 1차원 파동함수가 (식 3.25)처럼 주어졌을 때, 계수 B=0인 경우를 고려한다. 이때, k값은 (식 2.54), 에너지 E는 (식 3.18)로 정의된다. 주어진 조건을 바탕으로, 에너지 연산자 (식 3.4)와 운동량 연산자 (식 3.5)를 유도하라.

풀이

$$\Psi(x,t) = Ae^{j(kx-\omega t)} \quad (1)$$

(식 1)의 양변을 시간 t로 미분하면

$$\frac{\partial \Psi(x,t)}{\partial t} = -j\omega Ae^{j(kx-\omega t)} = -j\omega\Psi(x,t)$$

(식 1)의 양변을 위치 x로 미분하면

$$\frac{\partial \Psi(x,t)}{\partial x} = jkAe^{j(kx-\omega t)} = jk\Psi(x,t)$$

$p = \hbar k$을 적용하면,

위 식에서 양변을 비교하면 $\frac{\partial}{\partial t} = -j\omega$

$hf = h\frac{\omega}{2\pi} = \hbar\omega = E$ 이므로

$$\frac{\partial}{\partial t} = -j\frac{E}{\hbar}$$

정리하면, $E = j\hbar\frac{\partial}{\partial t}$ 이 된다.

$$\frac{\partial}{\partial x}\Psi(x,t) = j\frac{p}{\hbar}\Psi(x,t)$$

위 식의 양변을 비교하면 $\frac{\partial}{\partial x} = j\frac{p}{\hbar}$

이를 정리하면 다음과 같다.

$$p = -j\hbar\frac{\partial}{\partial x}$$

3.3 자유전자의 파동방정식과 에너지

힘이 작용하지 않는, 즉 퍼텐셜 에너지가 $U(x) = 0$인 상태에서 움직이는 자유전자를 양자역학적으로 해석해보자.

자유전자의 에너지, 운동량과 파장

퍼텐셜 에너지 $U(x) = 0$이므로, 자유전자의 총 에너지는 운동 에너지로만 구성되어 다음과 같다.

$$E = \frac{p^2}{2m} \qquad (식\ 3.38)$$

자유전자의 1 차원 시변 슈뢰딩거 방정식은 일반적인 1 차원 시변 슈뢰딩거 방정식 (식 3.9)에서 $U(x) = 0$인 경우에 해당한다. 따라서 시간해는 (식 3.19)와 동일하여 $\phi(t) = e^{-j(E/\hbar)t}$이 된다.

자유전자의 1 차원 위치 파동방정식은 1 차원 위치 파동방정식 (식 3.20)에서 $U(x) = 0$을 적용하여 구할 수 있다.

$$\frac{\partial^2\psi(x)}{\partial x^2}+\frac{2mE}{\hbar^2}\psi(x)=0 \qquad (\text{식 } 3.39)$$

이 방정식의 위치해는 (식 3.21)의 $\psi(x) = Ae^{+jkx} + Be^{-jkx}$가 된다. 여기서 퍼텐셜 에너지가 $U(x) = 0$이므로 파수 k는 다음과 같이 표현된다.

$$k=\sqrt{\frac{2m}{\hbar^2}E} \qquad (\text{식 } 3.40)$$

따라서, 시간해와 위치해가 결합한 자유전자의 전체 파동함수는 다음과 같다.

$$\Psi(x,t)=\left(Ae^{+jkx}+Be^{-jkx}\right)e^{-j\omega t}=Ae^{+j(kx-\omega t)}+Be^{-j(kx+\omega t)} \quad (\text{식 } 3.41)$$

(식 3.40)을 이용하여 자유전자의 에너지를 파수 k 의 함수로 표현하면

$$E=\frac{\hbar^2k^2}{2m} \qquad (\text{식 } 3.42)$$

이 식을 에너지와 운동량의 관계식인 $E = p^2/2m$과 비교하면, 운동량 p 와 파수 k 사이의 관계는 다음과 같다.

$$p=\hbar k \qquad (\text{식 } 3.43)$$

이는 드브로이 물질파의 정의와 양자역학적 해석이 일치함을 보인다. 또한, 파수의 정의 $k = 2\pi/\lambda$에 따라 자유전자의 파장은 다음과 같음을 알 수 있다.

$$\lambda=\frac{2\pi}{k} \qquad (\text{식 } 3.44)$$

자유전자의 위치(발견될 확률)

자유전자가 x 방향으로 진행한다고 가정하면, 파동함수는 $\psi(x) = Ae^{+jkx} + Be^{-jkx}$에서 계수 $B = 0$ 이되어 단순화된다. 이때, 확률밀도 함수는 다음과 같이 계산된다.

$$|\Psi(x,t)|^2 = \Psi(x,t)\Psi^*(x,t) = Ae^{+j(kx-\omega t)}A^*e^{-j(kx-\omega t)} = |A|^2 \qquad \text{(식 3.45)}$$

이는 자유전자가 모든 위치에서 동일한 확률로 발견될 수 있음을 의미한다. 즉, 고전역학과 달리 양자역학에서 자유전자는 특정 위치에 국한되지 않는다.

자유전자의 에너지 E가 결정되면, $E = \hbar^2k^2/2m$에 의해서 파수 k가 결정되고, $p = \hbar k$로부터 운동량 p도 결정된다. 그러나, 자유전자의 위치는 모든 공간에서 동일한 확률로 발견될 수 있으므로 특정할 수 없다. 이러한 결과는 하이젠베르크의 불확정성 원리와 완벽히 일치한다.

자유전자의 $E-k$ 다이어그램

자유전자의 에너지는 $E = \hbar^2k^2/2m$로 파수 k의 2 차 함수이다. 파수 k는 특별한 제한 없이 모든 실수 값을 가질 수 있으므로, 자유전자의 에너지는 k에 상응하는 연속적인 실수 에너지 값을 갖는다. 이러한 관계는 [그림 2-13]에 나타나 있다.

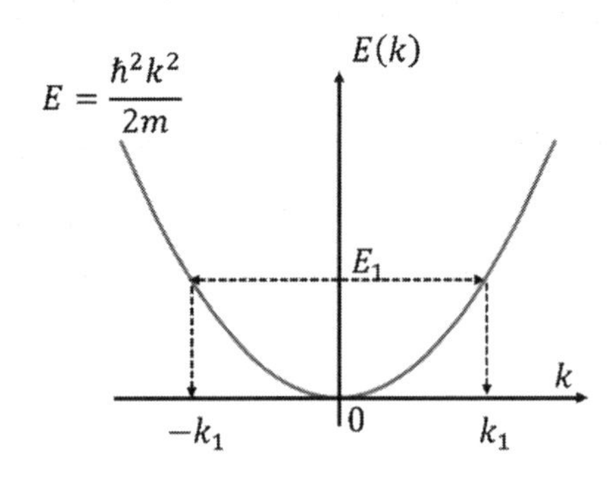

[그림 3-3] 자유전자의 $E-k$ 다이어그램

3.4 1 차원 무한 양자우물 내의 전자의 파동방정식과 에너지

1 차원 퍼텐셜 에너지 분포가 $0 \le x \le a$에서는 0 이고, 이외의 공간에서는 무한대인 [그림 3-4]의 1 차원 무한 양자우물 내 전자를 양자역학적으로 살펴보자.

양자역학적으로, 영역 Ⅱ에 존재하는 전자는 경계에 의해 속박되며, 자유전자의 특성을 상실한다. 이로 인해 양자 현상이 두드러지게 나타나며, 특히 양자우물의 폭 a가 작아질수록 이러한 양자 효과는 더욱 강하게 나타난다.

고전역학적으로는 전자는 운동하다가 경계에 부딪쳐 반사된 뒤 반대 방향으로 이동하며 다시 경계에 부딪치는 왕복 운동을 할 것으로 예측된다.

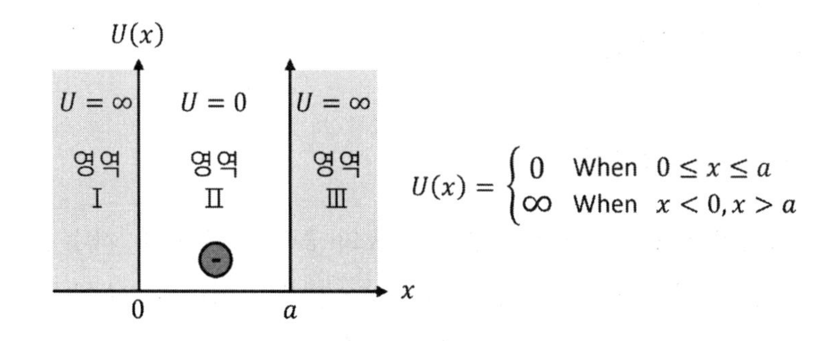

[그림 3-4] 무한 양자우물의 퍼텐셜 에너지 분포

영역 Ⅰ과 Ⅲ에서는 퍼텐셜 에너지 장벽이 무한대이므로, 전자가 장벽에 의해 강하게 밀려나며 존재할 확률이 0 이다. 반면, 영역 Ⅱ에서는 퍼텐셜 에너지가 $U(x) = 0$으로 어떠한 힘도 작용하지 않는다. 따라서 전자는 영역 Ⅱ에서 자유전자와 유사한 운동을 할 수 있다.

1 차원 무한 양자우물 내 전자의 슈뢰딩거 파동방정식과 파동함수

[그림 3-4]의 1 차원 무한 양자우물은 영역 Ⅰ, Ⅱ, Ⅲ으로 나뉘며, 각 영역에서의 전자의 파동함수를 각각 $\psi_I(x), \psi(x)$, $\psi_{III}(x)$로 정의한다.

영역 Ⅰ과 Ⅲ에서는 퍼텐셜 에너지가 무한대이므로 전자가 존재할 확률은 0 이다. 따라서, 파동함수는 유한하고 연속인 조건을 만족해야 하므로 $\psi_I(x) = \psi_{III}(x) = 0$ 이 된다.

영역 Ⅱ 에서는 퍼텐셜 에너지 $U(x) = 0$이므로, 전자의 1 차원 위치 파동방정식은 자유전자의 1 차원 위치 파동방정식과 동일하며 다음과 같이 주어진다.

$$\frac{\partial^2 \psi(x)}{\partial x^2} + \frac{2mE}{\hbar^2}\psi(x) = 0, \quad 0 \le x \le a \qquad (식\ 3.46)$$

이 방정식의 일반해는 $\psi(x) = A\cos(kx) + B\sin(kx)$가 된다.

영역 Ⅰ 에서 전자가 존재할 확률은 0 이므로 $\psi_I(0) = 0$이다. 그리고, 영역 Ⅰ 과 영역 Ⅱ 의 파동함수는 경계 $x = 0$에서 연속해야 하므로

$$A\cos(k \cdot 0) + B\sin(k \cdot 0) = 0 \qquad (식\ 3.47)$$

이를 계산하면 $A = 0$ *이* 되어 영역 Ⅱ 의 파동함수는 $\psi(x) = B\sin(kx)$로 단순화 된다.

영역 Ⅲ 에서 전자가 존재할 확률은 0 이므로 $\psi_{III}(a) = 0$이다. 또한, 영역 Ⅱ 와 영역 Ⅲ 의 경계 $x = a$에서 파동함수는 연속해야 하므로

$$B\sin(k \cdot a) = 0 \quad (식\ 3.48)$$

이로부터 다음 조건이 성립한다.

$$ka = n\pi, \quad n = 1,2,3, \ldots \qquad (식\ 3.49)$$

따라서, 무한 양자우물 내 전자의 파수 k는 양자화되며, 다음과 같이 표현된다.

$$k_n = \frac{n\pi}{a}, \quad n = 1,2,3, \ldots \qquad (식\ 3.50)$$

이에 따라 파장 λ도 양자화되어 다음과 같다.

$$\lambda_n = \frac{2\pi}{k_n} = \frac{2a\pi}{n\pi} = \frac{2a}{n} \qquad (식\ 3.51)$$

전자는 전체 구간에서 발견될 확률이 1 이어야 한다. 그러나, 양자우물 외부에서는

전자가 존재할 확률이 0 이므로, 공간 확률밀도 함수는 $0 \le x \le a$에서만 정의된다. 따라서, 정규화 조건은 다음과 같다.

$$\int_{-\infty}^{\infty} |\psi(x)|^2 dx = \int_0^a |\psi(x)|^2 dx = 1 \quad (식\ 3.52)$$

영역 Ⅱ 에서의 파동함수 $\psi(x) = B\sin(k_n x)$을 이용하여 확률밀도 함수를 정리하면,

$$\int_0^a |B\sin(k_n x)|^2 dx = \int_0^a B^2 \sin^2(k_n x)\, dx = 1 \qquad (식\ 3.53)$$

(예제 3-3)을 통해 정규화 계수 $B = \sqrt{2/a}$ 이 된다.

예제 3-3 (식 3.53)에서 $k_n x$를 t 로 치환하여 확률밀도 함수의 적분값이 1 이 되기 위한 B 값을 구하라.

풀이

(식 3.53)의

$1 = \int_0^a |B\sin k_n x|^2 dx$ 에서

$k_n x = t$로 치환하면, $k_n dx = dt$ 이 되어

$$1 = \int_0^{k_n a} |B\sin t|^2 \frac{1}{k_n} dt$$

$$1 = \frac{B^2}{k_n}\int_0^{k_n a} |\sin t|^2\, dt$$

$$1 = \frac{B^2}{k_n}\int_0^{k_n a} \sin^2 t\, dt$$

$$1 = \frac{B^2}{k_n}\left[\frac{1}{2}x - \frac{1}{4}\sin 2x + C\right]_0^{k_n a}$$

$$1 = \frac{B^2}{k_n}\left[\left(\frac{1}{2}k_n a - \frac{1}{4}\sin 2k_n a\right) - \left(\frac{1}{2}0 - \frac{1}{4}\sin 2\cdot 0\right)\right]$$

(식 3.50) $k_n = \frac{n\pi}{a}$ 를 $\sin 2k_n a$에 대입하면

$$1 = \frac{B^2}{k_n}\left[\left(\frac{1}{2}k_n a - \frac{1}{4}\sin 2\frac{n\pi}{a}a\right)\right]$$

$$1 = \frac{B^2 a}{2} \qquad \therefore B = \sqrt{\frac{2}{a}}$$

Cf. 1 닫힌 구간 [a, b]에서 연속인 함수 $f(x)$ 에 대해서 $\int f(x)\,dx = F(x) + C$ 인 경우 다음을 기약한다.

$$\int_{a}^{b} f(x)\,dx = [F(x)]_a^b = F(b) - F(a)$$

Cf. 2 $\int \sin^2 x dx = \int \frac{1-\cos 2x}{2} dx = \frac{1}{2}x - \frac{1}{4}\sin 2x + C$

1 차원 무한 양자우물 내에서 전자는 특정 파동방정식을 만족하는 파동함수 $\psi(x)$ 를 가진다. 이를 기반으로 위치 $0 \le x \le a$에서의 공간 확률밀도 함수 $P(x)$와 시간에 의존하는 파동함수 $\Psi(x,t)$를 계산한 결과는 다음과 같다.

$$\psi(x) = \sqrt{\frac{2}{a}} sin\left(\frac{n\pi x}{a}\right),\ (n = 1,\ 2,\ 3, \dots) \quad (\text{식 } 3.54)$$

$$P(x) = \frac{2}{a} sin^2\left(\frac{n\pi x}{a}\right),\ (n = 1,\ 2,\ 3, \dots) \quad (\text{식 } 3.55)$$

$$\Psi(x,t) = \sqrt{\frac{2}{a}} sin\left(\frac{n\pi x}{a}\right) e^{-j\omega t},\ (n = 1,\ 2,\ 3, \dots) \quad (\text{식 } 3.56)$$

$n = 1, 2, 3$에 대해 파동함수 $\psi(x)$와 공간 확률밀도 함수 $P(x)$를 시각화한 결과가 [그림 3-5]에 나타나 있다.

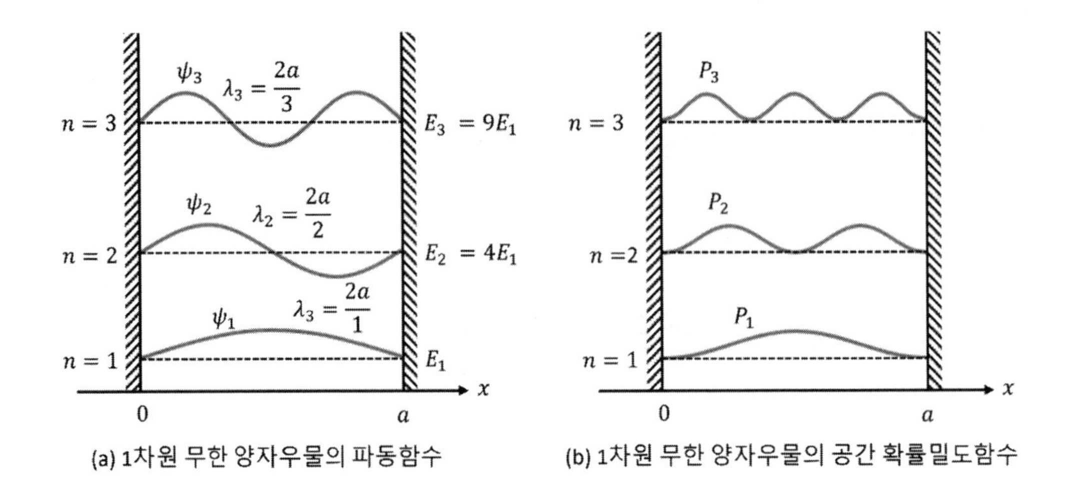

[그림 3-5] 무한 양자우물의 위치파동함수와 광간 확률밀도 함수

모든 양자수에 대하여 파동함수 $\psi(x)$는 경계 조건을 만족하므로 $x = 0$과 $x = a$에서 값이 0 이 된다. 따라서, 이 두 경계에서 전자가 존재할 확률은 $P(x) = 0$이다.

양자수 n=1 인 경우, 전자가 존재할 확률이 가장 높은 지점은 양자우물의 중앙인 $x = a/2$이며 이 지점에서 확률밀도 함수 $P(x)$는 최대값을 갖는다. 양자수 n=2 인 경우, 전자가 존재할 확률이 가장 높은 지점은 양자우물의 $x = 1a/4$와 $x = 3a/4$이며, 이 지점에서 $P(x)$는 최대값을 갖는다. 반면, 양자우물의 중앙인 $x = a/2$에서는 파동함수 $\psi(x) = 0$이므로 $P(x) = 0$이다. 이는 양자우물의 중앙에서는 전자가 존재하지 않음을 의미한다. 양자수 n=3 인 경우, 전자가 존재할 확률이 가장 높은 지점은 양자우물의 $x = 1a/6$, $x = 3a/6$, $x = 5a/6$이며 이 세 지점에서 $P(x)$는 최대값을 갖는다. 반면, 전자가 존재할 확률이 0 인 지점은 $x = 0$, $x = a/3$, $x = 2a/3$, $x = a$로 총 4 곳이 된다.

1 차원 무한 양자우물 내 전자의 에너지 양자화

좁은 영역에 갇힌 전자는 파수 k가 (식 3.50)에 의해서 k_n으로 양자화된다. 이 양자화된 파수 k_n을 연속적인 에너지 표현식 (식 3.42)에 대입하면, 전자의 에너지도 다음과 같이 양자화된다.

$$E_n = \frac{\hbar^2}{2m}\left(\frac{\pi}{a}n\right)^2 \quad (\text{식 } 3.57)$$

무한 양자우물 내 전자의 파장 역시 파수 k_n에 의해 다음과 같이 양자화된다.

$$\lambda_n = \frac{2\pi}{k_n} = \frac{2\pi}{(\pi n/a)} = \frac{2a}{n} \;\; (n = 1,\ 2,\ 3, \dots) \quad (\text{식 } 3.58)$$

이는 파동함수로부터 구한 파장 (식 3.51)과 동일하다.

(식 3.58)의 양자화 조건을 만족하지 않는 파장의 전자는 상쇄간섭이 발생하여 정상파로 존재할 수 없다. 이는 전자가 양자화된 파장만 허용되는 상태에서 특정 에너지 준위를 가지게 됨을 의미하며, 보어의 원자 양자 모형에서 정상파 조건을 만족하는 전자가 궤도 운동을 하는 것과 유사하다. 예를 들어, 전자가 k_2와 k_3사이의 에너지를 가지는 경우, 에너지를 방출하며 정상상태인 k_2준위로 이동하여 안정된 상태를 유지한다.

[그림 3-6]는 자유전자가 연속적인 파수 k와 에너지를 가지는 것과 달리, 무한 양자우물 내 전자가 가지는 양자화된 k_n 값과 에너지 E_n 값을 시각적으로 나타낸다.

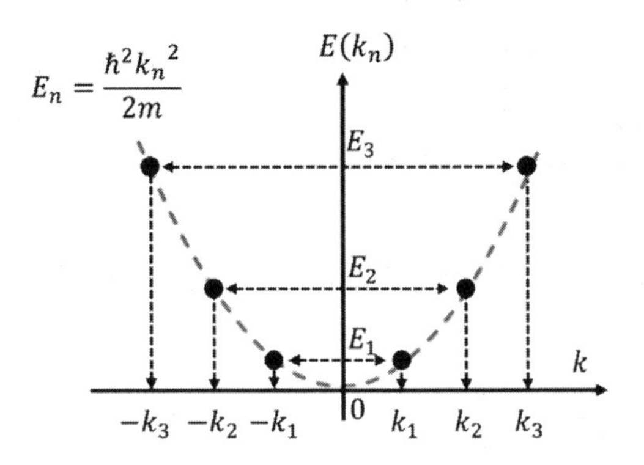

[그림 3-6] 무한 양자우물 내 전자의 $E-k$ 다이어그램

3.5 무한 길이 계단형 퍼텐셜 에너지에서 전자의 파동방정식과 에너지

[그림 3-7]은 유한한 크기의 퍼텐셜 에너지가 무한 길이의 계단형 에너지 장벽을 형성하고 있는 상황을 보여준다. 이 에너지 장벽을 향해 전자가 입사할 때, 전자의 운동을 양자역학적으로 분석해 보자. 고전역학적 관점에서는 퍼텐셜 에너지보다 높은 에너지를 가진 전자는 장벽을 통과할 수 있지만, 퍼텐셜 에너지보다 낮은 에너지를 가진 전자는 모두 반사된다. 그러나, 양자역학적으로 전자의 운동은 고전역학적 예측과 다르게 나타난다.

무한 길이 계단형 퍼텐셜 에너지에서 전자의 파동방정식과 파동함수

[그림 3-7]은 무한 길이 계단형 퍼텐셜 에너지 장벽에 전자가 입사하는 상황을 보여준다. 이 경우, 전자의 운동은 장벽의 퍼텐셜 에너지에 따라 달라지며, 영역 Ⅰ과 Ⅱ에서 전자의 시간 독립 슈뢰딩거 방정식(위치 파동방정식)은 각각 다음과 같다.

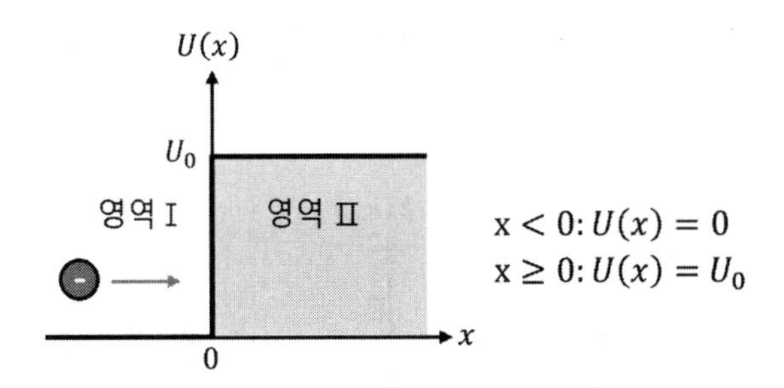

[그림 3-7] 무한 길이의 계단형 퍼텐셜 에너지에서의 전자 입사

$$\frac{\partial^2 \psi_I(x)}{\partial x^2} + \frac{2mE}{\hbar^2}\psi_I(x) = 0, \ \ x < 0 \qquad \text{(식 3.59))}$$

$$\frac{\partial^2 \psi_{II}(x)}{\partial x^2} + \frac{2m(E - U_0)}{\hbar^2}\psi_{II}(x) = 0, \ \ 0 \leq x \leq a \qquad \text{(식 3.60)}$$

영역 Ⅰ에서 퍼텐셜 에너지 $U(x) = 0$이므로, 전자의 파동함수는 다음과 같다.

$$\psi_I(x) = Ae^{+jk_1x} + Be^{-jk_1x} \qquad (식\ 3.61)$$

여기서 Ae^{+jk_1x}는 x방향으로 진행하는 파를, Be^{-jk_1x}는 퍼텐셜 장벽에 의해 반사된 파를 나타낸다. 파수 k_1은 영역 Ⅰ의 파수로 다음과 같이 주어진다.

$$k_1 = \sqrt{\frac{2mE}{\hbar^2}} \qquad (식\ 3.62)$$

영역 Ⅱ에서 퍼텐셜 에너지가 $U(x) = U_0$ 인 경우, 파동방정식의 파수 $k = \sqrt{2m(E - U_0)}/\hbar$가 된다. $E > U_0$인 조건에서는 근호안의 값이 양이 되어 파수는 실수가 되나, $E < U_0$인 조건에서는 근호안의 값이 음수가 되므로 파수는 허수가 된다. 따라서 영역 Ⅱ에서의 파동함수는 파수 k의 성질(실수 또는 허수)에 따라 구분되어야 한다. [표 3-1]은 이 두 경우에 따른 파동함수를 요약하여 보여준다.

[표 3-1] 계단형 퍼텐셜 에너지에서 파수와 시간 독립 파동함수

물리량	영역 Ⅰ	영역 Ⅱ	
위치에너지 $U(x)$	0	U_0	
위치	$x < 0$	$x \geq 0$	
		$E > U_0 : k_2$실수	$E < U_0 : k_2$허수
파수 (Wave Number, k)	$k_1 = \sqrt{\frac{2mE}{\hbar^2}}$ (실수)	$k_2 = \sqrt{\frac{2m(E - U_0)}{\hbar^2}}$	$k_2' = \sqrt{\frac{2m(U_0 - E)}{\hbar^2}}$ $k_2 = k_2'j$
파동함수, ψ (Wave function)	$\psi_I(x) = Ae^{+jk_1x} + Be^{-jk_1x}$ (진행파와 역진행파)	$\psi_{II}(x) = Ce^{+jk_2x}$ (진행파)	$\psi_{II}(x) = Ce^{-k_2'x}$ (감쇠파)

$E > U_0$인 경우, 영역 Ⅱ의 파수 k_2는 실수이다. 또한 영역 Ⅱ에는 우측으로 진행하는 파를 반사할 에너지 장벽이 존재하지 않으므로, 좌측으로 진행하는 반사파는 없다. 따라서, 영역 Ⅰ의 진행파는 영역 Ⅱ로 투과하여 계속 진행한다. 이 경우, 영역 Ⅱ에서의 파동함수와 파수는 다음과 같다.

$$\psi_{II}(x) = Ce^{+jk_2x} \qquad (식\ 3.63)$$

$$k_2 = \sqrt{\frac{2m(E - U_0)}{\hbar^2}} \qquad (식\ 3.64)$$

$E < U_0$인 경우, 영역 Ⅱ의 파수 k_2는 허수가 된다. 이를, $k_2 = k_2' j$인 실수 k_2'을 다음과 같이 정의하면,

$$k_2' = \sqrt{\frac{2m(U_0 - E)}{\hbar^2}} \qquad (식\ 3.65)$$

이 정의를 (식 3.63)에 대입하면, 영역 Ⅱ에서의 파동함수는 다음과 같이 감쇠파로 나타난다.

$$\psi_{II}(x) = Ce^{+jk_2' jx} = Ce^{-k_2' x} \qquad (식\ 3.66)$$

무한 길이 계단형 퍼텐셜 에너지에서 파동함수의 경계 조건

$E > U_0$와 $E < U_0$인 경우, 파동함수와 파동함수의 1 차 미분이 영역 Ⅰ과 영역 Ⅱ의 경계에서 연속적이어야 한다. 이러한 경계 조건하에서 [표 3-2]와 같은 조건식이 도출된다.

[표 3-2] 무한 길이 계단형 퍼텐셜 에너지에서 파동함수의 경계 조건

경계 조건		$E > U_0$	$E < U_0$
파동함수가 연속	$\psi_I(x=0) = \psi_{II}(x=0)$	$A + B = C$	$A + B = C$
파동함수의 1차 미분함수가 연속	$\left.\frac{\partial \psi_I}{\partial x}\right\|_{x=0} = \left.\frac{\partial \psi_{II}}{\partial x}\right\|_{x=0}$	$jk_1A - jk_1B = jk_2C$	$jk_1A - jk_1B = -k_2'C$

[표 3-2]에서 확인할 수 있듯이, $E > U_0$인 경우 두 개의 경계 조건이 존재하지만, 계수 A, B, C 가 3 개이므로 해는 구체적으로 구해지지 않고, 상대적인 비율로 구할 수 있다. 이 비율 (A/A=1, B/A, C/A)의 계산 과정과 결과가 [표 3-3]에 정리되어 있다.

마찬가지로, $E < U_0$인 경우, 두 개의 경계 조건이 존재하며, 계수 A, B, C가 3개이기 때문에 해는 절대값 대신 상대적인 비율로만 구할 수 있다. [표 3-3]은 이 비율(A/A=1, B/A, C/A)의 계산 과정과 결과를 보여준다.

[표 3-3]에서 각 조건의 첫 번째 줄은 $x = 0$에서 파동함수가 연속이고, 파동함수의 1차 미분이 연속인 경계 조건으로부터 유도한 관계식으로, [표 3-2]와 동일하다. 두 번째 줄은 첫 번째 줄의 조건을 정리한 결과이다. 이 결과를 바탕으로 상대적인 계수 B/A, C/A를 구하는 순차적인 과정이 표에 나타나 있다.

[표 3-3] 무한 길이 계단형 퍼텐셜 에너지에서 경계 조건을 만족하는 계수 비

$E > U_0$		$E < U_0$	
$A + B = C, jk_1A - jk_1B = jk_2C$		$A + B = C, jk_1A - jk_1B = -k_2'C$	
$1 = \frac{C}{A} - \frac{B}{A}, 1 = \frac{B}{A} + \frac{k_2}{k_1}\frac{C}{A}$		$1 = \frac{C}{A} - \frac{B}{A}, 1 = \frac{B}{A} + j\frac{k_2'}{k_1}\frac{C}{A}$	
$1 = \frac{B}{A} + \frac{k_2}{k_1}\frac{C}{A}$	$\frac{B}{A} = \frac{C}{A} - 1$	$1 = \frac{B}{A} + j\frac{k_2'}{k_1}\frac{C}{A}$	$\frac{B}{A} = \frac{C}{A} - 1$
$1 = \frac{C}{A} - 1 + \frac{k_2}{k_1}\frac{C}{A}$	$= \frac{2}{1 + (k_2/k_1)} - 1$	$1 = \frac{C}{A} - 1 + j\frac{k_2'}{k_1}\frac{C}{A}$	$= \frac{2}{1 + j(k_2'/k_1)} - 1$
$2 = \left(\frac{k_2}{k_1} + 1\right)\frac{C}{A}$	$= \frac{2 - 1 - (k_2/k_1)}{1 + (k_2/k_1)}$	$2 = \left(1 + j\frac{k_2'}{k_1}\right)\frac{C}{A}$	$= \frac{2 - 1 - j(k_2'/k_1)}{1 + j(k_2'/k_1)}$
$\frac{C}{A} = \frac{2}{1 + (k_2/k_1)}$	$= \frac{1 - (k_2/k_1)}{1 + (k_2/k_1)}$	$\frac{C}{A} = \frac{2}{1 + j(k_2'/k_1)}$	$= \frac{1 - j(k_2'/k_1)}{1 + j(k_2'/k_1)}$

$E > U_0$인 조건에서는 경계에서 투과와 반사가 일어나며, 상대적 계수 C/A와 B/A는 다음과 같이 정리할 수 있다.

$$\frac{C}{A} = \frac{2}{1 + (k_2/k_1)} \quad (\text{식 } 3.67)$$

$$\frac{B}{A} = \frac{1 - (k_2/k_1)}{1 + (k_2/k_1)} \quad (\text{식 } 3.68)$$

여기서, k_1은 영역 Ⅰ에서의 파수, k_2는 영역 Ⅱ에서의 파수를 나타낸다.

이 결과는 영역 Ⅰ에서의 진행파와 반사파의 비율 (B/A)을 기반으로, 영역 Ⅱ에서의 투과파 (C/A)의 상대적인 크기를 나타낸다.

$E < U_0$인 조건에서는 영역 Ⅱ에서 전자의 파동이 감쇠하며, 영역 Ⅰ에서는 일부 반사가 발생한다. 이때 상대적 계수 C/A와 B/A는 다음과 같이 정리할 수 있다.

$$\frac{C}{A} = \frac{2}{1 + j(k_2'/k_1)} \quad \text{(식 3.69)}$$

$$\frac{B}{A} = \frac{1 - j(k_2'/k_1)}{1 + j(k_2'/k_1)} \quad \text{(식 3.70)}$$

여기서, k_2'은 $\sqrt{2m(U_0 - E)/\hbar^2}$로 정의된 실수 파수이다.

이 결과는 영역 Ⅰ에서의 진행파와 반사파의 비율(B/A)을 기반으로, 영역 Ⅱ에서 감쇠된 파동 (C/A)의 상대적 크기를 나타낸다.

$E > U_0$ 인 경우의 반사계수와 투과계수

전자의 에너지가 무한 길이의 계단형 에너지 장벽 U_0보다 큰 경우($E > U_0$), 전자가 장벽에 입사하면 양자역학적으로 입사파의 일부는 반사되며, 나머지는 투과한다.

[그림 3-8]은 입사파 Ae^{+jk_1x}, 에너지 장벽 U_0에 의한 반사파 Be^{-jk_1x}, 그리고 영역 Ⅱ로 투과하여 진행하는 파동함수 Ce^{+jk_2x}를 나타낸다. 이때, 영역 Ⅱ에서의 k_2는 실수값을 가진다.

입사 전자의 반사계수와 투과계수를 구하기 위해, 단위 시간당 단위 면적을 통과하는 입사, 반사, 투과 전자의 개수(선속, Flux)를 계산하자.

단위 시간당 단위 면적을 통과하는 입자의 개수(선속, Flux)는 위치 확률 $\psi^*\psi$와 단위 시간당 단위 면적을 통과하는 속도 $v(= \hbar k/m)$의 곱으로 정의된다.

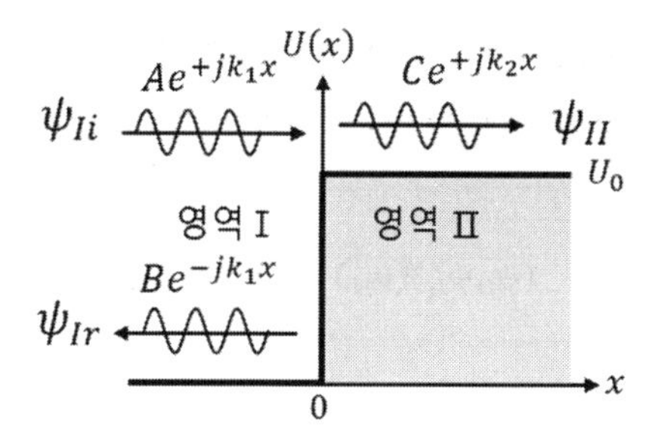

[그림 3-8] 계단형 에너지 장벽과 $E > U_0$를 가진 전자의 파동함수

$$\text{단위 시간당 단위 면적을 통과하는 입자의 개수} = (\psi^*\psi)v = (\psi^*\psi)\left(\frac{\hbar k}{m}\right) \quad (\text{식 } 3.71)$$

이 정의를 사용하면, 영역 I 에서의 반사계수와 영역 II 에서의 투과계수는 다음과 같이 표현된다.

$$\text{반사계수, R} = \frac{\text{반사파의 선속}}{\text{입사파의 선속}} \quad (\text{식 } 3.72)$$

$$\text{투과계수, T} = \frac{\text{투과파의 선속}}{\text{입사파의 선속}} \quad (\text{식 } 3.73)$$

$E > U_0$조건에서, 반사계수 R 와 투과 계수 T는 경계 조건에서 유도된 계수 B/A (식 3.68)과 C/A (식 3.67)을 이용하여 계산할 수 있다. 이 결과는 [표 3-4]에 정리되어 있다.

영역 I 에서 입사파와 반사파의 전자의 에너지가 동일하므로, 입사파의 속도 v_{1i}과 반사파의 속도 v_{1r}는 동일하여 $v_{1i} = v_{1r} = \hbar k_1/m$이 된다. 또한 영역 II 의 투과파의 속도 v_{2t}는 $\hbar k_2/m$이 된다.

[표 3-4] $E > U_0$ 경우의 반사계수와 투과 계수

	$E > U_0$
Flux of incident wave (입사파의 선속)	$(\psi_{Ii}\psi_{Ii}^*)(v_{1i}) = (Ae^{+jk_1x}Ae^{-jk_1x})(v_{1i}) = A^2\left(\frac{\hbar k_1}{m}\right)$
Flux of reflected wave (반사파의 선속)	$(\psi_{Ir}\psi_{Ir}^*)(v_{1r}) = (Be^{+jk_1x}Be^{-jk_1x})(v_{1r}) = B^2(v_{1r}) = B^2\left(\frac{\hbar k_1}{m}\right)$
Flux of transmitted wave (투과파의 선속)	$\psi_{II}(v_{2t}) = (Ce^{+jk_2x}Ce^{-jk_2x})(v_{2t}) = C^2\left(\frac{\hbar k_2}{m}\right)$
Reflection coefficient (반사계수)	$R = \frac{B^2\left(\frac{\hbar k_1}{m}\right)}{A^2\left(\frac{\hbar k_1}{m}\right)} = \left(\frac{B}{A}\right)^2 = \left(\frac{1-(k_2/k_1)}{1+(k_2/k_1)}\right)^2 = \left(\frac{1-\sqrt{1-U_0/E}}{1+\sqrt{1-U_0/E}}\right)^2$
Transmission coefficient (투과계수)	$T = \frac{C^2\left(\frac{\hbar k_2}{m}\right)}{A^2\left(\frac{\hbar k_1}{m}\right)} = \left(\frac{C}{A}\right)^2\frac{k_2}{k_1} = \left(\frac{2}{1+(k_2/k_1)}\right)^2\frac{k_2}{k_1} = \frac{4\sqrt{1-U_0/E}}{\left(1+\sqrt{1-U_0/E}\right)^2}$

전자의 에너지가 $E > U_0$인 경우, 계단형 에너지 장벽의 상대적인 크기 U_0/E에 따른 투과계수와 반사계수를 [그림 3-9]에 나타내었다. 이 그래프는 상대적인 장벽 크기에 따라 투과계수와 반사계수가 어떻게 변하는지를 시각적으로 보여준다.

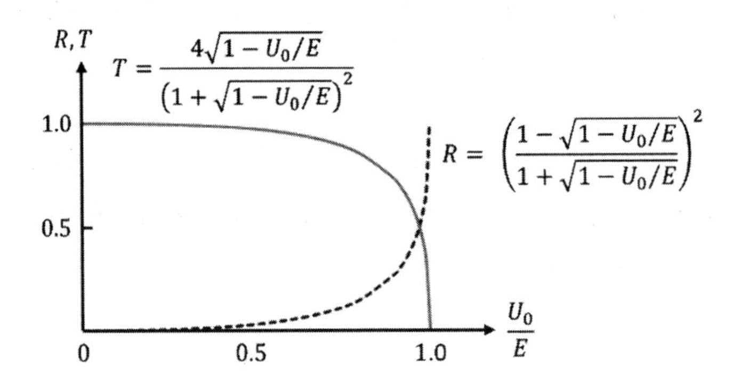

[그림 3-9] 계단형 에너지 장벽과 $E > U_0$ 조건에서 반사계수 및 투과계수

퍼텐셜 에너지 U_0가 전자의 에너지 E보다 작아질수록, 영역 Ⅱ로 투과되는 계수는 점점 증가한다. 반면, U_0가 증가하여 E에 근접하게 되면, 투과계수는 0 에 가까워지고, 전자는 대부분 반사된다.

[표 3-4]에서 도출한 반사계수 R와 투과계수 T를 더하면 항상 1 이 되는 것을 확인할 수 있다. 이를 식으로 나타내면 다음과 같다.

$$R + T = \left(\frac{1-(k_2/k_1)}{1+(k_2/k_1)}\right)^2 + \frac{4(k_2/k_1)}{(1+k_2/k_1)^2} = \frac{\left(1-(k_2/k_1)\right)^2 + 4(k_2/k_1)}{(1+k_2/k_1)^2}$$
$$= 1 \quad (식\ 3.74)$$

$E < U_0$인 경우의 반사계수와 투과계수

전자의 에너지가 계단형 에너지 장벽 U_0보다 작은 경우 ($E < U_0$), 전자가 에너지 장벽에 입사하는 상황이 [그림 3-10]에 나타나 있다. 그림에서 영역 Ⅰ에는 입사파와 반사파 그리고 영역 Ⅱ에는 감쇠파가 나타난다. 이는 전자가 에너지 장벽을 넘지 못하고, 장벽 내부에서 파동이 점진적으로 감소하는 양상을 보여준다.

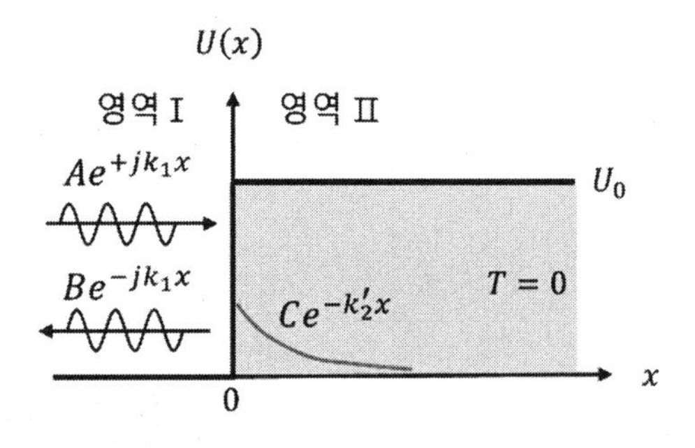

[그림 3-10] 계단형 에너지 장벽과 $E < U_0$ 조건에서의 파동함수

고전역학에서는 전자의 에너지보다 높은 에너지 장벽에 전자가 입사하면, 영역 Ⅱ에는 전자가 존재하지 않는다. 그러나, 양자역학적으로는 영역 Ⅱ에서 전자의 파동함수는 감쇠파 $\psi_{II}(x) = Ce^{-k'_2x}$ 형태로 나타난다. 이때, 영역 Ⅱ에서 전자가 존재할 확률은 다음과 같다.

$$(\psi_{II}{}^{*}\psi_{II}) = Ce^{-k_2'x}Ce^{-k_2'x} = C^2e^{-2k_2'x} \quad (식\ 3.75)$$

따라서, 영역 Ⅱ에서 전자가 존재할 확률은 0 이 아니며, 지수적으로 감소한다.

영역 Ⅰ에서의 반사계수 R 은 다음과 같이 정의된다.

$$R = \frac{반사파의\ 선속}{입사파의\ 선속} = \frac{Be^{+jk_1x}Be^{-jk_1x}}{Ae^{+jk_1x}Ae^{-jk_1x}} \cdot \frac{v_{1r}}{v_{1i}} = \left(\frac{B}{A}\right)^2 \quad (식\ 3.76)$$

여기서, 반사파의 속도 v_{1r}와 입사파의 속도 v_{1i}는 동일한 값 $(\hbar k_1/m)$을 가진다.

[표 3-3]의 $E < U_0$ 조건에서 도출된 B/A값을 대입하여 반사계수를 정리하면

$$R = \left(\frac{1 - j(k_2'/k_1)}{1 + j(k_2'/k_1)}\right)^2 = 1 \quad (식\ 3.77)$$

즉, 반사계수는 R =1 이 되어, 전자가 영역 Ⅱ로 침투하여 존재할 확률이 있더라도, 침투한 전자는 결국 영역 Ⅰ로 완전히 반사된다. 이에 따라 투과계수 $T = 0$이 되어, 전자는 영역 Ⅱ를 통과하지 못한다.

예제 3-4 계단형 퍼텐셜 에너지에서 $E < U_0$ 인 경우, (식 3.77)의 반사계수가 1 임을 유도하라.

풀이

반사계수 R

$$= \left(\frac{1 - j(k_2'/k_1)}{1 + j(k_2'/k_1)}\right)^2 = \left(\frac{k_1 - jk_2'}{k_1 + jk_2'}\right)^2$$

$$= \left(\frac{k_1{}^2 - k_2'{}^2}{k_1{}^2 + k_2'{}^2} + j\frac{-2k_1k_2'}{k_1{}^2 + k_2'{}^2}\right)^2$$

$$= \frac{\left(k_1{}^2 - k_2'{}^2\right)^2 + (-2k_1k_2')^2}{\left(k_1{}^2 + k_2'{}^2\right)^2}$$

$$= \frac{\left(k_1{}^2 - k_2'^2\right)^2 + 4k_1{}^2k_2'{}^2}{\left(k_1{}^2 + k_2'{}^2\right)^2}$$

$$= \frac{\left(k_1{}^2 + k_2'{}^2\right)^2}{\left(k_1{}^2 + k_2'{}^2\right)^2} = 1$$

$$= \left(\frac{{k_1}^2 - {k_2'}^2}{{k_1}^2 + {k_2'}^2}\right)^2 + \left(\frac{-2k_1k_2'}{{k_1}^2 + {k_2'}^2}\right)^2$$

예제 3-5 계단형 퍼텐셜 에너지 장벽에서 $E < U_0$ 조건을 만족하는 입자의 평균 투과 길이를 구하라.

$$\int f(x)g'(x)dx = f(x)g(x) - \int f'(x)g(x)dx \text{ 를 활용하라.}$$

풀이

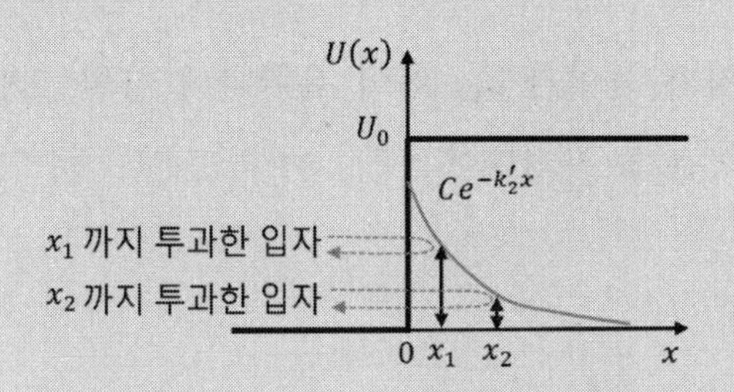

투과 길이를 x 라고 하면, 투과 길이의 평균값은 다음과 같이 정의된다.

$$\langle x \rangle = \frac{\int_0^\infty x({\psi_{II}}^*\psi_{II})dx}{\int_0^\infty ({\psi_{II}}^*\psi_{II})dx}$$

(식 3.75)에 따라, ${\psi_{II}}^*\psi_{II} = C^2e^{-2k_2'x}$ 이므로 분모는

$$\int_0^\infty ({\psi_{II}}^*\psi_{II})dx = \int_0^\infty (C^2e^{-2k_2'x})dx$$

$$= C^2\int_0^\infty (e^{-2k_2'x})dx = C^2\frac{1}{2k_2'}$$

투과 길이의 평균값$\langle x \rangle$은 다음과 같다.

$$\int_0^\infty x({\psi_{II}}^*\psi_{II})dx$$

$$= \int_0^\infty x(C^2e^{-2k_2'x})dx$$

$f(x) = x, g'(x) = e^{-2k_2'x}$ 이라고 하면

$$\langle x \rangle = \left[x\left(\frac{1}{-2k_2'}C^2e^{-2k_2'x}\right)\right]_0^\infty$$

$$-\int_0^\infty \left(\frac{-1}{2k_2'}C^2e^{-2k_2'x}\right)dx$$

$$= [0-0] + \int_0^\infty \left(\frac{1}{2k_2'}C^2e^{-2k_2'x}\right)dx$$

$$= \int_0^\infty \left(\frac{1}{2k_2'}C^2e^{-2k_2'x}\right)dx = \frac{1}{2k_2'}\cdot\frac{C^2}{2k_2'}$$

$$\therefore \langle x \rangle = \frac{\int_0^\infty \left(\frac{1}{2k_2'} C^2 e^{-2k_2' x}\right) dx}{\int_0^\infty \left(C^2 e^{-2k_2' x}\right) dx}$$

$$= \frac{C^2/(2k_2')^2}{C^2/2k_2'} = \frac{1}{2k_2'}$$

평균 투과 길이는 $\frac{1}{2k_2'}$이 된다.

3.6 유한한 에너지 장벽에서 전자의 운동

전자의 에너지가 $E < U_0$인 경우, 전자가 높이가 U_0, 폭이 유한한 1 차원 계단형 에너지 장벽에 입사하는 상황인 [그림 3-11]을 고려하자.

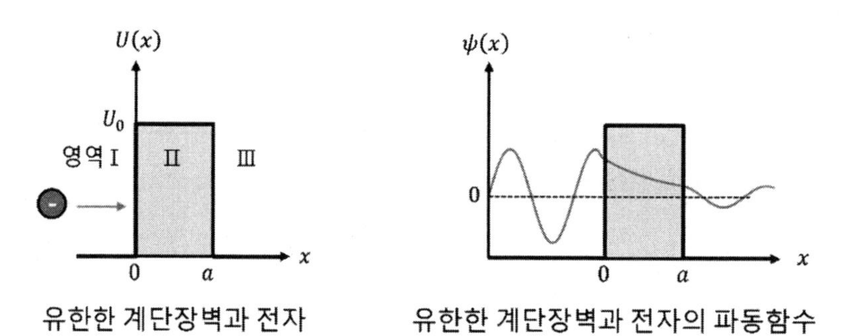

[그림 3-11] 유한한 계단 장벽과 전자($E < U_0$)의 파동함수

영역 I ($x < 0$)에서는 입사파와 반사파가 존재하며, 파동함수와 파수는 다음과 같다.

$$\psi_I(x) = A_1 e^{+jk_1 x} + B_1 e^{-jk_1 x}, \qquad k_1 = \sqrt{\frac{2mE}{\hbar^2}} \qquad (식\ 3.78)$$

영역 Ⅱ$(0 \leq x \leq a)$에서는 감쇠파와 그 반사된 파가 존재하며, 파동함수와 파수는 다음과 같다.

$$\psi_{II}(x) = A_2 e^{+k_2' x} + B_2 e^{-k_2' x}, \qquad k_2' = \sqrt{\frac{2m(U_0 - E)}{\hbar^2}} \qquad (\text{식 } 3.79)$$

영역 Ⅲ$(x > a)$에서는 좌측으로 반사하는 파가 없으므로, 우측으로 향하는 진행파만 존재하며, 파동함수와 파수는 다음과 같다.

$$\psi_{III}(x) = A_3 e^{+jk_1 x}, \qquad k_1 = \sqrt{\frac{2mE}{\hbar^2}} \qquad (\text{식 } 3.80)$$

파동함수와 그 미분값은 $x = 0$ 과 $x = a$에서 연속이어야 하며, 이를 통해 다음 관계식을 얻을 수 있다.

$$\psi_I(0) = \psi_{II}(0): \ A_1 + B_1 = A_2 + B_2 \quad (\text{식 } 3.81)$$

$$\frac{\partial \psi_I(0)}{\partial x} = \frac{\partial \psi_{II}(0)}{\partial x}: \ jk_1 A_1 - jk_1 B_1 = k_2' A_2 - k_2' B_2 \quad (\text{식 } 3.82)$$

$$\psi_{II}(a) = \psi_{III}(a): \ A_2 e^{+k_2' a} + B_2 e^{-k_2' a} = A_3 e^{+jk_1 a} \quad (\text{식 } 3.83)$$

$$\frac{\partial \psi_{II}(a)}{\partial x} = \frac{\partial \psi_{III}(a)}{\partial x}: \ k_2' A_2 e^{+k_2' a} - k_2' B_2 e^{-k_2' a} = jk_1 A_3 e^{+jk_1 a} \quad (\text{식 } 3.84)$$

에너지 $E < U_0$ 인 경우, 전자는 에너지 장벽을 넘지 못하지만 확률적으로 장벽을 통과하여 영역 Ⅲ로 진행하는 현상이 나타나며, 이를 터널링(Tunneling)이라고 한다.

투과계수 T는 투과파의 선속과 입사파의 선속 비율로 정의되며, 근사적으로 다음과 같이 계산된다.

$$T \approx 16 \frac{E}{U_0}\left(1 - \frac{E}{U_0}\right) e^{-2k_2' a} \quad (\text{식 } 3.85)$$

여기서 감쇠파의 파수 k_2'은 다음과 같다.

$$k_2' = \sqrt{\frac{2m(U_0 - E)}{\hbar^2}} \qquad (\text{식 } 3.86)$$

영역 Ⅰ과 영역 Ⅲ에서 퍼텐셜 에너지 $U(x) = 0$이므로, 두 영역에서 전자의 운동 에너지는 동일하며, 속도도 같다.

$$v_1 = v_3 \qquad (\text{식 } 3.87)$$

그러나, 영역 Ⅱ에서 파동함수가 감쇠하므로 영역 Ⅲ에서 전자가 존재할 확률은 영역 Ⅰ보다 작아진다.

예제 3-6 입자의 질량이 $9.11 \times 10^{-31}kg$, 에너지는 $E = 0.01eV$, 에너지 장벽의 크기가 $U_0 = 1.0\text{eV}$이다. $E \ll U_0$인 조건에서, 폭 a를 가진 에너지 장벽을 투과하는 입자의 투과계수 T를 (식 3.85)를 이용하여 계산하라. 에너지 장벽의 두께가 각각 10nm 와 1nm 인 두 경우를 고려하라. 여기서 플랑크 상수 $h = 6.63 \times 10^{-34}J \cdot sec$이다.

풀이

$$k_2' = \frac{\sqrt{2m(U_0 - E)}}{\hbar} = \frac{\sqrt{2 \times 9.11 \times 10^{-31}kg \times (1.0 - 0.01) \times 1.6 \times 10^{-19}J}}{(6.63 \times 10^{-34}J \cdot s/2\pi)}$$
$$= 5.09 \times 10^9$$

Case 1. $10nm$ 두께인 경우

$$2k_2'a = 2 \times 5.09 \times 10^9 \times 10 \times 10^{-9} = 101.8$$

$$T = 16 \times \frac{0.01\ eV}{1.0eV}\left(1 - \frac{0.01\ eV}{1.0eV}\right)e^{-101.8}$$

$$T = 9.74 \times 10^{-46}$$

Case 2. $1nm$ 두께인 경우

$$2k_2'a = 2 \times 5.09 \times 10^9 \times 10^{-9} = 10.18$$

$$T = 16 \times \frac{0.01\ eV}{1.0eV}\left(1 - \frac{0.01\ eV}{1.0eV}\right)e^{-10.18}$$

$$T = 6.01 \times 10^{-6}$$

3.7 하이젠베르크의 불확정성 원리

1927 년, 하이젠베르크는 입자의 위치와 운동량을 동시에 정확하게 측정할 수 없다는 개념을 제시하였다. 이 개념은 에너지와 시간 사이의 관계로 확장되어 불확정성 원리로 확립되었다. 불확정성 원리는 다음과 같이 두 가지로 표현된다.

$$\Delta P_x \cdot \Delta x \geq \frac{\hbar}{2} \quad (\text{식 } 3.88) \ \text{운동량} - \text{위치 불확정성 원리}$$

여기서 ΔP_x는 입자의 운동량의 불확정성, Δx는 위치의 불확정성을 의미한다.

$$\Delta E \cdot \Delta t \geq \frac{\hbar}{2} \quad (\text{식 } 3.89) \ \text{에너지} - \text{시간 불확정성 원리}$$

여기서 ΔE는 에너지의 불확정성, Δt는 시간의 불확정성을 의미한다.

운동량-위치 불확정성 원리

정지질량 $m_0 = 9.109 \times 10^{-31}$ kg 인 자유전자가 운동할 경우, 자유전자의 에너지는 $E = (\hbar^2 k^2/2m)$가 되고, 운동량은 $p = (\hbar k)$가 된다.

여기서 에너지 E가 결정되면 운동량 p가 결정되고, 속도 v 역시 특정된다. 예를 들어, 자유전자가 0.1c 인 속도로 움직일 경우, 전자는 파장 $\lambda = 2.41 \times 10^{-11}\ m$의 파동으로 존재한다. 이때, 전자의 위치 확률 $\mathrm{P}(x)$는 모든 위치에서 동일하므로, 전자의 위치를 정확히 특정할 수 없다. 즉, 운동량을 정확히 결정하면 전자의 위치는 불확정해지며, 반대로 위치를 정확히 특정하면 운동량이 불확정해진다. 이를 통해 운동량-위치 불확정성이 성립함을 알 수 있다.

에너지-시간 불확정성 원리

에너지-시간 불확정성 원리는 입자가 유한한 시간 동안 존재할 때, 그 에너지를 정확하게 결정할 수 없음을 의미한다. 이때 입자의 에너지는 평균값을 중심으로 변동하며, 이 변동 범위는 양자역학적 제약을 받는다.

입자의 에너지와 운동량의 관계를 1 차원에서 표현하면 다음과 같다.

$$E = \frac{{P_x}^2}{2m} \quad (식\ 3.90)$$

양변을 각각 미분하면

$$\Delta E = \frac{2P_x \Delta P_x}{2m} = \frac{P_x \Delta P_x}{m} \quad (식\ 3.91)$$

또한, 입자의 속도는 운동량을 이용하면 다음과 같이 표현된다.

$$v_x = \frac{\Delta x}{\Delta t} = \frac{P_x}{m} \quad (식\ 3.92)$$

운동량-위치 불확정성 원리 $(\Delta P_x \cdot \Delta x \geq \hbar/2)$에서, ΔP_x 대신 (식 3.91)에서 구한 $(m\Delta E/P_x)$로, Δx대신 (식 3.92)에서 구한 $(P_x/m)\Delta t$ 로 대체하여 정리하면 다음과 같은 변환식을 얻는다.

$$\Delta P_x \cdot \Delta x = \left(\frac{m\Delta E}{P_x}\right) \cdot \left(\frac{P_x \Delta t}{m}\right) = \Delta E \cdot \Delta t \quad (식\ 3.93)$$

이를 통해 운동량-위치 불확정성 원리가 에너지-시간 불확정성 원리 (식 3.89)로 변환될 수 있음을 확인할 수 있다.

불안정한 상태의 입자는 유한한 시간 동안만 존재하며, 이후 안정된 상태로 전이(Transition)한다. 이 시간을 수명 (Lifetime)이라고 한다. 불안정한 상태의 입자는 수명의 분포에 따라 에너지 분포를 가지며, 이는 상대성 이론의 질량-에너지 등가 원리($E = mc^2$)에 의해 질량 분포로 나타난다.

예제 3-7 (예제 2-11)과 같이, 어떤 원자 집단이 들뜬 상태 (n=2)에서 짧은 시간 (1ns) 이내에 바닥상태 (n=1)로 전이하면서 파장 $120nm$의 광자를 방출한다고 가정하자. 다음 물음에 답하라. h(Planck 상수) $= 6.63 \times 10^{-34} J \cdot s$, $c = 3.0 \times 10^{8} m/s$, $1eV = 1.6 \times 10^{-19} J$이다.

1. 들뜬 상태에서 바닥상태로 전이하면서 방출하는 파장 $120nm$의 빛의 주파수 f를 구하라.

2. 에너지 불확정량 $\varDelta E$를 구하라.

3. 에너지 불확정량에 의한 빛의 스펙트럼 선폭 $\varDelta f$를 구하라.

<u>**풀이**</u>

1. 방출되는 $120nm$ 파장의 광자의 주파수는 다음과 같다.

$$f = \frac{c}{\lambda} = \frac{3.0 \times 10^{8} m/s}{120 \times 10^{-9} m} = 2.5 \times 10^{15} Hz$$

2. 들뜬 상태에서 머무는 시간을 시간의 불확정량 Δt 라고 하면, 에너지의 불확정량 $\varDelta E$는 하이젠베르크의 에너지-시간 불확정성 원리에 의해 다음과 같이 계산된다.

$$\Delta E = \frac{\hbar}{2 \cdot \Delta t} = \frac{1}{2 \cdot \Delta t} \cdot \hbar = \frac{1}{2 \cdot 1 \times 10^{-9} s} \cdot \frac{6.63 \times 10^{-34} J \cdot s}{2 \times \pi (= 3.14)} = 5.28 \times 10^{-26} J$$

3. 에너지 불확정량 ΔE로 인한 스펙트럼 선폭 $\varDelta f$는 다음과 같이 계산된다.

$E = hf$ 에서

$$\Delta f = \frac{\Delta E}{h} = \frac{5.28 \times 10^{-26} J}{6.63 \times 10^{-34} J \cdot s} = 7.96 \times 10^{7} s^{-1} = 7.96 \times 10^{7} Hz$$

따라서, 들뜬 상태($n = 2$)에서 바닥상태($n = 1$)로 전자가 전이하는 경우, 방출되는 광자의 주파수는 단일 값 $f = 2.5 \times 10^{13} Hz$ 가 아니라, $f - \Delta f = 2.49999992 \times 10^{15} Hz$ 에서 $f + \Delta f = 2.50000008 \times 10^{15} Hz$ 의 범위를 가진다. 이는 에너지 불확정성에 의해 광자의 주파수도 일정 범위에서 변동할 수 있음을 알 수 있음을 의미한다.

3.8 수소 원자의 슈뢰딩거 파동방정식과 양자수

보어의 원자 모형에 따르면 수소 원자는 중앙에 위치한 원자핵(양전하를 띤 양성자)과 그 주위를 공전하는 전자로 구성된다. 원자핵의 반지름은 $5 \times 10^{-15}\text{m}(= 5 \times 10^{-5}\text{Å})$ 정도이며, 전자의 원운동 반지름은 약 1Å으로 추정된다.

수소 원자의 전자는 원자핵의 정전기적 인력에 의해 속박되며, 3 차원 구형 퍼텐셜을 고려하면, 양자화된 에너지 준위를 갖는다. 이러한 수소 원자 내 전자는 3 차원 슈뢰딩거의 방정식에 통해 분석할 수 있다.

구면 좌표계와 변수 분리 (양자화)

수소 원자의 전자에 작용하는 퍼텐셜 에너지는 전자와 원자핵 사이 거리 r의 함수로 주어지며, 다음과 같다.

$$U(r) = -\frac{1}{4\pi\varepsilon_0}\frac{e^2}{r} \quad (\text{식 } 3.94)$$

여기서, r은 전자와 원자핵 사이의 거리, ε_0는 진공 유전율, e는 전자의 전하량이다.

퍼텐셜 에너지는 전자와 원자핵 사이의 거리에 따라 3 차원 함수로 표현되므로, 원자핵을 구의 중심으로 설정한 구면 좌표계를 사용하여 파동 함수를 기술한다. 이 좌표계는 [그림 3-12]에 나타나 있으며, 반지름 r, 극각 θ, 방위각 ϕ 의 세 가지 변수로 구성된다.

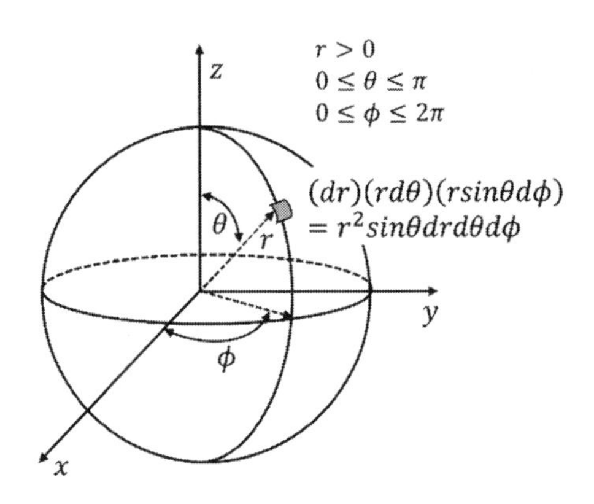

[그림 3-12] 3 차원 구면 좌표계

구면 좌표계에서 슈뢰딩거 방정식은 다음과 같이 주어진다.

$$j\hbar\frac{\partial\Psi(r,\ \theta,\ \phi,t)}{\partial t}=-\frac{\hbar^2}{2m}\nabla^2\Psi(r,\ \theta,\ \phi,t)+U(r)\Psi(r,\ \theta,\ \phi,t)\qquad(\text{식 }3.95)$$

이 구면 좌표계에서 라플라시안 ∇^2는 다음과 같이 정의된다.

$$\nabla^2=\frac{1}{r^2}\frac{\partial}{\partial r}\left(r^2\frac{\partial}{\partial r}\right)+\frac{1}{r^2 sin\theta}\frac{\partial}{\partial\theta}\left(sin\theta\frac{\partial}{\partial\theta}\right)+\frac{1}{r^2\, sin^2\theta}\frac{\partial^2}{\partial\phi^2}\qquad(\text{식 }3.96)$$

파동함수 $\Psi(r,\ \theta,\ \phi,\ t)$는 위치함수 $\psi_{nlm_l}(r,\ \theta,\ \phi)$와 시간함수 $\phi(t)$의 곱으로 표현된다고 가정하고, 양변을 $\psi_{nlm_l}(r,\ \theta,\ \phi)\,\phi(t)$으로 나누면 구면 좌표계에서 시변 슈뢰딩거 방정식은 다음과 같이 정리된다.

$$j\hbar\frac{1}{\phi(t)}\frac{\partial\phi(t)}{\partial t}=-\frac{\hbar^2}{2m}\frac{1}{\psi_{nlm_l}(r,\ \theta,\ \phi)}\nabla^2\psi_{nlm_l}(r,\ \theta,\ \phi)+U(r)\qquad(\text{식 }3.97)$$

분리 상수를 이용하여 시간해 $\phi(t)$를 구하면, 1 차원 좌표계의 시간해 $\phi(t)=e^{-j(E/\hbar)t}=e^{-j\omega t}$ (식 3.19)와 동일하다. 따라서, 시간 독립 슈뢰딩거 방정식은 다음과 같이 주어진다.

$$\nabla^2\psi_{nlm_l}(r,\ \theta,\ \phi)+\frac{2m}{\hbar^2}[E-U(r)]\psi_{nlm_l}(r,\ \theta,\ \phi)=0\qquad(\text{식 }3.98)$$

파동함수 $\psi_{nlm_l}(r, \theta, \phi)$는 각각의 변수 r, θ, ϕ의 함수로 분리된다고 가정하면, 이를 다음과 같이 표현할 수 있다.

$$\psi_{nlm_l}(r, \theta, \phi) = R_{nl}(r) \cdot \Theta_l(\theta) \cdot \Phi_{m_l}(\phi) \quad (\text{식 } 3.99)$$

이 식을 시간 독립 슈뢰딩거 방정식(식 3.98)에 대입하면, 다음과 같이 변수 분리된 방정식을 얻을 수 있다.

$$\frac{1}{r^2}\frac{\partial}{\partial r}\left(r^2\frac{\partial R\Theta\Phi}{\partial r}\right) + \frac{1}{r^2\sin\theta}\frac{\partial}{\partial\theta}\left(\sin\theta\frac{\partial R\Theta\Phi}{\partial\theta}\right) + \frac{1}{r^2\sin^2\theta}\frac{\partial^2 R\Theta\Phi}{\partial\phi^2} + \frac{2m}{\hbar^2}[E - U(r)]R\Theta\Phi = 0 \quad (\text{식 } 3.100)$$

위 식의 양변에 $(r^2\sin^2\theta)/(R\Theta\Phi)$를 곱하면

$$\frac{\sin^2\theta}{R}\frac{d}{dr}\left(r^2\frac{dR}{dr}\right) + \frac{\sin\theta}{\Theta}\frac{d}{d\theta}\left(\sin\theta\frac{d\Theta}{d\theta}\right) + \frac{2m}{\hbar^2}r^2\sin^2\theta\,[E - U(r)] = -\frac{1}{\Phi}\frac{d^2\Phi}{d\phi^2} \quad (\text{식 } 3.101)$$

이 식에서 분리 상수 ${m_l}^2$를 이용하여 양변을 분리하면 (식 3.101)의 우변은 다음과 같이 표현할 수 있다.

$$-\frac{1}{\Phi}\frac{d^2\Phi}{d\phi^2} = {m_l}^2 \quad (\text{식 } 3.102)$$

다음으로 (식 3.101)의 좌변 역시 분리 상수 ${m_l}^2$를 이용해 분리하고, 양변을 $\sin^2\theta$로 나누어 r과 θ로 변수 분리하면 다음과 같은 방정식이 얻어진다.

$$\frac{1}{R}\frac{d}{dr}\left(r^2\frac{dR}{dr}\right) + \frac{2m}{\hbar^2}r^2[E - U(r)] = \frac{{m_l}^2}{sin^2\theta} - \frac{1}{\Theta sin\theta}\frac{d}{d\theta}\left(sin\theta\frac{d\Theta}{d\theta}\right) \quad (\text{식 } 3.103)$$

이 식을 다시 분리 상수 $l(l+1)$로 분리하고, $\Theta(\theta)$로 곱한 후, θ 변수로만 이루어진 방정식을 다음과 같이 얻을 수 있다.

$$\frac{1}{\sin\theta}\frac{d}{d\theta}\left(\sin\theta\frac{d\Theta}{d\theta}\right) + \left[l(l+1) - \frac{{m_l}^2}{\sin^2\theta}\right]\Theta = 0 \quad (\text{식 } 3.104)$$

(식 3.103)의 좌변에 $R(r) \cdot r^{-2}$를 곱하여 정리하면, 다음과 같이 r변수로만 이루어진 방정식으로 분리된다

$$\frac{1}{r^2}\frac{d}{dr}\left(r^2\frac{dR}{dr}\right)+\left[\frac{2m}{\hbar^2}\left(E-U(r)\right)-\frac{l(l+1)}{r^2}\right]R=0 \quad \text{(식 3.105)}$$

여기서 m_l은 자기양자수로 $m_l = 0,\ \pm1,\ \pm2, \dots,\ \pm l$의 정수 값을 가진다. 부양자수 l은 각운동량 양자수 또는 궤도 양자수(오비탈, Orbital)를 나타내며 $l = 0(s)$, $1(p), 2(d)$, ..., $n-1$의 정수 값을 가진다. 한편 $R(r)$에 의해 결정되는 양자수 n 은 주양자수로, 이는 전자의 궤도와 에너지 준위를 나타낸다.

3 차원 슈뢰딩거의 파동방정식의 해를 구하면, 수소 원자의 전자는 공간 좌표에 따라 주양자수 n, 부양자수 l, 자기양자수 m_l 로 양자화된다.

수소 원자의 거리에 관한 파동방정식

(식 3.105)에 수소 전자의 퍼텐셜 에너지 $U(r)$을 대입하면, 다음과 같은 방정식을 얻을 수 있다.

$$\frac{1}{r^2}\frac{d}{dr}\left(r^2\frac{dR}{dr}\right)+\left[\frac{2m}{\hbar^2}\left(E+\frac{1}{4\pi\varepsilon_0}\frac{e^2}{r}\right)-\frac{l(l+1)}{r^2}\right]R=0 \quad \text{(식 3.106)}$$

여기서, $R(r)$은 거리 함수이며, E는 총 에너지, l은 각운동량 양자수이다.

(식 3.106)의 해는 전자의 에너지가 $E < 0$인 경우에만 존재한다. 이는 전자가 원자핵에 속박된 상태에서 불연속적인 에너지 값을 가지는, 즉 양자화된 상태를 나타낸다. 이 양자화된 에너지 값은 다음과 같이 알려져 있다.

$$E_n = -\frac{me^4}{8{\varepsilon_0}^2h^2}\cdot\frac{1}{n^2} \quad \text{(식 3.107)}$$

여기서 n 은 주양자수로, 전자의 에너지 준위를 결정한다.

(식 3.107)은 보어 모형에서 유도된 에너지 양자화 값 (식 2.47)과 정확히 일치하

며, 이는 양자역학적 해석이 보어 모형의 결과와 동일함을 보여준다.

2 차 미분 방정식 (식 3.106)의 해는 라게르 연관함수(Associated laguerre polynomial)의 형태 $R_{n,l}(r)$으로 주어진다. 거리 파동함수 $R_{n,l}(r)$는 수소 원자의 전자가 원자핵 주변에서 가지는 위치 확률 분포를 나타낸다. 몇 가지 라게르 연관함수 $R_{n,l}(r)$의 예는 다음과 같다.

$$R_{1,0}(r) = 2a^{-\frac{3}{2}}e^{-\frac{r}{a}} \quad (\text{식 } 3.108)$$

$$R_{2,0}(r) = \frac{1}{\sqrt{2}}a^{-\frac{3}{2}}\left(1 - \frac{r}{2a}\right)e^{-\frac{r}{2a}} \quad (\text{식 } 3.109)$$

$$R_{2,1}(r) = \frac{1}{\sqrt{24}}a^{-\frac{3}{2}}\frac{r}{a}e^{-\frac{r}{2a}} \quad (\text{식 } 3.110)$$

$$R_{3,0}(r) = \frac{1}{\sqrt{27}}a^{-\frac{3}{2}}\left(1 - \frac{2r}{3a} + \frac{2r^2}{27a^2}\right)e^{-\frac{r}{3a}} \quad (\text{식 } 3.111)$$

여기서 a는 보어의 반지름이며, n은 주양자수, l은 각운동량 양자수이다

수소 원자가 기저 상태($n = 1$)에서 존재한다고 가정하면, 전자의 파동함수는 다음과 같이 표현된다.

$$\psi_{100}(r, \theta, \phi) = R_{10}(r) \cdot \Theta_0(\theta) \cdot \Phi_0(\phi) \quad (\text{식 } 3.112)$$

기저 상태에서 전자가 가질 수 있는 양자수는 주양자수 $n = 1$, 부양자수 $l = 0$, 자기양자수 $m_l = 0$이며, 이때, 거리 파동함수 $R_{1,0}(r)$는 (식 3.108)로 주어진다

[그림 3-13]에는 수소 원자가 기저 상태에 있을 때, 전자의 거리 파동함수 $R_{1,0}(r)$와 위치 확률 분포 $|R_{1,0}(r)|^2$가 나타나 있다. 수소 원자에서 전자가 존재할 확률이 가장 높은 위치는 원자핵으로부터 약 $50 \times 10^{-12}[m]$ 떨어진 지점으로, 이는 (예제 2-12)에서 계산한 보어 반지름과 일치한다.

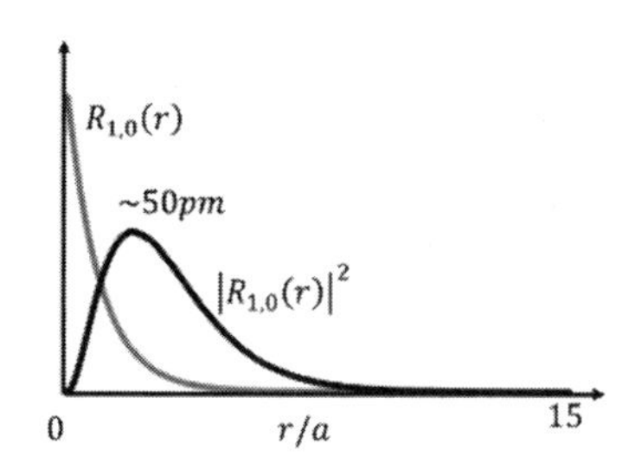

[그림 3-13] n = 1 상태에서 수소 전자의 거리 파동함수와 위치 확률 분포

수소 원자 내 전자의 양자 상태

수소 원자 내 전자의 상태는 궤도 함수의 에너지를 나타내는 주양자수 n, 각운동량 양자수(오비탈)를 나타내는 부양자수 l, 궤도 함수 방향을 나타내는 자기양자수 m_l, 전자의 고유한 스핀 상태를 나타내는 스핀양자수 m_s 등 4 개의 양자수로 표현하며 각 양자수의 값은 다음과 같다.

부양자수(오비탈): $l = 0(s),\ 1(p),\ 2(d),\ \dots,\ n-1$ (식 3.113)

자기양자수: $m_l = 0,\ \pm1,\ \pm2,\ \dots, \pm l$ (식 3.114)

스핀양자수: m_s =+1/2, −1/2 (식 3.115)

예를 들어, 주양자수 n =1, 부양자수 l =0, 자기양자수 $m_l = 0$ 인 상태를 1s 상태라고 하고, 주양자수 n =2, 부양자수 l =0, 자기양자수 $m_l = 0$ 인 상태를 2s 상태라 한다.

주양자수 n =1 일 때, 총 2 개의 전자가 존재할 수 있고, n =2 일 때, 총 8 개의 전자가 존재할 수 있다.

[표 3-5] 전자의 양자 상태와 동일 주양자수에 가능한 총 전자수

State	주양자수 n	부양자수 l	자기양자수 m_l	스핀 양자수 m_s	총전자수	동일 주양자수의 총 전자수
1s	1	0	0	$-1/2, +1/2$	2	2
2s	2	0	0	$-1/2, +1/2$	2	8
2p	2	1	-1,0,+1	$-1/2, +1/2$	6	
3s	3	0	0	$-1/2, +1/2$	2	18
3p	3	1	-1,0,+1	$-1/2, +1/2$	6	
3d	3	2	-2,-1,0,+1,+2	$-1/2, +1/2$	10	

3.9 다전자 원자와 전자 배열 규칙

수소 원자와 같은 단전자 원자를 제외하면, 대부분의 원자는 다전자 원자로 구성된다. 다전자 원자의 전자 배열은 파울리 배타 원리(Pauli's exclusion principle)와 훈트 규칙(Hund's rule)을 따라야 하며, 이 두 원칙은 전자 배열을 결정하는 데 핵심적인 역할을 한다.

파울리 배타 원리 (Pauli's exclusion principle)

어느 두 전자도 동일한 4 개의 양자수(n, l, m_l, m_s)를 가질 수 없음을 의미한다. 따라서, 하나의 오비탈에는 최대 두 개의 전자만 존재할 수 있으며, 이 두 전자는 반드시 서로 반대 방향의 스핀($m_s = +1/2, -1/2$)을 가져야 한다.

훈트 규칙 (Hund's rule)

훈트 규칙에 따르면, 다전자 원자의 전자 배치에서 부껍질(subshell)에 있는 전자들의 가장 안정한 배열(즉, 에너지가 가장 낮은 상태)은 가능한 많은 평행 스핀을 가지는 배열이다. 부껍질에 전자가 배치될 때, 각 오비탈에는 먼저 같은 스핀 방향의

전자가 하나씩 채워진다. 이후, 오비탈에 추가 전자가 배치되면, 반대 방향의 스핀을 가진 전자가 채워진다. 이 규칙은 파울리 배타 원리와 함께 전자의 배열을 에너지적으로 안정한 상태로 만든다.

수소 원자(단전자 원자)의 경우, 전자의 에너지는 주양자수 n 에 의해서만 결정되며, 이는 [그림 3-14(a)]에서 확인할 수 있다.

반면, 다전자 원자의 경우, 전자들 간의 반발력 때문에 에너지가 달라진다. 다전자 원자의 에너지 준위는 주양자수 n 뿐만 아니라 부양자수 l (각운동량 양자수)의 영향을 받는다. 이로 인해, 궤도 함수의 에너지는 [그림 3-14(b)]와 같이 분리된다.

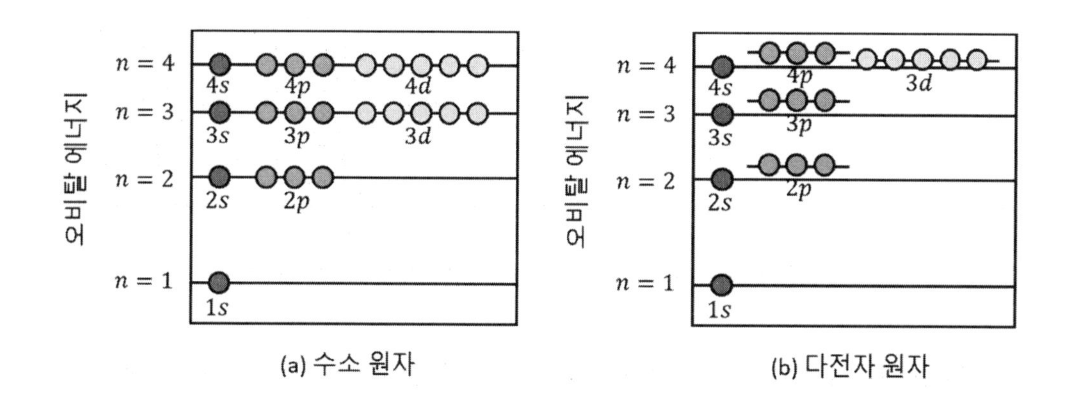

[그림 3-14] 수소 원자와 다전자 원자의 오비탈 에너지 준위 비교

[그림 3-15]는 주기율표를 기준으로 주양자수(n), 부양자수(l), 자기양자수(m_l), 스핀양자수(m_s)로 표현된 전자 상태와 총 전자수를 나타내며, 다전자 원자에서 전자가 채워지는 구조를 나타낸다. 이 그림은 다전자 원자에서 전자가 채워지는 구조를 설명하며, 전자 배열의 규칙성을 보여준다.

n =1 상태에서는 총 2 개의 전자가 존재할 수 있으며, $1s^1$과 $1s^2$의 두 가지 전자 상태가 가능하다. 주양자수 n =2 인 경우에는 $2s$ 오비탈 1 개와 $2p$ 오비탈 3 개가 존재하므로, 총 8개의 전자(2 × 1 + 2 × 3)가 채워질 수 있다.

주양자수 n	부양자수 l	자기양자수 m_l	총전자수	원자	전자상태	오비탈(스핀 양자수 m_s 포함)
1	0	0	1	Hydrogen (수소, H)	$1s^1$	[↑]
			2	Helium (헬륨, He)	$1s^2$	[↑↓]
2	0	0	3	Lithium (리튬, Li)	$1s^2 2s^1$	[↑↓] [↑]
			4	Beryllium (베릴륨, Be)	$1s^2 2s^2$	[↑↓] [↑↓]
	1	-1	5	Boron (붕소, B)	$1s^2 2s^2 2p^1$	[↑↓] [↑↓] [↑] [ ] [ ]
			6	Carbon (탄소, C)	$1s^2 2s^2 2p^2$	[↑↓] [↑↓] [↑] [↑] [ ]
		0	7	Nitrogen (질소, N)	$1s^2 2s^2 2p^3$	[↑↓] [↑↓] [↑] [↑] [↑]
			8	Oxygen (산소, O)	$1s^2 2s^2 2p^4$	[↑↓] [↑↓] [↑↓] [↑] [↑]
		+1	9	Fluorine (불소, F)	$1s^2 2s^2 2p^5$	[↑↓] [↑↓] [↑↓] [↑↓] [↑]
			10	Neon (네온, Ne)	$1s^2 2s^2 2p^6$	[↑↓] [↑↓] [↑↓] [↑↓] [↑↓]

[그림 3-15] 주기율표 1~10 번까지의 원자와 전자 배치

주기율표에서 원자번호가 증가함에 따라 양성자와 전자의 수가 함께 증가하며, 전자는 가장 낮은 에너지 상태부터 점차 높은 에너지 상태로 채워진다.

예를 들어, 수소 원자 (Z=1)는 전자 1 개가 $n=1$ 인 $1s$ 상태에 채워져 있다. 헬륨 원자 (Z=2)는 전자 1 개가 추가되어 총 2 개의 전자가 $1s^2$ 상태를 이룬다. 이때, 파울리 배타 원리에 따라 두 전자는 서로 반대 방향의 스핀($m_s = +1/2, -1/2$)을 가진다.

산소 원자 (Z=8)는 총 8 개의 전자를 가지며, 전자 배열은 $1s^2 2s^2 2p^4$로 표현된다. 처음 7 개의 전자는 $1s^2 2s^2 2p^3$ 상태에서 훈트 규칙에 따라 각 오비탈에 평행 스핀으로 채워진다. 마지막 1 개의 전자는 $2p$ 오비탈 중 이미 채워진 하나의 오비탈에 반대 방향의 스핀으로 추가된다. 결과적으로, 하나의 $2p$ 오비탈에는 서로 다른 스핀을 가진 두 전자가 존재하게 된다.

이처럼 전자 배열은 주기율표의 규칙에 따라 전자의 에너지 상태와 스핀 방향을 기반으로 결정된다. 또한 이 배열은 파울리 배타 원리와 훈트 규칙을 따르며, 다전자 원자의 에너지적으로 안정한 상태를 반영한다.

3.10 실리콘(Si) 원자의 전자와 가전자

실리콘(Silicon, Si)은 원자번호가 14 번으로, +14 의 양전하를 가진 원자핵과 14 개의 전자로 구성된 다전자 원자이다. [그림 3-16]에서 알 수 있듯이, 실리콘 원자의 오비탈 에너지는 주양자수(n)와 부양자수(l)에 의해 분리된다.

실리콘 원자의 14 개 전자는 다음과 같이 배열된다. $n=1$ (K 궤도)의 $1s$ 상태에는 서로 다른 스핀 양자수를 가진 2 개의 전자가 존재한다. $n=2$ (L 궤도)에서는 2 개의 전자가 $2s$ 상태에 서로 다른 스핀 양자 상태로 존재하며, 나머지 6 개의 전자 역시 $2p$ 상태에서 서로 다른 스핀 양자 상태로 존재한다. 마지막 4 개는 $n=3$ (M 궤도)에서 서로 다른 스핀 양자수를 가진 $3s$ 상태의 2 개, 동일한 스핀 양자수를 가진 $3p$ 상태의 2 개로 배열된다.

M 궤도에 있는 총 4 개의 최외각 전자를 가전자(Valence electron) 라고 한다. 한편, 주양자수 n 에서 허용되는 최대 전자 수는 $2n^2$으로 계산된다. 예를 들어, $n = 3$인 경우에는 최대 $18(2 \times 3^2)$개의 전자가 존재할 수 있다. 그러나 실리콘은 총 14 개의 전자로 이루어져 있어 M 궤도에는 4 개의 전자만 존재한다.

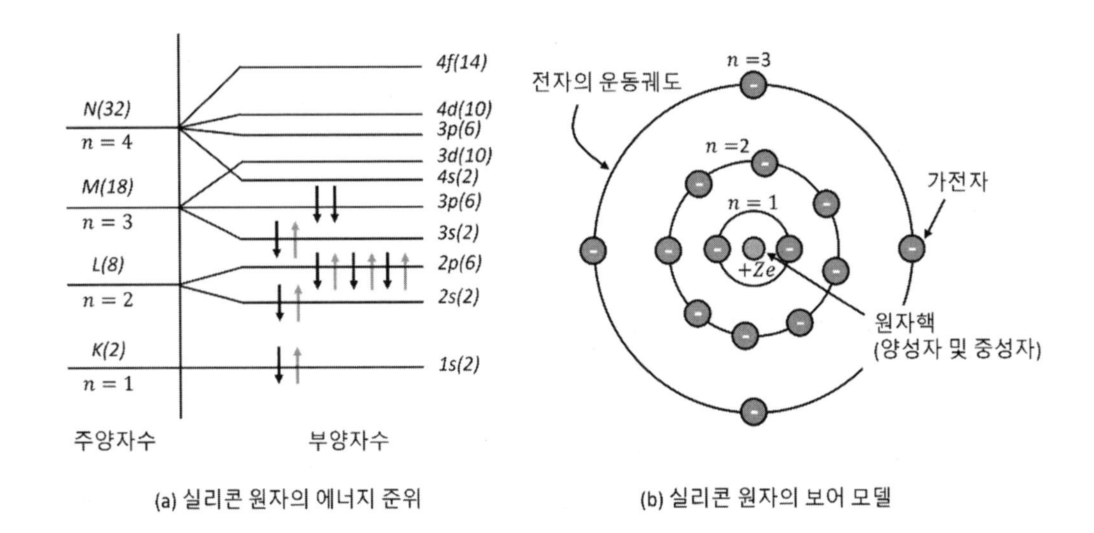

(a) 실리콘 원자의 에너지 준위

(b) 실리콘 원자의 보어 모델

[그림 3-16] 실리콘 원자의 에너지 준위와 보어 모델에서의 가전자

CHAPTER

04

결정에서의 양자역학과 에너지밴드화

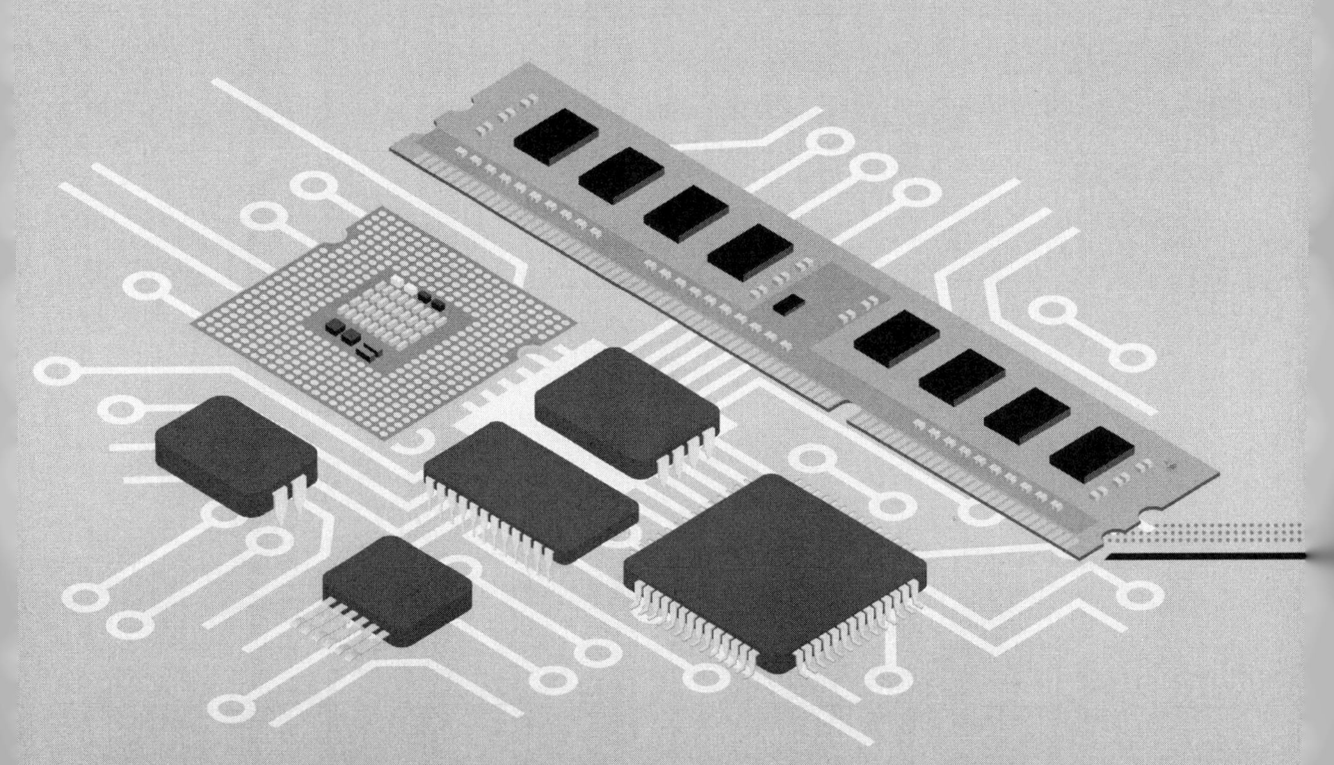

• UNIT GOALS

이 장에서는 단일 원자의 전자 모형을 넘어, 다수의 원자로 이루어진 결정 내에서 전자의 에너지 상태를 고찰한다.

다수의 원자로 구성된 결정에서는 전자가 단일 에너지 준위에 국한되지 않고, 연속적인 에너지 상태인 에너지밴드에 분포한다. 이로 인해, 결정내의 에너지 영역은 전자가 존재할 수 있는 에너지밴드와 전자가 존재할 수 없는 영역인 밴드갭으로 구분된다.

3장에서는 미시세계에서 전자의 에너지가 파동의 공간적 특성인 파장과 관련된 파수로 표현될 수 있음을 살펴보았다. 이를 기반으로, 결정 내 전자의 에너지를 규칙적인 전위 우물(Potential well)을 가진 1차원 모델로 설명하였다.

이러한 모델을 통해 결정 내 전자의 에너지를 다이어그램으로 표현하고, 이를 이용해 전자의 유효 질량과 속도를 분석한다. 또한, 직접 밴드갭 반도체와 간접 밴드갭 반도체의 특성을 살펴보며, $E-k$ 다이어그램과 $E-x$ 다이어그램의 차이를 이해하여 전자의 에너지 상태와 공간적 분포의 관계를 고찰한다.

4.1 다수 원자에서 에너지 준위 분리와 에너지 밴드

수소 원자가 여러 개 존재하는 시스템에서는, 전자의 확률 밀도와 에너지가 서로 중첩된다. [그림 4-1]은 개별 원자의 고유 에너지 준위가 상호작용에 의해 변화하는 현상을 보여준다. 파울리 배타 원리에 따르면, 동일한 양자 조건에서 두 개의 전자가 동시에 존재할 수 없으므로, 각 전자의 에너지 준위는 분리된다. 이처럼 분리된 에너지 준위는 수많은 원자가 모여 결정을 형성할 때, 마치 에너지가 연속적인 값을 가지는 것처럼 보이며, 에너지 밴드를 형성한다. [그림 4-2]는 결정 내에서 에너지 준위가 분리되면서 연속적인 에너지 밴드가 형성되는 과정을 보여준다.

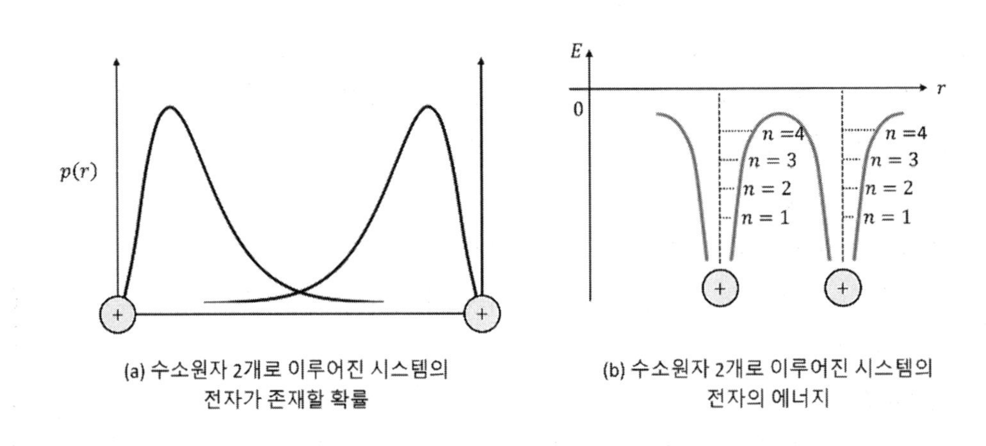

(a) 수소원자 2개로 이루어진 시스템의 전자가 존재할 확률

(b) 수소원자 2개로 이루어진 시스템의 전자의 에너지

[그림 4-1] 수소 원자 2 개 시스템에서 전자의 확률 밀도와 에너지 중첩

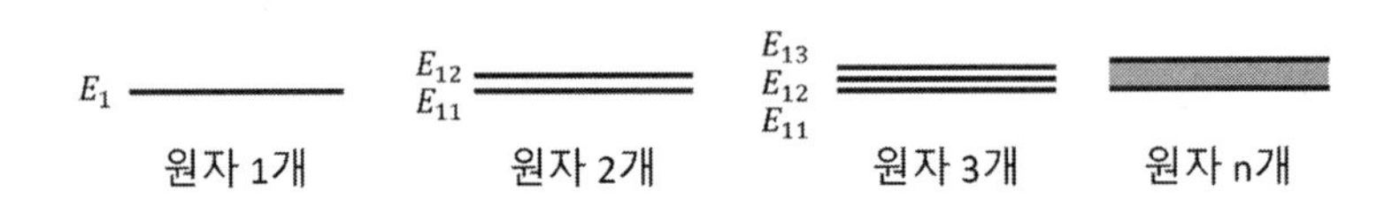

[그림 4-2] 단원자 시스템의 에너지 준위와 다수 원자 시스템의 에너지 밴드

4.2 실리콘 결정의 에너지 밴드형성

[그림 4-3]은 N 개의 원자로 구성된 실리콘(Si) 결정에서 최외각 가전자 궤도인 $3s$와 $3p$의 에너지 준위가 밴드를 형성하는 과정을 보여준다.

결정의 격자 간격이 매우 커서 N 개의 원자들이 각각 독립적으로 존재할 경우, 각 원자의 $3s$와 $3p$ 에너지 준위는 서로 영향을 받지 않는다. 이때 각 원자의 $3s$ 에너지 준위는 최대 2 개의 전자를 포함할 수 있으며, 실제로 2 개의 전자가 모두 채워져 있다. 반면, 각 원자의 $3p$ 에너지 준위는 총 6 개의 상태를 가지지만, 그중 2 개의 상태에만 전자가 채워져 있고 나머지 4 개의 상태는 비어 있다. 따라서, N 개의 원자로 이루어진 시스템에서는 $3s$ 준위에 총 2N 개의 전자가 채워지고, $3p$ 준위에는 총 6N 개의 상태 중 2N 개의 상태에만 전자가 채워지고, 나머지 4N 개의 상태는 비어 있게 된다.

결정의 격자 간격이 줄어들어 a_2가 되면, 전자들의 파동함수가 서로 중첩되며 동일한 양자상태에 두 개 이상의 전자가 존재할 수 없게 된다. 이로 인해 각 원자의 에너지 준위가 점차 분리되어 밴드를 형성하게 된다.

이 과정에서 $3s$ 오비탈은 총 2N 개의 상태를 가지며, 모든 상태가 전자로 완전히 채워진 밴드를 형성한다. 반면, $3p$ 오비탈은 총 6N 개의 상태 중 2N 개의 상태에 전자가 채워져 있으며, 나머지 4N 개의 상태는 비어 있는 에너지 밴드를 형성한다. 이때, $3s$ 오비탈 밴드와 $3p$ 오비탈 밴드는 서로 분리된 상태를 유지한다.

결정의 격자 간격이 더욱 작아져 a_1이 되면, 분리되어 있던 $3s$밴드와 $3p$ 밴드가 합쳐져 전자가 존재할 수 있는 총 8N 개의 상태를 형성한다. 이 중 4N 개의 상태는 전자로 채워지고, 나머지 4N 개의 상태는 전자가 비어 있는 상태로 남게 된다.

실리콘 결정의 격자 간격이 a_0인 경우(실리콘 결정의 일반적인 상태), 절대온도 $0K$에서는 총 4N 개의 상태가 전자로 완전히 채워진 밴드(가전자대, valence band)를 형성하며, 나머지 4N 개의 상태는 전자가 완전히 비어 있는 새로운 밴드(전도대, conduction band)를 형성한다. 이 두 밴드는 서로 분리된 상태를 유지한다.

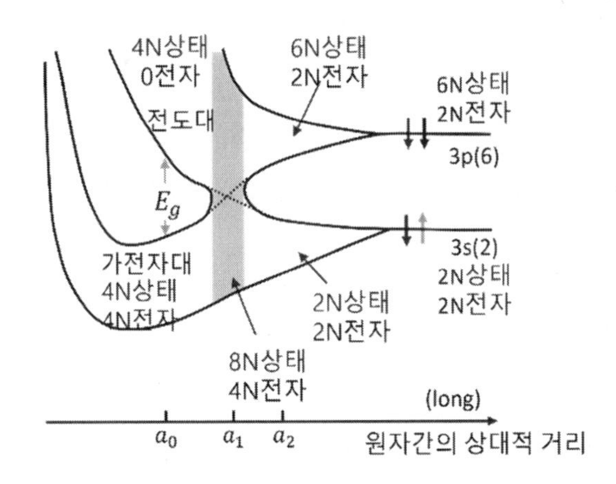

[그림 4-3] 실리콘(Si) 결정의 격자 간격에 따른 $3s, 3p$의 에너지 준위와 밴드 형성

실리콘 결정에서 전자가 완전히 채워져 있고 에너지가 낮은 에너지 밴드를 가전자대(Valence band)라고 하고, 전자가 완전히 비어 있고 에너지가 높은 에너지 밴드를 전도대(Conduction band)라고 한다. 가전자대와 전도대 사이의 에너지 차이를 밴드갭 에너지(Bandgap Energy, E_g)라고 하며, 이 영역에는 전자가 존재할 수 없다.

실리콘에서 $1s$, $2s, 2p$와 같은 낮은 에너지 준위는 결정화가 진행됨에 따라 에너지 준위가 분리되어 에너지 밴드를 형성한다. 이 에너지 밴드들은 모든 상태에서 전자로 완전히 채워져 있다. 따라서, 이 밴드들은 결정의 전도 특성에는 영향을 미치지 않으며, 전도대와 가전자대와는 구분된다.

예제 4-1 [그림 4-3]에서 격자 간격이 a_2, a_1, a_0인 경우, 실리콘의 전기 전도성은 어떻게 되는가?

풀이

1. $r = a_0$ (실리콘의 실제 격자 거리)

이 경우, 가전자대와 전도대 사이에 밴드갭이 존재하며, 모든 전자가 가전자대에 채워져 있고 전도대는 비어 있다. 따라서, 전자가 이동할 수 없으므로 실리콘은 전기 전도성을 가지지 않는다.

2. $r = a_1$ (격자 간격이 작아져 $3s$와 $3p$ 밴드가 합쳐진 경우)

이 경우, 가전자대와 전도대가 겹쳐져 전도대에 전자가 존재할 수 있다. 따라서, 전자가 자유롭게 이동할 수 있어 실리콘은 전기 전도성을 가진다.

3. $r = a_2$ (격자 간격이 커져 $3s$와 $3p$ 밴드가 분리된 경우)

이 경우, 가전자대와 전도대 사이에 밴드갭이 존재하여 전자가 이동할 수 없다. 따라서, 실리콘은 전도성을 가지지 않는다.

4.3 1 차원 크로니-페니(Kronig-Penny) 모델의 파동방정식과 파동함수

크로니-페니(Kronig-Penny) 모델의 파동방정식과 일반해

실리콘(Si) 결정에서의 전자의 움직임을 기술하기 위해, 1 차원 크로니-페니(Kronig-Penny) 모델을 이용하여 전자의 파동함수를 구해 보자.

다수의 원자로 이루어진 실리콘 결정 내 전자는 쿨롱 힘에 의해 중첩된 퍼텐셜 에너지를 가지며, 이는 [그림 4-4(a)]와 같은 양자역학적 시스템으로 표현된다. 이 시스템에서 파동방정식과 파동함수를 구하기 위해, 중첩되고 복잡한 퍼텐셜 에너지를 단순화한 [그림 4-4(b)]의 1 차원 크로니-페니 모델을 사용한다.

이 모델은 두 가지 영역으로 구성된 주기적인 퍼텐셜 에너지 형태를 따른다.

영역 Ⅰ: 유한한 길이 a 동안 퍼텐셜 에너지가 0 인 영역

영역 Ⅱ: 유한한 크기 V_0와 유한한 길이 b를 가지는 퍼텐셜 에너지 영역

따라서, 크로니-페니 모델은 반복적인 퍼텐셜 에너지 형태를 통해 다수 원자로 구성된 결정 내 전자의 움직임과 에너지 상태를 기술한다. 또한, 실리콘 결정에서 전자는 원자핵에 속박되어 있으므로, 전자의 에너지 E는 퍼텐셜 에너지 V_0보다 작다.

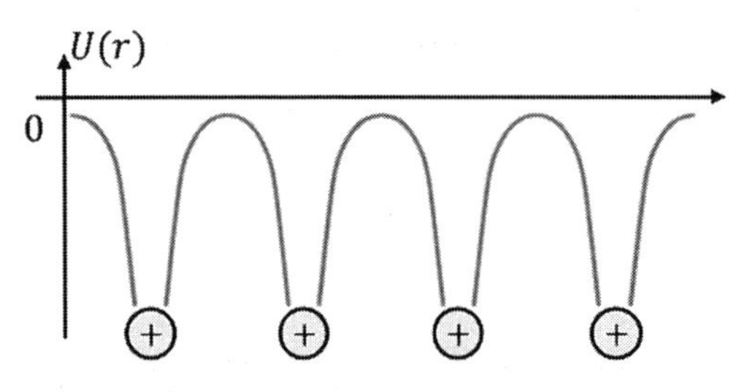

(a) 다원자 쿨롱힘에 의한 퍼텐셜 에너지

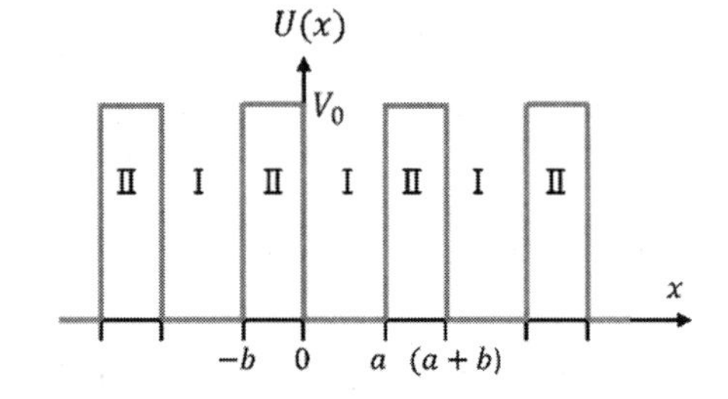

(b) 1차원 Kronig-Penny모델의 퍼텐셜 에너지

$$U(x) = \begin{cases} 0 & \text{영역 Ⅰ} \\ V_0 & \text{영역 Ⅱ} \end{cases}$$

[그림 4-4] 1 차원 크로니-페니(Kronig-Penny) 모델

크로니-페니(Kronig-Penny) 모델에서 퍼텐셜 에너지 $U(x)$는 주기적인 형태로 표현되며, 다음과 같이 주어진다.

$$U(x) = U\big(x + n(a+b)\big), \qquad n = 0, \pm1, \pm2, \ldots \qquad (\text{식 } 4.1)$$

크로니-페니 모델의 파동함수는 위치와 시간해로 분리할 수 있으며 $\Psi(x,t) = \psi(x)\phi(t)$이다.

이때, 시간해는 다음과 같이 주어진다.

$$\phi(t) = e^{-j(E/\hbar)t} = e^{-j\omega t} \quad (식\ 4.2)$$

공간에 대한 시간 독립 파동함수 $\psi(x)$는 영역에 따라 다음과 같이 정의된다.

영역 Ⅰ : $\psi(x) = \psi_1(x)$

영역 Ⅱ : $\psi(x) = \psi_2(x)$

각 영역에서의 시간 독립 슈뢰딩거 방정식은 다음과 같다.

영역 Ⅰ :

$$\frac{\partial^2 \psi_1(x)}{\partial x^2} + \frac{2mE}{\hbar^2}\psi_1(x) = 0 \quad (식\ 4.3)$$

영역 Ⅱ :

$$\frac{\partial^2 \psi_2(x)}{\partial x^2} + \frac{2m}{\hbar^2}[E - V_0]\psi_2(x) = 0 \quad (식\ 4.4)$$

각 영역에서의 파수는 다음과 같이 정의된다.

영역 Ⅰ:

$$k_1 = \alpha = \frac{\sqrt{2mE}}{\hbar} \quad (식\ 4.5)$$

영역 Ⅱ:

$$k_2 = \beta = j\gamma = \frac{\sqrt{2m(E - V_0)}}{\hbar} \quad (식\ 4.6)$$

주기적인 퍼텐셜 에너지로 인해, 파동함수는 블로흐 정리(Bloch theorem)에 따라 다음과 같이 표현된다.

$$\psi(x) = u(x)e^{+jkx} \quad (식\ 4.7)$$

여기서 $u(x)$는 주기 함수로, 주기는 $a+b$이며 다음 조건을 만족한다.

$$u(x + n(a+b)) = u(x), \qquad n = 0, \pm 1, \pm 2, \ldots \quad (식\ 4.8)$$

영역 Ⅰ의 파동함수 $\psi_1(x)$를 1차 및 2차로 미분하면 다음 결과를 얻는다.

1차 미분 결과:

$$\frac{\partial \psi_1(x)}{\partial x} = \frac{\partial u_1(x)}{\partial x} e^{+jkx} + jku_1(x)e^{+jkx} \quad (식\ 4.9)$$

2차 미분 결과:

$$\frac{\partial^2 \psi_1(x)}{\partial x^2} = \frac{\partial^2 u_1(x)}{\partial x^2} e^{+jkx} + 2jke^{+jkx} \frac{\partial u_1(x)}{\partial x} - k^2 u_1(x) e^{+jkx} \quad (식\ 4.10)$$

영역 Ⅰ의 파동함수 $\psi_1(x)$를 시간 독립 파동방정식 (식 4.3)에 대입하고, 양변을 e^{+jkx}로 나누면 주기 함수 $u_1(x)$에 대한 다음의 2차 미분 방정식이 유도된다.

$$\frac{\partial^2 u_1(x)}{\partial x^2} + j2k \frac{\partial u_1(x)}{\partial x} + (\alpha^2 - k^2) u_1(x) = 0 \quad (식\ 4.11)$$

위 2차 미분 방정식을 만족하는 일반해는 다음과 같다.

$$u_1(x) = Ae^{j(\alpha - k)x} + Be^{-j(\alpha + k)x} \quad (식\ 4.12)$$

여기서 A와 B는 상수이다.

영역 Ⅱ에서도 동일한 방식으로 1차 및 2차 미분한 결과를 시간 독립 파동방정식 (식 4.4)에 대입하고, 양변을 e^{+jkx}로 나누면 다음과 같은 방정식이 유도된다.

$$\frac{\partial^2 u_2(x)}{\partial x^2} + j2k \frac{\partial u_2(x)}{\partial x} + (\beta^2 - k^2) u_2(x) = 0 \quad (식\ 4.13)$$

위의 2차 미분 방정식을 만족하는 일반해는 다음과 같다.

$$u_2(x) = Ce^{j(\beta-k)x} + De^{-j(\beta+k)x} \quad (식\ 4.14)$$

여기서 C와 D는 상수이다.

예제 4-2 미분연산자 $D \equiv d/dx$와 판별식(특성방정식)을 이용하여 (식 4.11)을 만족하는 해 (식 4.12)를 유도하라.

풀이

주어진 시간 독립 슈뢰딩거 방정식 (4.11)은

$$\frac{d^2u_1(x)}{dx^2} + j2k\frac{du_1(x)}{dx} + (\alpha^2 - k^2)u_1(x) = 0$$

미분 연산자 $D \equiv d/dx$를 사용하면 위 방정식은 다음과 같이 표현할 수 있다.

$$D^2u_1(x) + j2kDu_1(x) + (\alpha^2 - k^2)u_1(x) = 0$$

이를 $u_1(x)$로 묶어 일반화된 특성방정식 형태로 변환하면

$$D^2 + j2kD + (\alpha^2 - k^2) = 0$$

특성방정식을 풀기 위해 근의 짝수 공식을 사용하여 정리하면 다음과 같다.

$$D = -jk \pm \sqrt{-k^2 - (\alpha^2 - k^2)} = -jk \pm j\alpha$$

따라서, 특성방정식의 두 해는 $D_1 = j(\alpha - k), D_2 = -j(\alpha + k)$가 된다.

특성방정식의 두 근(D_1, D_2)에 따라, 2 차 미분 방정식의 해 $u_1(x)$는 다음과 같다.

$$u_1(x) = Ae^{j(\alpha-k)x} + Be^{-j(\alpha+k)x}$$

여기서 A와 B는 상수이다.

크로니-페니(Kronig-Penny) 모델의 파동함수

크로니-페니 모델에서 파동함수의 계수 A, B, C, D를 구하기 위해, 경계에서 파동함수와 그 미분값이 연속이라는 조건을 적용한다.

경계 조건 $u_1(0) = u_2(0)$으로부터

$$Ae^{j(\alpha-k)0} + Be^{-j(\alpha+k)0} = Ce^{j(\beta-k)0} + De^{-j(\beta+k)0} \quad (\text{식 } 4.15)$$

이를 간소화하면

$$A + B - C - D = 0 \quad (\text{식 } 4.16)$$

경계 조건 $\frac{du_1(0)}{dx} = \frac{du_2(0)}{dx}$으로부터

$$\begin{aligned} &j(\alpha-k)Ae^{j(\alpha-k)0} - j(\alpha+k)Be^{-j(\alpha+k)0} \\ &= j(\beta-k)Ce^{j(\beta-k)0} - j(\beta+k)De^{-j(\beta+k)0} \quad (\text{식 } 4.17) \end{aligned}$$

이를 간소화하면

$$(\alpha-k)A - (\alpha-k)B - (j\gamma-k)C + (j\gamma+k)D = 0 \quad (\text{식 } 4.18)$$

경계 조건 $u_1(a) = u_2(a) = u_2(-b)$으로부터

$$e^{j(\alpha-k)a}A + e^{-j(\alpha-k)a}B - e^{-j(\beta-k)b}C - e^{j(\beta+k)b}D = 0 \quad (\text{식 } 4.19)$$

경계 조건 $\frac{du_1(a)}{dx} = \frac{du_2(-b)}{dx}$ 으로부터

$$\begin{aligned} &j(\alpha-k)Ae^{j(\alpha-k)a} - j(\alpha+k)Be^{-j(\alpha+k)a} \\ &= j(\beta-k)Ce^{-j(\beta-k)b} - j(\beta+k)De^{+j(\beta+k)b} \quad (\text{식 } 4.20) \end{aligned}$$

양변을 j 로 나누고 정리하면 다음과 같다.

$$\begin{aligned} &(\alpha-k)e^{j(\alpha-k)a}A - (\alpha+k)e^{-j(\alpha+k)a}B - (\beta-k)e^{-j(j\gamma-k)b}C \\ &- (\beta+k)e^{+j(j\gamma+k)b}D = 0 \quad (\text{식 } 4.21) \end{aligned}$$

위 경계 조건에서 얻은 (식 4.16), (식 4.18), (식 4.19), (식 4.21)을 이용하면 계수 A, B, C, D 는 다음과 같은 행렬 방정식으로 표현할 수 있다.

$$\begin{pmatrix} 1 & 1 & -1 & -1 \\ (\alpha-k) & -(\alpha+k) & -(\beta-k) & (\beta+k) \\ e^{j(\alpha-k)a} & e^{-j(\alpha+k)a} & -e^{-j(\beta-k)b} & -e^{j(\beta+k)b} \\ (\alpha-k)e^{j(\alpha-k)a} & -(\alpha+k)e^{-j(\alpha+k)a} & -(\beta-k)e^{-j(\beta-k)b} & -(\beta+k)e^{+j(\beta+k)b} \end{pmatrix}\begin{pmatrix} A \\ B \\ C \\ D \end{pmatrix} = \begin{pmatrix} 0 \\ 0 \\ 0 \\ 0 \end{pmatrix} \quad (\text{식 } 4.22)$$

위 방정식은 상수항이 전부 0 인 동차(homogenous) 시스템이므로, 해가 존재하려면 행렬식 (Determinant)이 0 이어야 한다.

$$det(K) = \begin{vmatrix} 1 & 1 & -1 & -1 \\ (\alpha-k) & -(\alpha+k) & -(\beta-k) & (\beta+k) \\ e^{j(\alpha-k)a} & e^{-j(\alpha+k)a} & -e^{-j(\beta-k)b} & -e^{j(\beta+k)b} \\ (\alpha-k)e^{j(\alpha-k)a} & -(\alpha+k)e^{-j(\alpha+k)a} & -(\beta-k)e^{-j(\beta-k)b} & -(\beta+k)e^{+j(\beta+k)b} \end{vmatrix} = 0 \quad (\text{식 } 4.23)$$

행렬식을 계산하면 다음과 같은 결과를 얻을 수 있다.

$$det(K) = -\frac{(\alpha^2-\gamma^2)}{2\alpha j\gamma}\sin(\alpha a)\sin(j\gamma b) + \cos(\alpha a)\cos(j\gamma b) = \cos\big(k(a+b)\big) \quad (\text{식 } 4.24)$$

복소수의 삼각 함수와 쌍곡선 함수의 관계 $\sin(jx) = j\sinh x$와 $\cos(jx) = \cosh x$을 이용하면

$$\frac{(\gamma^2-\alpha^2)}{2\alpha\gamma}\sin(\alpha a)\sinh(\gamma b) + \cos(\alpha a)\cosh(\gamma b) = \cos\big(k(a+b)\big) \quad (\text{식 } 4.25)$$

이 된다.

전자가 핵에 속박된 경우($V_0 \gg E$), b가 매우 작아 $bV_0 < \infty$ 라고 가정하면, 다음과 같은 근사식을 구할 수 있다.

$$\sinh(\gamma b) \approx \gamma b \quad (\text{식 } 4.26)$$

$$\cosh(\gamma b) \approx 1 \quad (\text{식 } 4.27)$$

$$\gamma^2 = \frac{2m(V_0 - E)}{\hbar^2} \approx \frac{2mV_0}{\hbar^2} \quad (\text{식 } 4.28)$$

$$\gamma^2 - \alpha^2 = \frac{2m(V_0 - E)}{\hbar^2} - \frac{2mE}{\hbar^2} \approx \gamma^2 \quad (\text{식 } 4.29)$$

$\cos\big(k(a+b)\big) = \cos(ka)$임을 고려하고, 위 근사를 (식 4.25)에 적용하면 전자가 존재할 조건인 (식 4.25)는 다음과 같이 변환된다.

$$\frac{mV_0ba}{\hbar^2} \cdot \frac{\sin(\alpha a)}{a\alpha} + \cos(\alpha a) = \cos(ka) \quad (\text{식 } 4.30)$$

이때, 식의 좌변과 우변을 각각 정의하면 다음과 같다.

좌변 조건

$$\frac{mV_0ba}{\hbar^2} \cdot \frac{\sin(\alpha a)}{a\alpha} + \cos(\alpha a) \quad (\text{식 } 4.31)$$

우변 조건

$$\cos(ka) \quad (\text{식 } 4.32)$$

좌변 조건 (식 4.31)은 주기 함수인 $\cos(\alpha a)$와 진폭이 감소하는 항 $(mV_0ba/\hbar^2) \cdot \sin(\alpha a)/\alpha a$의 합으로 구성된다. 따라서 αa가 증가할수록 진폭이 점차 감소하는 감쇠 주기 함수 형태를 가지며, 이는 y-축 대칭성을 가진 우함수(Even function)이다. 이를 [그림 4-5]에 개략적으로 표현하였다.

전자가 존재하려면 좌변 조건 (식 4.31)과 우변 조건 (식 4.32)의 값이 반드시 일치해야 한다. 즉, 우변 조건 (식 4.32)는 $-1 \leq \cos(ka) \leq 1$의 범위를 가지므로, 좌변 조건 (식 4.31) 역시 동일하게 -1이상, $+1$ 이하의 값을 가져야 한다. 따라서, [그림 4-5]에서 음영으로 표시된 +1보다 크거나 −1보다 작은 영역은 전자가 존재할 수 없는 영역을 나타낸다.

αa는 다음과 같이 정의된다.

$$\alpha a = k_1 a = \frac{\sqrt{2mE}}{\hbar} a \quad (\text{식 } 4.33)$$

x 축에서 αa 값이 0 이상이며 특정 지점 (A) 이하일 때, 좌변 조건 (식 4.31)은 +1을 초과하는 값을 가진다. 반면, 우변 조건 (식 4.32)는 +1이하 또는 −1이상의 값을 가지므로, (식 4.30)을 만족하는 $k(=k_1)$값은 존재하지 않는다.

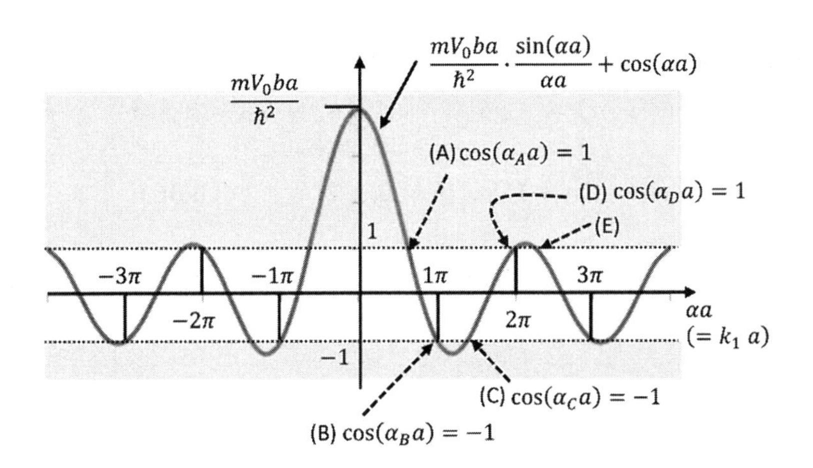

[그림 4-5] $\frac{mV_0ba}{\hbar^2} \cdot \frac{\sin(\alpha a)}{\alpha a} + \cos(\alpha a)$ 함수

αa 값이 특정 지점 (A)인 경우, 좌변 조건 (식 4.31)의 값은 1 이며, 우변 조건 (식 4.32)의 값 역시 1 이 된다. 따라서, $cos(\alpha a) = 1$을 만족하는 α_A는 다음과 같은 조건에서 존재한다.

$$\alpha_A a = 2n\pi, \quad n = 0, 1, 2, \dots \quad (\text{식 } 4.34)$$

(A)지점에서는 $n = 0$이므로, $\alpha_A = k = k_1 = 0$이 된다. 따라서, 특정 지점 (A)에서

는 방정식의 해가 존재하며 전자가 존재할 수 있다.

αa값이 (A)보다 크고 (B)보다 작은 경우, 우변 조건 (식 4.32)는 $-1 \leq \cos(ka) \leq 1$ 범위에 있으므로, 방정식 (식 4.30)이 성립하며 전자가 존재할 수 있는 해가 존재한다.

αa값이 (B)인 경우, 좌변 조건 (식 4.31)과 우변 조건 (식 4.32)의 값은 -1이 되며, $cos(\alpha_B a) = -1$을 만족하는 α_B가 다음 조건에서 존재한다.

$$\alpha_B a = (2n+1)\pi\,, \quad n = 0, 1, 2, \ldots \qquad (\text{식 } 4.35)$$

$n = 0$일 때, $\alpha_B = \pi/a$이고, 따라서, $\alpha_B = k = k_1 = \pi/a$에서 방정식의 해가 존재한다.

만약 αa값이 (C)인 경우, 좌변 조건 (식 4.31)과 우변 조건 (식 4.32)의 값이 동일하게 -1 이다. 이는 $cos(\alpha_C a) = -1$을 만족하며, α_C는 다음 조건에서 존재한다.

$$\alpha_C a = (2n+1)\pi\,, \quad n = 0, 1, 2, \ldots \qquad (\text{식 } 4.36)$$

$n = 0$에서 $\alpha_C = \pi/a$이고, 따라서 $\alpha_C = k = k_1 = \pi/a$에서 방정식의 해가 존재한다.

(C) 지점에서의 $k = k_1 = \pi/a$는 (B) 지점의 $k = k_1 = \pi/a$와 동일하다. 그러나, 에너지를 나타내는 αa (즉, [그림 4-5]의 x축 값)는 서로 다르다. 이는 서로 다른 에너지 상태를 의미하며, 결과적으로 에너지는 불연속적임을 의미한다.

$(a\alpha)$ 위치에 따라 파동함수를 만족하는 계수의 존재 여부와 α 값을 [표 4-1]에 정리하였다. [표 4-1]에 따르면, 전자는 $k(=k_1)$값이 0 에서 π/a 까지 증가하는 구간에서 존재하며, $k(=k_1) = \pi/a$에서 에너지가 불연속성을 보인다.

[표 4-1] 1 차원 크로니-페니(Kronig-Penny)모델의 해

αa 위치	α 값	좌변 함수 $\frac{mV_0ba}{\hbar^2}\cdot\frac{sin(\alpha a)}{\alpha a}+\cos(\alpha a)$	우변 함수 $\cos(ka)$ 해	에너지 상태	설명
$< A$	$\alpha < 0$	$> +1$	$-1 \le cos(ka) \le +1$	전자 존재하지 않음	$\alpha_A a$이어야 하므로 존재하지않음
A	$\alpha_A = 0$	$+1$	$+1$	전자 존재	첫번째 밴드 시작점
A <위치< B	$0 < \alpha < \frac{\pi}{a}$	$-1 \le$ 좌변값 $\le +1$	$-1 \le cos(ka) \le +1$	전자 존재	첫번째 허용 밴드
B	$\alpha_B = \frac{\pi}{a}$	-1	-1	전자 존재 (불연속)	첫번째 밴드 끝점 (밴드갭 시작점)
B <위치< C	$\frac{\pi}{a}$	좌변값 < -1	$-1 \le cos(ka) \le +1$	전자 존재하지 않음 (밴드갭)	첫번째 밴드갭
C	$\alpha_C = \frac{\pi}{a}$	-1	-1	전자 존재	두번째 밴드 시작점
C < 위치 < D	$\frac{\pi}{a} < \alpha < \frac{2\pi}{a}$	$-1 \le$ 좌변값 $\le +1$	$-1 \le cos(ka) \le +1$	전자 존재	두번째 허용 밴드
D	$\alpha_D = \frac{2\pi}{a}$	$+1$	$+1$	전자 존재 (불연속성 발생)	두번째 밴드 끝점
D < 위치 < E	$\alpha_D = \frac{2\pi}{a}$	$> +1$	$-1 \le cos(ka) \le +1$	전자 존재하지 않음 (밴드갭)	두번째 밴드갭

$\boldsymbol{k(=k_1)}$ 값이 $\boldsymbol{\pi/a}$에서 $\boldsymbol{2\pi/a}$까지 증가하는 구간에서도 전자가 존재하며, 함수는 특성상 $\boldsymbol{2\pi}$ 주기성을 가진다. 이에 따라 전자가 존재할 수 있는 에너지 밴드와 전자가 존재하지 않는 밴드갭 구조가 주기적으로 반복된다. [표 4-1]에서 (A), (B), (C) 위치는 각각 첫 번째 밴드 시작점, 첫 번째 밴드 끝점, 두 번째 밴드 시작점을 나타낸다.

$E-k$ 다이어그램과 밴드갭 에너지

1 차원 크로니-페니(Kronig-Penny) 모델의 해를 $E-k$ 다이어그램으로 표현하면 [그림 4-6]과 같다.

이 다이어그램에서 점선은 자유전자의 $E-k$ 관계를 나타내며, 실선은 크로니-페니 모델의 해를 기반으로 한 $E-k$ 특성을 보여준다. 또한, [그림 4-5]의 좌변 함수가 우함수임에 따라, [그림 4-6]의 $E-k$ 다이어그램 역시 우함수로 표현된다.

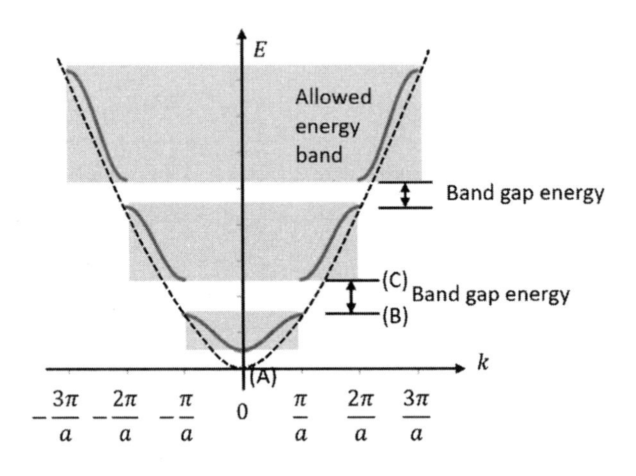

[그림 4-6] 자유전자와 크로니-페니 모델의 $E-k$ 다이어그램 비교

영역 Ⅰ에서의 k 값이 A 지점($k=0$)에서 B 지점($k=\pi/a$)까지 증가함에 따라 전자의 에너지는 점진적으로 증가한다. $k=\pi/a$에서 전자의 에너지는 불연속적으로 변화하며, 이러한 불연속 구간은 $(n+1)\pi/a$ 위치에서도 반복된다. 이와 같은 불연속 구간을 밴드갭 에너지(Bandgap Energy, E_g)로 정의한다. 밴드갭 에너지는 전자가 존재할 수 없는 에너지 영역으로, 가전자대(Valence Band)와 전도대(Conduction Band)를 분리한다. [그림 4-6]의 A, B, C는 [그림 4-5]의 A, B, C와 동일하며, 각 지점의 의미는 두 그림에서 일치한다.

한편, 크로니-페니 모델의 해는 2π 주기를 가지므로, [그림 4-7(a)]와 같이 $E-k$ 다이어그램이 2π 주기적으로 반복된다. 이 주기성을 활용하면, [그림 4-7(b)]와 같이 제한된 영역$(-\pi/a, +\pi/a)$ 내에서 $E-k$ 다이어그램으로 표현할 수 있다.

제한된 $E-k$ 다이어그램인 [그림 4-7(b)]는 밴드갭 에너지(E_g)뿐만 아니라 가전자대와 전도대를 명확히 보여준다. 가전자대는 E_V보다 낮은 에너지 상태로, 전자가 완전히 차 있는 영역이다. 반면 전도대는 E_C보다 높은 에너지 상태로, 전자가 완전히 비어 있는 영역이다. 이는 [그림 4-3]의 격자 상수가 a_0인 실리콘의 밴드 구조와 동일하다.

절대온도 $0K$ 에서는 가전자대에는 전자가 완전히 채워져 있으며, 전도대는 전자가 완전히 비어 있는 상태를 유지한다.

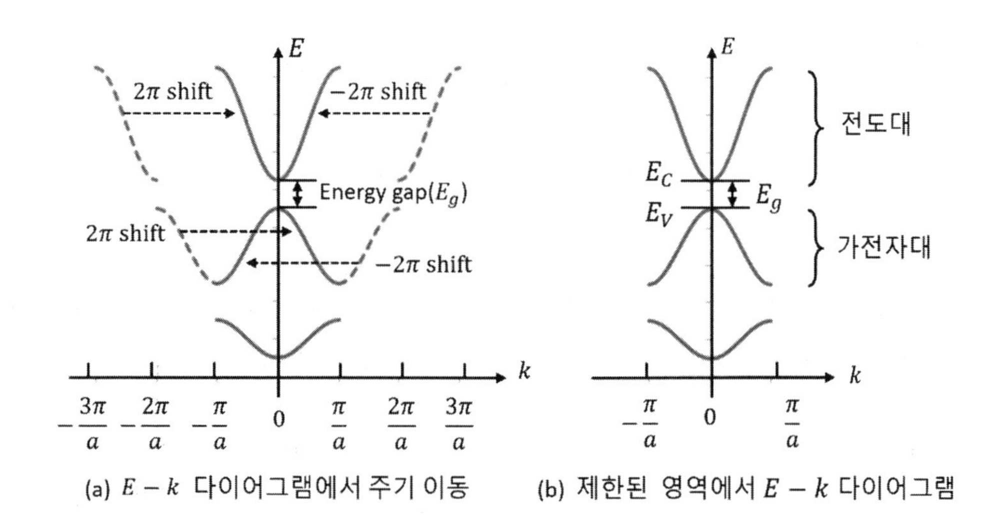

(a) $E-k$ 다이어그램에서 주기 이동 (b) 제한된 영역에서 $E-k$ 다이어그램

[그림 4-7] 1 차원 모델에 의한 $E-k$ 다이어그램과 제한된 $E-k$ 다이어그램

4.4 $\boldsymbol{E-k}$ 다이어그램에서 전자의 유효 질량과 속도

반도체 내에는 많은 수의 전자가 존재하며, 이들은 전자 간 상호작용이나 원자핵과의 상호작용으로 인해 자유전자와 비교했을 때 운동 에너지가 달라진다. 이러한 변화는 결정 내 전자의 운동이 외부 힘(F_{ext})과 내부 상호작용에 의한 힘(F_{int})의 합으로 나타나기 때문이다. 이를 고전역학적으로는 다음과 같이 표현한다.

$$F_{total} = F_{ext} + F_{int} = m_0 a \quad (\text{식 } 4.37)$$

여기서 m_0는 전자의 자유공간 내 질량, a는 가속도를 나타낸다.

고체 물리학에서는 내부 상호작용으로 인한 가속도의 변화를 유효 질량(m^*)이라는 개념으로 설명한다. 유효 질량을 도입하면 내부 상호작용을 고려하지 않고도 전자의 운동을 다음과 같이 기술할 수 있다:

$$F_{total} = m^* a \qquad (\text{식 } 4.38)$$

유효 질량은 내부 상호 작용의 영향을 반영하여 다음과 같이 정의된다.

$$m^* = \frac{F_{ext}}{a} + \frac{F_{int}}{a} \qquad (\text{식 } 4.39)$$

예를 들어, 자유전자에 가해진 동일한 힘이 결정 내 전자에 가해졌을 때 전자의 가속도가 자유전자보다 10 배 크게 증가한다고 가정하면, 전자의 유효 질량은 $0.1m_0$가 된다. 만약 운동의 방향이 반대로 바뀌었다면 유효 질량은 음수가 된다.

한편, $\mathrm{E}-\mathrm{k}$ 다이어그램에서 에너지의 1 차 미분과 2 차 미분을 이용하여 전자의 속도와 질량을 다음과 같이 구할 수 있다. 자유전자의 에너지가 $\mathrm{E} = \hbar^2\mathrm{k}^2/(2\mathrm{m})$로 주어질 때, 이를 k에 대해 미분하면 다음과 같다.

$$\frac{\partial E}{\partial k} = \frac{\hbar^2 k}{m} = \hbar v \qquad (\text{식 } 4.40)$$

여기서 1 차 미분값은 속도(v)에 비례한다. 또한, 2 차 미분값은 에너지-파수 관계의 곡률($\hbar^2/2m$)에 비례하며, 질량(m)에는 반비례한다. 이를 수식으로 표현하면 다음과 같다.

$$\frac{\partial^2 E}{\partial k^2} = \frac{\hbar^2}{m} \qquad (\text{식 } 4.41)$$

[그림 4-8]은 [그림 3-3]의 자유전자, [그림 3-6]의 무한 양자우물, [그림 4-7]의 결정 내 전자의 $E-k$ 다이어그램을 비교한 것이다. 자유전자의 경우, 에너지와 파수(k) 사이에 포물선 관계를 보이며, 같은 에너지를 가지는 k_1과 $-k_1$에서의 기울기(즉, 속도)는 서로 반대 방향임을 확인할 수 있다. 반면, 무한 양자우물에서 전자의 에너지

는 양자화된 상태로 나타나며, 특정 에너지 값에서만 전자가 존재할 수 있다. 결정 내 전자는 전도대와 가전자대의 밴드 구조를 포함하고, 이 두 대역을 구분하는 밴드 갭 에너지(E_g)가 명확히 나타난다.

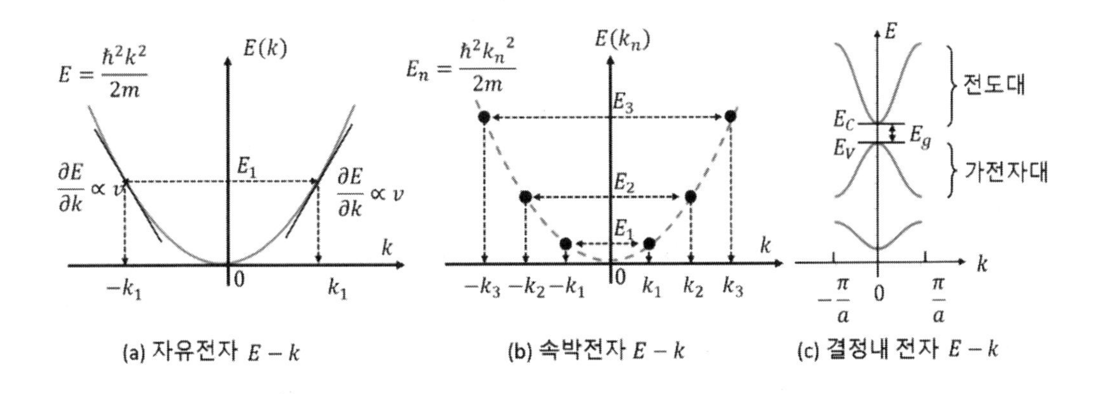

[그림 4-8] 자유전자, 속박전자 및 결정 내 전자 에너지와 속도

결정 내 전자의 $E-k$ 다이어그램인 [그림 4-8(c)]에서, 전도대의 가장 낮은 에너지인 E_C근처와 가전자대의 가장 높은 에너지인 E_V 근처의 에너지 밴드 다이어그램을 자유전자의 에너지 밴드 다이어그램인 [그림 4-8(a)]과 비교하여 [그림 4-9]에 나타내었다.

[그림 4-9]에서 알 수 있듯이, 결정 내 전자의 $\mathrm{E-k}$ 관계는 전도대의 가장 낮은 에너지인 $\mathrm{E_C}$ 근처와 가전자대의 가장 높은 에너지인 $\mathrm{E_V}$ 근처에서 자유전자 모델 $\mathrm{E} = (\hbar^2\mathrm{k}^2)/(2\mathrm{m})$로 근사할 수 있음을 보여준다. 이는 $\mathrm{E_C}$와 $\mathrm{E_V}$ 근처에서 $\mathrm{E-k}$ 곡선이 포물선 형태를 띠며, 자유전자의 $\mathrm{E-k}$ 관계와 유사한 특성을 가지기 때문이다.

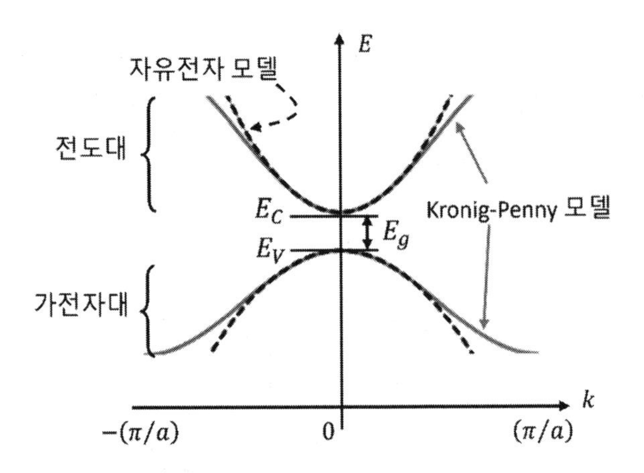

[그림 4-9] 결정 내 전자의 자유전자 근사

따라서, 결정 내 E_C 근처와 E_V 근처에서의 전자는 자유전자의 모델에서 사용된 $E-k$ 관계의 2 차 미분 $\partial^2 E/\partial k^2$을 이용해 유효 질량을 구할 수 있다. 유효 질량은 다음과 같이 정의된다.

$$m = \frac{\hbar^2}{(\partial^2 E/\partial k^2)} \qquad (식\ 4.42)$$

이 수식은 전도대와 가전자대의 곡률이 클수록 유효 질량이 작아지며, 전자가 더 쉽게 가속될 수 있음을 의미한다. 반대로, 곡률이 작을수록 유효 질량이 커지고, 전자의 가속이 어려워진다.

결정에서 전도대의 E_C와 가전자대의 E_V 근처에 있는 전자의 에너지는 자유전자 모델을 이용하여 다음과 같이 유효 질량을 고려한 에너지로 근사할 수 있다.

전도대의 전자의 에너지

$$E(k) = E_C + \frac{\hbar^2}{2m^*}k^2 \qquad (식\ 4.43)$$

가전자대의 전자의 에너지

$$E(k) = E_V - \frac{\hbar^2}{2m^*}k^2 \qquad (식\ 4.44)$$

여기서, 전도대의 전자는 음의 전하와 양의 질량을 가지며, 이는 아래를 향하는 포물선 형태로 나타난다. 반면, 가전자대의 전자는 음의 전하와 음의 질량을 가지며, 위를 향하는 포물선 형태로 나타난다. 가전자대에서 전자의 음의 질량은 정공(홀)의 개념과 관련이 있다. 정공은 전자와 반대 방향으로 움직이는 양전하로 해석되며, 이는 결정 내 전자의 운동을 설명하는 데 중요한 역할을 한다.

결론적으로, 결정 내 전자의 전도대와 가전자대의 에너지 관계는 자유전자 모델을 활용하여 간단히 근사할 수 있다. 이를 통해 전자의 유효 질량과 에너지 특성을 효과적으로 이해할 수 있다.

예제 4-3 다음은 반도체 결정의 $E-k$ 다이어그램이다. 전도대에 위치한 두 전자 A, B 의 곡률과 속도를 비교하시오.

1. 전자 A 와 B 중, 어느 전자의 유효 질량이 더 무겁고, 왜 그런지 설명하시오.
2. 전자 A 와 B 중, 어느 전자의 속도가 더 빠른지 계산식과 함께 설명하시오.

풀이

1. 유효 질량의 비교

유효 질량은 $m = \hbar^2/(\partial^2 E/\partial k^2)$ 이므로 $E-k$ 다이어그램에서 곡률이 클수록 $(\partial^2 E/\partial k^2)$의 값이 커지며, 유효 질량 m^*은 작아진다.

그림에서 B 의 곡선은 A 곡선보다 완만하여 곡률이 작아 $m_A^* < m_B^*$이다.

따라서, B 의 전자가 A 의 전자보다 유효 질량이 더 크다.

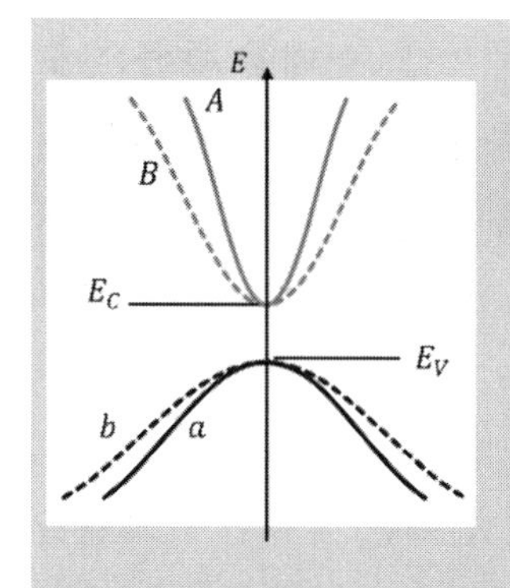

2. 전자 속도 비교

전자 속도는 에너지 E를 파수 k에 대해 1차 미분한 값으로 정의된다.

$$v = \frac{1}{\hbar}\frac{\partial E}{\partial k}$$

$E-k$ 다이어그램에서 곡선의 기울기가 클수록 속도 v가 크다. 그림에서 A의 곡선 기울기가 B보다 기울기가 크므로, $v_A > v_B$이다.

따라서, A의 전자가 B의 전자보다 더 빠르다.

4.5 직접 밴드갭 반도체와 간접 밴드갭 반도체

[그림 4-10(a)]와 같이, 전도대의 가장 낮은 에너지인 E_C와 가전자대의 가장 높은 에너지인 E_V에서의 k값이 동일한 반도체를 직접 밴드갭(Direct bandgap) 반도체라고 한다. 직접 밴드갭 반도체에는 GaAs, InP, GaN과 같은 화합물 반도체가 포함되며, 이러한 반도체는 발광 효율이 높아, LED(Light Emitting Diode) 및 LD(Laser Diode)와 같은 광전자 소자에 주로 사용된다. 이는 전도대에서 가전자대로 전자가 전이할 때, 포논 없이 광자가 직접 방출되기 때문이다.

반면 [그림 4-10(b)]처럼 전도대의 E_C와 가전자대의 E_V가 서로 다른 k값을 가지는 반도체를 간접 밴드갭(Indirect bandgap) 반도체라고 한다. 간접 밴드갭 반도체에는 실리콘(Si)과 게르마늄(Ge)이 포함되며, 이들 반도체에서는 E_V에서의 운동량과 E_C에서의 운동량이 일치하지 않는다. 이로 인해 전자가 전이할 때 k값의 변화가 발생하며, 이 과정에서 추가적인 열에너지(포논)가 생성된다. 이러한 포논 생성 과정으로 인해 간접 밴드갭 반도체는 직접 밴드 반도체에 비해 발광 효율이 상대적으로 낮다.

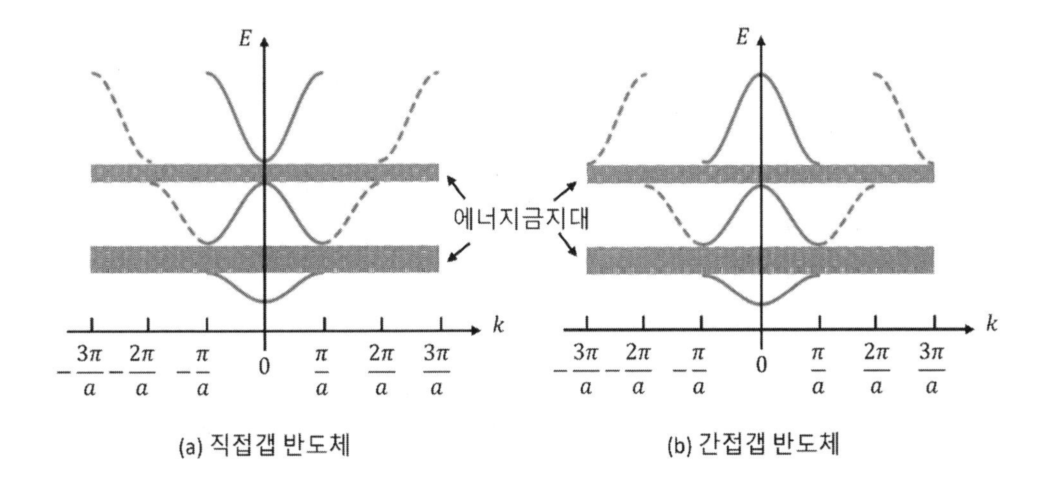

[그림 4-10] 직접 밴드갭(Direct bandgap) 반도체와 간접 밴드갭(Indirect bandgap) 반도체

4.6 전자의 에너지 밴드 개념

자유 전자는 연속적인 에너지 값을 가지며, 속박 전자는 양자화된 에너지를 갖는다. 또한 다수의 원자로 구성된 고체 결정에서는 양자화된 에너지 준위가 분리되어 에너지 밴드를 형성한다. 이러한 에너지 밴드를 형성 과정을 공간적 관점에서 이해할 수 있다. 이를 $\mathrm{E-k}$ 다이어그램 대신 $\mathrm{E-x}$(길이) 다이어그램으로 표현하면 [그림 4-11]과 같다.

[그림 4-11]은 자유전자에서의 연속적인 에너지 상태, 속박전자의 양자화된 에너지 준위, 그리고 고체에서의 에너지 밴드와 밴드갭 구조를 보여준다. $\mathrm{E-x}$(길이) 다이어그램은 $\mathrm{E-k}$ 다이어그램과 달리 공간적 위치를 기준으로 에너지 분포를 표현하며, 고체 결정에서 전자가 존재할 수 있는 에너지 밴드와 존재할 수 없는 밴드갭 영역을 직관적으로 이해하는 데 유용하다.

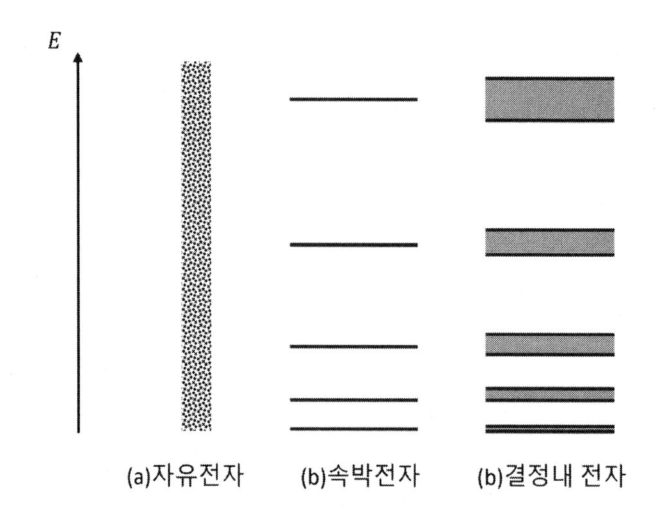

[그림 4-11] 자유전자, 속박전자 결정 내 전자의 에너지 밴드 개념

특히, 반도체의 에너지 구조를 설명할 때는 [그림 4-12(a)]의 $E-k$ 다이어그램보다 [그림 4-12(b)]와 같은 길이 방향의 $E-x$ 에너지 밴드 다이어그램이 일반적으로 더 많이 사용된다. 이 다이어그램에서 밴드갭 에너지 E_g는 전도대의 가장 낮은 에너지인 E_C와 가전자대의 가장 높은 에너지인 E_V의 차이로 정의되며, 이는 [그림 4-12(a)]의 $E-k$ 다이어그램에서 나타난 밴드갭 에너지와 동일하다.

또한, 절대온도 0K에서는 가전자대가 전자로 완전히 채워져 있으며, 전도대는 전자가 완전히 비어 있는 상태로 나타난다. 이러한 $E-x$ 다이어그램은 반도체의 전도대와 가전자대의 에너지 분포를 명확히 이해하는 데 매우 효과적이다.

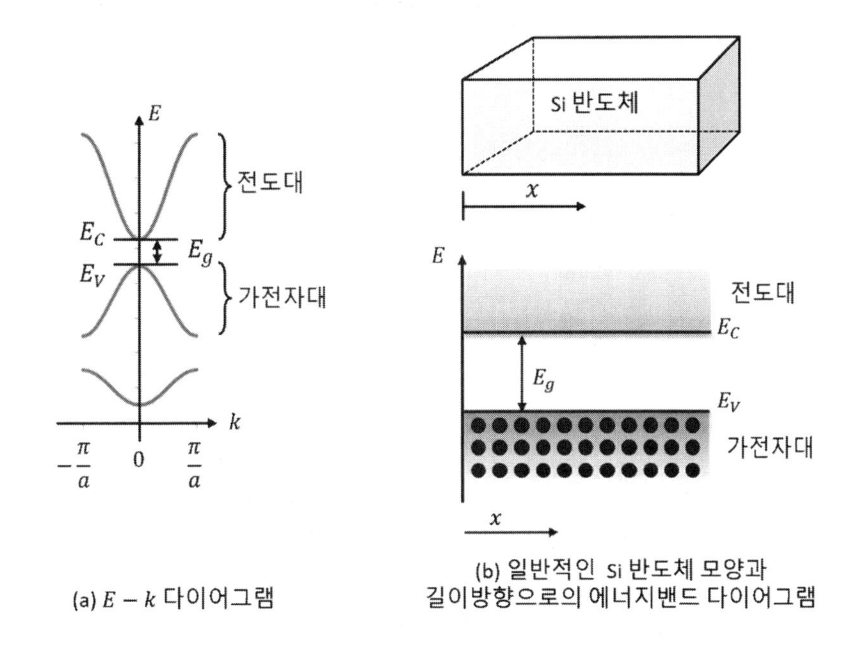

[그림 4-12] 반도체 결정에서의 $E-k$ 다이어그램과 $E-x$ 다이어그램

CHAPTER

05

진성 반도체와 페르미-디랙분포 함수

• UNIT GOALS

반도체에서 많은 전류를 흐르게 하려면 충분한 수의 전하와 빠른 이동성이 필수적이다. 이 장에서는 진성 반도체에서 존재하는 전자의 개수를 이해하기 위해, 전자의 에너지 분포와 전하의 확률을 설명하는 페르미-디랙 분포 함수, 페르미 준위, 그리고 맥스웰-볼츠만 근사식을 학습한다.

또한, 전자와 정공이 형성하는 전하의 열평형 상태의 의미를 고찰하며, 열평형 상태에서의 전자와 정공의 생성 및 재결합 과정과 진성 농도에 대해 다룬다.

진성 반도체에서 전자의 개수는 3차원 모델을 기반으로 에너지 상태밀도 함수를 계산하고, 이를 페르미-디랙 분포 함수와 곱하여 구한다. 계산된 결과는 단위 부피로 나누어 전자의 농도로 환산되며, 계산을 단순화하기 위해 유효 에너지 상태밀도 함수를 도입한다.

아울러, 전도대에서 전자가 가지는 최소 퍼텐셜 에너지 E_c와 가전자대에서 정공이 가지는 최소 퍼텐셜 에너지 E_V를 이해함으로써, 전도전자와 정공이 열평형 상태에서 안정적으로 존재하는 물리적 의미를 파악한다.

5.1 진성 반도체와 전하

실리콘의 주요 물리적 특성은 [표 5-1]에 요약되어 있다. 실리콘의 원자번호는 14로, 이는 원자핵에 14 개의 양성자가 존재함을 의미한다. 절대온도 $0K$ 에서 실리콘의 밴드갭 에너지는 1.21eV 이며, 온도가 $300K$로 증가하면 밴드갭은 1.1eV 로 감소한다. 또한, 1.5 절에서 실리콘 결정구조를 기반으로 계산한 부피밀도는 $5.0 \times 10^{22}[cm^{-3}]$로, 이는 단위 부피당 원자 개수를 나타낸다. 이러한 물리적 특성은 진성 반도체에서 전하 밀도와 전기적 특성을 계산하는 데 중요한 기초 데이터를 제공한다.

[표 5-1] 실리콘(Si) 및 게르마늄(Ge)의 물리적 성질

물리량	실리콘(Si)	게르마늄(Ge)
원자번호	14	32
격자상수(실내온도, Å)	5.43	5.65
최인접 원자 간격(실내온도, Å)	2.35	2.44
원자수 $/cm^3$	5.0×10^{22}	4.4×10^{22}
녹는점(°C)	1,420	936
금지대폭, 밴드갭 에너지(0K, eV)	1.21	0.875
금지대폭, 밴드갭 에너지 (300K, eV)	1.10	0.72

불순물이 첨가되지 않은 순수한 실리콘 반도체를 진성 반도체(Intrinsic semiconductor)라 하며, 그 결정구조는 [그림 1-11]과 같이 실리콘 원자로만 이루어진 3 차원의 다이아몬드형 공유결합 구조를 가진다. 이를 간략화한 2 차원 공유결합 구조와 $E-x$ 다이어그램은 [그림 5-1]에 제시되어 있다.

진성 반도체에서 모든 실리콘 원자는 인접한 4 개의 실리콘 원자와 각각 8 개의 전자를 공유하여 안정적인 공유결합을 형성한다. 절대온도 $0K$에서는 전자의 열에너지가 거의 0 에 가까워, 모든 전자가 실리콘 원자에 속박되어 움직이지 않는다. 이 상태를 $E-x$ 다이어그램으로 나타내면, 가전자대 (Valence band)는 전자가 완전히 채

워져 있고, 전도대(Conduction band)는 전자가 전혀 존재하지 않는 상태로 [그림 5-1(b)]에 명확히 나타나 있다.

이와 같은 조건에서 진성 반도체는 전자가 이동할 수 없으므로 전류가 흐르지 않는 절연체의 특성을 보이며, 전기적으로 중성을 유지한다. $E-x$ 다이어그램에서 전도대의 가장 낮은 에너지는 E_C, 가전자대의 가장 높은 에너지는 E_V로 정의한다. 이때, 다이어그램의 수직 방향은 전자의 에너지를, 수평 방향은 반도체의 물리적 길이를 나타낸다.

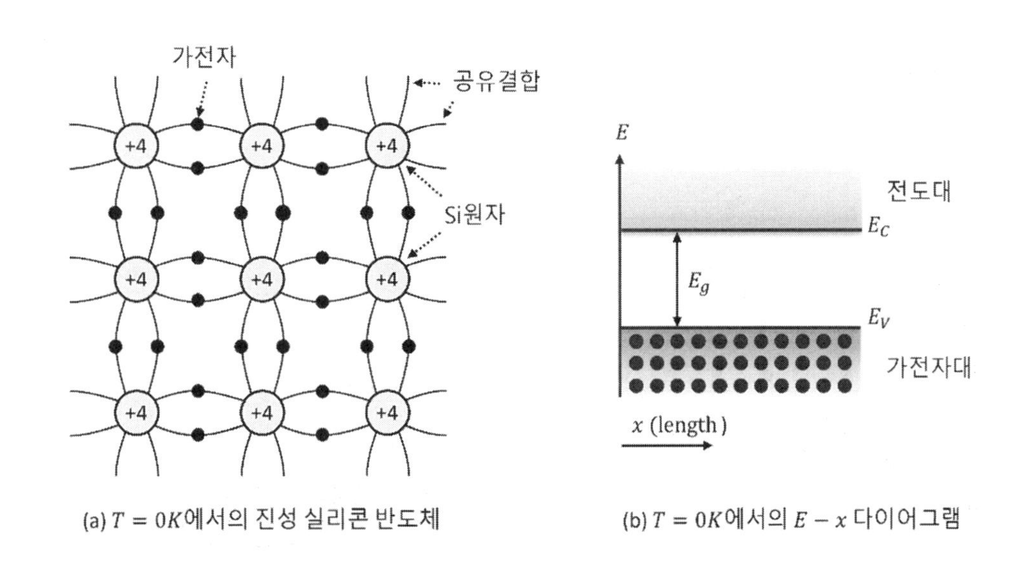

[그림 5-1] 절대온도 $T = 0K$에서의 실리콘 공유결합 구조와 $E-x$ 다이어그램

전도전자와 정공의 생성

온도가 상승하면 전자는 열에너지에 의해 밴드갭 에너지 (예: $T = 300K$에서 실리콘의 밴드갭 에너지 $E_g = 1.1eV$)를 초과하는 에너지를 얻어, [그림 5-2]와 같이 공유결합을 깨고 탈출한다. 이 과정에서 전자는 가전자대를 떠나 전도대로 올라가며, 가전자대에는 전자의 빈자리가 생긴다. 이러한 빈자리를 정공(Hole, 홀)이라 하며, 전도대에 올라간 전자는 음의 전하($-e$)를 가진 전도전자가 된다.

진성 반도체에서는 열에너지에 의해 항상 전도전자와 정공이 쌍이 생성되므로, 전도대의 전도전자 개수와 가전자대의 정공 개수는 동일하다. 이로 인해 반도체는 전기적으로 중성 상태를 유지한다.

[그림 5-2(a)]는 절대온도 $T = 300K$에서 전자의 빈자리가 생긴 2차원 개념도를 보여준다. 가전자대의 전자가 에너지를 흡수하여 전도대로 이동하면, [그림 5-2(b)]와 같이 가전자대에 전자가 없는 빈자리 (정공)가 생성된다. 그림에서는 비어 있는 원으로 표시되었다. 정공은 전자의 결핍으로 인해 생성되며, 가전자대 내에서 전자의 이동 방향과 반대 방향으로 움직인다.

전기장이 인가되면, 전도전자와 정공은 각각 전도대와 가전자대에서 서로 반대 방향으로 이동하며, 이로 인해 실리콘은 전기 전도성을 갖게 된다.

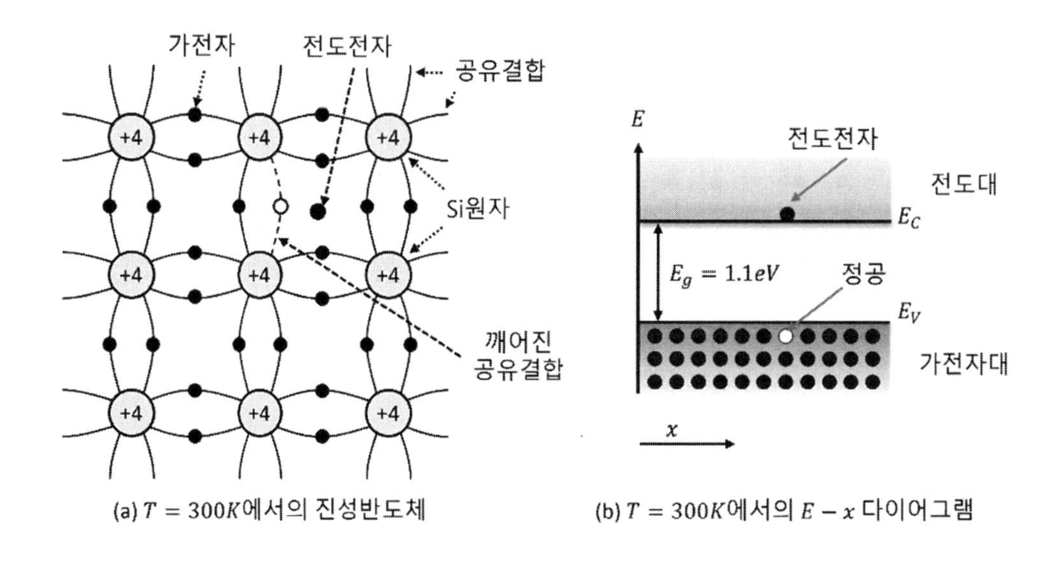

(a) $T = 300K$에서의 진성반도체
(b) $T = 300K$에서의 $E - x$ 다이어그램

[그림 5-2] $T = 300K$에서 전도전자와 정공 생성 과정의 $E - x$ 다이어그램

전도전자와 정공의 생성과 재결합

전도대에서 열에너지에 의해 생성된 전도전자는 영구적으로 존재하지 않으며, 시간이 지나면서 에너지를 잃고 가전자대의 빈자리(정공)로 되돌아간다. 이 과정을 전자와 정공의 재결합(Recombination)이라 한다.

열평형 상태에서는 생성과 재결합이 동일한 속도로 이루어지므로 전도대의 전도전자 개수와 가전자대의 정공 개수는 항상 일정하게 유지된다. 이는 반도체가 안정적인 열평형 상태를 유지함을 의미한다.

전자와 정공이 재결합하는 과정에서, 높은 에너지를 가진 전도대의 전자는 낮은 에너지 상태인 가전자대로 전이되면서 에너지를 방출한다. 이렇게 방출된 에너지는 일반적으로 빛이나 열의 형태로 나타난다. 특히, 직접 밴드갭 반도체에서는 이 방출 에너지가 광자 형태로 나타나며, 이는 LED(Light Emitting Diode) 및 광전자 소자에서 중요한 원리로 활용된다.

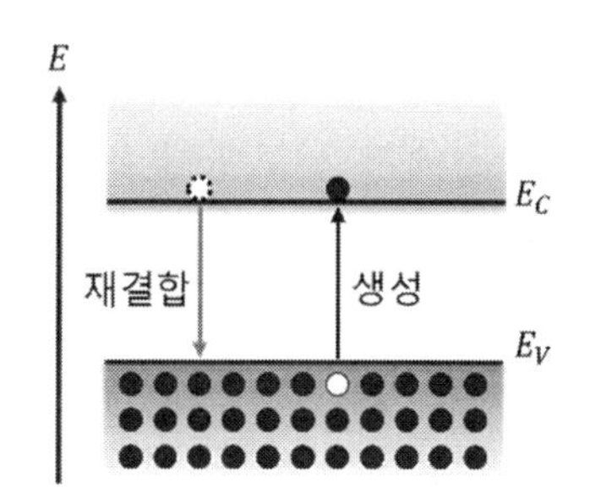

[그림 5-3] $T = 300K$에서의 전자 · 정공 쌍 생성과 재결합 과정

예제 5-1 그림과 같이, 가전자대의 전자가 밴드갭 에너지 $E_g(= 1.1eV)$보다 약간 큰 에너지를 받아 전도대로 전이하였다. 전이된 전자는 어떻게 되는가?

<u>풀이</u>

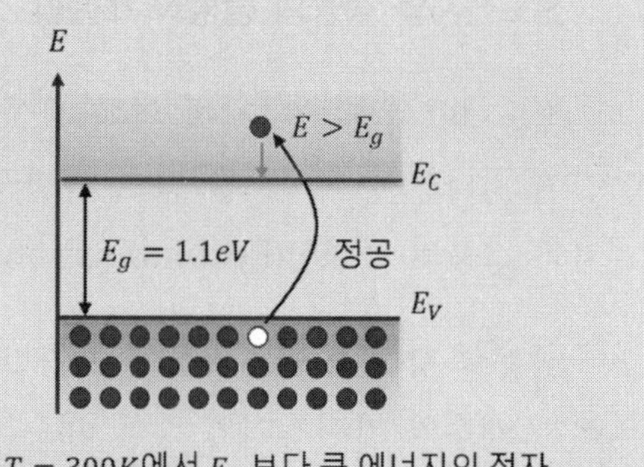

$T = 300K$에서 E_g 보다 큰 에너지의 전자

E_g 보다 큰 에너지를 가진 전자가 전도대로 전이하면, E_C보다 높은 에너지 상태에 위치하게 된다. 하지만, E_C보다 높은 에너지 상태는 상대적으로 불안정하므로, 전자는 결정 격자와의 충돌이나 기타 상호작용을 통해 주로 열에너지 형태로 에너지를 방출하며, 전도대의 최소 에너지 준위인 E_C 로 떨어지게 된다.

5.2 전도전자와 정공에 의한 전류

반도체에서 전류를 형성하는 주요 전하 운반자는 전도전자(Electron)와 정공(Hole)이다. 이는 에너지 밴드 관점에서 전도대에 위치한 전자와 가전자대에 위치한 정공(즉, 전자의 빈자리)을 의미한다. [그림 5-4]의 에너지 밴드 다이어그램에서 y 축은 전자의 에너지를 나타낸다. y 축의 양의 방향으로 갈수록 전자의 에너지가 높아지며, y 축의 음의 방향으로 갈수록 정공의 에너지가 높아진다.

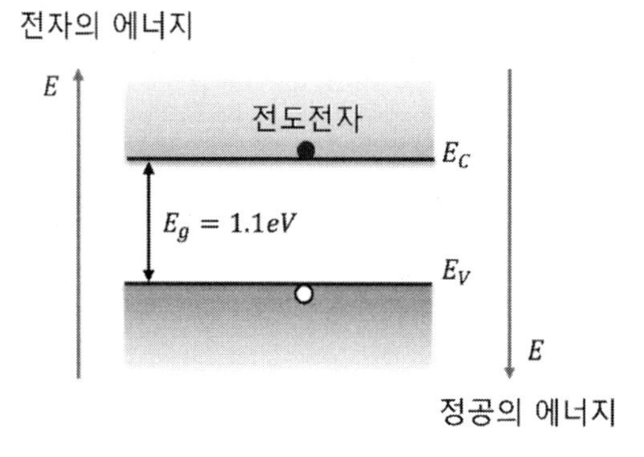

[그림 5-4] 에너지 밴드 다이어그램에서 전도전자와 정공의 에너지

전도대(Conduction Band)에서 전자의 가장 낮은 퍼텐셜 에너지는 E_C로 정의되며, 가전자대에서 정공의 가장 낮은 퍼텐셜 에너지는 E_V로 정의된다. 전도전자와 정공은 각각 외부 전기장에 의해 이동하며 전류를 형성한다.

(예제 5-1)은 전도대에서 E_C보다 높은 에너지를 가진 전자가 에너지를 잃고 가장 낮은 에너지 준위인 E_C 에서 안정화되는 과정을 보여준다. 따라서 전도대에서 전자가 존재할 확률은 E_C 에서 가장 높다. 마찬가지로 가전자대에서 E_V 보다 높은 에너지 상태에 있는 정공은 에너지를 잃고 가장 낮은 준위인 E_V에서 안정화된다. 이에 따라, 가전자대에서 전자 비어 있을 확률은 E_V에서 가장 높다.

진성 반도체에서 생성된 이동 가능한 전도전자와 정공은 외부 전기장에 의해 서로 반대 방향으로 이동하며, 이로 인해 전류가 형성된다. [그림 5-5]와 [그림 5-6]은 이러한 현상을 서로 다른 관점에서 설명한다.

[그림 5-5]는 공유결합 관점에서 전도전자와 정공의 이동을 나타낸다. 양의(우측) 방향으로 전기장이 가해지면, 열에너지에 의해 공유결합이 깨지면서 생성된 전도전자(검은 점으로 표시)는 음의 방향(왼쪽)으로 이동한다(검은 화살표 참조). 반면, 비어 있는 원으로 표시된 정공은 좌측으로 이동한 전자의 영향을 받아 우측으로 이동한다.

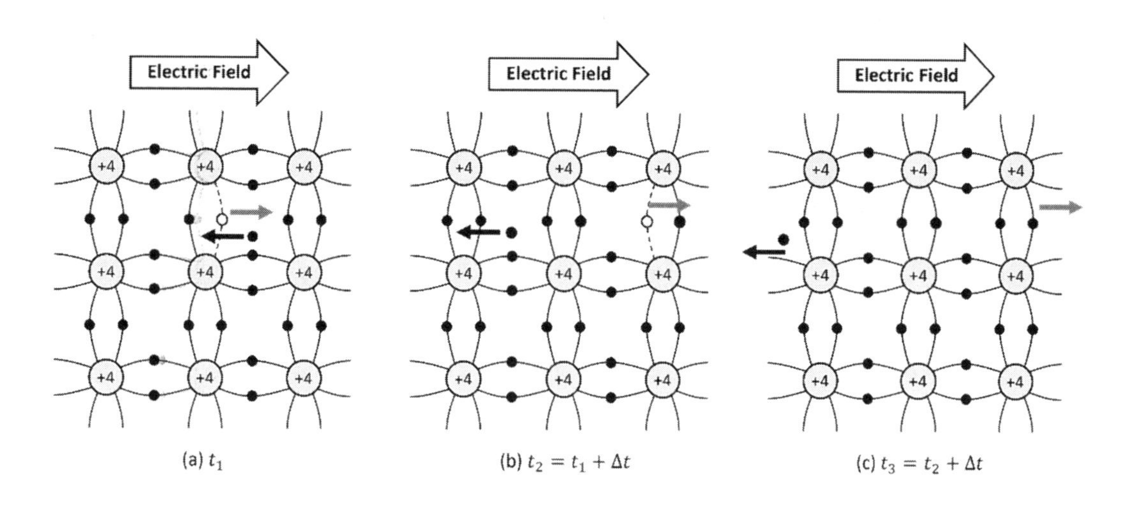

[그림 5-5] 전기장이 있는 경우, 공유결합 모형에서 시간에 따른 전도전자와 정공의 이동

이처럼 전도대의 전자와 가전자대의 전자 빈자리(정공)가 전기장의 반대 방향으로 이동하기 때문에, 결과적으로 전류는 전기장의 방향(양의 방향)으로 흐르게 된다. 전자의 빈자리를 채우는 음전하의 이동은 정공이 양의 방향으로 이동하는 것으로 해석되며, 이러한 빈자리의 흐름을 정공의 흐름이라 한다.

[그림 5-6]은 에너지 밴드 다이어그램에서 전도전자와 정공의 이동을 시각적으로 보여준다. 이 에너지 밴드 다이어그램은 전기장이 인가될, 전도대의 전도전자가 전기장의 반대 방향으로 이동하고, 가전자대의 전자의 빈자리가 전기장의 방향으로 이동하는 과정을 보여준다. 결과적으로, 전자와 정공의 움직임은 전기장의 방향으로 전류를 발생시키며, 이는 반도체의 전기 전도성을 설명하는 주요 메커니즘 중 하나이다.

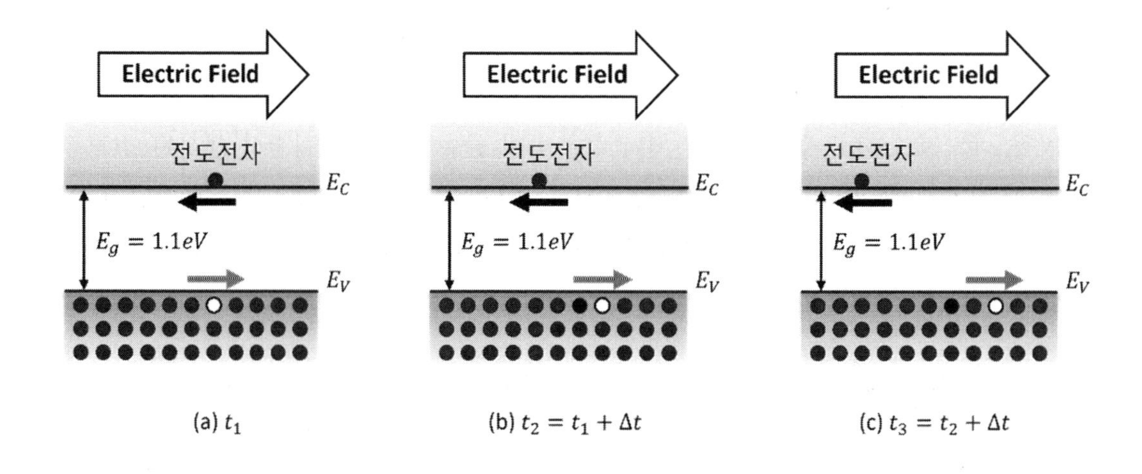

[그림 5-6] 에너지 밴드 다이어그램에서 전도전자와 정공의 움직임

5.3 열평형 상태에서의 진성 반도체와 진성 농도

열평형 상태(Thermal equilibrium state)

열평형 상태는 물리적인 시스템이 열전달 경로를 통해 균형을 이루며, 순(알짜) 열 흐름이 없는 상태를 의미한다. 이 상태에서는 외부의 전기장(Electric field), 자기장(Magnetic field), 역학적인 힘, 또는 빛이 존재하지 않으며, 시스템 내 온도는 균일하게 유지된다. 열평형 상태에서의 열에너지는 다음과 같이 표현된다

$$E_T = kT, (k: \text{볼츠만상수}, T: \text{절대온도}) \quad (\text{식 } 5.1)$$

진성 반도체가 열평형 상태에 있을 때, 전도대의 전자 개수와 가전자대의 정공 개수는 시간이 지나도 일정하게 유지된다. 그러나 열평형 상태는 단순한 정적 상태가 아니라, 전자와 정공의 재결합이 지속적으로 일어나는 동적 평형 상태임을 유념해야 한다.

이러한 동적 평형 상태는 다음 두 가지 과정을 포함한다:

1. 재결합 과정: 전도대의 전자는 유한한 수명을 가지며, 정공과 재결합한다.
2. 전자 · 정공 쌍 생성: 열에너지에 의해 전자 · 정공 쌍이 지속적으로 생성된다.

예제 5-2 $T = 300K$에서 열에너지 E_T를 구하라.

k: 볼츠만 상수: $1.380 \times 10^{-23} J \cdot K^{-1}$ 또는 $8.617 \times 10^{-5} eV \cdot K^{-1}$ 이다.

풀이

$$E_T = kT = 8.617 \times 10^{-5}[eV \cdot K^{-1}] \times 300[K] = 26meV$$

열평형 상태에 있는 진성 반도체의 전자와 정공의 농도

반도체에서 전하의 개수들 나타내기 위해 농도(Density) 개념을 도입한다. 농도는 단위 부피당 전자 또는 정공의 개수를 의미하며, 반도체 소자에서 사용하는 공간의 단위는 $[cm^{-3}]$이며, 전자의 농도는 n, 정공의 농도는 p로 표기한다.

열평형 상태를 나타낼 때는 아래 첨자 0을 사용하여, 열평형 상태에서의 전자의 농도는 $n_0[cm^{-3}]$, 정공의 농도는 $p_0[cm^{-3}]$로 표현한다.

[그림 5-7]은 절대온도 $\mathrm{T} = 300\mathrm{K}$에서 열평형 상태에 있는 진성 반도체의 전자 농도 $\mathrm{n_0}$와 정공 농도 $\mathrm{p_0}$를 공유결합 모델과 에너지 밴드 다이어그램으로 나타낸 것이다.

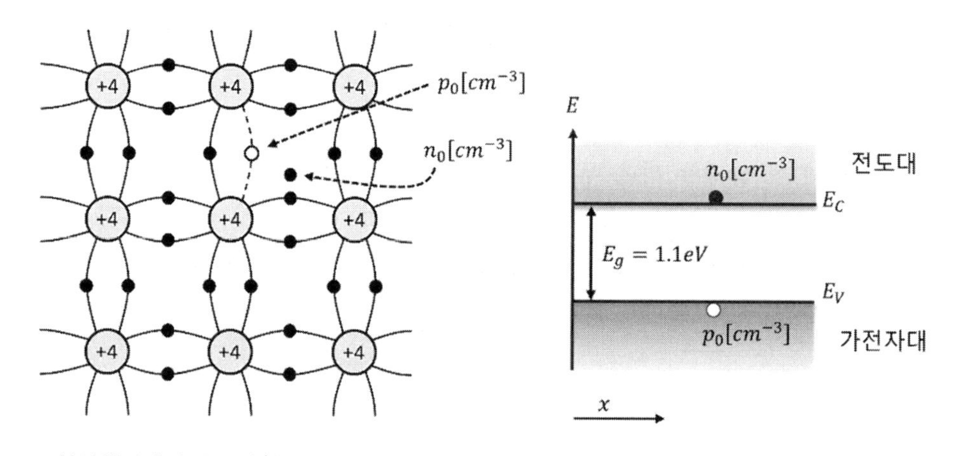

(a) 열평형상태의 공유결합 ($T = 300K$) (b) 열평형상태의 에너지밴드 다이어그램 ($T = 300K$)

[그림 5-7] 열평형 상태($T = 300K$)에서 진성 반도체의 전자와 정공 분포

전하 생성률과 재결합률 그리고 진성 농도

열평형 상태의 진성 반도체에서는 전도대의 전자와 가전자대의 정공이 항상 쌍으로 생성된다. 이때, 단위 시간 및 단위 부피당 전도대에서 생성되는 전자의 개수를 전자의 생성률(G_{n0})이라 하며, 단위 시간 및 단위 부피당 가전자대에서 생성되는 정공의 개수를 정공의 생성률(G_{p0})이라 한다. 열평형 상태에서는 전자의 생성률과 정

공의 생성률이 서로 같아 다음과 같으므로 관계식을 만족한다.

$$G_{p0} = G_{n0} \quad (식\ 5.2)$$

또한, 전도대의 전자와 가전자대의 정공은 쌍으로 재결합하여 소멸된다. 이때 단위 시간 및 단위 부피당 전자가 재결합하는 개수를 전자의 재결합률(R_{n0})이라 하고, 단위 시간 및 단위 부피당 정공이 재결합하는 개수를 정공의 재결합률(R_{p0})이라 한다. 열평형 상태에서는 전자의 재결합률과 정공의 재결합률이 서로 같으며, 생성률과 재결합률 또한 동일하다. 따라서, 다음 관계식이 성립한다.

$$G_{p0} = G_{n0} = R_{p0} = R_{n0} \quad (식\ 5.3)$$

열평형 상태에서 진성 반도체의 전자 농도 n_0와 정공의 농도 p_0는 동일하며, 이를 진성 농도라 하고 $n_i[cm^{-3}]$로 표기한다. 결과적으로 n_0과 p_0의 곱은 항상 일정하며, 다음 관계식을 만족한다.

$$n_0 p_0 = {n_i}^2 \quad (식\ 5.4)$$

이 관계식은 질량-작용 법칙(Mass-action raw)으로 알려져 있다.

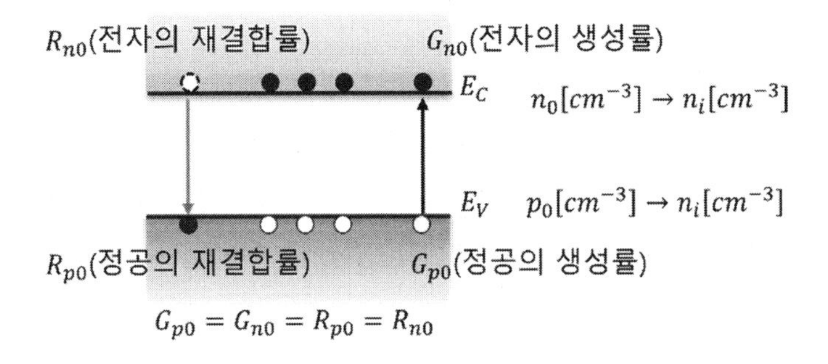

[그림 5-8] 열평형 상태에서의 전하 생성률, 재결합률 및 진성 농도

예제 5-3 진성 농도는 다음과 같은 식으로 표현된다. 상온 ($T = 300K$)에서의 진성 농도 n_i 를 계산하라. $B = 7.3 \times 10^{15}[cm^{-3} \cdot K^{-3/2}]$, k(볼츠만 상수) = $8.617 \times 10^{-5}[eV/K]$, $E_g = 1.12e@300K$이다.

$$n_i = BT^{3/2}\exp\left[\frac{-E_g}{2kT}\right]$$

<u>풀이</u>

$$n_i = 7.3 \times 10^{15}[cm^{-3} \cdot K^{-3/2}] \times (300)^{\frac{3}{2}}[\cdot K^{-3/2}]^{3/2} \times e^{-\frac{1.12[eV]}{2\times 8.617\times 10^{-5}[eV/K]\times 300[K]}}$$

$$= 1.5 \times 10^{10}[cm^{-3}]$$

5.4 **페르미-디랙**(Fermi-Dirac) **분포 함수와 페르미 준위**(Fermi-Level)

임의의 절대온도에서 열평형 상태에 있는 시스템의 총 에너지는 시스템을 구성하는 입자들 간에 분배된다. 이때, 열평형 상태에 있는 다수 입자의 운동을 정확히 기술하기 위해 개별 입자의 상태를 모두 분석하는 것은 실질적으로 불가능하다. 대신, 입자들이 특성 에너지를 가질 확률을 이용하여 통계적으로 기술한다.

입자들을 확률적으로 기술하는 통계학은 입자의 성질에 따라 서로 다른 방식이 적용된다. 대표적인 통계 방식에는 고전적인 입자를 기술하는 맥스웰-볼츠만(Maxwell-Boltzmann) 통계, 보존 (Boson) 입자를 설명하는 보즈-아인슈타인(Bose-Einstein) 통계, 그리고 페르미온 (Fermion) 입자를 설명하는 페르미-디랙(Fermi-Dirac) 통계 등이 있다.

맥스웰-볼츠만(Maxwell-Boltzmann) 통계

맥스웰-볼츠만 통계는 다음 조건을 만족하는 시스템에 적용된다.

모든 입자는 서로 구별 가능하며, 각 에너지 상태에 허용되는 입자의 수에 제한이 없다.

이 통계는 주로 가스 분자와 같은 고전적인 입자를 설명하는 데 사용된다. 에너지 E 에서 입자가 존재할 확률분포 함수는 다음과 같이 표현된다.

$$f(E) = Ae^{-(E/kT)} \quad \text{(식 5.5)}$$

여기서, A 는 정규화 상수, k는 볼츠만 상수(Boltzmann constant), T는 절대온도를 의미한다.

보즈-아인슈타인(Bose-Einstein) 통계

보즈-아인슈타인 통계는 다음 조건을 만족하는 시스템에 적용된다.

입자들은 구별 불가능하며, 하나의 양자 상태에 허용되는 입자의 수에 제한이 없다.

이 통계는 광자(Photon), 포논(Phonon) 등 보존(Boson)입자를 설명하는 데 사용된다. 에너지 E 에서 입자가 존재할 확률분포 함수는 다음과 같다.

$$f(E) = \frac{1}{e^{E/kT} - 1} \quad \text{(식 5.6)}$$

페르미-디랙(Fermi-Dirac) 통계

페르미-디랙 통계는 다음 조건을 만족하는 시스템에 적용된다.

입자들은 구별 불가능하며, 하나의 양자 상태에는 최대 하나의 입자만 허용되는 파울리 배타 원리가 적용된다.

이 통계는 전자와 같은 페르미온(Fermion)의 분포를 설명하는 데 사용된다. 에너지 E 에서 입자가 존재할 확률분포 함수는 다음과 같이 주어진다.

$$f(E) = \frac{1}{1 + e^{(E-E_F)/kT}} \quad (\text{식 } 5.7)$$

여기서, E_F는 페르미 준위(Fermi Level)로 입자의 분포를 결정하는 에너지 준위이며, k는 볼츠만 상수(Boltzmann constant), kT는 절대온도 T에서의 열에너지이다.

5.4.1 페르미-디랙 분포 함수와 페르미 준위

임의의 에너지 E에서 전자가 존재할 확률은 페르미-디랙(Fermi-Dirac) 분포 함수(식 5.7)로 표현된다. 여기서 T는 절대온도이고, k는 볼츠만 상수로 $1.380 \times 10^{-23} J \cdot K^{-1}$ 또는 $8.617 \times 10^{-5} eV \cdot K^{-1}$이다. 페르미-디랙 분포 함수에 있는 E_F는 페르미 준위(Fermi Level)로 전자가 존재할 확률이 1/2 인 에너지 준위를 의미한다.

전자의 에너지가 페르미 준위일 때($E = E_F$), 전자가 존재할 확률은 항상 1/2 로 정의된다.

$$f(E_F) = \frac{1}{1 + e^{(0)/kT}} = \frac{1}{2} \qquad (E = E_F, T > 0[K]) \qquad (\text{식 } 5.8)$$

전자의 에너지가 페르미 준위보다 훨씬 클 때($E \gg E_F$), 전자가 존재할 확률은 0 으로 수렴한다.

$$f(E) = \frac{1}{1 + e^{\infty}} = 0 \qquad (E \gg E_F) \qquad (\text{식 } 5.9)$$

전자의 에너지가 페르미 준위보다 훨씬 작을 때($E \ll E_F$), 전자가 존재할 확률은 1 로 수렴한다.

$$f(E) = \frac{1}{1 + e^{-\infty}} = 1 \qquad (E \ll E_F) \qquad (\text{식 } 5.10)$$

[그림 5-9]는 페르미-디랙 분포 함수에서 에너지 E에 따른 전자가 존재할 확률 $f(E)$의 특성을 보여준다.

[그림 5-9(a)]에서, x 축은 전자의 에너지를, y 축은 해당 에너지 상태에서 전자가 존재할 확률 $f(E)$를 나타낸다. 반면, [그림 5-9(b)]에서 x 축은 전자가 존재할 확률 $f(E)$, y 축은 에너지를 나타낸다. [그림 5-9]는 페르미 준위 E_F를 기준으로 분포가 대칭적임을 보여주며, 절대온도가 높아질수록 분포의 기울기가 점차 완만해지는 특성을 보여준다.

페르미-디랙 분포 함수는 시스템 내 전자의 에너지에 따라 전자가 존재할 확률이 달라짐을 보여준다. 예를 들어, 전자가 $(E_F + 0.2)[eV]$의 에너지에 있을 경우, 온도가 $0 \rightarrow T_1 \rightarrow T_2 \rightarrow T_3 \rightarrow T_4$로 증가함에 따라 전자가 존재할 확률은 점차 증가한다. 반면 에너지가 $(E_F - 0.2)[eV]$인 전자는 존재할 확률이 점차 감소한다.

이는 온도가 증가할수록 $(\mathrm{E_F} - 0.2)[\mathrm{eV}]$와 같은 낮은 에너지 준위에서 전자 수가 감소하고, $(\mathrm{E_F} + 0.2)[\mathrm{eV}]$와 같은 높은 에너지 준위로 전자가 이동함을 의미한다. 결과적으로, 온도가 높아질수록 페르미 준위보다 낮은 에너지에서 전자가 존재할 확률은 감소하고, 페르미 준위보다 높은 에너지에서 전자가 존재할 확률은 증가하는 대칭적 특성을 보인다.

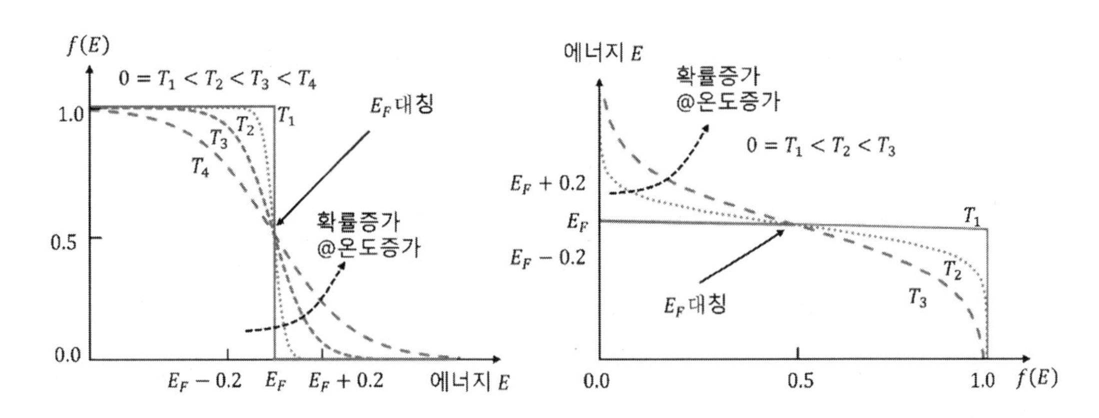

(a) 확률-에너지에 대한 페르미-디랙 분포함수　(b) 에너지-확률에 대한 페르미-디랙 분포함수

[그림 5-9] 페르미-디랙 분포 함수의 대칭적 특성

5.4.2 진성 반도체에서 전자가 존재할 확률과 비어 있을 확률

진성 반도체에서 전자가 특정 에너지 준위에 존재할 확률과 해당 에너지 준위가 비어 있을 확률은 페르미-디랙 분포 함수를 통해 설명할 수 있다. [그림 5-10]은 실리콘 진성 반도체의 에너지 밴드 다이어그램에 다양한 온도 조건에서 페르미-디랙 분포 함수를 적용한 결과를 보여준다.

페르미-디랙 분포 함수는 페르미 준위 E_F를 기준으로 대칭적인 형태를 가진다. 진성 반도체의 경우, 전도대의 전자의 개수와 가전자대의 정공의 개수가 동일하므로, 페르미 준위 E_F는 전도대와 가전자대의 중간에 위치한다.

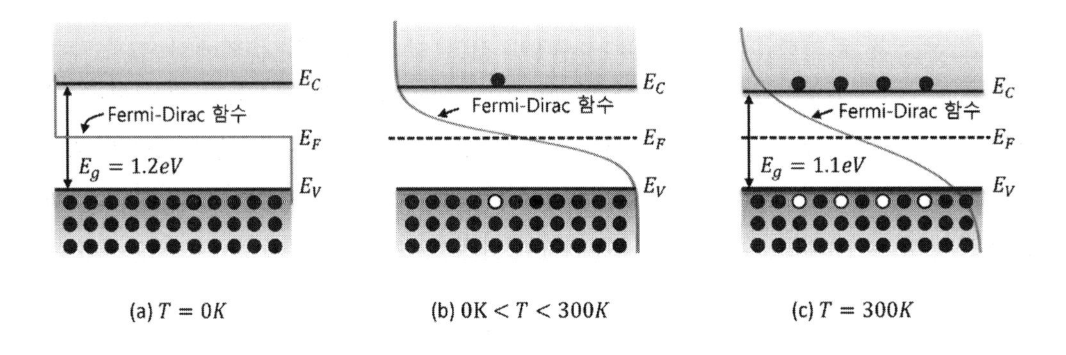

[그림 5-10] 진성 반도체의 에너지 밴드 다이어그램과 온도에 따른 페르미-디랙 분포 함수

절대온도 $0K$에서는 [그림 5-10(a)]에서 보이는 것처럼 전도대(Conduction band)에 전자가 존재하지 않으며, 이때 전도대의 페르미-디랙 분포 함수 값은 $f(E_C) = 0$이다. 그러나, 온도가 증가하면, [그림 5-10(b)와 (c)]에서처럼 페르미-디랙 분포 함수의 기울기가 점차 완만해진다. 이에 따라, 페르미 준위보다 높은 에너지 상태인 전도대에서 전자가 존재할 확률은 0 보다 커지고, 온도가 증가할수록 전도대에 존재하는 전자의 수는 점차 증가한다.

진성 반도체에서는 전도대에 존재하는 전자는 전자·정공 쌍 생성에 의해 나타나며, 이는 가전자대(Valence Band)에 동일한 개수의 전자의 빈자리인 정공이 생성됨을 의미한다. [그림 5-11]은 특정 온도에서의 페르미-디랙 분포 함수와 함께, 전도대 E_C에 생성된 전자와 가전자대 E_V에 생성된 정공을 보여준다.

에너지가 E_C 인 상태에서 전자가 존재할 확률은 $f(E_C)$, 비어 있을 확률은 $1-f(E_C)$이다. 또한, 에너지가 E_V인 상태에서 전자가 존재할 확률은 $f(E_V)$, 비어 있을 확률은 $1-f(E_V)$가 된다. 페르미-디랙 분포 함수는 페르미 준위 E_F를 기준으로 대칭적이며, E_F는 전도대 E_C와 가전자대 E_V의 중간에 위치한다. 따라서, $E_C - E_F = E_F - E_V$ 관계가 성립하며, 다음 관계식이 도출된다.

$$f(E_C) = 1 - f(E_V) \text{ 및 } 1 - f(E_C) = f(E_V) \quad (\text{식 } 5.11)$$

에너지 E 에서 전자가 비어 있을 확률 $1-f(E)$는 페르미-디랙 분포 함수로부터 다음과 같이 계산된다.

$$1 - f(E) = 1 - \frac{1}{1 + e^{(E-E_F)/kT}} \quad (\text{식 } 5.12)$$

이를 정리하면,

$$1 - f(E) = \frac{1 + e^{(E-E_F)/kT} - 1}{1 + e^{(E-E_F)/kT}} \quad (\text{식 } 5.13)$$

$$= \frac{1}{1/e^{(E-E_F)/kT} + 1} = \frac{1}{1 + e^{(E_F-E)/kT}} \quad (\text{식 } 5.14)$$

위 관계를 통해, 페르미-디랙 분포 함수에서 전자가 존재할 확률 $f(E)$와 비어 있을 확률 $1-f(E)$를 계산할 수 있다. 이를 이용하면 진성 반도체에서 전자와 정공의 생성과 분포를 정량적으로 분석할 수 있다.

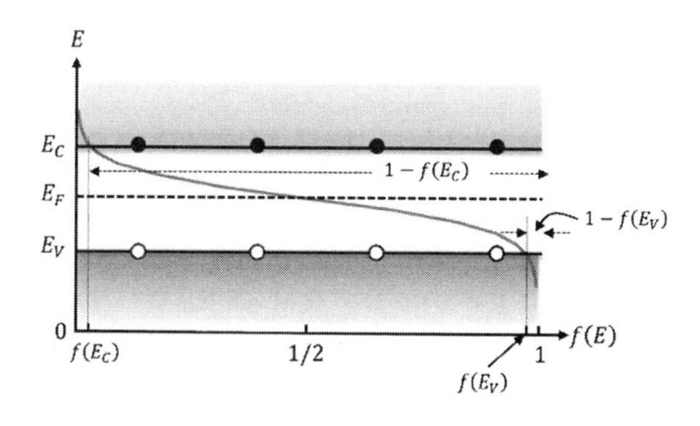

[그림 5-11] 진성 반도체에서 E_C, E_V의 전자의 존재 확률 및 비어 있을 확률

5.4.3 맥스웰-볼츠만(Maxwell-Boltzmann) 근사

전자의 에너지가 페르미 준위 E_F보다 $3kT(78meV,\ T = 300K)$ 이상 클 경우, 페르미-디랙 분포 함수 $f(E)$는 맥스웰-볼츠만 (Maxwell-Boltzmann) 근사식 $f_B(E)$로 표현될 수 있다.

$$f(E) = \frac{1}{1+e^{(E-E_F)/kT}} = \frac{\frac{1}{e^{(E-E_F)/kT}}}{\frac{1}{e^{(E-E_F)/kT}}+1} = \frac{e^{-(E-E_F)/kT}}{\frac{1}{\infty}+1} \approx e^{-(E-E_F)/kT},$$

$$E - E_F \geq 3kT \quad (식\ 5.15)$$

따라서, 맥스웰-볼츠만 (Maxwell-Boltzmann) 근사식은 다음과 같이 나타낼 수 있다.

$$f_B(E) = e^{-(E-E_F)/kT}, \qquad E - E_F \geq 3kT \quad (식\ 5.16)$$

[그림 5-12]는 페르미-디랙 분포 함수와 맥스웰-볼츠만 근사식을 비교한 결과를 보여준다.

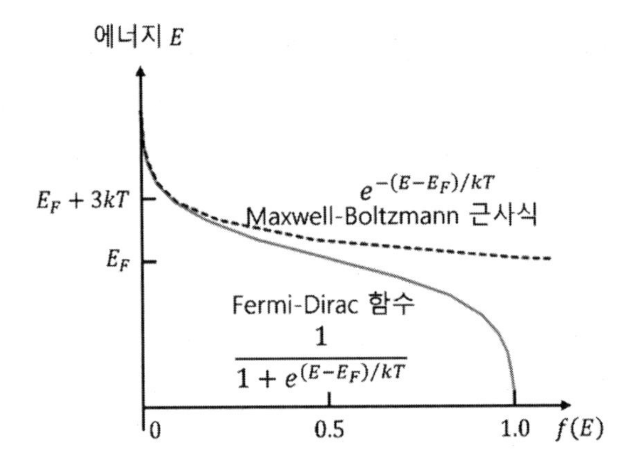

[그림 5-12] 페르미-디랙 분포 함수 $f(E)$와 맥스웰-볼츠만 근사식

에너지가 $E = E_F + 3kT$ 인 경우, 두 함수 간의 차이는 약 5%에 불과하다. 이를 정량적으로 계산하면 다음과 같다.

$$error = \left|\frac{f(E) - f_B(E)}{f(E)}\right| = \left|\frac{\frac{1}{1+e^{(3kT)/kT}} - e^{-(3kT)/kT}}{\frac{1}{1+e^{(3kT)/kT}}}\right| = 0.049 \qquad (\text{식 } 5.17)$$

전자가 비어 있을 확률 $1 - f(E)$에 대한 맥스웰-볼츠만(Maxwell-Boltzmann) 근사는 다음과 같다.

$$1 - f(E) = \frac{1}{e^{(E_F-E)/kT} + 1} = \frac{\frac{1}{e^{(E_F-E)/kT}}}{1 + \frac{1}{e^{(E_F-E)/kT}}} \approx e^{-(E_F-E)/kT},$$

$$E_F - E \geq 3kT(78meV) \quad (\text{식 } 5.18)$$

또한, [그림 5-13]은 페르미-디랙 분포 함수와 맥스웰-볼츠만 근사식을 비교한 결과를 보여준다.

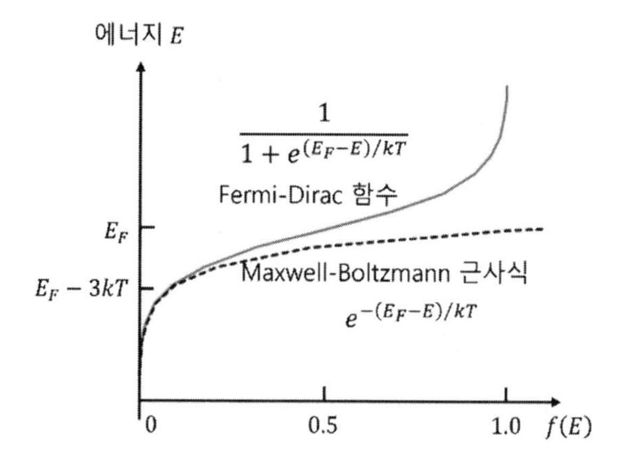

[그림 5-13] 페르미-디랙 분포 함수 $(1 - f(E))$와 맥스웰-볼츠만 근사식

5.5 에너지 상태밀도 함수(Density of state, DOS)와 전자 농도

다수의 원자가 결합하여 결정을 형성하면, 전자는 좁은 영역에 속박되어 양자화된 에너지 준위를 갖는다. 이러한 양자화로 인해 에너지 준위가 분리되고 연속된 에너지 밴드 구조가 나타난다. 결정 내에서 전자의 에너지 분포를 이해하기 위해, 전자의 총 에너지 상태밀도와 특정 에너지 E에서의 총 전자 개수를 계산할 필요가 있다.

에너지 상태밀도 함수(Density of state, DOS) $g(E)$는 특정 에너지 범위에서, 단위 부피당 전자가 존재할 수 있는 에너지 상태 개수를 나타낸다. 이 함수를 전체 에너지 영역에서 적분하면, 특정 에너지 밴드 내에서 전자가 존재할 수 있는 총 에너지 상태밀도를 계산할 수 있다.

에너지 상태밀도 함수 $g(E)$는 다음과 같이 정의된다.

$$g(E) = \frac{dN}{dE} \quad [\#/(cm^3 \cdot eV)] \qquad (\text{식 } 5.19)$$

여기서, N은 단위 부피당 전자의 에너지 상태 개수이며, $g(E)$의 단위는 $\#/(cm^3 \cdot eV)$이다.

전도대에 전자가 존재할 수 있는 총 에너지 상태밀도 N_C는 에너지 상태밀도 함수 $g(E)$를 전도대의 에너지 E_C에서 ∞까지 적분하여 구한다.

$$N_C = \int_{E_C}^{\infty} g(E)dE \qquad (\text{식 } 5.20)$$

[그림 5-14]는 연속된 에너지 밴드인 전도대에서 에너지 상태밀도 함수 $g(E)$를 적분하여 얻은 전도대의 총 에너지 상태 밀도 N_C를 보여준다.

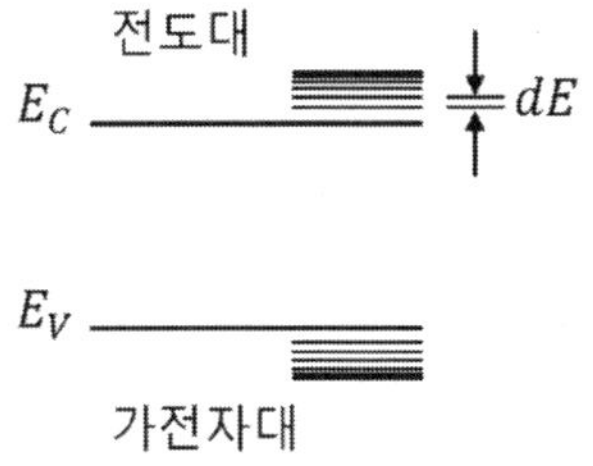

전도대

E_C dE

E_V

가전자대

$$g(E) = \frac{dN_C}{dE} \quad [\#/(cm^3 \cdot eV)]$$

$$N_C = \int_{E_C}^{\infty} g(E)dE$$

[그림 5-14] 전도대의 에너지 상태밀도 함수

만약 에너지 상태밀도 함수 $g(E)$가 $c\sqrt{E}$로 표현된다면, 특정 에너지 범위 $[E_1, E_2]$에서의 총 에너지 상태밀도 함수 N_{12}는 다음과 같이 계산된다.

$$N_{12} = \int_{E_1}^{E_2} c\sqrt{E} = \left[\frac{3c}{2} x^{\frac{3}{2}}\right]_{E_1}^{E_2} = \frac{3c}{2}\left(E_2^{\frac{3}{2}} - E_1^{\frac{3}{2}}\right) \qquad (\text{식 } 5.21)$$

특정 에너지 E 에서 단위 부피당 전자의 개수는 전자의 농도 $n(E)$로 표현된다. 이는 해당 에너지 상태에서 전자가 존재할 확률(페르미-디랙 분포 함수 $f(E)$)과 해당 상태의 에너지 상태밀도 함수 $g(E)$의 곱으로 정의된다.

$$n(E) = f(E) \cdot g(E) \qquad (\text{식 } 5.22)$$

5.5.1 3 차원 무한 양자우물의 자유전자의 에너지 상태밀도 함수

전도대에 존재하는 전자 농도(식 5.22)를 계산하려면, 먼저 3 차원 결정구조에 속박된 전도대 전자의 에너지 상태밀도 함수 g(E)를 구해야 한다. 이 과정은 다음 두 단계로 이루어진다.

1. 3 차원 무한 양자우물에 속박되어 있는 자유전자의 에너지 상태밀도 함수 $g_a(E)$를 계산한다.
2. 이를 기반으로 결정구조의 전도대에서 전자의 상태밀도 함수 $g(E)$를 구한다.

3 차원 무한 양자우물의 파동함수와 에너지 양자화

반도체 결정면의 길이가 a인 3 차원 무한 양자우물에 속박된 자유전자($U = 0$)의 에너지 상태밀도 함수 $g(E)$를 계산하기 위해, 먼저 전자의 파동함수와 에너지 양자화를 도출한다.

앞서 3.4 절에서 유도한 1 차원 무한 양자우물의 파동방정식을 3 차원으로 확장하면, 전자의 슈뢰딩거 방정식은 다음과 같이 표현된다.

$$\frac{\partial^2\psi(x,y,z)}{\partial x^2}+\frac{\partial^2\psi(x,y,z)}{\partial y^2}+\frac{\partial^2\psi(x,y,z)}{\partial z^2}+\frac{2mE}{\hbar^2}\psi(x,y,z)=0 \qquad \text{(식 5.23)}$$

자유전자의 파동함수 $\psi(x,y,z)$는 결정 내에서 다음과 같은 주기적 경계 조건을 만족한다.

$$\psi(0,y,z)=\psi(a,y,z) \qquad \text{(식 5.24)}$$

$$\psi(x,0,z)=\psi(x,a,z) \qquad \text{(식 5.25)}$$

$$\psi(x,y,0)=\psi(x,y,a) \qquad \text{(식 5.26)}$$

변수 분리가 가능하다고 가정하면, 3 차원 파동함수 $\psi(x,y,z)$는 다음과 같이 $X(x), Y(y), Z(z)$의 함수의 곱으로 표현된다.

$$\psi(x,y,z)=X(x)Y(y)Z(z) \qquad \text{(식 5.27)}$$

이를 슈뢰딩거 방정식 (식 5.23)에 대입하고 양변을 $X(x)Y(y)Z(z)$로 나누면 다음과 같은 형태로 분리된다.

$$\frac{1}{X}\frac{\partial^2X(x)}{\partial x^2}+\frac{1}{Y}\frac{\partial^2Y(y)}{\partial y^2}+\frac{1}{Z}\frac{\partial^2Z(z)}{\partial z^2}+\frac{2mE}{\hbar^2}=0 \qquad \text{(식 5.28)}$$

분리 상수를 도입하면, 각 방향에 대한 독립적인 방정식을 유도할 수 있다.

$$\frac{1}{X}\frac{\partial^2X(x)}{\partial x^2}+\frac{2mE_x}{\hbar^2}=0, \quad {k_x}^2=\frac{2mE_x}{\hbar^2} \quad \text{(식 5.29)}$$

$$\frac{1}{Y}\frac{\partial^2 Y(y)}{\partial y^2} + \frac{2mE_y}{\hbar^2} = 0, \quad {k_y}^2 = \frac{2mE_y}{\hbar^2} \quad (식\ 5.30)$$

$$\frac{1}{Z}\frac{\partial^2 Z(x)}{\partial z^2} + \frac{2mE_z}{\hbar^2} = 0, \quad {k_z}^2 = \frac{2mE_z}{\hbar^2} \quad (식\ 5.31)$$

전자의 총 에너지는 다음과 같이 주어진다.

$$E = {E_x}^2 + {E_y}^2 + {E_z}^2 = \frac{\hbar^2 k^2}{2m} = \frac{\hbar^2\left({k_x}^2 + {k_y}^2 + {k_z}^2\right)}{2m} \quad (식\ 5.32)$$

3 차원 무한 양자우물에서 각 방향에 대한 1 차원 파동 함수 $X(x), Y(y), Z(z)$의 일반해는 다음과 같다.

$$X(x) = A_1 \sin k_x x + B_1 \cos k_x x \quad (식\ 5.33)$$

$$Y(y) = A_2 \sin k_y y + B_2 \cos k_y y \quad (식\ 5.34)$$

$$Z(z) = A_3 \sin k_z z + B_3 \cos k_z z \quad (식\ 5.35)$$

경계 조건 $x = 0$, $y = 0$, $z = 0$에서 전자가 존재할 확률 $|X(x)|^2$, $|Y(y)|^2$, $|Z(z)|^2$은 각각 0 이어야 한다. 따라서, 계수 B_1, B_2, B_3는 다음과 같이 0 으로 결정된다.

$$B_1 = B_2 = B_3 = 0 \quad (식\ 5.36)$$

주기적 경계 조건 $X(x) = X(x+a)$ 조건에 의해 k_x는 다음을 만족한다.

$$k_x a = 2\pi n_x \quad n_x = 1,2,3, \ldots \quad (식\ 5.37)$$

마찬가지로, $Y(y) = Y(y+a)$, $Z(z) = Z(z+a)$ 조건에 따라 k_y와 k_z는 각각 다음을 만족한다.

$$k_y a = 2\pi n_y \quad n_y = 1,2,3, \ldots \quad (식\ 5.38)$$

$$k_z a = 2\pi n_z \quad n_z = 1,2,3, \ldots \quad (식\ 5.39)$$

결과적으로, 3 차원 무한 양자우물에서 자유전자의 에너지는 다음과 같이 양자화된다.

$$E_n = \frac{\hbar^2 k^2}{2m} = \frac{\hbar^2\left({k_x}^2 + {k_y}^2 + {k_z}^2\right)}{2m} = \frac{\hbar^2\left({n_x}^2 + {n_y}^2 + {n_z}^2\right)}{2m}\left(\frac{2\pi}{a}\right)^2 \qquad (식\ 5.40)$$

3 차원 무한 양자우물에서 자유전자의 에너지 상태밀도 함수

3 차원 무한 양자우물에서 전자가 점유 가능한 에너지 상태 개수는 전자의 에너지가 (식 5.40)에 의해 양자화 된다는 사실에 기초한다. 이 양자화된 에너지 상태는 3 차원 k 공간에서 전자가 점유 가능한 특정한 파수 $(k_x,\ k_y,\ k_z)$로 표현된다. [그림 5-15]는 3 차원 k 공간에서 전자가 존재할 수 있는 양자화된 에너지 상태가 이산적인 격자 점의 형태로 나타나는 것을 보여준다.

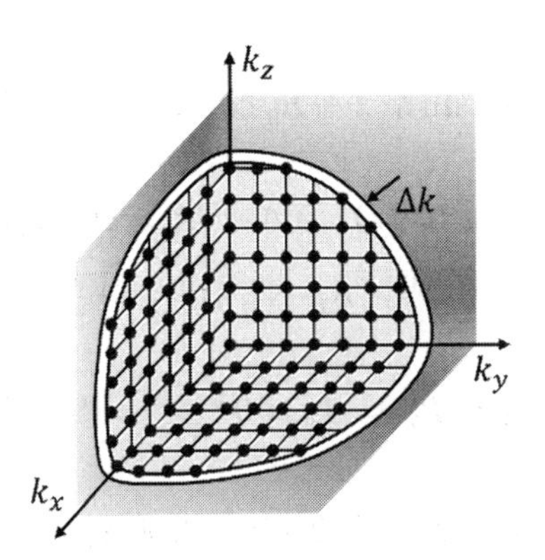

[그림 5-15] 3 차원 파수 k 공간에서의 에너지 양자 상태

k_x는 (식 5.37)에 의해 $(2\pi/a)$ 간격으로 양자화되며, k_y와 k_z역시 동일한 간격 $(2\pi/a)$으로 양자화된다. 따라서, k 공간에서 단위 간격은 다음과 같이 표현된다.

$$\Delta k_x = \Delta k_y = \Delta k_z = \frac{2\pi}{a} \qquad (식\ 5.41)$$

k 공간에서의 단위 부피 ΔV_k는 다음과 같다.

$$\Delta V_k = \Delta k_x \cdot \Delta k_y \cdot \Delta k_z = \left(\frac{2\pi}{a}\right)^3 \qquad (식\ 5.42)$$

k공간에서 하나의 양자화된 상태가 차지하는 부피는 단순입방(SC) 구조를 따른다. 따라서 단위 부피 ΔV_k 에는 1 개의 격자(전자)가 포함된다.

k공간에서 반지름 k인 구의 부피는 $(4/3)\pi k^3$이므로, 반지름 k인 구에 허용되는 에너지 상태의 총 개수 N_a는 다음과 같이 계산된다.

$$N_a = \frac{\text{구의 총 부피}}{\text{단위 부피}} \cdot 2 = \frac{\frac{4}{3}\pi k^3}{\left(\frac{2\pi}{a}\right)^3} \cdot 2 = \frac{\pi k^3}{3\left(\frac{\pi}{a}\right)^3} \qquad (식\ 5.43)$$

여기서 상수 2 는 전자의 스핀 양자수를 반영한 것이다.

결정 격자의 길이가 a인 경우, 3 차원 무한 양자우물에 속박된 전자의 에너지 상태 밀도 함수 $g_a(E)$는 다음과 같은 관계로 정의된다.

$$g_a(E) = \frac{dN_a}{dE} = \frac{dN_a}{dk} \cdot \frac{dk}{dE} \qquad (식\ 5.44)$$

(식 5.43)을 k에 대해 미분하여 dN_a/dk를 구하면 다음과 같다.

$$\frac{dN_a}{dk} = \frac{\pi k^2}{(\pi/a)^3} \qquad (식\ 5.45)$$

상태밀도 함수를 에너지에 대한 함수로 변환하기 위해, 자유전자의 에너지와 파수 관계식 $\mathrm{k}^2 = 2\mathrm{mE}/\hbar^2$를 E에 대해 미분하면

$$2k\frac{dk}{dE} = \frac{2m}{\hbar^2} \qquad (식\ 5.46)$$

$k = \sqrt{2mE}/\hbar$를 (식 5.46)에 대입하면

$$2\sqrt{\frac{2mE}{\hbar^2}}\frac{dk}{dE} = \frac{2m}{\hbar^2} \qquad (식\ 5.47)$$

이를 정리하면,

$$\frac{dk}{dE} = \frac{m}{\hbar^2\left(\sqrt{2mE}/\hbar\right)} = \frac{1}{\hbar}\sqrt{\frac{m}{2E}} \qquad (식\ 5.48)$$

(식 5.44)에 (식 5.45)와 (식 5.48)을 대입하면 에너지 상태밀도 함수 $g_a(E)$는 다음과 같이 계산된다.

$$g_a(E) = \frac{dN_a}{dE} = \frac{dN_a}{dk}\cdot\frac{dk}{dE} = \frac{\pi k^2}{(\pi/a)^3}\cdot\frac{1}{\hbar}\sqrt{\frac{m}{2E}} \qquad (식\ 5.49)$$

여기서 $k^2 = 2mE/\hbar^2$와 $\hbar = h/2\pi$를 이용하면, 반도체 결정면의 길이가 a인 3 차원 공간 a^3에서의 에너지 상태밀도 함수는 다음과 같이 $\sqrt{E}$에 비례한다.

$$g_a(E) = \frac{dN_a}{dE} = \frac{4\pi a^3}{h^3}(2m)^{3/2}\sqrt{E} \qquad (식\ 5.50)$$

3 차원 공간의 단위 부피당 에너지 상태 밀도 함수 $g(E)$는 $g_a(E)/a^3$으로 정의되며, 다음과 같다.

$$g(E) = \frac{dN}{dE} = \frac{d(N_a/a^3)}{dE} = \frac{4\pi}{h^3}(2m)^{3/2}\sqrt{E}\ \ [\#/(cm^3\cdot eV)] \qquad (식\ 5.51)$$

에너지 상태 밀도 함수 $g(E)$를 이용하면, 에너지 E_1과 E_2사이의 총 에너지 상태 개수 N은 다음과 같이 계산된다.

$$N = \int_{E_1}^{E_1} g(E)dE \qquad [\#/cm^3] \quad (식\ 5.52)$$

5.5.2 전도대와 가전자대의 전자와 정공의 에너지 상태밀도 함수

3 차원 무한 양자우물에 있는 자유전자의 에너지 상태밀도 함수는, 몇 가지 가정을 통해 결정 내 전자의 에너지 상태밀도 함수로 근사화 할 수 있다.

결정의 전도대 하단에 있는 전자는 [그림 4-9]에서 알 수 있듯이 유효 질량 m_n^*을 가진 자유전자로 근사할 수 있다. 전도대의 전자는 주로 전도대 하단의 에너지 준위에 존재하므로, 3 차원 무한 양자우물의 자유전자의 에너지 상태밀도 $g(E)$ (식 5.51)에서 전자의 질량 m을 전자의 유효 질량 m_n^*으로 대체하여 근사한다.

또한, 자유전자의 파수와 에너지 관계식 $E = k^2\hbar^2/(2m)$는 전도대의 전자에 대해 다음과 같이 변형된다.

$$E - E_C = k^2\hbar^2/(2m) \quad (식\ 5.53)$$

여기서 E_C는 전도대 하단에서 전자가 가질수 있는 최소 에너지를 나타낸다. 이 관계를 사용하여, 에너지 상태밀도 함수의 E를 $E - E_C$로 대체하면, 전도대 전자의 에너지 상태밀도 함수를 유도할 수 있다.

결정 내 전자의 유효 질량과 에너지를 고려하여 근사한 전도대의 전자의 에너지 상태밀도 함수 $g_C(E)$는 다음과 같다.

$$g_C(E) = \frac{4\pi}{h^3}(2m_n^*)^{3/2}\sqrt{E - E_C}\,,\ \ (E \geq E_C) \quad (식\ 5.54)$$

반도체 결정의 가전자대 상단에서 정공이 점유할 수 있는 에너지 상태밀도 $g_V(E)$는 (식 5.51)에서 질량을 유효 질량 m_p^*로, 에너지를 $E_V - E$로 대체하면 다음과 같이 표현된다.

$$g_V(E) = \frac{4\pi}{h^3}\left(2m_p^*\right)^{3/2}\sqrt{E_V - E}\,,\ \ (E \leq E_V) \quad (식\ 5.55)$$

여기서 E_V는 가전자대 상단의 에너지로, 정공이 존재할 수 있는 상태이며, 전자가 비어 있을 수 있는 상태를 의미한다.

(식 5.54)와 (식 5.55)에 의해 정의된 전도대와 가전자대의 전자 및 정공의 에너지 상태밀도 함수를 그래프로 나타내면 [그림 5-16]와 같다. 전도대의 상태밀도는 $\sqrt{\mathrm{E} - \mathrm{E_C}}$에 비례하고, 가전자대의 상태밀도는 $\sqrt{\mathrm{E_V} - \mathrm{E}}$에 비례한다. 한편, 전자가 존재할 수 없는 금지대역 $(\mathrm{E_V} < \mathrm{E} < \mathrm{E_C})$에서는 에너지 상태가 존재하지 않으므로 $\mathrm{g(E)} = 0$ 이다.

특히, 전자의 유효 질량과 정공의 유효 질량이 같은 경우($m_n^* = m_p^*$), 전도전자의 에너지 상태밀도 함수 $g_C(E)$와 정공의 에너지 상태밀도 함수 $g_V(E)$는 금지대역의 중앙 에너지(E_{midgap})를 기준으로 대칭적이다. 반면, $m_n^* \neq m_p^*$인 경우, $g_C(E)$와 $g_V(E)$는 대칭적이지 않다. 특히, $m_n^* > m_p^*$일 때 전도대의 에너지 상태밀도 함수 $g_C(E)$의 곡률이 커진다.

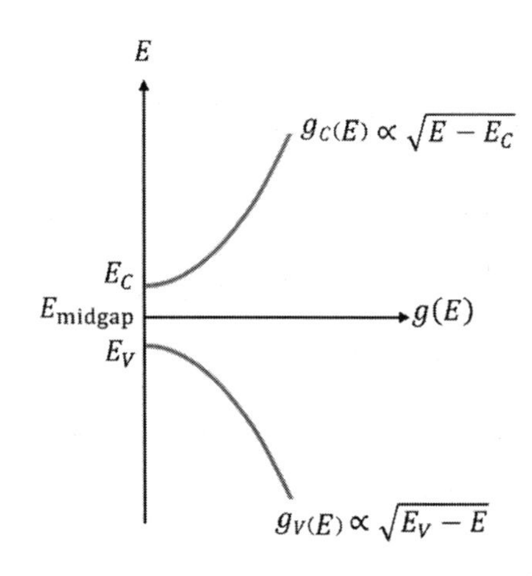

[그림 5-16] 전도대와 가전자대의 대칭적 에너지 상태밀도 함수 ($m_n^* = m_p^*$)

5.6 전자 및 정공 농도와 유효상태밀도 함수

전자와 정공의 존재 확률은 5.4 절에서 페르미-디랙 확률분포 함수와 맥스웰-볼츠만 확률분포 함수로 정의되었으며, 5.5 절에서는 에너지 E 상태에서 전자의 에너지 상태밀도 함수를 계산하였다. 이를 기반으로 전도대의 전자 농도와 가전자대의 정공 농도를 계산할 수 있다.

5.6.1 전자와 정공 농도

에너지 E 상태에 있는 전자의 농도는 에너지 상태밀도 함수 $g(E)$와 전자가 존재할 확률 $f(E)$의 곱으로 나타난다. 따라서, 전류에 기여하는 전도대의 전자 농도는 다음과 같이 계산된다.

$$n = \int_{E_C}^{\infty} g_C(E) \cdot f(E) dE \quad (\text{식 } 5.56)$$

여기서 E_C보다 낮은 금지대역에는 전자가 존재하지 않으며, 가전자대의 전자는 전류에 기여하지 않음을 반영하였다.

유사하게, 전자가 비어 있을 확률 $1 - f(E)$을 이용하면 가전자대의 정공 농도는 다음과 같이 표현된다.

$$p = \int_{-\infty}^{E_V} g_V(E) \times \left(1 - f(E)\right) dE \quad (\text{식 } 5.57)$$

여기서 E_V는 가전자대의 상단 에너지를 나타낸다.

[그림 5-17]는 $m_n^* = m_p^*$인 조건에서, 에너지 상태밀도 함수 $g_V(E)$, 페르미-디랙 확률분포 함수 $f(E)$, 전도대에서의 전자의 농도와 가전자대의 정공의 농도 그리고 에너지 밴드에서의 전자와 정공 분포를 보여준다.

이 그림을 통해 전도대와 가전자대에서 전자와 정공이 에너지에 따라 어떻게 분포하는지를 직관적으로 이해할 수 있다.

[그림 5-17(a)]는 전자와 정공의 유효 질량이 동일한 경우 $\left(m_n^* = m_p^*\right)$를 가정할 때, 전자와 정공의 점유 에너지 상태밀도 함수가 중간값 E_{midgap}에서 대칭임을 보여준다. 여기서, E_{midgap}은 E_C와 E_V의 중간에 위치하며, 상태밀도 함수는 이를 기준으로 대칭적이다. 또한, 페르미 준위 E_F역시 E_C와 E_V의 중간에 위치하므로, 페르미-디랙 확률분포 함수도 E_F를 기준으로 대칭적이다. 이 경우, E_F와 E_{midgap}은 동일한 값을 갖는다.

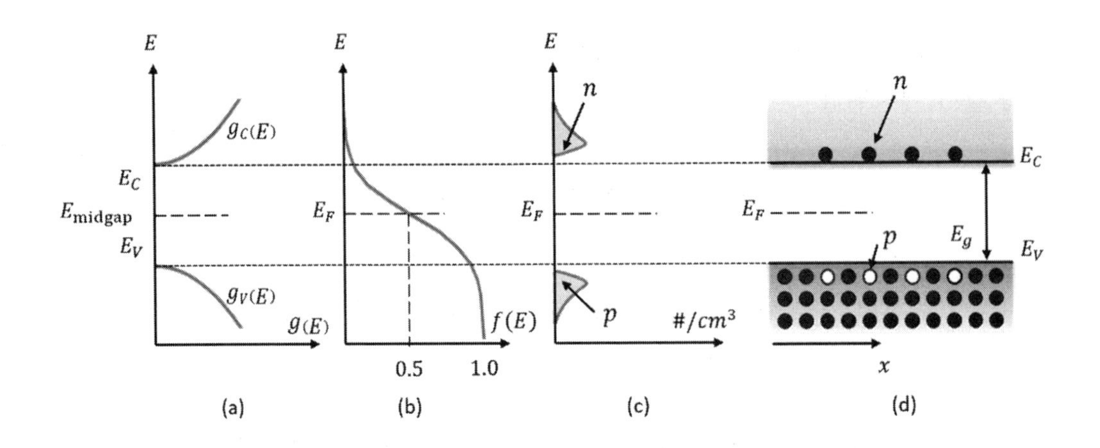

[그림 5-17] $m_n^* = m_p^*$ 조건에서 에너지 상태밀도 함수, 확률분포 및 전자·정공 농도

[그림 5-17(c)]은 전도대의 전자 농도 n (식 5.56)과 가전자대의 정공 농도 p (식 5.57)이 페르미 준위 E_F 또는 중간값 E_{midgap}을 기준으로 대칭임을 보여준다. 특히, 전도대의 전자는 전도대 하단에, 가전자대의 정공은 가전자대 상단에 집중되어 있음을 확인할 수 있다. 이는 유효 질량 근사에서 사용된 가정과 잘 일치한다.

[그림 5-17(d)]는 에너지 밴드 다이어그램에서 전도대 전자 농도 n과 가전자대 정공 농도 p를 나타낸다. 에너지 밴드 다이어그램에서 전자와 정공은 각각 전도대 하단과 가전자대 상단에 위치하고, 에너지 금지대에서는 전자가 존재할 확률은 있으나, 에너지 상태밀도 함수가 0 이므로 전자와 정공의 농도 모두 0 임을 확인할 수 있다.

5.6.2 전도대 및 가전자대의 유효 상태 밀도 함수

열평형 상태를 나타낼 때는 아래 첨자 0 을 사용하여 표시한다. 예를 들어, 열평형 상태에서 전도전자의 농도 n는 n_0로 표시하며, 이는 (식 5.56)으로부터 다음과 같이 계산된다. 여기서 $f(E)$는 페르미-디랙 분포 함수이다.

$$n_0 = \int_{E_C}^{\infty} g_C(E) \times f(E) dE \qquad (\text{식 } 5.58)$$

전자의 에너지가 페르미 준위보다 $3kT$ 이상 큰 경우, 페르미-디랙 분포 함수 대신 맥스웰-볼츠만 근사 $f_B(E)$를 사용할 수 있다. 이를 전도전자의 에너지 상태밀도 함수 (식 5.54)와 결합하여 열평형 상태의 전자 농도 n_0를 계산하면 다음과 같다.

$$n_0 = \int_{E_C}^{\infty} \frac{4\pi}{h^3}(2m_n^*)^{3/2}\sqrt{E - E_C} \times e^{-(E-E_F)/kT} dE \qquad (식\ 5.59)$$

(예제 5-4)를 활용하여 (식 5.59)를 적분하면, 열평형 상태의 전자 농도는 다음과 같이 정리된다.

$$n_0 = N_C e^{-(E_C-E_F)/kT} \qquad (식\ 5.60)$$

여기서, N_C는 전도대의 유효 에너지 상태밀도 함수(Effective density of states function)로 정의되며, 다음과 같이 표현된다.

$$N_C = 2\left(\frac{2\pi m_n^* kT}{h^2}\right)^{3/2} \qquad (식\ 5.61)$$

이 결과는 열평형 상태에서 맥스웰-볼츠만 근사 조건(전자의 에너지가 페르미 준위보다 $3kT$ 이상 큰 경우)이 성립할 때, 전도전자의 농도 n_0를 구하기 위해 전도대의 모든 에너지 영역을 적분할 필요가 없음을 의미한다. 대신, n_0는 전도대의 유효 에너지 상태밀도 함수 N_C와 전자가 에너지 E_C에 있을 맥스웰-볼츠만 근사 확률 $e^{-(E_C-E_F)/kT}$의 곱으로 간단히 계산된다.

유사하게, 정공의 에너지가 페르미 준위보다 $3kT$ 더 작은 경우, 페르미-디랙 분포 함수는 맥스웰-볼츠만 근사 $f_B(E)$로 근사할 수 있다. 이때 열평형 상태의 정공 농도는 다음과 같이 표현된다.

$$p_0 = N_V e^{-(E_F-E_V)/kT} \qquad (식\ 5.62)$$

여기서 N_V는 가전자대의 유효 에너지 상태밀도 함수(Effective density of states function)로 정의되며 다음과 같다.

$$N_V = 2\left(\frac{2\pi m_p^* kT}{h^2}\right)^{3/2} \quad (식\ 5.63)$$

따라서, 정공의 농도 p_0는 가전자대의 유효 에너지 상태밀도 함수 N_V와 정공이 에너지 E_V에 있을 확률 $e^{-(E_F-E_V)/kT}$ 곱으로 간단히 표현된다.

전자의 농도 (식 5.60)과 정공의 농도 (식 5.62)의 양변에 자연로그를 취하고 정리하면, 페르미 준위 E_F는 다음과 같이 표현된다. 이는 페르미 준위 E_F가 전자의 농도와 정공의 농도를 결정하는 물리량임을 나타낸다.

$$E_F = E_C - kT\ln\left(\frac{N_C}{n_0}\right) \quad (식\ 5.64)$$

$$E_F = E_V + kT\ln\left(\frac{N_V}{p_0}\right) \quad (식\ 5.65)$$

예제 5-4 감마함수의 특성을 활용하여 (식 5.59)에서 (식 5.60)을 유도하라.

$$감마함수\ \Gamma(n) \equiv \int_0^\infty t^{n-1}e^{-t}dt$$

$$\Gamma(n+1) = n\Gamma(n), \qquad \Gamma\left(\frac{1}{2}\right) = \sqrt{\pi}, \qquad \Gamma(1) = 1,$$

$$\int_0^\infty \eta^{\frac{1}{2}}e^{-\eta}d\eta = \Gamma\left(\frac{3}{2}\right) = \frac{1}{2}\Gamma\left(\frac{1}{2}\right) = \frac{1}{2}\sqrt{\pi}$$

풀이

$$n_0 = \int_{E_C}^\infty \frac{4\pi}{h^3}(2m_n^*)^{3/2}\sqrt{E-E_C}\cdot e^{-(E-E_F)/kT}dE$$

$$n_0 = \frac{4\pi(2m_n^*)^{3/2}}{h^3}e^{-(E_C-E_F)/kT}\int_{E_C}^\infty \sqrt{E-E_C}\cdot e^{(E_C-E_F)/kT}\cdot e^{-(E-E_F)/kT}dE$$

$$n_0 = \frac{4\pi(2m_n^*)^{3/2}}{h^3} e^{-(E_C-E_F)/kT} \int_{E_C}^{\infty} \sqrt{E-E_C} \cdot e^{-(E-E_C)/kT} dE$$

$\eta = (E-E_C)/kT\,, d\eta = dE/kT$ 관계식을 이용하여 치환하면,

$$n_0 = \frac{4\pi(2m_n^*)^{3/2}}{h^3} e^{-(E_C-E_F)/kT} \int_0^{\infty} (kT)^{3/2}\eta^{1/2}e^{-\eta}\, d\eta$$

$$n_0 = \frac{4\pi(2m_n^*)^{3/2}}{h^3} e^{-(E_C-E_F)/kT} (kT)^{\frac{3}{2}} \frac{1}{2}\sqrt{\pi}$$

$$n_0 = 2\left(\frac{2\pi m_n^* kT}{h^2}\right)^{\frac{3}{2}} e^{-(E_C-E_F)/kT}$$

예제 5-5 (예제 5-4)를 활용하여 (식 5.57)에서 (식 5.62)를 유도하라.

풀이

(식 5.57)에 (식 5.55)를 대입하면, 열평형 상태의 정공 농도는 다음과 같다.

$$p_0 = \int_{-\infty}^{E_V} \frac{4\pi}{h^3}\left(2m_p^*\right)^{3/2} \sqrt{E_V-E} \times e^{-(E_F-E)/kT} dE$$

$$p_0 = \frac{4\pi\left(2m_p^*\right)^{3/2}}{h^3} e^{-(E_F-E_V)/kT} \int_{-\infty}^{E_V} \sqrt{E_V-E} \times e^{(E_F-E_V)/kT} \times e^{-(E_F-E)/kT} dE$$

$$p_0 = \frac{4\pi\left(2m_p^*\right)^{3/2}}{h^3} e^{-(E_F-E_V)/kT} \int_{-\infty}^{E_V} \sqrt{E_V-E} \times e^{-(E_V-E)/kT} dE$$

$\eta = (E_V-E)/kT\,, d\eta = -dE/kT$ 관계식을 이용하여 치환하면,

$$p_0 = \frac{4\pi(2m_n^*)^{3/2}}{h^3} e^{-(E_F-E_V)/kT} \int_0^{\infty} (kT)^{3/2}\eta^{1/2}e^{-\eta}\, d\eta$$

$$p_0 = \frac{4\pi\left(2m_p^* kT\right)^{3/2}}{h^3} e^{-(E_F-E_V)/kT} \frac{1}{2}\sqrt{\pi}$$

$$p_0 = 2\left(\frac{2\pi m_p^* kT}{h^2}\right)^{3/2} e^{-(E_F-E_V)/kT}$$

예제 5-6 다음 조건에서 유효 에너지 상태밀도 함수 N_C와 N_V 값을 구하라. $m_n^* = 1.08m_0$, $m_p^* = 0.56m_0, m_0 = 9.109 \times 10^{-31}kg, k = 1.380 \times 10^{-23}J \cdot K^{-1}$, $h = 6.63 \times 10^{-34}J \cdot sec$이다.

(a) $T = 300K$인 실리콘의 전도대의 유효 에너지 상태밀도 함수 N_C값

(b) $T = 300K$인 실리콘의 가전자대의 유효 에너지 상태밀도 함수 N_V값

풀이

(a) (식 5.61)에 각 물리량을 대입하여 계산한다.

$$N_C = 2\left(\frac{2\pi m_n^* kT}{h^2}\right)^{\frac{3}{2}}$$
$$= 2\left(\frac{2 \times 3.14 \times 1.08 \times 9.109 \times 10^{-31} \times 1.380 \times 10^{-23} \times 300}{(6.63 \times 10^{-34})^2}\right)^{3/2} m^{-3}$$
$$= 2.81 \times 10^{25} m^{-3} = 2.81 \times 10^{19} cm^{-3}$$

(b) (식 5.63)에 각 물리량을 대입하여 계산한다.

$$N_V = 2\left(\frac{2\pi m_p^* kT}{h^2}\right)^{3/2}$$
$$= 2\left(\frac{2 \times 3.14 \times 0.56 \times 9.109 \times 10^{-31} \times 1.380 \times 10^{-23} \times 300}{(6.63 \times 10^{-34})^2}\right)^{3/2} m^{-3}$$
$$= 1.05 \times 10^{25} m^{-3} = 1.05 \times 10^{19} cm^{-3}$$

예제 5-7 전도대 하단의 에너지 E_C와 페르미 준위 E_F가 $E_C - E_F > 3kT$ 조건을 만족한다고 가정하자. 즉, 전자가 에너지 E에서 존재할 확률은 맥스웰-볼츠만 확률 분포를 따른다. 이때, 유효 에너지 상태밀도 함수 N_C에 의해 계산된 총 전자 농도 n_0 (식 5.60)과 특정 에너지 E 에서의 전자 농도 $n(E) = g_C(E) \cdot f_B(E)$가 동일하다고 가정하라. 이러한 조건을 만족하는 에너지 E 값을 구하라.

풀이

유효 에너지 상태밀도 함수 N_C와 맥스웰-볼츠만 확률 분포를 이용하면, 전도대 전체 전자 농도 n_0는 (식 5.60)에 의하여 다음과 같이 표현된다.

$$n_0 = 2\left(\frac{2\pi m_n^* kT}{h^2}\right)^{\frac{3}{2}} e^{-(E_C-E_F)/kT}$$

또한, 에너지 상태 밀도 함수 $g_C(E)$와 맥스웰-볼츠만 확률 분포 $f_B(E)$를 활용하면, 특정 에너지 E 에서의 전자 농도 $n(E)$는 다음과 같이 표현된다.

$$n(E) = \frac{4\pi}{h^3}(2m_n^*)^{3/2}\sqrt{E - E_C} \cdot e^{-(E-E_F)/kT}$$

두 식이 동일하다고 가정하고, 양변을 $e^{-(E_C-E_F)/kT}$로 나누어 정리하면, 다음과 같다.

$$2(\pi kT)^{3/2} = 4\pi\sqrt{E - E_C}$$

$$E = E_C + \frac{\pi(kT)^3}{4}$$

$T = 300K$ 에서 계산한 결과, $E - E_C = 0.0136meV$로 나타난다. 이는 모든 전자가 특정 에너지 준위에 존재한다고 가정할 때, 그 에너지 준위 E와 E_C의 차이가 $0.0136meV$로 매우 작음을 의미한다. 따라서, 모든 전자가 E_C 준위에 존재한다고 근사할 수 있다.

[그림 5-18]은 에너지 밴드에서 전자 농도와 정공 농도가 각각 아래와 같은 과정을 통해 계산되는 모습을 보여준다.

전자 농도: 전자 농도는 전자의 유효 에너지 상태밀도 함수 N_C와 전자가 에너지 E_C에 존재할 확률을 나타내는 맥스웰-볼츠만 근사 확률 $e^{-(E_C-E_F)/kT}$의 곱으로 계산된다.

정공 농도: 정공 농도는 정공의 유효 에너지 상태밀도 함수 N_V와 전자가 비어 있을 확률을 나타내는 맥스웰-볼츠만 근사 확률 $e^{-(E_F-E_V)/kT}$의 곱으로 계산된다.

[그림 5-18(a)]에서 N_C와 N_V는 각각 (식 5.61)과 (식 5.63)에 의해 계산되며, 이 값은 에너지 준위 E_C와 E_V에 대응한다. 따라서, 에너지 준위 E_C와 E_V에서의 맥스웰-볼츠만 근사 확률 분포를 유효 에너지 상태밀도 함수(N_C 또는 N_V)와 곱하면, [그림 5-18(c)]와 같이 전도대의 전자 농도와 가전자대의 정공 농도를 계산할 수 있다. 이렇게 계산된 전도대의 전자 농도와 가전자대의 정공 농도를 [그림 5-18(d)]의 에너지 밴드에 표현하였다.

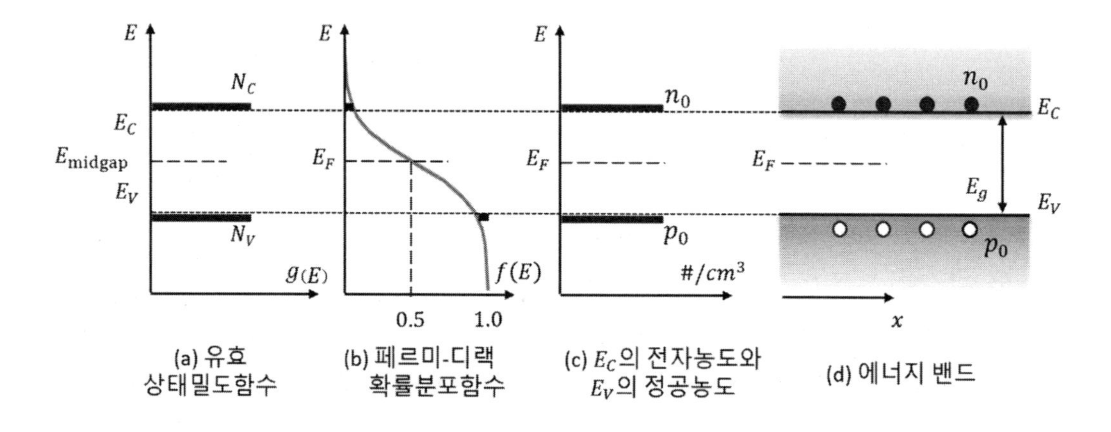

[그림 5-18] $m_n^* = m_p^*$인 경우, 에너지 밴드에서 전자 및 정공 농도 계산

예제 5-8 절대온도 $T = 300K$에서 전자 농도가 $10^{17}cm^{-3}$ 인 반도체 (a)와 정공 농도가 $10^{14}cm^{-3}$인 반도체 (b)가 있다. (예제 5-6)에서 구한 N_C와 N_V값을 이용하여 (a)인 경우에 대해서 $E_C - E_F$를 계산하고, (b)인 경우에 대해서 $E_F - E_V$를 계산하라.

풀이

(a) 전자의 농도가 $10^{17} cm^{-3}$ 인 반도체

총 전자 농도 n_0와 유효 에너지 상태밀도 함수 N_C에서

$$E_C - E_F = kT \ln\left(\frac{N_C}{n_0}\right)$$

$$E_C - E_F = 0.026 \ln\left(\frac{2.81 \times 10^{19}}{10^{17}}\right)$$

$$E_C - E_F = 0.147eV$$

(b) 정공의 농도가 $10^{14} cm^{-3}$인 반도체

총 정공 농도 p_0와 유효 에너지 상태밀도 함수 N_V에서

$$E_F - E_V = kT \ln\left(\frac{N_V}{p_0}\right)$$

$$E_F - E_V = 0.026 \ln\left(\frac{1.05 \times 10^{19}}{10^{14}}\right)$$

$$E_F - E_V = 0.301eV$$

5.7 **진성 반도체 농도**(Intrinsic carrier concentration, $\boldsymbol{n_i}$)

진성 반도체 농도(Intrinsic carrier concentration, n_i)

진성 반도체가 열평형 상태에 있을 때, 전도대의 전자 농도 n_0는 가전자대의 정공 농도 p_0와 같으므로, 이를 다음과 같이 정의한다.

$$n_i = n_0 = p_0 \quad (\text{식 } 5.66)$$

여기서 n_i는 진성 반도체의 전자의 농도와 정공의 농도를 나타내며, 이를 진성 농도(Intrinsic carrier concentration)라고 한다.

열평형 상태에서 전자 농도 (n_0, 식 5.60)과 정공 농도(p_0, 식 5.62)의 곱은 다음과 같다.

$$n_0 p_0 = N_C e^{-(E_C - E_F)/kT} \cdot N_V e^{-(E_F - E_V)/kT} = N_C N_V e^{-(E_C - E_V)/kT}$$
$$= N_C N_V e^{-E_g/kT} \quad (\text{식 } 5.67)$$

여기서 $E_g = E_C - E_V$는 밴드갭 에너지이다.

질량-작용 법칙에 따르면 $n_0 p_0 = n_i^2$이므로, 진성 농도 n_i는 다음과 같이 표현된다.

$$n_i = \sqrt{N_C N_V} e^{-E_g/2kT} \quad (식\ 5.68)$$

여기서, N_C와 N_V값은 각각 (식 5.61)과 (식 5.63)에서 정의된 전도대와 가전자대의 유효 에너지 상태밀도 함수이며, $\sqrt{N_C N_V}$는 다음과 같이 계산된다.

$$\sqrt{N_C N_V} = 2\left(\frac{2\pi kT}{h^2}\right)^{3/2} \left(m_n^* m_p^*\right)^{3/4} \quad (식\ 5.69)$$

따라서 진성 농도는 다음 식을 통해 계산할 수 있다.

$$n_i = 2\left(\frac{2\pi kT}{h^2}\right)^{3/2} \left(m_n^* m_p^*\right)^{3/4} e^{-E_g/2kT} = BT^{3/2} e^{-E_g/2kT} \quad (식\ 5.70)$$

여기서,

$$B = 2\left(\frac{2\pi k}{h^2}\right)^{3/2} \left(m_n^* m_p^*\right)^{3/4} \quad (식\ 5.71)$$

이는 (예제 5-3)에서 구한 진성 농도의 수식과 동일하다.

예제 5-9 유효 에너지 상태밀도 함수 N_C와 N_V값을 이용하여 진성 농도 n_i를 구하라. 조건은 $T = 300K, kT = 0.026eV, E_g = 1.1eV, N_C = 2.81 \times 10^{19} cm^{-3}$, $N_V = 1.05 \times 10^{19} cm^{-3}$이다.

풀이

$$n_i = \sqrt{N_C N_V} e^{-E_g/2kT} = \sqrt{(2.81 \times 10^{19})(1.05 \times 10^{19})} e^{-1.1/(2 \cdot 0.026)} [cm^{-3}]$$

$$n_i = 1.12 \times 10^{10} [cm^{-3}]$$

예제 5-10 진성 농도 n_i의 온도 의존성을 분석하고자 한다. $\log(n_i)$를 $1/T$에 대해 그래프로 표현하고, 그래프의 기울기를 분석하여 밴드갭 에너지 E_g 와의 관계를 확인하라.

풀이

(식 5.68)의 양변에 로그를 취하면 다음과 같이 표현된다.

$$\log(n_i) = \frac{1}{2}\log(N_C N_V) - \frac{E_g}{2kT}\log(e)$$

여기서 N_C와 N_V를 대입하면,

$$\log(n_i) = \frac{1}{2}\log\left(4\left(\frac{2\pi kT}{h^2}\right)^3\right) - \frac{E_g}{2kT}\log(e)$$

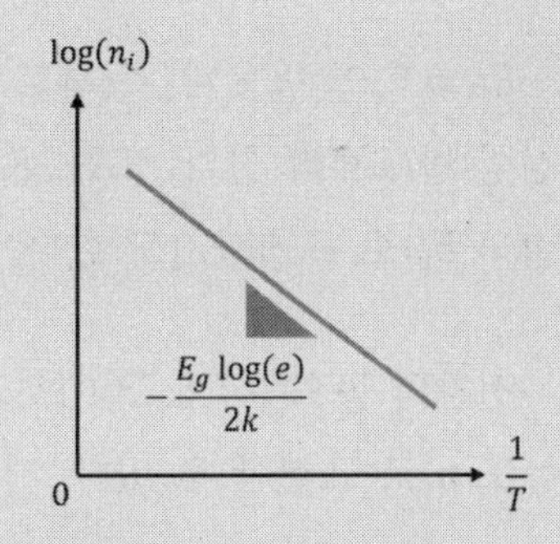

이를 정리하면,

$$\log(n_i) = \frac{1}{2}\log\left(4\left(\frac{2\pi k}{h^2}\right)^3 T^3\right) - \frac{E_g}{2kT}\log(e)$$

또한, T 에 관한 항을 분리하면,

$$\log(n_i) = \frac{1}{2}\log\left(4\left(\frac{2\pi k}{h^2}\right)^3\right) + \frac{3}{2}\log(T) - \frac{E_g \log(e)}{2k}\frac{1}{T}$$

이 식에서 우변의 2 번째 항은 3 번째 항에 비해 온도 변화에 따른 영향이 상대적으로 작아 무시할 수 있다. 따라서, 다음 관계를 얻을 수 있다.

$$\log(n_i) \approx -\frac{E_g \log(e)}{2k}\frac{1}{T}$$

이는, $\log(n_i)$와 $1/T$의 그래프에서 기울기가 $-E_g \log(e)/2k$ 임을 의미한다. 결론적으로, 온도가 증가하면 n_i는 지수적으로 증가한다. 이는 밴드갭 에너지 E_g가 진성 농도의 온도 의존성에 중요한 역할을 한다는 점을 보여준다.

진성 반도체 농도와 페르미 준위에 의한 전자와 정공의 농도

유효 에너지 상태밀도 함수와 맥스웰-볼츠만 근사식에 따른 전자의 농도 (식 5.60)과 정공의 농도 (식 5.62)는 진성 반도체 농도 n_i 를 이용하여 다음과 같이 표현할 수 있다.

전자의 농도 (식 5.60)을 E_C 와 E_V 의 중간에 위치하는 가상의 에너지 준위 $E_i = (E_C + E_V)/2$ 를 도입하여 정리하면 다음과 같다.

$$n_0 = N_C e^{[-(E_C-E_i)-(E_i-E_F)]/kT} \quad (식\ 5.72)$$

이를 지수 함수 형태로 정리하면

$$n_0 = N_C e^{-(E_C-E_i)/kT} e^{-(E_i-E_F)/kT} \quad (식\ 5.73)$$

$E_F = E_i$인 반도체, 즉 페르미 준위 E_F가 E_C와 E_V의 중간(E_i)에 위치하는 반도체를 진성 반도체라 한다. 또한, E_i를 진성 페르미 준위(Intrinsic Fermi Level)라 하며 특별히 E_{Fi}로 표기하기도 한다.

전자의 농도 (식 5.73)에서 $E_i = E_F$인 진성 반도체인 경우, 전자의 농도 n_0는 진성 농도 n_i로 표현할 수 있다. 진성 농도 n_i는 페르미 준위 E_i로 다음과 같이 표현된다.

$$n_i = N_C e^{-(E_C-E_i)/kT} e^{-(E_i-E_i)/kT} = N_C e^{-(E_C-E_i)/kT} \quad (식\ 5.74)$$

이를 (식 5.73)에 대입하면, 전자의 농도를 진성 농도 n_i를 이용해 표현할 수 있다.

$$n_0 = n_i e^{-(E_i-E_F)/kT} \quad (식\ 5.75)$$

(식 5.75)에서 페르미 준위 E_F가 E_i와 같은 경우, 즉 $E_F = E_i$이면 $n_0 = n_i$가 된다.

마찬가지로 정공의 농도를 나타내는 (식 5.62)를 진성 농도 n_i를 이용하여 표현하면 다음과 같이 나타낼 수 있다.

$$p_0 = N_V e^{-(E_F-E_V)/kT} = N_V e^{-(E_i-E_V)/kT} e^{-(E_F-E_i)/kT} = n_i e^{-(E_F-E_i)/kT} \quad (식\ 5.76)$$

진성 페르미 준위 E_i 위치

진성 반도체에서 페르미 준위 E_F는 일반적으로 밴드갭 에너지의 중간에 위치한다고 가정된다. 전자의 유효 질량 m_n^*과 정공의 유효 질량 m_p^*이 동일한 경우, 전자의 에너지 상태밀도 함수와 정공의 에너지 상태밀도 함수는 중간값 E_{midgap}에서 대칭적이다.

그러나 실제로는 전자와 정공의 유효 질량이 서로 다르므로, N_C와 N_V가 달라진다. 이로 인해, 전자의 에너지 상태밀도 함수 (식 5.54)와 정공의 에너지 상태밀도 함수 (식 5.55)는 E_{midgap}에서 대칭을 이루지 않게 된다. 따라서, 전자와 정공의 농도가 동일해지기 위해 진성 페르미 준위 $E_i(E_{Fi})$는 E_{midgap}에서 약간 어긋나게 된다. 이러한 차이를 계산해보자.

진성 반도체에서 전자의 농도와 정공의 농도가 동일하다는 조건을 적용하면, 다음과 같은 관계식을 얻을 수 있다.

$$N_C e^{-(E_C-E_i)/kT} = N_V e^{-(E_i-E_V)/kT} \qquad \text{(식 5.77)}$$

양변에 자연로그를 취하면,

$$\ln N_C - \frac{(E_C - E_i)}{kT} = \ln N_V - \frac{(E_i - E_V)}{kT} \qquad \text{(식 5.78)}$$

이를 정리하면,

$$E_i = \frac{(E_C + E_V)}{2} + \frac{kT}{2}\ln\frac{N_V}{N_C} \qquad \text{(식 5.79)}$$

위식에 (식 5.61)의 N_C와 (식 5.63)의 N_V를 대입하여 정리하면 다음과 같다.

$$E_i = \frac{(E_C + E_V)}{2} + \frac{3kT}{4}\ln\left(\frac{m_p^*}{m_n^*}\right) \qquad \text{(식 5.80)}$$

여기서 $(E_C + E_V)/2$는 에너지 밴드 다이어그램에서 중간갭 E_{midgap}을 의미하므로, 진성 페르미 준위 E_i는 다음과 같이 표현된다.

$$E_i = E_{midgap} + \frac{3kT}{4}\ln\left(\frac{m_p^*}{m_n^*}\right) \quad (\text{식 } 5.81)$$

만약 $m_p^* = m_n^*$이라면, $E_i = E_{midgap}$이 된다. 즉, 진성 페르미 준위 E_i는 중간갭에 위치한다.

그러나 $m_p^* \neq m_n^*$일 경우, $E_i(E_{Fi})$는 E_{midgap}에서 $(3kT/4)\ln(m_p^*/m_n^*)$만큼 어긋난다. 예를 들어, $m_p^* < m_n^*$ 이면, E_i 는 y 축에서 E_{midgap} 보다 낮아진다. 반대로 $m_p^* > m_n^*$인 경우, E_i는 y축에서 E_{midgap} 보다 높아진다.

예제 5-11 전자의 유효 질량 $m_n^* = 1.08m_0$, 정공의 유효 질량 $m_p^* = 0.56m_0$ 이다. $T = 300K$ 에서 진성 페르미 준위 E_i 의 위치를 (식 5.81)로 계산하라. $kT = 0.026eV$를 사용하라.

풀이

$$\frac{kT}{4}\ln\left(\frac{m_p^*}{m_n^*}\right) = \frac{3 \times 0.026}{4}\ln\left(\frac{0.56}{1.08}\right) = -0.0128[eV]$$

따라서, 진성 페르미 준위 E_i는 E_{midgap}보다 0.0128[eV] 낮은 위치에 있다. 그러나, 이 값은 매우 작아 실제 계산에서는 일반적으로 $E_i \approx E_{midgap}$으로 근사하여 사용한다.

5.8 정공의 유효 질량과 $E - k$ 다이어그램

절대온도 $T = 0K$에서 전도대의 모든 상태가 비어 있고, 가전자대는 전자로 완전히 채워져 있다. 그러나 온도가 증가하면 열에너지가 증가하여, 가전자대의 전자가 공유결합에서 이탈하면서, [그림 5-19]와 같이 $E-k$ 다이어그램에서 가전자대에 전자의 빈자리를 형성하고 전도대로 이동한다.

가전자대에서 일부 전자가 비어 있는 경우, 외부 전기장 $\mathbb{E}$가 인가되면 가전자대에 있는 음의 전하와 음의 유효 질량을 가진 전자는 다음과 같은 힘을 받는다.

전기장에 의한 전기력은 다음과 같다.

$$F = -e\mathbb{E} \quad (식\ 5.82)$$

뉴턴의 법칙에 따른 힘은 다음과 같다.

$$F = -|m^*|a \quad (식\ 5.83)$$

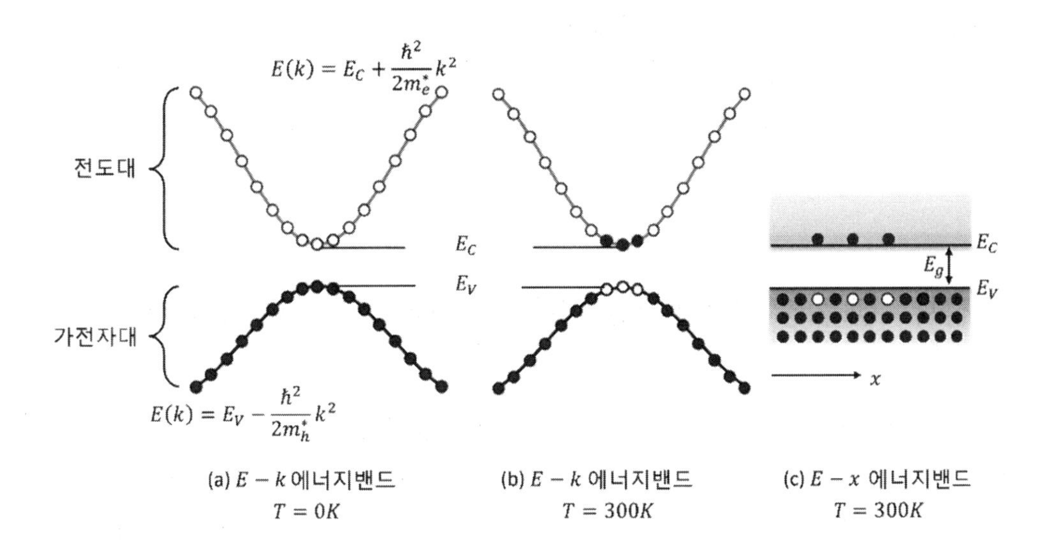

[그림 5-19] $T = 0K$ 및 $T = 300K$에서의 $E-k$ 다이어그램과 $E-x$ 에너지 밴드 다이어그램

음의 유효 질량을 가진 전자의 운동은 고전적인 뉴턴 방정식으로 설명하기 어렵다. 따라서, 가전자대의 음의 전하와 음의 유효 질량을 가진 전자 대신 양의 전하와 양의 유효 질량을 가진 정공(전자의 빈자리) 개념을 도입하면 뉴턴의 물리 법칙을 적용할 수 있다.

가전자대에 있는 전자가 외부 전기장 $\mathbb{E}$에 의해 받는 가속도는 (식 5.82)와 (식 5.83)을 같게 놓아 다음과 같이 구할 수 있다.

$$a = \frac{-e\mathbb{E}}{-|m^*|} \quad (\text{식 } 5.84) \quad (\text{가전자대 전자의 가속도})$$

이를 양의 전하와 양의 유효 질량으로 변환하면 동일한 가속도로 나타낼 수 있다.

$$a = \frac{+e\mathbb{E}}{+|m^*|} \quad (\text{식 } 5.85) \quad (\text{정공의 가속도})$$

결론적으로, 가전자대에서 음의 전하와 음의 유효 질량을 가진 전자의 운동은 양의 전하와 양의 유효 질량을 가진 준 입자인 정공(전자의 빈자리)으로 묘사할 수 있다.

따라서, 에너지 밴드 다이어그램에서 정공의 에너지는 전자의 에너지와 달리 음의 y축 방향으로 증가한다. 또한, 양의 전하와 양의 유효 질량을 가진 정공은 외부 전기장에 의해 전기장의 방향으로 이동하며, 힘의 방향으로 가속된다.

5.9 **전자 · 정공 쌍 생성과 재결합**(Electron-Hole Recombination)

가전자대에 있는 전자가 에너지를 흡수하여 공유결합을 끊고 전도대로 이동하면, 전자·정공 쌍이 생성된다. 전도대의 전자는 가전자대의 정공과 재결합하여 전하 쌍이 소멸되며, 이 과정에서 전자가 가진 에너지는 빛 또는 열로 방출된다. 이러한 전자 · 정공 쌍의 생성과 재결합 과정을 통해 열평형 상태에서 일정한 농도의 전자와 정공이 유지된다.

전자·정공 쌍 생성과 재결합은 직접 밴드갭 반도체와 간접 밴드갭 반도체에서 다르게 이루어진다. [그림 5-20]은 두 가지 반도체에서의 과정을 보여준다.

직접 밴드갭 반도체에서는 가전자대의 전자가 에너지를 흡수하여 전도대로 전이할 때, 가전자대에는 정공이 생성되고 전도대에는 전자가 생성된다. 이 과정은 [그림

5-20(a)]에 나타나 있다. 한편, 전도대의 전자가 가전자대의 정공과 재결합하면서 에너지를 방출하는 과정은 [그림 5-20(b)]에 표현되어 있다. 직접 밴드갭 반도체에서는 전자가 전이할 때 운동량의 변화(파수 k의 변화)가 필요하지 않으며 에너지 변화만 일어난다. 이러한 특성으로 인해 직접 밴드갭 반도체는 빛의 흡수 및 방출 효율이 높아 LED(Light Emitting Diode)와 같은 광전자 소자에 적합하다.

반면, 간접 밴드갭 반도체에서는 전자 전이시 운동량 변화(파수 k의 변화)가 필요하며, 이 변화는 일반적으로 격자의 진동이 양자화된 준입자인 포논(Phonon)에 의해 이루어진다. 이로 인해 빛의 흡수 및 방출 효율이 낮아, 빛의 흡수와 방출에 적합한 소자로 활용되기 어렵다.

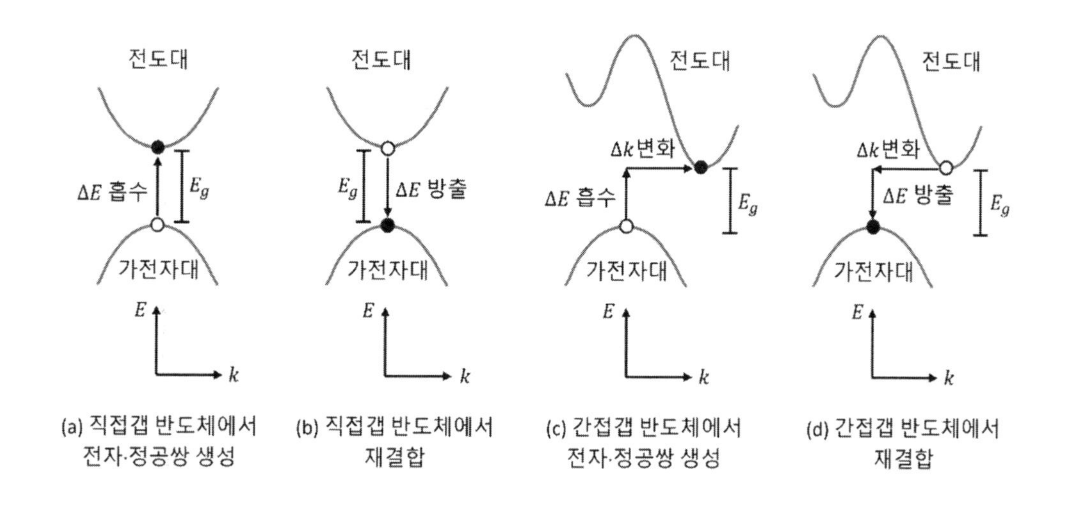

[그림 5-20] 직접 및 간접 밴드갭 반도체에서의 전자·정공 쌍 생성과 재결합 과정

[표 5-2]에는 다양한 반도체의 유효 에너지 상태밀도 함수와 상태밀도에서의 전자와 정공의 유효 질량비가 제시되어 있다. 반도체 결정의 전도성과 유효 에너지 상태밀도 특성은 전자와 정공의 유효 질량이 각각 다르므로 이를 해석할 때 신중한 접근이 필요하다.

[표 5-2] 다양한 반도체의 유효 에너지 상태밀도 함수와 전자와 정공의 유효 질량비

물리량	$N_C\ (cm^{-3})$	$N_V\ (cm^{-3})$	m_e^*/m_0	m_h^*/m_0
실리콘(Silicon)	2.8×10^{19}	1.04×10^{19}	1.08	0.56
갈륨비소(Gallium arsenide)	4.7×10^{17}	7.0×10^{18}	0.067	0.48
게르마늄(Germanium)	1.04×10^{19}	6.0×10^{18}	0.55	0.37

CHAPTER

06

불순물 반도체

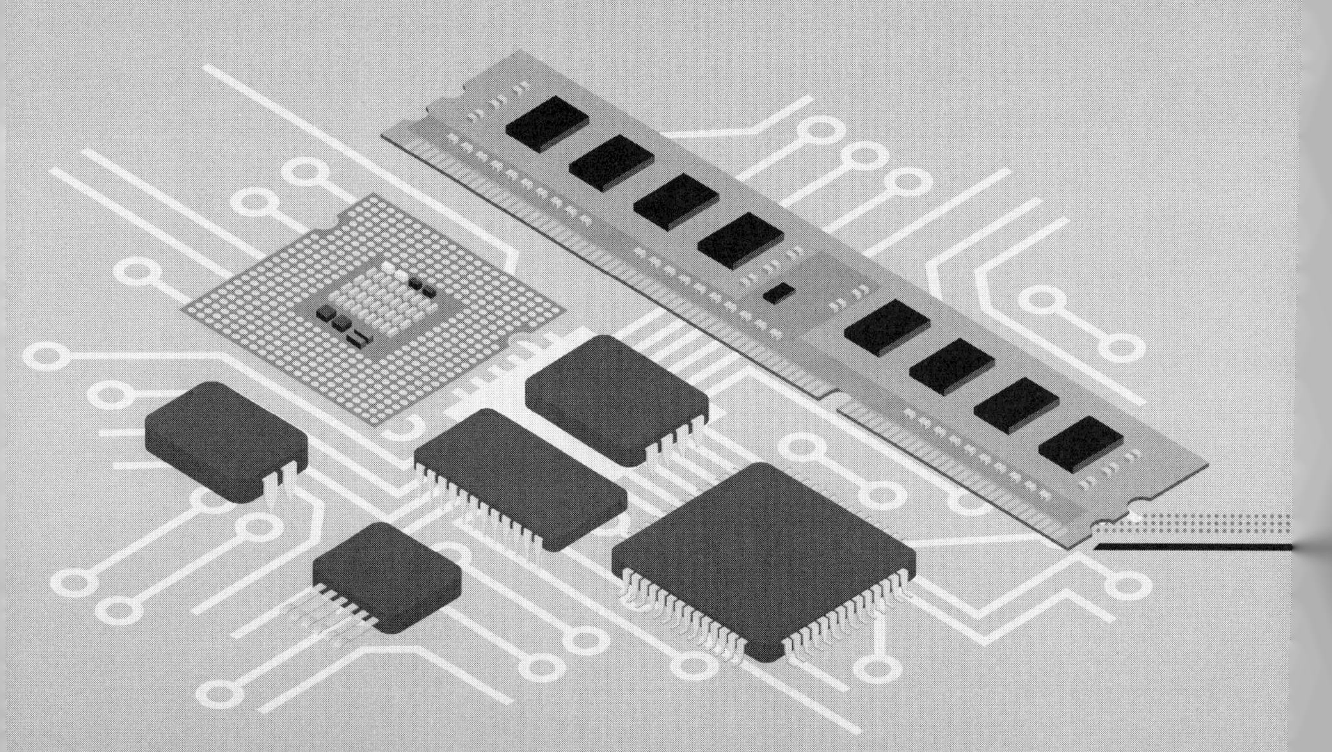

UNIT GOALS

실리콘 반도체에 1암페어(A)의 전류가 흐르기 위해서는 초당 1 쿨롱(C)의 전하가 이동해야 하며, 이는 전자가 단위 면적을 초당 약 0.63×10^{19}개 통과해야 함을 의미한다. 그러나 실리콘 반도체가 금속인 구리처럼 전류를 잘 흐르게 하려면, [표 1-2]의 전도도 특성을 참고했을 때, 실리콘의 전기전도도를 10^{11}배 이상 증가시켜야 한다.

이 장에서는 전기전도도를 증가시키는 방법에 대해 다룬다. 구체적으로, 실리콘 내부에서 전하를 운반하는 전도전자와 정공의 농도를 증가시키는 방법을 살펴보고, 이를 통해 전도도가 증가한 반도체의 특성과 이 과정에서 발생하는 이온화 현상을 설명한다.

전도전자가 증가한 반도체는 n형 반도체, 정공이 증가한 반도체는 p형 반도체라 한다. 이 두 유형의 반도체를 설명하는 핵심은 페르미 준위(E_F)이다. 본 장에서는 페르미 준위의 개념과 계산 방법을 학습하며, 페르미 준위가 반도체의 특성과 온도 변화에 미치는 영향을 이해하는 데 중점을 둔다.

마지막으로, 반도체의 전기적 특성에 대한 기본 개념인 전하 중성 조건, 열평형 상태, 그리고 이와 페르미 준위 (E_F)의 관계를 심도 있게 탐구한다.

6.1 불순물 반도체(Doped, Extrinsic semiconductor)

도너(Donor)와 억셉터(Acceptor)

실리콘 내 전자와 정공 농도는 적절한 불순물을 주입하여 효과적으로 증가시킬 수 있다. 이렇게 불순물이 첨가된 반도체를 불순물 반도체(외인성 반도체, Extrinsic Semiconductor, Doped Semiconductor)라 한다. 불순물을 추가하는 공정을 도핑(Doping)이라 하며, 이 과정에서 사용되는 불순물을 도펀트(Dopant)라고 한다.

도펀트는 도너(Donor)와 억셉터(Acceptor)로 구분되며, 도너는 전자의 농도를 증가시키고, 억셉터는 정공의 농도를 증가시킨다.

실리콘과 같은 진성 반도체는 도너와 억셉터를 도핑하는 방식에 따라 전기적 특성이 크게 달라진다. 도너를 도핑하여 전자의 농도가 많은 불순물 반도체를 n 형 반도체라 하고, 억셉터를 도핑하여 정공이 많은 불순물 반도체를 p 형 반도체라 한다.

n 형 반도체와 p 형 반도체

진성 반도체인 실리콘에 15 족 원소인 인(Phosphorus, P)이나 비소(Arsenic, As)를 도핑하면, 실리콘 격자의 14 족 원자 자리에 15 족의 원자가 대체된다. 이때 15 족 원자는 가전자 5 개를 가지며, 이 중 4 개는 인접한 실리콘 원자와 공유결합을 형성하지만, 나머지 1 개의 전자는 다른 실리콘 원자와 결합하지 못하고 약하게 묶인 상태로 남게 된다. 이렇게 약하게 결합된 전자를 도너 전자 (Donor electron)라 하며, 이 전자는 적은 에너지로도 쉽게 자유전자로 방출될 수 있다.

이처럼 전도전자를 생성하는 도펀트를 도너(Donor)라 하며, 도너 불순물이 첨가된 반도체는, 음의 전하를 띠는 전도전자가 많아지고 n 형 반도체가 된다.

[그림 6-1]은 $T = 0K$와 $T = 300K$에서의 에너지 밴드 다이어그램을 나타낸다. 그림에서는 도너 에너지 상태, 도너 전자에 의해 생성된 전도전자, 그리고 열에너지에 의해 형성된 전자·정공 쌍이 표시되어 있다. 여기서, 공유결합에 의해 8 개의 전자를

공유하는 경우를 실선으로, 공유결합이 깨어져 정공과 전도전자를 생성한 경우를 점선으로 표현하였다.

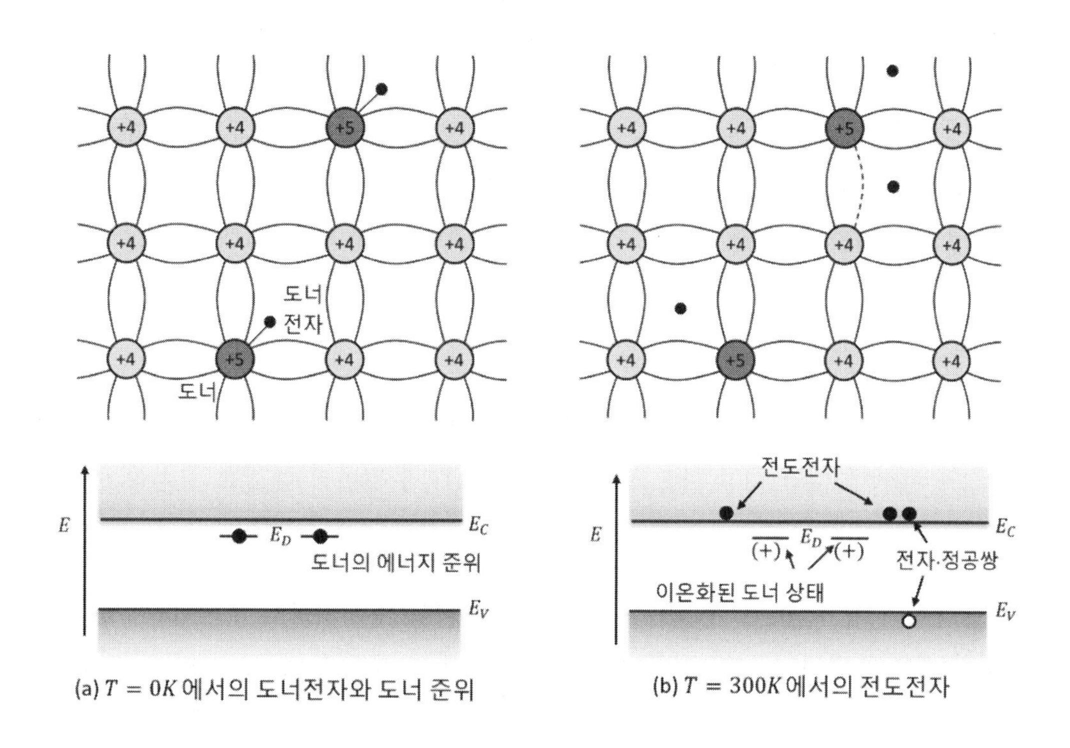

(a) $T = 0K$ 에서의 도너전자와 도너 준위

(b) $T = 300K$ 에서의 전도전자

[그림 6-1] 도너 전자와 n 형 반도체

[그림 6-1(a)]에서 $T = 0K$일 때, 도너 전자는 도너 원자에 속박된 상태로 존재하며, 열에너지가 없어 전자·정공 쌍이 생성되지 않는다. $T = 300K$에서는 열에너지로 인해 도너 전자가 속박에서 벗어나 자유전자가 되어 전도대에 존재하게 된다. 또한, 열에너지로 인해 전자·정공 쌍도 생성된다. 도너 전자가 속박에서 벗어나면, 도너 원자는 전자를 잃고 [그림 6-1(b)]와 같이 양(+)이온 상태가 된다.

n 형 반도체는 도핑 과정을 통해 높은 전자 농도를 가지며, 열에너지로 인해 생성된 진성 정공 농도보다 전자 농도가 훨씬 높다. 이처럼 불순물이 첨가된 외인성 반도체는 진성 반도체와 달리 전자와 정공의 농도가 서로 다르다. 농도가 높은 전하는 다수전하(Majority carrier), 농도가 낮은 전하는 소수전하(Minority carrier)라 한다. 따라서 n 형 반도체에서는 전자가 다수전하가 되고, 정공이 소수전하가 된다.

도너 원자는 낮은 에너지 상태에서 전자를 잃고 양(+)의 이온 상태가 되지만, 양이온의 개수는 음(-)의 전하를 가진 전도전자의 개수와 동일하다. 또한, 열에너지에 의해 생성된 전자·정공 쌍의 개수도 같으므로, n 형 반도체는 전기적으로 중성을 유지한다.

한편, 실리콘보다 전자가 1 개 부족한 13 족 원소인 붕소(Boron, B)를 실리콘에 도핑하면, 붕소의 3 개 가전자는 공유결합에 참여하지만 1 개의 공유결합 자리가 비게 된다. 이 빈자리를 엑셉터 정공(Acceptor hole)이라 하며, 이는 쉽게 전자를 받아들일 수 있는 특성을 가진다. 억셉터에 의해 정공이 많은 반도체를 p 형 반도체라 하며, n 형 반도체와 마찬가지로 전기적으로 중성을 유지한다.

[그림 6-2]은 $T = 0K$와 $T = 300K$에서의 억셉터의 에너지 상태, 억셉터 정공, 열에너지에 의해 생성된 전자·정공 쌍, 그리고 억셉터에 의하여 생성된 정공을 나타낸다.

억셉터는 전자가 한 개 부족한 상태로 공유결합을 형성하므로, $T = 0K$에서는 하얀 점 2 개로 표현된 억셉터 정공이 억셉터 원자에 속박된 상태로 존재한다. 그러나, 온도가 상승하면, 열에너지를 얻은 주변 전자가 억셉터 정공 자리를 채우게 된다. 이로 인해 억셉터는 [그림 6-2(b)]와 같이 전자를 받아들여 음(-)이온 상태가 된다. 또한, 전자가 이동하여 억셉터 정공 자리를 채우면, 전자가 떠난 자리에는 다시 빈자리가 생기게 된다. 이러한 과정은 마치 정공이 이동하는 것처럼 나타난다.

p 형 반도체에서는 도펀트에 의해 생성된 정공의 농도가 열에너지로 생성된 전자·정공 쌍에 의한 정공 농도보다 훨씬 많다. 따라서, n 형 반도체와 마찬가지로 전자와 정공의 농도에 차이가 발생하며, p 형 반도체에서는 다수전하는 정공, 소수전하는 전자가 된다.

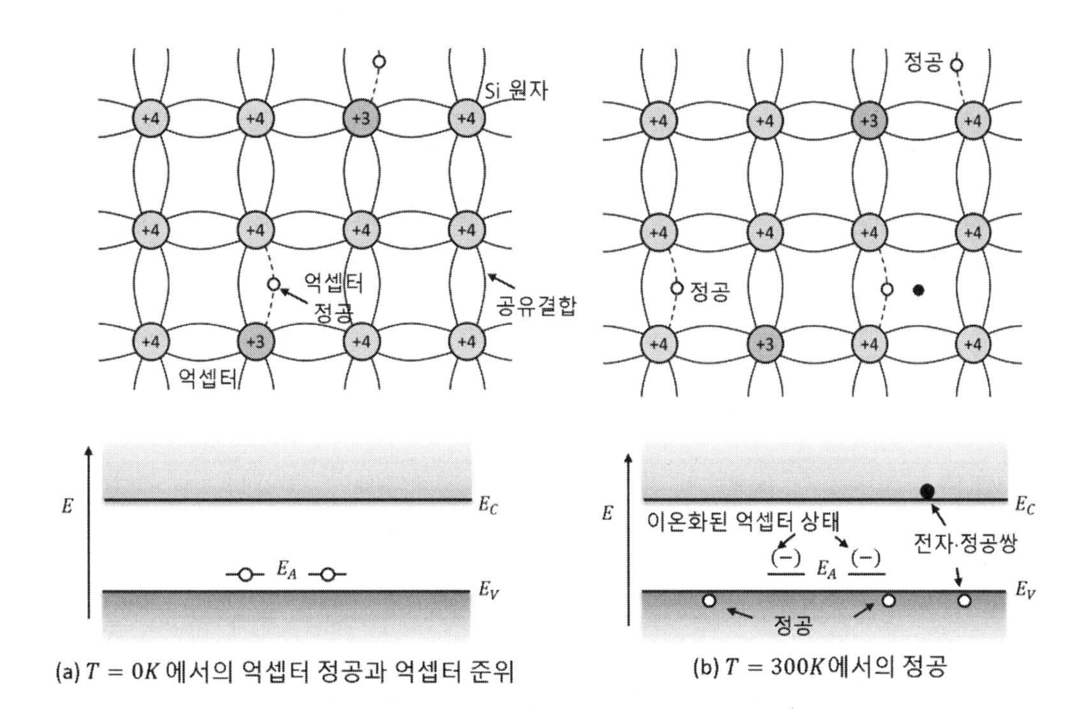

[그림 6-2] 억셉터 정공과 p 형 반도체

억셉터는 낮은 에너지 상태에서도 전자를 쉽게 받아들여 음(-) 이온상태가 되며, 이때 생성된 양(+)이온 상태의 정공의 개수와 동일하다. 또한, 열에너지로 생성된 전자·정공 쌍의 개수도 동일하기 때문에, p 형 반도체는 여전히 전기적으로 중성을 유지한다.

이온화 에너지

도너와 억셉터를 이온화하는 데 필요한 에너지를 이온화 에너지라 한다. n 형 반도체에서, 도너 에너지 준위에 있는 전자가 전도대(E_C)로 이동하는 데 필요한 에너지가 도너의 이온화 에너지에 해당하며, 이는 [그림 6-1]에서 전도대와 도너의 에너지 간격으로 나타난다. p 형 반도체에서 억셉터의 이온화 에너지는 억셉터 에너지 준위의 도펀트가 가전자대(E_V)에 있는 전자를 받아들이는 데 필요한 에너지이며, [그림 6-2]에서 가전자대와 억셉터 에너지 간격으로 표현된다.

실리콘에서 사용되는 다양한 도펀트의 이온화 에너지 값은 [표 6-1]에 제시되어 있다. 이러한 이온화 에너지 값은 실리콘의 에너지 밴드갭보다 훨씬 작아, 상온(26meV 열에너지)에서 대부분의 도펀트가 거의 안전히 이온화됨을 의미한다.

또한, [표 6-2]는 전도성 계산에 사용되는 전자와 정공의 유효 질량을 나타낸다. 이 값은 [표 5-2]에서 유효 에너지 상태밀도 함수 계산에 사용된 유효 질량과 다르므로, 활용 시 혼동하지 않도록 주의해야 한다.

[표 6-1] 실리콘 반도체에서 도펀트의 이온화 에너지

도펀트	인(P)	비소(As)	붕소(B)
이온화에너지(도너)	0.045eV	0.05eV	–
이온화에너지(억셉터)	–	–	0.045eV

[표 6-2] 반도체의 전도성 계산을 위한 유효 질량

캐리어	실리콘(Si)	게르마늄(Ge)
전자(m_e^*/m_0)	0.26	0.12
정공(m_h^*/m_0)	0.36	0.21

예제 6-1 5 개의 가전자를 가진 도너는 1 개의 원자핵과 1 개의 전자로 구성된 모델로 나타낼 수 있다. 따라서, 도너는 보어의 수소 원자 모델을 기반으로 설명할 수 있다. 보어의 수소 모델에서 전자의 양자화된 반지름과 에너지를 나타내는 (식 2.45)와 (식 2.47)을 활용하여, 도너 전자의 기저 상태에서의 반지름과 에너지를 계산하라. 이때, 유전율은 진공의 유전율이 아닌 실리콘의 유전율 $\varepsilon_{si} = 11.7$을 적용하고, 질량은 [표 5-2]의 상태밀도 유효 질량이 아닌, [표 6-2]에서 주어진 전도율 유효 질량 $m^* = 0.26m_0$을 사용한다.

풀이

양자화된 보어 반지름 (식 2.45)를 도너 전자의 기저 상태에 적용하여 계산한다. 실리콘 유전율 ε_{si}, 유효 질량 $m^* = 0.26m_0$을 보어의 반지름 식에 대입하면, 기저 상태($n = 1$) 반지름 r_1은 다음과 같다.

$$r_1 = \frac{\varepsilon_{si}\varepsilon_0 h^2}{\pi(0.26m_0)e^2} = \frac{11.7}{0.26} \times \frac{\varepsilon_0 h^2}{\pi m_0 e^2} = 45 \times 0.0529nm = 2.38nm$$

양자화된 에너지 E_1는

$$E_1 = -\frac{0.26m_0 e^4}{8(\varepsilon_{si}\varepsilon_0)^2 h^2} = -\frac{0.26}{(11.7)^2}\frac{m_0 e^4}{8(\varepsilon_0)^2 h^2} = -0.00189 \times 13.61 = -0.0256eV$$

이 된다.

도너 전자의 반지름은 수소 원자의 반지름보다 약 45 배 크므로, 도너 전자는 도너 원자에 가깝게 속박되지 않는다. 또한, 기저 상태의 에너지는 실리콘의 밴드 갭 에너지(1.1eV)에 비해 매우 작은 0.0256eV 로, 도너 전자는 약하게 결합된 상태로 존재하며 상온에서 쉽게 이온화될 수 있다.

이온화 비율

일반적인 온도 범위에서는 대부분의 도펀트가 이온화된다고 가정할 수 있다. 하지만, 실제로 도너의 에너지 준위 E_D와 억셉터 에너지 준위 E_A에서 도펀트의 이온화 비율은 다음과 같이 표현된다.

$$\frac{N_D^+}{N_D} = \frac{1}{1 + g_D e^{(E_F - E_D)/kT}} \quad (식\ 6.1)$$

$$\frac{N_A^-}{N_A} = \frac{1}{1 + g_A e^{(E_A - E_F)/kT}} \quad (식\ 6.2)$$

여기서 N_D는 도너의 총 농도이며, 이온화된 도너 농도는 N_D^+이다. g_D는 도너의 축퇴 인자 (Degeneracy factor)로 2 이다. 마찬가지로, N_A는 억셉터의 총 농도이며, 이온화된 억셉터 농도는 N_A^-이다. g_A는 억셉터의 축퇴 인자(Degeneracy factor)로 4이다.

도너 에너지 준위 E_D에 있는 도너가 이온화되지 않을 확률(즉, 도너에 전자가 있을 확률)은 다음과 같이 표현된다.

$$f(E_D) = \frac{n_D}{N_D} = 1 - \frac{N_D^+}{N_D} = \frac{N_D - N_D^+}{N_D} \qquad (\text{식 } 6.3)$$

여기서 n_D는 도너 에너지를 점유하고 있는 전자의 농도로, $n_D = N_D - N_D^+$ 이다.

위 식에 축퇴 인자를 포함한 (식 6.1)을 대입하고 정리하면, 도너가 이온화되지 않을 확률은 다음과 같이 표현된다.

$$f(E_D) = \frac{1 + 2e^{(E_F - E_D)/kT} - 1}{1 + 2e^{(E_F - E_D)/kT}} = \frac{1}{\frac{1}{2e^{(E_F - E_D)/kT}} + 1} = \frac{1}{1 + \frac{1}{2}e^{(E_D - E_F)/kT}} \qquad (\text{식 } 6.4)$$

예제 6-2 온도 $T - 300K$ 에서 서로 다른 에너지 준위를 가지는 도너를 $10^{17} cm^{-3}$ 으로 도핑하였다. 각 경우에 대해 도너가 이온화되지 않을 확률 $f(E_D)$을 구하라.

(a) 도너의 에너지 준위 E_D는 전도대 에너지 E_C보다 45meV 아래에 위치하며, 페르미 준위 E_F는 E_C보다 146meV 아래에 있다.

(b) 도너의 에너지 준위 E_D는 전도대 에너지 E_C보다 146meV 아래에 위치하며, 페르미 준위 E_F도 동일하게 E_C보다 146meV 아래에 있다.

풀이

도펀트가 이온화 되지 않을 확률은 도펀트 에너지 준위에 전자가 있을 확률과 같으므로 (식 6.4)로부터

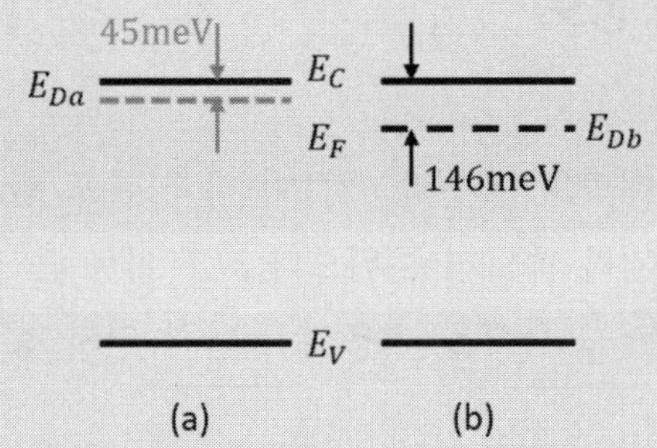

(a) $E_D - E_F = 146meV - 45meV = 101meV$

$$f(E_D) = \frac{n_D}{N_D} = \frac{1}{1 + \frac{1}{2}e^{(146-45)/26}} = 3.9\%$$

(b) $E_D - E_F = 146meV - 146meV = 0$

$$f(E_D) = \frac{n_D}{N_D} = \frac{1}{1 + \frac{1}{2}e^{(146-146)/26}} = 66.7\%$$

도너의 에너지 준위와 페르미 준위가 동일한 경우 도너에 전자가 존재할 확률은 1/2 이 아닌 66.7%가 된다.

고체 용해도(Solid solubility)

고체 상태의 진성 실리콘에 15 족 또는 13 족의 도펀트를 도핑할 수 있는 한계를 고체 용해도(Solid solubility)라고 한다. 부피 밀도가 $5 \times 10^{22} cm^{-3}$인 실리콘에서 도펀트의 최대 용해도는 약 $10^{20} cm^{-3}$이다. 또한, 온도가 상승하면 용해도는 증가하는 경향을 보인다.

6.2 불순물 반도체에서의 전자와 정공 농도

진성 반도체에서 전자 농도는 에너지 상태밀도 함수와 페르미-디랙 분포 함수의 곱을 적분하여 계산된다. 특히, 전자의 에너지가 페르미 준위보다 $3kT$ 이상 큰 경우, 유효 에너지 상태밀도 함수와 맥스웰-볼츠만 근사식을 이용해 간단히 전자 농도를 계산할 수 있다.

n 형 반도체와 같은 불순물이 도핑된 반도체에서도 전자 농도는 에너지 상태밀도 함수와 페르미-디랙 분포 함수의 곱을 적분하여 구한다. 불순물 반도체의 에너지 상태밀도 함수는 진성 반도체와 동일하므로, 특정 에너지 E에서 전자가 존재할 확률을 기반으로 외인성 반도체의 전하 농도를 계산할 수 있다.

n 형 반도체에서의 전자와 정공의 농도 그리고 페르미 준위

[그림 6-1]과 같이, 도너가 임의의 에너지 상태에서 완전히 이온화되었다고 가정하면 ($N_D = N_D^+$), n 형 반도체의 총 전자 농도 n_n는 다음과 같이 표현된다.

$$n_n = N_D + n_i \qquad (\text{식 } 6.5)$$

만약 $N_D \gg n_i$인 조건이 성립하면, 총 전자 농도는 다음과 같이 근사할 수 있다.

$$n_n \approx N_D \quad (if\ N_D > n_i) \qquad (\text{식 } 6.6)$$

여기서 n_n은 n 형 반도체의 전자 농도, N_D는 도너 원자의 농도, n_i는 진성 농도를 의미한다.

n 형 반도체에서 전도대 에너지 E_C가 페르미 준위 E_F보다 $3kT$ 이상 높은 경우 ($E_C > E_F + 3kT$), 페르미-디랙 분포 함수는 맥스웰-볼츠만 근사식으로 단순화할 수 있다. 이때, 전도대의 전자 농도는 유효 에너지 상태밀도 함수 N_C와 맥스웰-볼츠만 근사식의 곱으로 나타낼 수 있으며, 다음과 같이 표현된다.

$$n_n = N_C e^{-(E_C - E_{Fn})/kT} \qquad (\text{식 } 6.7)$$

여기서 E_{Fn}은 n 형 반도체의 페르미 준위를 의미하며 첨자 n 은 n 형 반도체임을 강조하기 위한 표기이다.

이 식은 열평형 상태에 있는 진성 반도체에서의 전자 농도 (식 5.60)과 동일한 형태를 가진다. 하지만 n 형 반도체의 전자 농도 n_n는 진성농도 n_i와 다르므로, n 형 반도체의 페르미 준위 E_{Fn}는 진성 반도체의 페르미 준위 E_{Fi}와는 같지 않다. n 형 반도체의 페르미 준위 E_{Fn}는 (식 6.7)로부터 다음과 같이 구할 수 있다.

$$E_{Fn} = E_C + kT \ln\left(\frac{n_n}{N_C}\right) \quad (식\ 6.8)$$

또한, n 형 반도체에서 정공의 농도는 (식 5.62)를 확장하여 다음과 같이 나타낼 수 있다.

$$p_n = N_V e^{-(E_{Fn}-E_V)/kT} \quad (식\ 6.9)$$

여기서, N_V는 가전자대의 유효 에너지 상태밀도 함수, E_V는 가전자대 최상단 에너지이다.

n 형 반도체에서 전자 농도와 정공 농도를 곱하면 다음 관계를 얻을 수 있다.

$$n_n p_n = N_C e^{-(E_C-E_F)/kT} \times N_V e^{-(E_F-E_V)/kT} = N_C N_V e^{-(E_C-E_V)/kT} = N_C N_V e^{-E_g/kT}$$
$$= {n_i}^2 \quad (식\ 6.10)$$

따라서, 질량-작용 법칙이 n 형 반도체에서도 성립함을 확인할 수 있다.

n 형 반도체에서 소수전하인 정공의 농도 p_n는 질량-작용 법칙을 활용하면 다음과 같이 계산된다.

$$p_n = \frac{{n_i}^2}{n_n} = \frac{{n_i}^2}{(N_D + n_i)} \quad (식\ 6.11)$$

만약 $N_D \gg n_i$인 조건이 성립한다면, 위 식을 근사하여 다음과 같이 단순화할 수 있다.

$$p_n \approx \frac{{n_i}^2}{N_D} \quad (if\ N_D > n_i) \qquad (\text{식 } 6.12)$$

따라서, 소수전하의 농도는 페르미 준위를 직접 사용하지 않고도 다수전하 농도를 이용해 간단히 계산할 수 있음을 보여준다.

질량-작용 법칙은 진성 및 외인성 반도체 모두에서 성립하지만, 이는 맥스웰-볼츠만 근사가 유효한 경우에만 적용된다. 그러나, 고농도로 도핑된 반도체에서 페르미 준위가 다음 조건을 만족하면, 질량-작용 법칙은 더 이상 성립하지 않는다. 이러한 반도체를 축퇴 반도체(Degenerate Semiconductor)라 한다.

$$E_C - E_F < 3kT \quad \text{또는} \quad E_F - E_V < 3kT \qquad (\text{식 } 6.13)$$

예제 6-3 온도 $T = 300K$에서 도너를 도핑하여 완전히 이온화된 전자 농도가 $10^{17}cm^{-3}$ 인 n 형 반도체가 되었다. $E_C - E_{Fn}$ 값과 질량-작용 법칙으로부터 소수전하인 정공의 농도를 구하라. $n_i = 1.5 \times 10^{10}cm^{-3}$, $N_C = 2.81 \times 10^{19}cm^{-3}$이다.

풀이

(식 6.8)을 이용하여 n 형 반도체의 페르미 준위를 구하면

$$E_C - E_{Fn} = -kT\ln\left(\frac{n_n}{N_C}\right) = kT\ln\left(\frac{N_C}{n_n}\right)$$

$$= 0.026\ln\left(\frac{2.81 \times 10^{19}}{10^{17}}\right) = 0.147eV$$

질량-작용 법칙(식 6.12)를 사용하여 소수전하인 정공의 농도를 계산하면

$$p_n \approx \frac{{n_i}^2}{N_D} = \frac{(1.5 \times 10^{10})^2}{10^{17}} = 2.25 \times 10^3 cm^{-3}$$

의 정공 농도가 된다.

진성 반도체에서 에너지 갭의 중간에 위치하던 페르미 준위(E_i)는 도핑으로 인해 전도대에 더 가까운 위치로 이동하며, $E_C - E_F = 0.147eV$가 된다.

[그림 6-3]은 진성 반도체에 $10^{17}cm^{-3}$의 도너가 도핑된 n 형 반도체의 에너지 밴드 다이어그램과 페르미 준위의 위치를 보여준다. 또한, 이 그림은 전도전자, 진성 전자, 진성 정공의 분포를 시각적으로 보여준다.

n 형 반도체에서 유효 에너지 상태밀도 함수 N_C는 진성 반도체와 동일하다. 그러나, [그림 6-3(b)]에서 보이듯 페르미 준위 E_{Fn}가 전도대 E_C 쪽으로 이동하면서, E_C에서 전자가 존재할 확률이 증가한다. 그 결과, (식 6.7)로 표현되는 다수전하인 전자의 농도 n_n는 [그림 6-3(c)]에서와 같이 증가한다.

반면, 소수전하인 정공의 농도는 질량-작용 법칙에 따라 $2.25 \times 10^3 cm^{-3}$로 계산된다. 이는 진성 반도체의 진성 농도보다 감소한 값으로, 페르미 준위 E_{Fn}가 위로 이동하면서 정공이 존재할 확률 $1 - f_B(E)$가 감소했기 때문으로 설명된다.

또한, 도너에 의해 다수전하인 전자의 농도가 $10^{17}cm^{-3}$인 n 형 반도체에서, 계산된 소수전하인 정공 농도 $2.25 \times 10^3 cm^{-3}$는 전자·정공 쌍에 의해 발생한 것이다. 따라서, 전자의 총 농도 n_n는 도너 농도 $10^{17}cm^{-3}$와 전자·정공 쌍 생성에 의해 추가된 $2.25 \times 10^3 cm^{-3}$를 합한 값으로 표현되지만, 이는 $10^{17}cm^{-3}$으로 근사할 수 있다.

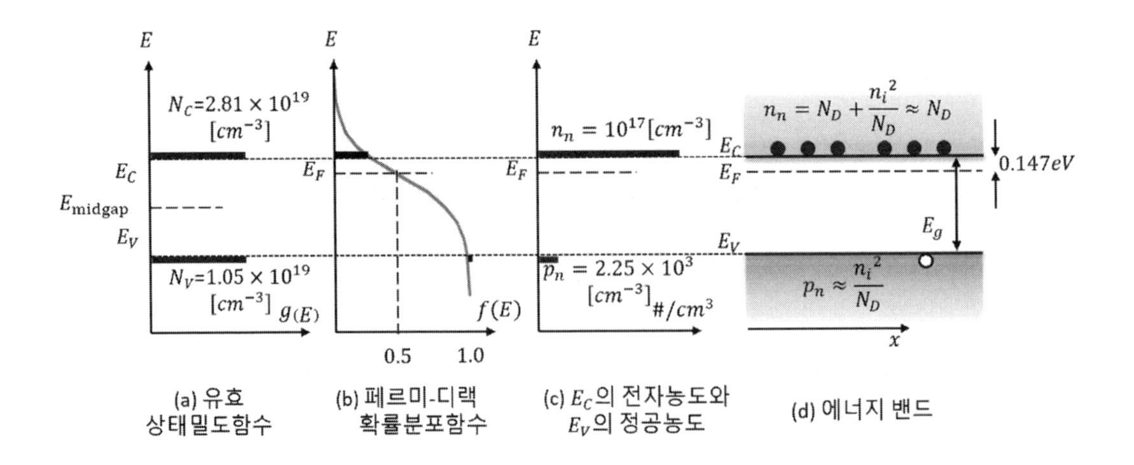

[그림 6-3] $T = 300K$에서 전자 농도가 $10^{17}cm^{-3}$ 인 n 형 반도체의 페르미 준위와 에너지 밴드

p 형 반도체에서의 정공과 전자의 농도 및 페르미 준위

억셉터로 도핑된 p 형 반도체에서 억셉터가 완전히 이온화되었다고 가정하면 ($N_A = N_A^+$), p 형 반도체의 정공 농도는 다음과 같이 표현된다.

$$p_p = N_A + n_i \quad (\text{식 } 6.14)$$

만약 $N_A \gg n_i$인 조건이 성립하면, 이를 근사하여 다음과 같이 나타낼 수 있다.

$$p_p \approx N_A \ \ (if\ N_A \gg n_i) \quad (\text{식 } 6.15)$$

여기서 첨자 p 는 p 형 반도체를 의미하며, p_p은 p 형 반도체의 정공 농도, N_A는 억셉터 원자의 농도, n_i는 진성 농도를 의미한다.

만약 p 형 반도체의 페르미 준위 E_{Fp}가 $E_{Fp} - E_V > 3kT$ 조건을 만족하여 맥스웰-볼츠만 근사식을 적용할 수 있다면, 정공 농도는 다음과 같이 표현된다.

$$p_p = N_V e^{-(E_{Fp}-E_V)/kT} \qquad (\text{식 } 6.16)$$

위 식으로부터 페르미 준위 E_{Fp}는 다음과 같이 계산된다.

$$E_{Fp} = E_V + kT \ln\left(\frac{N_V}{p_p}\right) \quad (식\ 6.17)$$

p 형 반도체에서 페르미 준위에 의해 결정되는 소수전하인 전자의 농도는 다음과 같이 주어진다.

$$n_p = N_C e^{-(E_C - E_F)/kT} \quad (식\ 6.18)$$

또한, (식 6.16)의 정공 농도와 (식 6.18)의 전자 농도의 곱은 다음과 같이 진성 농도 $n_i{}^2$로 표현되며, 이를 통해 질량-작용 법칙이 성립함을 확인할 수 있다.

$$p_p n_p = n_i{}^2 \quad (식\ 6.19)$$

질량-작용 법칙으로부터 소수전하인 전자의 농도를 구하면 다음과 같이 계산된다.

$$n_p = \frac{n_i{}^2}{p_p} = \frac{n_i{}^2}{(N_A + n_i)} \quad (식\ 6.20)$$

만약 $N_A \gg n_i$ 조건이 성립하면, 이를 근사하여 다음과 같이 나타낼 수 있다.

$$n_p \approx \frac{n_i{}^2}{N_A} \quad (if\ N_A \gg n_i) \quad (식\ 6.21)$$

예제 6-4 온도 $T = 300K$에서 억셉터를 도핑하여 완전히 이온화된 정공 농도가 $10^{14} cm^{-3}$ 인 p 형 반도체가 되었다.

$E_F - E_V$ 값과 소수전하인 전자의 농도를 질량-작용 법칙으로부터 구하라. $n_i = 1.5 \times 10^{10} cm^{-3}$, $N_V = 1.05 \times 10^{19} cm^{-3}$이다.

풀이

(식 6.17)을 사용하여 p 형 반도체의 페르미 준위를 구하면

$$E_{Fp} - E_V = kT\ln\left(\frac{N_V}{p_p}\right) = 0.026\ln\left(\frac{1.05\times10^{19}}{10^{17}}\right) = 0.301eV$$

소수전하인 전자의 농도는 질량-작용 법칙 (식 6.21)로부터 다음과 같다.

$$n_p \approx \frac{{n_i}^2}{N_A} = \frac{(1.5\times10^{10})^2}{10^{14}} = 2.25\times10^6 cm^{-3}$$

[그림 6-4]는 진성 반도체에 $10^{14}cm^{-3}$ 농도로 억셉터를 도핑하여 형성된 p 형 반도체의 에너지 밴드 다이어그램과 페르미 준위의 위치를 나타낸다. 또한, 정공, 진성 전자, 진성 정공의 분포를 시각적으로 보여준다.

유효 에너지 상태밀도 함수 N_V는 진성 반도체와 동일하지만, [그림 6-4(b)]에서 보이듯 도핑에 의해 페르미 준위 E_F가 아래로 이동한다. 이에 따라 E_V에서 전자가 비어 있을 확률이 증가하고, 결과적으로 p 형 반도체의 정공 농도 p_p는 [그림 6-4(c)]처럼 크게 증가한다.

반면, 소수전하인 전자의 농도는 질량-작용 법칙에 따라 $2.25\times10^6 cm^{-3}$로 계산되며, 이는 진성 반도체의 진성 농도보다 감소한 값이다.

p 형 반도체에서 정공의 총 농도 p_p는 억셉터 농도 $10^{14}cm^{-3}$와 열평형 상태에서 전자·정공 쌍 생성에 의해 추가된 전자 농도 $2.25\times10^6 cm^{-3}$의 합으로 표현된다. 그러나, 이 값은 $10^{14}cm^{-3} + 2.25\times10^6 cm^{-3} \approx 10^{14}cm^{-3}$로 근사화 할 수 있다.

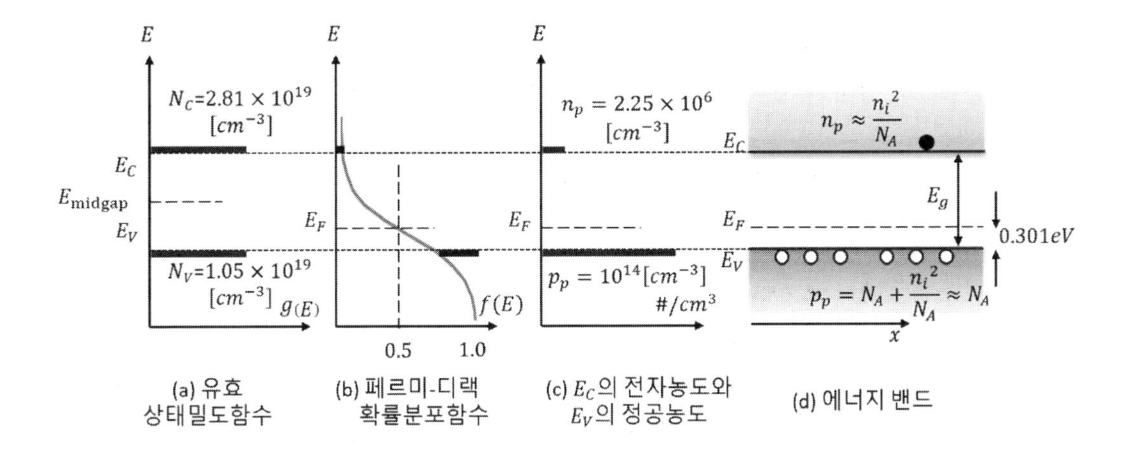

[그림 6-4] $T = 300K$에서 정공 농도가 $10^{14}cm^{-3}$ 인 p 형 반도체의 페르미 준위와 에너지 밴드

페르미 준위와 전하 농도의 관계

불순물 반도체에서 다수전하와 소수전하의 농도는 반도체의 페르미 준위와 밀접하게 연관되어 있다. 이러한 페르미 준위가 전자와 정공 농도에 따라 진성 반도체의 페르미 준위인 E_i를 기준으로 어떻게 변화하는지 살펴보자.

진성 농도 n_i보다 높은 농도 N_D의 도너가 전부 이온화되었다고 가정하면, n 형 반도체의 전자 농도는 $n_n = N_D$가 된다. 이때, 페르미 준위 E_{Fn}는 (식 6.8)로부터 다음과 같이 표현된다.

$$E_{Fn} = E_C + kT\ln(N_D) - kT\ln(N_C) \qquad \text{(식 6.22)}$$

한편, (식 5.74)의 $n_i = N_C e^{-(E_C - E_i)/kT}$에서 자연로그를 취하여 정리하면,

$$kT\ln(N_C) = kT\ln(n_i) + (E_C - E_i) \qquad \text{(식 6.23)}$$

(식 6.23)에서 구한 E_C를 (식 6.22)에 대입하면, n 형 반도체의 페르미 준위는 다음과 같이 정리된다.

$$E_{Fn} = E_i - kT\ln(n_i) + kT\ln(N_D) = E_i + kT\ln\left(\frac{N_D}{n_i}\right) \qquad \text{(식 6.24)}$$

마찬가지로, p 형 반도체에서 억셉터 농도 N_A가 진성 농도 n_i보다 높고 전부 이온화되었다고 가정하면, p 형 반도체의 페르미 준위 E_{Fp}는 다음과 같이 표현된다.

$$E_{Fp} = E_i + kT\ln(n_i) - kT\ln(N_A) = E_i + kT\ln\left(\frac{n_i}{N_A}\right) \quad (식\ 6.25)$$

페르미 준위 E_{Fn}과 E_{Fp}를 각각의 농도에 따라 그래프로 나타내면 [그림 6-5]와 같다. n 형 반도체는 도너 농도가 높아질수록 페르미 준위 E_{Fn}는 E_C에 근접하게 된다. 반면, p 형 반도체에서는 억셉터의 농도가 높아질수록 페르미 준위 E_{Fp}가 E_V에 근접한다. 그러나 이 결과는 맥스웰-볼츠만 근사식에 기반한 것으로, 고농도로 도핑된 반도체에는 적용되지 않는다. 고농도로 도핑이 이루어진 경우, 페르미 준위가 에너지 밴드 내부로 침투하는 축퇴(Degeneracy) 현상을 유발할 수 있기 때문이다.

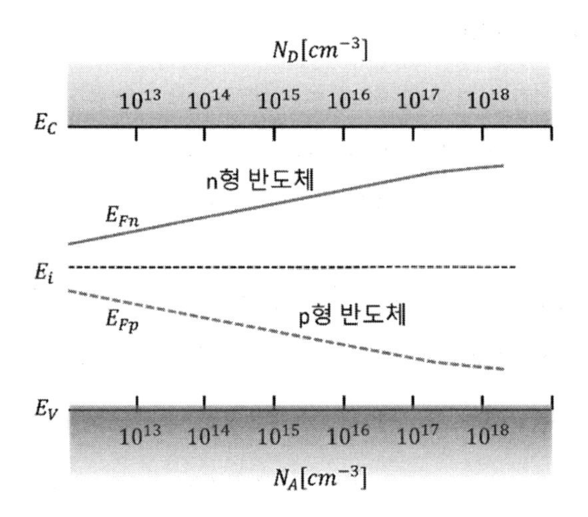

[그림 6-5] 억셉터와 도너 농도 변화에 따른 페르미 준위 위치

예제 6-5 도핑 농도에 대한 (식 6.7)과 (식 6.16)은 맥스웰-볼츠만 근사식이 적용되는 경우에만 유효하다. 이 조건 하에서, $E_C - E_F = 3kT$를 만족하는 도너 농도의 최대값 N_D를 구하라.

<u>**풀이**</u>

도너가 도핑된 n 형 반도체의 페르미 준위는 (식 6.8)로 주어진다.

$$E_{Fn} = E_C - kT\ln\left(\frac{N_C}{n_n}\right) = E_C - kT\ln\left(\frac{N_C}{N_D}\right)$$

여기서 $E_C - E_F = 3kT$를 대입하여 정리하면

$$kT\ln\left(\frac{N_C}{N_D}\right) = 3kT$$

양변을 kT로 나누고 지수 함수를 취하면 최대값 N_D를 구할 수 있다.

$$\frac{N_C}{N_D} = e^3$$

$$N_D = \frac{N_C}{e^3} = \frac{2.81 \times 10^{19}}{(2.718)^3} = 1.4 \times 10^{18} cm^{-3}$$

따라서, 도너의 최대 농도는 $1.4 \times 10^{18} cm^{-3}$이다. 이는 페르미 준위의 위치 관계식 (식 6.8)이 도너 농도가 $1.4 \times 10^{18} cm^{-3}$이하일 때만 유효함을 의미한다.

온도 변화에 따른 페르미 준위 변화

도핑된 반도체에서 전하를 생성하는 메커니즘은 크게 두 가지로 나눌 수 있다. 첫 번째는 열평형 상태에서 생성되는 진성 전하(전자·정공 쌍)이며, 두 번째는 도펀트의 이온화로 인해 생성되는 전자 또는 정공이다.

온도 변화에 따른 페르미 준위의 이동은 전하 농도가 온도에 따라 달라지는 특성을 반영한다. 이는 진성 전하 농도와 도펀트 이온화로 생성되는 전하의 온도 의존성을 통해 설명된다.

진성 전하 농도 n_i에 관한 (식 5.68)의 양변에 자연로그를 취하면 다음과 같이 표현된다.

$$\ln(n_i) = \ln\left(\sqrt{N_C N_V}\right) - \frac{E_g}{2kT} \quad (식\ 6.26)$$

여기서, N_C와 N_V는 각각 전도대와 가전자대의 유효 상태밀도, E_g는 에너지 밴드갭, kT는 열에너지를 의미한다.

(식 6.26)에서 구한 $\ln(n_i)$를 진성 전하가 존재하고 도너가 완전히 이온화된 n 형 반도체의 페르미 준위 (식 6.24)에 대입하면, n 형 반도체의 페르미 준위 E_{Fn}는 다음과 같이 유도된다.

$$\begin{aligned} E_{Fn} &= E_i + kT\left[\ln(N_D) - \ln\left(\sqrt{N_C N_V}\right) + \frac{E_g}{2kT}\right] \\ &= E_i + \frac{E_g}{2} + kT\left[\ln(N_D) - \ln\left(\sqrt{N_C N_V}\right)\right] \quad (식\ 6.27) \end{aligned}$$

(식 5.69)의 $\sqrt{N_C N_V}$를 (식 6.27)에 대입하여 정리하면, 다음과 같이 표현된다.

$$E_{Fn} = E_i + \frac{E_g}{2} + kT\left[\ln(N_D) - \ln\left(2\left(\frac{2\pi k}{h^2}\right)^{3/2}\left(m_n^* m_p^*\right)^{3/4}\right) - \frac{3}{2}\ln(T)\right] \quad (식\ 6.28)$$

이를 통해 n 형 반도체의 페르미 준위가 온도에 따라 어떻게 변하는지 확인할 수 있다.

마찬가지로, (식 6.26)의 $\ln(n_i)$ 를 진성 전하가 존재하고 억셉터가 완전히 이온화된 p 형 반도체의 페르미 준위 (식 6.25)에 대입하면 p 형 반도체의 페르미 준위 E_{Fp}는 다음과 같이 나타난다.

$$E_{Fp} = E_i - \frac{E_g}{2} + kT\left[\ln\sqrt{N_C N_V} - \ln(N_A)\right] \quad (식\ 6.29)$$

(식 5.69)의 $\sqrt{N_C N_V}$를 (식 6.29)에 대입하여 정리하면 다음과 같다.

$$E_{Fp} = E_i - \frac{E_g}{2} + kT\left[\ln\left(2\left(\frac{2\pi k}{h^2}\right)^{\frac{3}{2}}\left(m_n^* m_p^*\right)^{\frac{3}{4}}\right) + \frac{3}{2}\ln(T) - \ln(N_A)\right] \quad (식\ 6.30)$$

이를 통해 p 형 반도체의 페르미 준위가 온도에 따라 어떻게 변하는지 알 수 있다.

불순물 반도체인 n 형과 p 형 반도체의 페르미 준위를 나타내는 (식 6.28)과 (식 6.30)의 관계를 온도와 도펀트의 농도에 따라 그래프로 표현하면 [그림 6-6]과 같다. 이 그래프는 온도와 도펀트 농도 변화에 따른 페르미 준위의 변화를 직관적으로 보여준다. 온도가 증가하면, n 형 반도체의 경우 페르미 준위 E_F는 E_C에 근접하고, p 형 반도체의 경우 E_F가 E_V에 가까워지는 경향을 나타낸다.

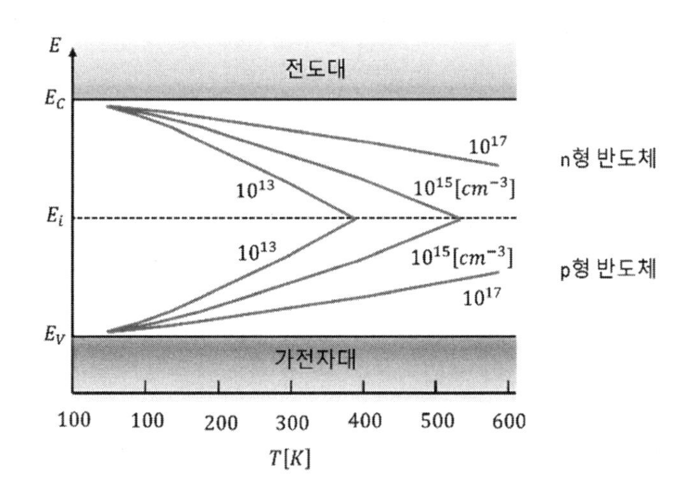

[그림 6-6] 도펀트 농도와 온도 변화에 따른 페르미 준위의 변화

맥스웰-볼츠만 근사식이 적용되는 반도체의 일반적인 동작 온도 범위에서는 다음 조건이 성립한다.

$$\sqrt{N_C N_V} > N_D, N_A \quad (식\ 6.31)$$

여기서, 도너 농도 N_D와 억셉너 농도 N_A는 일반적인 온도 범위에서는 일정하게 유지되지만, $\sqrt{N_C N_V}$는 온도 증가에 따라 점점 증가한다.

n 형 반도체의 페르미 준위 E_{Fn}는 (식 6.28)에서 알 수 있듯이 온도가 증가함에 따라 음의 기울기를 보이며, 진성 반도체의 페르미 준위 E_i에 가까워진다. 반면, p 형 반도체의 페르미 준위 E_{Fp}는 온도 증가에 따라 양의 기울기를 보이며, 역시 E_i에 가까워진다.

절대온도 $T = 0K$에서는 도펀트가 전자로 완전히 채워지며, 페르미 준위 E_F보다 높은 에너지 상태는 전자가 비어 있는 상태가 된다. 이러한 상태를 동결 상태라 한다.

동결 상태에서는, n 형 반도체의 도너 전자가 도너의 에너지 준위 E_D에 속박되며, 페르미 준위 E_F는 E_C와 E_D사이에 위치한다. 이때, 페르미 준위보다 낮은 에너지 준위에 있는 도너는 전자에 의해 점유된다. 반면 p 형 반도체에서는 페르미 준위 E_F가 억셉터 에너지 준위 E_A와 E_V 사이에 위치하며, 억셉터는 전자가 비어 있는 상태로 남아 억셉터 정공이 속박된 형태로 존재한다.

한편, 온도가 매우 높아지면 열평형 상태에서 n 형 반도체의 전자 농도와 p 형 반도체의 정공 농도는 각각 진성 농도 n_i에 가까워진다. 이로 인해 n 형 및 p 형 반도체의 페르미 준위 E_F는 점차 진성 반도체의 페르미 준위 E_i에 수렴한다.

온도 변화에 따른 전자 농도의 변화

절대온도 $T = 0K$에서는 n 형 반도체의 도너 원자들이 열에너지를 공급받지 못하기 때문에 전자가 동결된 상태에 있다. 그러나 온도가 상승함에 따라 도너 원자들이 열에너지를 흡수하게 되고, 도너 전자가 전도대로 이동하기 시작하면서 도너 원자는 점차 이온화된다. 온도에 따라 n 형 반도체의 동작 영역은 [그림 6-7]과 같이 부분적 이온화, 완전 이온화 그리고 진성 영역으로 구분된다.

부분적 이온화 영역에서는 온도가 상승함에 따라 도너 준위를 점유하고 있던 도너 전자들이 열적 에너지를 얻어 전도대로 탈출하게 된다. 이로 인해 전도대에 존재하는 전자 농도는 점차 증가한다. 한편, 가전자대의 전자들도 열적 에너지를 흡수하여 전도대로 이동할 가능성이 있지만, 이온화 에너지보다 훨씬 큰 밴드갭 에너지의 높은 장벽을 넘어야 하므로 이러한 전이 확률은 상대적으로 매우 작아, 전도대의 전자 대부분은 도너 전자들로 구성된다.

온도가 더 상승하여 도너 준위를 점유하고 있던 모든 도너 전자들이 전도대로 이동하면, 도너 원자는 완전히 이온화 상태에 도달한다. 이 시점에서 전도대의 전자 농도는 도너 농도 N_D와 같아지며, 이러한 상태를 완전 이온화 영역이라 한다. 완전 이온화 영역에서는 온도가 더 증가하더라도 전도전자의 농도는 큰 변화를 보이지 않고 일정한 값을 유지한다. 즉 $n_0 \approx N_D$ 관계가 성립한다. 이 영역에서는 더 이상 이온화될 도너 원자가 없으므로, 전도대로 이동하는 전자는 전자 · 정공 쌍 생성에 의한 진성 전자로 한정된다. 그러나 진성 전자의 농도는 여전히 도너 농도보다 작으므로, 전체 전자 농도는 도너 농도에 의해 결정된다. 이와 같이 외인성 영역에서는 전하 농도가 도펀트에 의해 결정된다.

온도가 더 증가하면, 진성 메커니즘에 의해 가전자대의 전자들이 전도대로 이동하면서 생성되는 전자·정공 쌍의 농도가 도너 농도를 초과하게 된다. 이로 인해 전자 농도가 급격히 증가하며, 결국 진성 농도 n_i와 같아지게 된다. 이러한 상태를 진성 영역이라 한다.

도펀트가 완전히 이온화된 이후, 진성 영역에서는 높은 온도로 인해 외인성 반도체의 도핑 특성이 사라진다. 이때, 외인성 반도체의 페르미 준위는 진성 페르미 준위와 동일한 위치로 수렴한다.

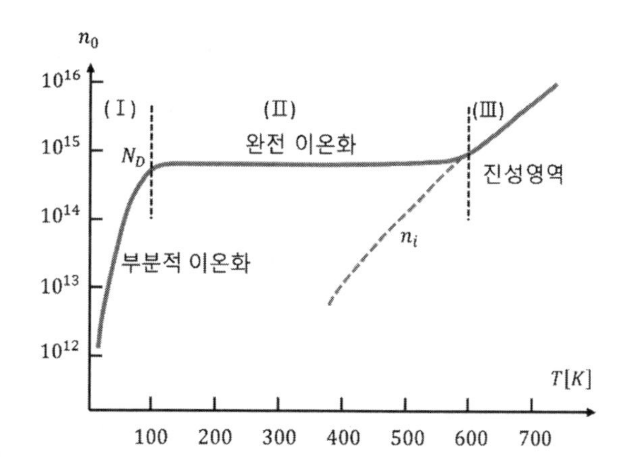

[그림 6-7] 온도에 따른 n 형 반도체의 전하 농도 특성

[그림 6-8]과 [그림 6-9]는 n 형 반도체와 p 형 반도체에서 온도 변화에 따라 동결 상태, 부분 이온화, 완전 이온화, 그리고 진성 상태로 전환되는 과정을 에너지 밴드 다이어그램으로 보여준다.

도펀트가 동결 상태에서 벗어나 이온화되기 시작하면, n 형 반도체에서는 전도대에 전자가 생성된다. 이 과정에서 도너 준위에 속박되어 있던 전자가 열적 에너지를 흡수하여 전도대로 이동하면, 도너 원자는 이온화된다.

도펀트가 완전히 이온화된 상태에 도달하면, 모든 도너 전자는 전도대로 이동하게 된다. 이 상태에서는 도너 준위가 더 이상 전자를 제공하지 못하며, 전도대에 존재하는 전자 농도는 도펀트 농도(N_D)와 동일하게 유지된다.

이후, 온도가 더 상승하면 가전자대에 속박되어 있던 전자들이 밴드갭에 해당하는 에너지를 흡수하여 전도대로 이동하면서 진성 상태에 도달한다. 이 과정에서는 전자와 정공이 쌍으로 생성되므로, 전도대의 전자 농도와 가전자대의 정공 농도는 동일하게 증가하여 결국 진성 농도(n_i)와 같아진다.

전도대에 존재하는 전도전자는 두 가지 주요 과정에 의해 생성된다. 첫 번째 과정은 외인성 메커니즘으로, 도너 준위에 속박되어 있던 전자가 도너 원자가 이온화되면서 전도대로 이동하여 생성된다. 두 번째 과정은 진성 메커니즘으로, 가전자대의 전자가 밴드갭에 해당하는 에너지를 흡수하여 전도대로 이동함으로써 생성된다.

결론적으로, n 형 반도체의 외인성 메커니즘은 전자만 생성하는 반면, 진성 메커니즘에서는 전자와 정공을 쌍으로 생성한다는 점에서 차이가 있다.

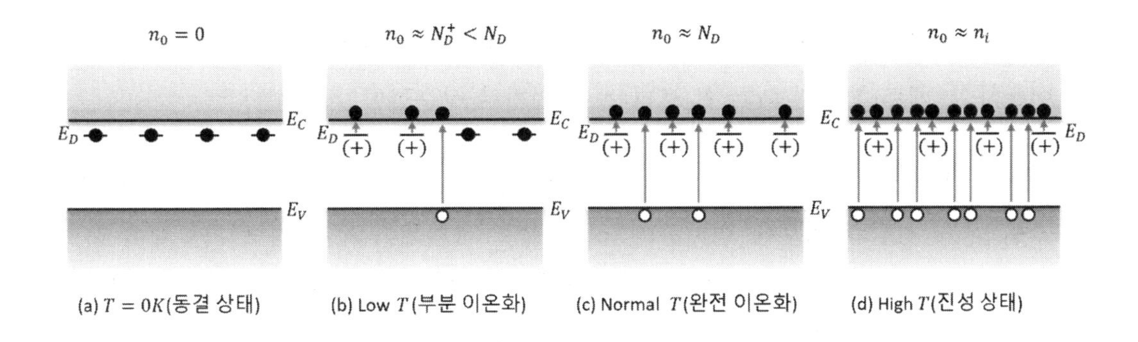

[그림 6-8] 온도에 따른 n 형 반도체의 농도 특성

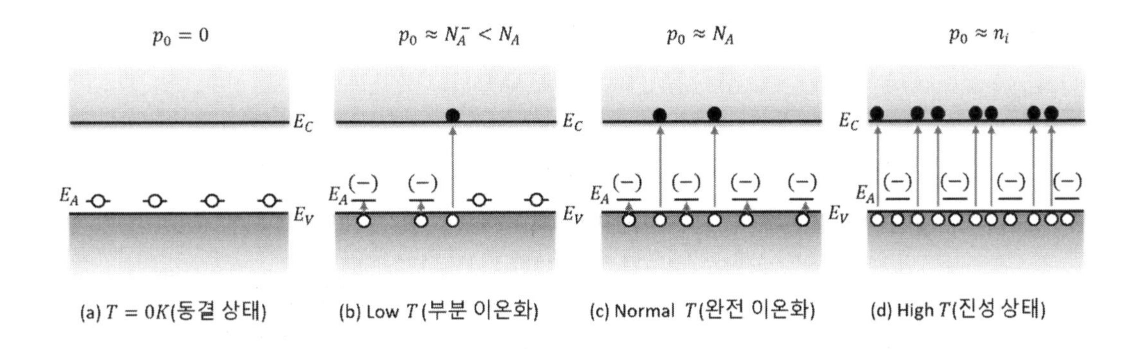

[그림 6-9] 온도에 따른 p 형 반도체의 농도 특성

6.3 **축퇴 반도체**(Degenerate semiconductor)**와 비축퇴 반도체**

진성 반도체에 도펀트가 낮은 농도로 도핑된 경우, 도펀트 원자들은 서로 멀리 떨어져 있어 상호 간섭이 발생하지 않는다. 이러한 반도체를 비축퇴 반도체(Non-degenerate Semiconductor)라 한다.

반면, 도펀트(예: 도너)를 고농도로 주입하면 도펀트(도너) 원자들 간의 거리가 가까워지면서 상호 간섭이 발생한다. 이로 인해 단일 도너 에너지 준위가 분리되고, 결과적으로 여러 에너지 준위가 모여 하나의 에너지 밴드를 형성한다. 도너의 농도가 증가할수록 이 에너지 밴드의 폭은 확장되며, [그림 6-10(b)]와 같이 전도대의 하단과 겹치게 된다. 이 과정에서 전도대의 최소 에너지 E_C는 본래 위치에서 더 아래로 이동하고, 페르미 준위 E_F는 E_C보다 높은 위치로 상승한다.

특히, 전자 농도가 전도대의 유효 에너지 상태밀도 함수 N_C보다 큰 경우, 페르미 준위 E_F는 전도대 내부에 위치한다. 이와 같은 반도체를 n 형 축퇴 반도체라 한다. 축퇴 반도체에서는 동일한 에너지 준위에 둘 이상의 양자 상태가 존재할 수 있으며, 이는 일반적인 비축퇴 반도체와의 가장 큰 차이점이다.

축퇴 반도체는 $E_C - E_F > 3kT$ 조건을 만족하지 않으므로, 맥스웰-볼츠만 근사를 적용할 수 없고, 질량-작용 법칙 또한 성립되지 않는다.

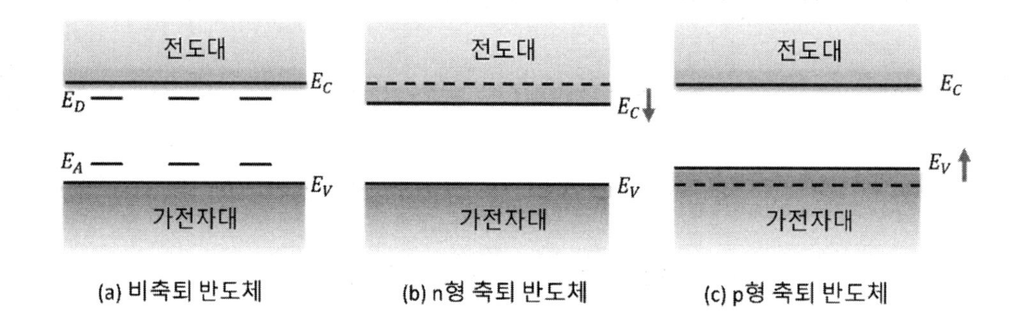

[그림 6-10] 비축퇴 반도체와 축퇴 반도체

이와 마찬가지로, p 형 반도체에서 억셉터 도핑 농도가 증가하면, 억셉터 에너지 준위들이 분리되어 에너지 밴드를 형성하게 된다. 억셉터 농도가 증가할수록 이 에너지 밴드의 폭은 확장되며, [그림 6-10(c)]와 같이 가전자대의 상단과 겹치게 된다. 이로 인해, 정공 농도가 유효 에너지 상태밀도 함수 N_V보다 커지면, 페르미 준위 E_F는 E_V보다 더 아래로 이동하여 가전자대 내부에 위치한다. 이러한 반도체를 p 형 축퇴 반도체라 한다.

예제 6-6 n 형의 축퇴 반도체에서 전자 농도가 전도대의 유효 에너지 상태밀도 함수 N_C보다 큰 경우, 페르미 준위가 전도대의 내부에 위치함을 (식 5.60)을 이용하여 증명하라.

풀이

전자의 농도를 유효 에너지 상태밀도 함수로 표현한 (식 5.60)은 다음과 같다.

$$n_0 = N_C e^{-(E_C-E_F)/kT}$$

주어진 조건 $n_0 > N_C$를 대입하면,

$$\frac{n_0}{N_C} = e^{-(E_C-E_F)/kT} > 1$$

이 되고, 양변에 자연로그를 취하고 정리하면

$$-(E_C - E_F)/kT > \ln(1)$$

$$E_C < E_F$$

따라서, 페르미 준위 E_F는 E_C보다 크다. 이는 페르미 준위가 전도대 내부에 위치함을 의미한다.

6.4 **보상 반도체**(Compensated semiconductor)

반도체는 순수한 실리콘으로 이루어진 진성 반도체, 15 족 원소를 첨가하여 만든 n 형 반도체, 13 족 원소를 첨가하여 만든 p 형 반도체와 같은 외인성 반도체 외에도, 도너와 억셉터가 동일한 영역에 도핑된 보상 반도체(compensated semiconductor)가 존재한다.

[그림 6-11]은 진성 반도체, 외인성 반도체, 그리고 보상 반도체를 에너지 밴드 다이어그램으로 나타낸 것이다. 여기서 도너의 도핑 농도가 억셉터의 도핑 농도보다 높은 경우 ($N_D > N_A$)를 가정하였다.

보상 반도체에서 도너 농도가 억셉터 농도보다 큰 경우($N_D > N_A$), 전자 농도가 정공 농도보다 많아지므로 보상 반도체는 n 형 반도체($n_0 > p_0$)의 특성을 갖는다. 반대로 억셉터 농도가 도너 농도보다 큰 경우($N_A > N_D$), 정공 농도가 전자 농도보다 많아져 보상 반도체는 p 형 반도체($n_0 < p_0$) 특성을 보인다.

만약 도너와 억셉터 농도가 동일하여 $N_D = N_A$가 되면, 서로 완전히 보상되어 전자와 정공의 농도가 동일한 상태 ($n_0 = p_0$)가 된다. 이 경우, 보상 반도체는 진성 반도체와 유사한 특성을 나타낸다.

그러나, $n_0 = p_0$의 관계를 만족하더라도, 보상 반도체는 불순물이 전혀 없는 진성 반도체와는 다르다. 이는 전자와 정공의 이동도, 전도율 등의 특성이 진성 반도체와 동일하지 않기 때문이다.

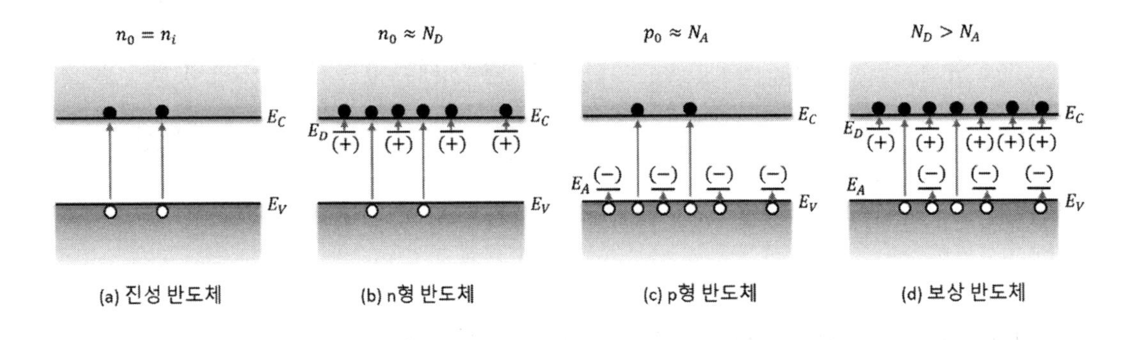

[그림 6-11] 진성 반도체, n 형반도체, p 형 반도체와 보상 반도체

6.5 전하 중성 조건(Charge Neutrality Condition)

반도체가 열평형 상태에 있을 때, 양의 전하량과 음의 전하량이 동일하게 존재하여 전기적으로 중성을 이루는 상태를 전하 중성 조건(Charge Neutrality Condition)이라 한다. 이 조건은 열평형 상태에서 전자와 정공의 농도를 계산하는 데 매우 중요한 기본식으로 활용된다.

보상 반도체에 전하 중성 조건을 적용하여 전자와 정공의 농도를 계산해보자.

6.5.1 $N_D - N_A \gg n_i$인 보상 반도체의 전자와 정공의 농도

전하 중성 조건을 보상 반도체 ($N_D > N_A$)인 [그림 6-11(d)]에 적용하면, 다음과 같은 관계식이 성립한다.

전자와 이온화된 억셉터 이온은 음의 전하량을 가지며, 정공과 이온화된 도너 이온은 양의 전하를 가지므로

$$n_0 + N_A^- = p_0 + N_D^+ \quad (식\ 6.32)$$

여기서 n_0는 열평형 상태에서의 전자 농도, p_0는 열평형 상태에서의 정공 농도, N_A^- 는 이온화된 억셉터 농도, N_D^+ 는 이온화된 도너 농도를 의미한다.

억셉터 농도는 $N_A^- = N_A - n_A$, 도너 농도는 $N_D^+ = N_D - n_D$로 표현되므로, 이를 (식 6.32)에 대입하면,

$$n_0 + (N_A - n_A) = p_0 + (N_D - n_D) \quad (식\ 6.33)$$

여기서 n_A는 이온화되지 않은 억셉터 농도, n_D는 이온화되지 않은 도너 농도를 의미한다.

완전 이온화를 가정하면, $n_A = 0, n_D = 0$ 이므로, (식 6.33)은 다음과 같이 단순화된다.

$$n_0 + N_A = p_0 + N_D \quad (\text{식 } 6.34)$$

질량-작용 법칙으로부터 구한 $p_0 = {n_i}^2/n_0$을 (식 6.34)에 대입하면

$$n_0 + N_A = \frac{{n_i}^2}{n_0} + N_D \quad (\text{식 } 6.35)$$

이를 n_0에 대해 정리하면, 다음과 같은 2 차 방정식을 얻는다.

$${n_0}^2 - (N_D - N_A)n_0 - {n_i}^2 = 0 \quad (\text{식 } 6.36)$$

이 2 차 방정식의 해를 n_{01}, n_{02}라 하면

$$n_{01} = \frac{(N_D - N_A)}{2} + \sqrt{\left(\frac{N_D - N_A}{2}\right)^2 + {n_i}^2} \quad (\text{식 } 6.37)$$

$$n_{02} = \frac{(N_D - N_A)}{2} - \sqrt{\left(\frac{N_D - N_A}{2}\right)^2 + {n_i}^2} \quad (\text{식 } 6.38)$$

여기서 $N_D > N_A$이므로 n_{02}는 농도가 음수가 되어 물리적으로 의미가 없어 해에서 제외한다. 결론적으로, 전자의 농도는 $n_0 = n_{01}$로 주어진다.

(식 6.37)을 정리하면 전자의 농도는 다음과 같이 표현된다.

$$n_0 = \frac{(N_D - N_A)}{2} + \left(\frac{N_D - N_A}{2}\right)\sqrt{1 + \left(\frac{2n_i}{N_D - N_A}\right)^2} \quad (\text{식 } 6.39)$$

여기서, $2n_i/(N_D - N_A) \ll 1$ 이므로, 급수 전개 $(1 + x)^n = 1 + nx + \frac{n(n-1)}{2!}x^2 + \cdots \approx 1 + nx$를 적용하여 근사하면,

$$n_0 = \frac{(N_D - N_A)}{2} + \left(\frac{N_D - N_A}{2}\right)\left[1 + \frac{1}{2}\left(\frac{2n_i}{N_D - N_A}\right)^2\right] \quad (\text{식 } 6.40)$$

이를 정리하면, 전자의 농도 n_0는 다음과 같이 표현된다.

$$n_0 = N_D - N_A + \frac{{n_i}^2}{N_D - N_A} \quad (식\ 6.41)$$

또한, $N_D - N_A \gg n_i$이므로 다음 관계식이 성립한다.

$$\frac{{n_i}^2}{N_D - N_A} = \frac{n_i}{N_D - N_A} n_i < n_i \quad (식\ 6.42)$$

따라서, 보상 반도체에서 다수전하인 전자의 농도 (식 6.41)는 다음과 같이 근사된다.

$$n_0 = N_D - N_A + \frac{{n_i}^2}{N_D - N_A} \approx N_D - N_A \quad (식\ 6.43)$$

반면, 소수전하인 정공의 농도는 질량-작용 법칙으로부터 다음과 같이 계산된다.

$$p_0 = \frac{{n_i}^2}{n_0} \approx \frac{{n_i}^2}{N_D - N_A} \quad (식\ 6.44)$$

결론적으로, 보상 반도체에서 전하 중성 조건을 이용하여 계산한 전자 농도 n_0 (식 6.43)과 정공 농도 p_0 (식 6.44)는 페르미 준위를 통해 계산한 값과 일치한다.

6.5.2 $N_A - N_D \gg n_i$인 보상 반도체의 전자와 정공의 농도

$N_D < N_A$ 인 경우, 전하 중성 조건 (식 6.34)에 질량-작용 법칙으로부터 구한 $n_0 = {n_i}^2/p_0$ 을 대입하면 다음과 같다.

$$\frac{{n_i}^2}{p_0} + N_A = p_0 + N_D \quad (식\ 6.45)$$

이를 p_0에 대해 정리하면 다음과 같은 2 차 방정식을 얻을 수 있다.

$${p_0}^2 - (N_A - N_D)p_0 - {n_i}^2 = 0 \quad (식\ 6.46)$$

이 방정식을 풀면, $N_D < N_A$ 조건에서 양의 값을 가지는 p_0는 다음과 같다.

$$p_0 = \frac{(N_A - N_D)}{2} + \sqrt{\left(\frac{N_A - N_D}{2}\right)^2 + n_i^2} \quad (식\ 6.47)$$

이를 정리하면,

$$p_0 = \frac{(N_A - N_D)}{2} + \left(\frac{N_A - N_D}{2}\right)\sqrt{1 + \left(\frac{2n_i}{N_A - N_D}\right)^2} \quad (식\ 6.48)$$

여기서, $2n_i/(N_A - N_D) \ll 1$ 이므로, 급수 전개 $(1+x)^n = 1 + nx + \frac{n(n-1)}{2!}x^2 + \cdots \approx 1 + nx$를 이용하면

$$p_0 = \frac{(N_A - N_D)}{2} + \left(\frac{N_A - N_D}{2}\right)\left[1 + \frac{1}{2}\left(\frac{2n_i}{N_A - N_D}\right)^2\right] \quad (식\ 6.49)$$

이를 정리하면, 보상 반도체에서 다수전하인 정공의 농도는 다음과 같다.

$$p_0 = N_A - N_D + \frac{n_i}{N_A - N_D} \quad (식\ 6.50)$$

$N_A - N_D \gg n_i$ 이므로, 다수전하인 정공의 농도는 다음과 같이 근사화된다.

$$p_0 \approx N_A - N_D \quad (식\ 6.51)$$

소수전하인 전자의 농도는 질량-작용 법칙으로부터 다음과 같이 계산된다.

$$n_0 = \frac{n_i^2}{p_0} \approx \frac{n_i^2}{N_A - N_D} \quad (식\ 6.52)$$

결론적으로, 정공이 다수전하인 보상 반도체에서 정공과 전자의 농도는 전하 중성 조건으로부터 구한 (식 6.51)과 (식 6.52)을 이용하여 계산할 수 있다. 이는 페르미 준위를 이용하여 전자와 정공의 농도를 계산한 결과와 동일하다.

예제 6-7 실리콘이 $T = 300K$ 상태에 있다. 다음 두 경우에 대하여 전자 농도 n_0와 정공 농도 p_0를 전하 중성 조건으로 계산하라. $n_i = 1.5 \times 10^{10} cm^{-3}$이다.

(a) $N_D = 10^{17} cm^{-3}$으로 도핑된 n 형 반도체

(b) $N_D = 10^{17} cm^{-3}$, $N_A = 2 \times 10^{17} cm^{-3}$으로 도핑된 보상 반도체

<u>풀이</u>

(a) $N_D = 10^{17} cm^{-3}$, $n_i = 1.5 \times 10^{10} cm^{-3}$, $N_D \gg n_i$, $N_A = 0$이므로 (식 6.43)에 의해서 $n_0 \approx N_D = 10^{17} cm^{-3}$이다. 따라서, 질량-작용 법칙으로부터 p_0는 다음과 같이 계산된다.

$$p_0 = \frac{(1.5 \times 10^{10})^2}{10^{17}} = 2.35 \times 10^3 cm^{-3}$$

(b) $N_A - N_D = 10^{17} cm^{-3}$, $n_i = 1.5 \times 10^{10} cm^{-3}$, $N_A - N_D \gg n_i$ 가 되므로 (식 6.51)에 의해서 $p_0 \approx N_A - N_D = 10^{17} cm^{-3}$이다. 질량-작용 법칙으로부터 n_0는 다음과 같이 계산된다.

$$n_0 = \frac{(1.5 \times 10^{10})^2}{10^{17}} = 2.35 \times 10^3 cm^{-3}$$

6.6 열평형 상태와 페르미 준위

페르미-디랙 분포 함수는 진성 반도체뿐만 아니라 외인성 반도체에서도 전자와 정공의 농도를 계산하는 데 사용된다. 이 함수는 페르미 준위 E_F를 기준으로 전도대의 E_C와 가전자대의 E_V 준위의 에너지 차이를 반영한다.

열평형 상태에서 페르미 준위 E_F는 전도대와 가전자대에 걸쳐 전하 농도를 균형 있게 결정한다. 이때, 전류가 흐르지 않는 평형 상태에서는 페르미 준위의 공간적 기울기가 일정한 상태 $dE_F/dx = 0$을 유지한다. 이 조건은 외부 힘의 영향을 받지 않는 상태이며, 반도체 내부에서 실질적인 전하의 흐름이 없는 상태를 의미한다.

6.6.1 열평형 상태에서 외인성 반도체의 전하의 농도

절대온도 $T = 300K$에서 열평형 상태에 있는 진성 반도체에서는 전자와 정공 쌍이 지속적으로 생성되고 소멸을 반복한다. 이때, (식 5.3)에서와 같이 전자 · 정공 쌍의 생성률과 재결합률이 동일하므로 일정한 진성 농도 $n_i = 1.5 \times 10^{10} cm^{-3}$ 값을 유지한다.

진성 반도체가 도너 도핑에 의해 [그림 6-12(b)]와 같이 $N_D = 10^{17} cm^{-3}$인 n 형 반도체로 변하면, 다수전하인 전자의 농도는 진성 농도인 $n_i = 1.5 \times 10^{10} cm^{-3}$ 보다 크게 증가한다. 반면, 소수전하인 정공의 농도는 질량-작용 법칙에 따라 $n_i{}^2/N_D$로 계산되며, 이 값은 $2.35 \times 10^3 cm^{-3}$로 진성 농도보다 현저히 낮아진다.

진성 전자는 진성 메커니즘에 의하여 정공과 쌍으로 생성되므로, 진성 전자의 농도 역시 $2.35 \times 10^3 cm^{-3}$ 로 감소한다. 이는 n 형 반도체에서 전도대 전자 농도가 진성 반도체보다 많아져, 정공과의 재결합이 증가한 결과이다. 따라서, n 형 반도체에서 진성 메커니즘으로 생성된 전자와 정공의 농도는 진성 반도체에 비해 현저히 감소하는 특성을 보인다.

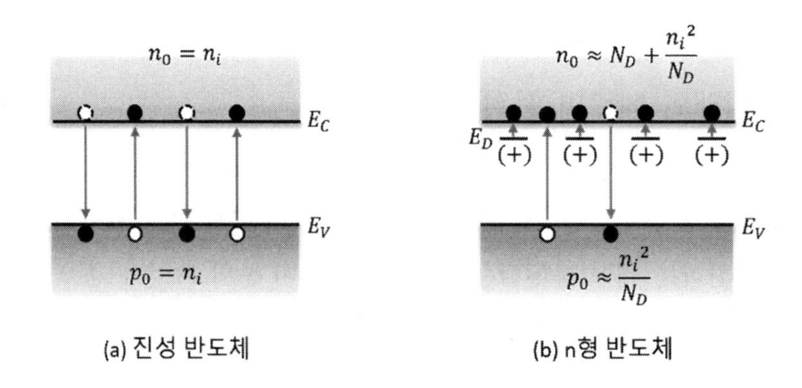

(a) 진성 반도체 (b) n형 반도체

[그림 6-12] 진성 반도체와 외인성 반도체에서의 전하 농도 변화

6.6.2 열평형 상태와 페르미 준위

열에너지 이외의 다른 에너지원이 없고, 실질적인 열교환이 이루어지지 않는 열평형 상태에서는 전자와 정공의 농도가 일정한 값을 유지한다. 이 농도는 각각 n_0와 p_0로 표기된다. 이 상태에서는 맥스웰-볼츠만 근사식이 적용되며, 이에 따라 질량-작용 법칙이 성립하여 소수전하의 농도를 쉽게 계산할 수 있다. 또한, 실질적인 전자와 정공의 흐름이 없어 전류는 0 이 된다.

열평형 상태에 있는 반도체를 $E-x$ 에너지 밴드 다이어그램으로 나타내면, 수평방향(x방향)으로 실질적인 전자의 이동이 없으므로, 수평방향의 모든 위치에서 전자의 점유 확률이 동일하다. 따라서, 수평 방향으로 페르미 준위는 일정하며, 이는 다음과 같이 표현된다.

$$\frac{dE_F}{dx} = 0 \quad (\text{식 } 6.53)$$

만약, 서로 다른 전자 농도를 가진 다른 두 반도체(각각의 페르미 준위가 E_{F1}, E_{F2})가 접합하면, 초기에는 농도 차이로 인해 전자와 정공이 이동한다. 그러나 시간이 지남에 따라 두 반도체는 동일한 새로운 평형 페르미 준위 E_F를 형성하게 되고, 시스템 전반에서 기울기가 0 인 평평한 상태를 유지한다. 이 상태는 접합된 전체 시스템에서 실질적인 전자 이동이 없는 상태를 의미한다.

예제 6-8 그림과 같이, 도너 농도가 낮은 반도체와 점진적으로 도너 도핑 농도가 높은 n 형 반도체를 접합하였다. 접합 후 열평형 상태에서 E_C, E_V 그리고 E_F를 나타낸 $E-x$ 에너지 밴드 다이어그램을 그려라.

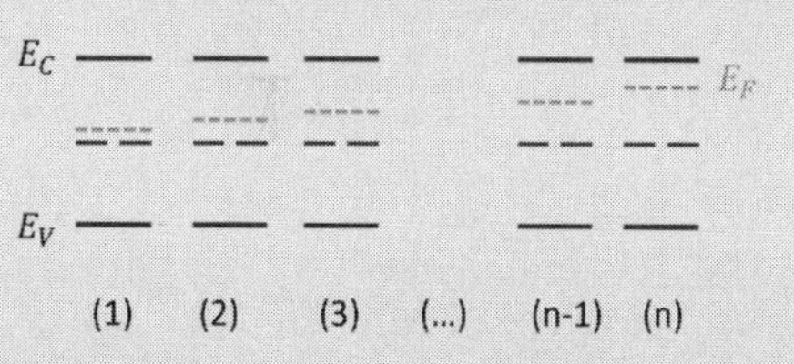

E_C E_F E_V

(1) (2) (3) (...) (n-1) (n)

풀이

접합 후 열평형 상태에서는 (식 6.53)에 따라 에너지 밴드 다이어그램에서 E_F는 일정하고 평평한 값을 유지한다. 또한 접합 후에도 각 반도체의 도너 농도는 변하지 않으므로, E_F와 E_C사이의 간격은 접합 전과 동일하다.

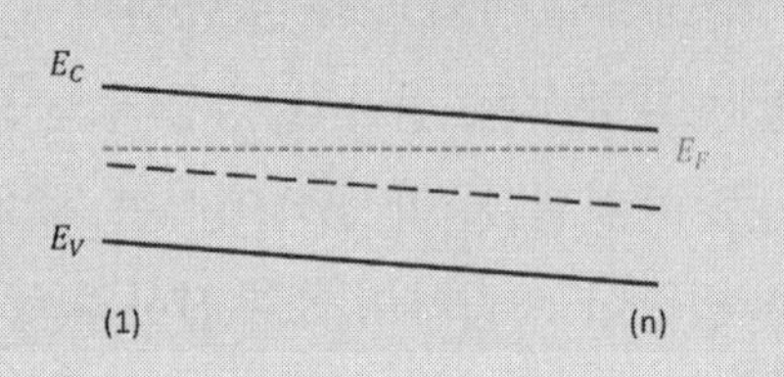

따라서, E_C와 E_V는 기울기를 가지며, 접합 후의 에너지 밴드 다이어그램은 우측 그림과 같다.

6.6.3 일함수(Work function)와 전자친화도(Electron affinity)

전자의 상태 변화는 크게 여기(Excitation)와 전리(Ionization)로 구분된다. 여기는 원자 내 전자가 안정 상태에서 다른 안정 상태로 전환되는 과정이며, 전리(이온화, Ionization)는 전자가 원자핵의 구속력을 벗어나는 과정을 의미한다.

반도체의 물리적 특성을 설명하는 중요한 개념으로 일함수(Work function, $q\phi$)와 전자친화도(Electron affinity, $q\chi$)가 있다. 일함수(Work function, $q\phi$)는 페르미 준위 E_F에 있는 전자를 진공 레벨(Vacuum Level)로 이동시키는 데 필요한 에너지로 정의되며, 이는 페르미 준위와 진공 레벨 간의 에너지 차이로 나타난다. 반면, 전자친화도(Electron affinity, $q\chi$)는 전도대 하단 E_C에 있는 전자를 진공 레벨로 이동시키는 데 필요한 에너지로 정의되며, 전도대 하단과 진공 레벨 간의 에너지 차이로 계산된다. 이러한 관계는 [그림 6-13]에 나타난 에너지 밴드 다이어그램을 통해 확인할 수 있다.

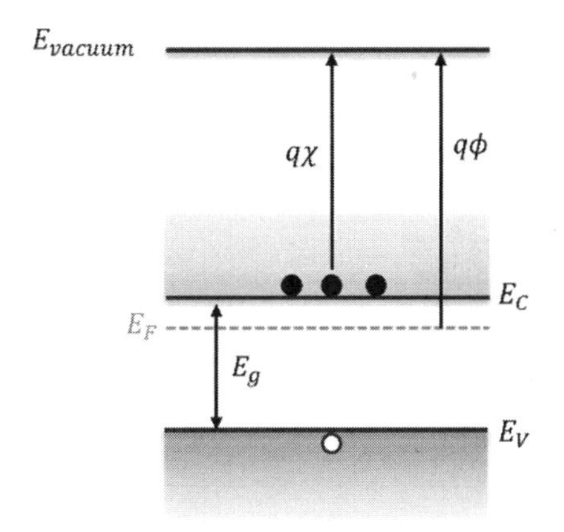

[그림 6-13] n 형 반도체에서의 일함수($q\phi$)와 전자친화도($q\chi$)

CHAPTER

07

반도체에서 전하의 운동

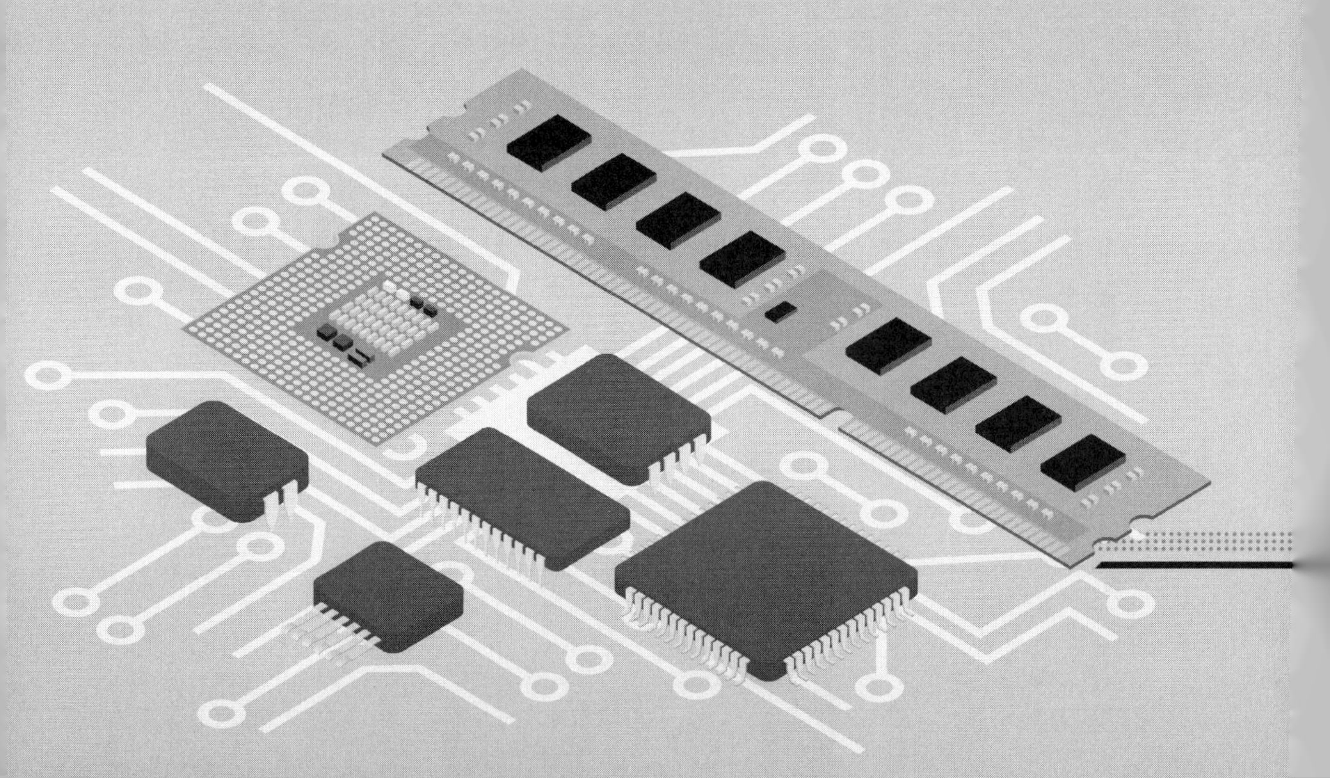

• UNIT GOALS

본 장에서는 반도체 내 전자와 정공의 운동 특성을 이해하기 위해 다양한 물리적 메커니즘을 다룬다. 먼저, 열평형 상태에서 전자와 정공이 가지는 평균 운동에너지와 열운동으로 인한 열속도에 대해 설명한다. 열평형 상태를 벗어난 경우, 즉 전기장이 인가되거나 전하 농도의 차이가 발생하면 전하의 순흐름이 나타나며, 이는 전류를 생성한다. 반도체 내 전류를 구성하는 주요 메커니즘에는 드리프트(Drift)와 확산 (Diffusion)이 있다.

드리프트는 전기장에 의해 전하가 이동하는 현상이며, 확산은 전하 농도의 불균일성으로 인해 전하가 이동하는 현상이다. 이 두 현상은 열운동과 밀접하게 연결되어 있으며, 이를 설명하는 중요한 도구인 아인슈타인 관계식의 물리적 의미와 수학적 유도 과정을 학습한다.

반도체에서 전하의 운동을 방해하는 주요 요소로는 산란 메커니즘이 있으며, 이로 인해 발생하는 속도포화 현상도 다룬다. 또한, 확산 전류와 드리프트 전류를 조합하여 반도체 내 총전류를 계산하는 방법을 설명한다.

마지막으로, 평형 상태와 외부 전기장이 인가된 상태를 비교한다. 에너지밴드 다이어그램의 기울기를 통해 전기장의 방향과 영향을 해석하는 방법을 학습하며, 이를 통해 반도체 내 전하의 운동, 전류 발생 메커니즘, 그리고 이를 지배하는 물리적 법칙을 종합적으로 이해할 수 있을 것이다.

7.1 열운동

에너지 E 상태에서의 전자의 농도 $n(E)$를 전자의 총 농도 n으로 나누면, 특정 에너지 E 상태에서 전자가 존재할 확률밀도 함수 $P(E)$를 정의할 수 있다. 이는 다음과 같이 표현된다.

$$P(E) = \frac{n(E)}{n} = \frac{g_C(E)f(E)}{\int_{E_C}^{\infty} g_C(E)f(E)dE} \qquad (식\ 7.1)$$

여기서, $g_C(E)$는 전도대의 에너지 상태밀도 함수, $f(E)$는 페르미-디랙 분포 함수, n은 전자의 총 농도로 전도대에서 모든 에너지 범위에 걸쳐 전자 농도를 적분하여 계산한 값이다.

전도대에 있는 전자의 에너지 $E - E_C$의 평균값은 (식 3.34)를 이용하여 다음과 같이 계산된다.

$$\langle E - E_C \rangle = \int_{E_C}^{\infty} (E - E_C)P(E)dE = \frac{\int_{E_C}^{\infty} (E - E_C)g_C(E)f(E)dE}{\int_{E_C}^{\infty} g_C(E)f(E)dE} \qquad (식\ 7.2)$$

(예제 7-1)를 통해, 열평형 상태에서 전자의 평균 운동 에너지는 절대온도 T에 비례함을 확인할 수 있다. 이는 다음과 같이 표현된다.

$$\langle 운동\ 에너지 \rangle = \frac{3}{2}kT \qquad (식\ 7.3)$$

이 값은 분자의 열에너지에 의한 평균 운동 에너지와 동일하다. 즉, 열평형 상태에서 전자는 평균적으로 절대온도에 비례하는 에너지를 가진다.

또한, 열에너지를 가진 전자나 분자의 수가 매우 많을 경우, 이들은 서로 독립적으로 운동하며, 각 전자의 속도와 방향은 무작위적(Random)이 된다. 이로 인해 전체 시스템의 순운동량은 항상 0 이 된다. 이는 열평형 상태에서 전자의 운동이 무질서하며, 개별 전자의 운동방향을 예측할 수 없음을 시사한다.

예제 7-1 열평형 상태에서 전도대에 있는 전자의 평균 에너지 정의 (식 7.3)을 (식 7.2)로부터 유도하라. 유도과정에서, 다음 조건을 만족한다고 가정한다. 페르미 준위는 금지대의 벤드갭 내에 있고 페르미-디랙 확률 함수는 맥스웰-볼츠만 근사식으로 대체할 수 있다. 또한, 다음과 같은 감마함수의 특성을 활용하라.

$$\text{감마함수 } \Gamma(n) \equiv \int_0^{\infty} t^{n-1} e^{-t} dt$$

$$\Gamma(n+1) = n\Gamma(n), \Gamma\left(\frac{1}{2}\right) = \sqrt{\pi}, \Gamma(1) = 1$$

$$\int_0^{\infty} \eta^{\frac{1}{2}} e^{-\eta} d\eta = \Gamma\left(\frac{3}{2}\right) = \frac{1}{2}\Gamma\left(\frac{1}{2}\right) = \frac{1}{2}\sqrt{\pi}$$

$$\int_0^{\infty} \eta^{\frac{3}{2}} e^{-\eta} d\eta = \Gamma\left(\frac{5}{2}\right) = \frac{3}{2}\Gamma\left(\frac{3}{2}\right) = \frac{3}{2}\cdot\frac{1}{2}\Gamma\left(\frac{1}{2}\right) = \frac{3}{2}\cdot\frac{1}{2}\sqrt{\pi} = \frac{3}{4}\sqrt{\pi}$$

<u>풀이</u>

(식 7.2)의 분모는 다음과 같다.

$$\int_{E_C}^{\infty} g_C(E) f(E) dE = \int_{E_C}^{\infty} \frac{4\pi}{h^3}(2m_n^*)^{3/2}\sqrt{E-E_C}\cdot e^{-(E-E_F)/kT} dE$$
$$= \frac{4\pi}{h^3}(2m_n^*)^{3/2}\int_{E_C}^{\infty}(E-E_C)^{1/2}\cdot e^{-(E-E_F)/kT} dE$$

여기서, $\eta = (E-E_C)/kT$, $d\eta = dE/kT$를 사용하면

$$\int_{E_C}^{\infty} g_C(E) f(E) dE = \frac{4\pi(2m_n^*)^{3/2}}{h^3} e^{-(E_C-E_F)/kT}(kT)^{3/2}\int_0^{\infty}\eta^{1/2}e^{-\eta}\, kT d\eta$$

(식 7.2)의 분자는 다음과 같다.

$$\int_{E_C}^{\infty}(E-E_C)g_C(E)f(E)dE = \int_{E_C}^{\infty}\frac{4\pi}{h^3}(2m_n^*)^{3/2}\sqrt{E-E_C}(E-E_C)\cdot e^{-(E-E_F)/kT}dE$$
$$= \frac{4\pi}{h^3}(2m_n^*)^{3/2}\int_{E_C}^{\infty}(E-E_C)^{3/2}\cdot e^{-(E-E_F)/kT}dE$$

분모의 경우와 동일하게, $\eta = (E-E_C)/kT$, $d\eta = dE/kT$를 대입하면

$$\int_{E_C}^{\infty}(E-E_C)g_C(E)f(E)dE = \frac{4\pi(2m_n^*)^{3/2}}{h^3}e^{-(E_C-E_F)/kT}(kT)^{5/2}\int_0^{\infty}\eta^{3/2}e^{-\eta}\,d\eta$$

전자의 평균 에너지 $\langle E-E_C\rangle$는 위 분자와 분모를 (식 7.2)에 대입하면,

$$\langle E-E_C\rangle = \frac{\frac{4\pi(2m_n^*)^{3/2}}{h^3}e^{-(E_C-E_F)/kT}(kT)^{5/2}\int_0^{\infty}\eta^{1/2}e^{-\eta}\,d\eta}{\frac{4\pi(2m_n^*)^{3/2}}{h^3}e^{-(E_C-E_F)/kT}(kT)^{3/2}\int_0^{\infty}\eta^{3/2}e^{-\eta}\,kTd\eta}$$
$$= kT\frac{\int_0^{\infty}\eta^{1/2}e^{-\eta}\,d\eta}{\int_0^{\infty}\eta^{3/2}e^{-\eta}\,kTd\eta}$$

$$\langle E-E_C\rangle = kT\frac{\frac{3}{2}\cdot\frac{1}{2}\sqrt{\pi}}{\frac{1}{2}\sqrt{\pi}} = \frac{3}{2}kT$$

따라서, 전자의 평균에너지는 다음과 같다.

$$\langle E\rangle = \langle E_C\rangle + \frac{3}{2}kT$$

열에너지를 가진 전자는 [그림 7-1]과 같이 열운동을 한다. 이때 열에너지는 운동에너지로 변환되어 전자는 특정 속도를 가지게 되며, 이를 열속도(Thermal velocity)라 한다.

전자는 열속도로 자유롭고 빠르게 이동하며 무작위로 움직인다. 이 과정에서 전자는 이온화된 불순물 원자나 열적 진동을 하는 격자 원자(또는 포논 산란, Phonon scattering)와 충돌하여 이동 방향이 바뀐다. 이러한 충돌과 충돌 사이의 평균 시간을 평균 자유 시간(Mean free time)이라 하며, 이는 약 10^{-13}초 정도가 된다. 또한 충돌과 충돌 사이의 평균 길이를 평균 이동 길이(Mean free path)라고 하며, 일반적으로 $10^{-9}m$ 정도의 값을 가진다.

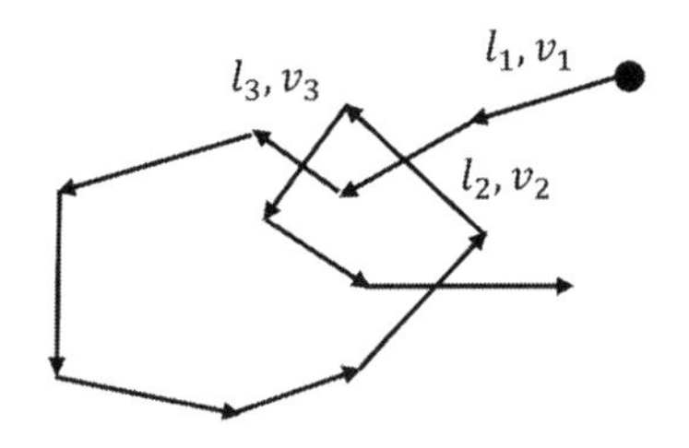

[그림 7-1] 입자의 열운동

예제 7-2 온도 $T = 300K$인 실리콘 반도체에서 전자와 정공의 평균 열에너지가 입자의 운동 에너지로 변환된다. 열에너지에 의한 전자와 정공의 열속도 v_{th}를 구하라. 전자와 정공의 유효 질량은 [표 6-2]에서 제시된 값 $m_e^* = 0.26m_0, m_h^* = 0.36m_0$을 사용한다.

풀이

입자의 열에너지가 운동 에너지로 변환되면 다음 관계식이 성립한다.

$$\frac{3}{2}kT = \frac{1}{2}m^* {v_{th}}^2$$

따라서, 전자의 열속도는 다음과 같이 구해지며,

$$v_{th} = \sqrt{\frac{3kT}{m^*}}$$

전자의 열속도는

$$v_{th,n} = \sqrt{\frac{3 \times 1.38 \times 10^{-23} \times 300}{0.26 \times 9.11 \times 10^{-31}}} = 2.29 \times 10^5 [m/s]$$

정공의 열속도는 다음과 같이 계산된다.

$$v_{th,p} = \sqrt{\frac{3 \times 1.38 \times 10^{-23} \times 300}{0.36 \times 9.11 \times 10^{-31}}} = 1.95 \times 10^5 [m/s]$$

정공의 유효 질량이 전자보다 크기 때문에, 정공의 열속도는 전자보다 느리다. 그러나, 전자와 정공은 각각 $2.29 \times 10^5 m/s$ 와 $1.95 \times 10^5 m/s$ 로, 이는 광속 $3 \times 10^8 m/s$ 의 약 1/1,000 에 해당하는 빠른 속도이다.

광속의 1/1,000 에 해당하는 매우 빠른 속도로 움직이는 전하는 평균 자유 시간 (약 0.1 ps) 동안 평균적으로 약 1 nm 의 거리를 충돌 없이 이동한다. 이러한 열평형 상태에서의 열운동의 개념은 [그림 7-1]에 나타나 있다.

[그림 7-1]은 임의의 입자가 최종 속도 v_1으로 l_1만큼 이동한 후 충돌에 의해 방향이 바뀌고, 다시 최종 속도 v_2로 l_2만큼 이동하는 과정을 보여준다. 이러한 열운동에 의해 나타나는 평균 속도는 v_{th}이며, 충돌 사이의 평균 이동 길이는 l_1, l_2, l_3 등의 평균으로 정의된다.

열에너지로 인해 전하가 매우 빠르게 움직이지만, 그 움직임은 완전히 독립적이고 무작위적(Random)이다. 따라서 전하의 평균적인 움직임은 0 이며, 이에 따라 전류 역시 0 이 된다.

7.2 드리프트 운동

열평형 상태에서 반도체 내 전자와 정공은 열속도로 빠르게 움직이며 충돌을 반복하기 때문에 무작위적인 운동을 한다. 이로 인해 전류의 순흐름은 0 이 된다. 이러한 상태에서 외부 전기장 $\mathbb{E}$가 인가되면 전하량 q를 가진 전하는 힘 $F = q\mathbb{E}$을 받게 된다. 전하는 뉴턴의 운동법칙($F = ma$)에 따라 힘의 방향으로 가속도($a = F/m$)를 가지며, 더 높은 에너지 상태에 도달하여 전류에 기여하게 된다.

전류에 기여하는 전하가 전도대의 전자라면, 전자는 전기장과 반대방향으로 가속된다. 반면, 가전자대의 정공은 전기장과 같은 방향으로 가속된다. 이러한 전기장에 의한 전하의 순이동을 드리프트(Drift)라고 하며, 드리프트에 의해 발생하는 이동 속도를 드리프트 속도, 드리프트 속도에 의한 전류를 드리프트 전류(Drift current)라 한다.

전기장이 증가하면 전하는 더 큰 힘을 받아 더 빠르게 움직인다. 일반적으로, 전기장에 의한 드리프트 속도의 크기는 전기장에 비례($|v| = \mu|\mathbb{E}|$)한다. 여기서 비례 상수 μ를 이동도(Mobility)라고 한다. 이동도는 반도체 내에서 전하가 얼마나 잘 이동할 수 있는지를 나타내는 계수로, 이동도가 높을수록 전류가 더 잘 흐르며 전도율(Conductivity)이 높아진다.

[그림 7-2]는 열운동을 포함한 전자의 드리프트 운동을 보여준다. 열운동과 함께 전기장 내에서 전하가 움직이면 전하의 순흐름이 발생한다. 드리프트 운동 중 전자는 이온화된 불순물과 충돌하고, 격자 산란(포논 산란, Phonon scattering)으로 인해 이동 방향이 바뀐다. [그림 7-2]에서 전자의 운동 방향은 전기장의 방향과 반대 방향으로 나타나며, 이로 인해 전자 속도의 부호는 음(-)으로 표현된다.

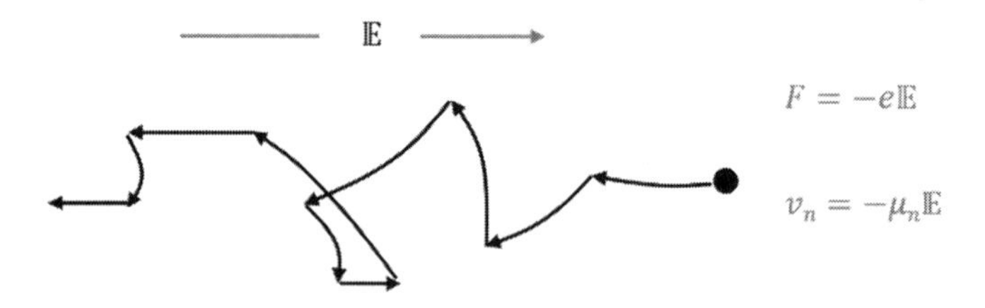

[그림 7-2] 전기장내에서 전자의 열운동과 드리프트 운동

7.2.1 전자와 정공의 드리프트 속도와 이동도(Mobility)

전기장 $\mathbb{E}$에서 전하량 q를 가진 전하는 전기장으로 인해 $F = q\mathbb{E}$의 힘을 받는다. 이 힘은 전하를 가속시켜 드리프트 속도 (v_{drift})를 발생시킨다.

전하가 처음에는 정지상태 $(t = 0)$에서 시작하여 전기장에 의해 가속되다가, $t = \tau$에서 충돌한다고 가정하자. 여기서 τ는 평균 자유 시간(mean free time)으로, 전하가 충돌 없이 이동하는 평균 시간을 의미한다.

충돌 직전의 속도를 드리프트 속도 v_{drift}라고 정의한다. $t = 0$에서 드리프트 속도 $v_{drift,0} = 0$ 임을 고려하면, 운동량 변화 $P(\tau, 0)$는 다음과 같이 표현된다. 여기서 m^*은 유효 질량(Effective Mass)을 나타낸다.

$$P(\tau, 0) = m^* v_{drift} - m^* v_{drift,0} = m^* v_{drift} \qquad (식\ 7.4)$$

시간 τ 동안 가해진 힘 F에 의한 충격량은 다음과 같이 표현된다.

$$F\Delta t = F\tau = q\mathbb{E}\tau \qquad (식\ 7.5)$$

여기서, 운동량 변화는 충격량과 같으므로, (식 7.4)와 식(7.5)를 이용하여 드리프트 속도를 다음과 같이 나타낼 수 있다.

$$v_{drift} = \frac{q\tau}{m^*}\mathbb{E} = \mu\mathbb{E} \qquad (식\ 7.6)$$

속도가 전기장에 비례할 때, 비례 상수를 이동도(μ, Mobility)라고 하며, 다음과 같이 정의된다.

$$\mu = \frac{q\tau}{m^*} \qquad (식\ 7.7)$$

이동도는 전하가 전기장에 의해 얼마나 쉽게 움직이는지를 나타내는 물리량으로, 전하량(q), 평균 자유 시간(τ), 그리고 유효 질량(m^*)에 의해 결정된다. 이동도는 충돌 시간에 비례하여, 충돌 시간이 길수록 전하는 전기장에 의해 더 오랜 시간 가속되므로 이동도는 증가한다. 또한, 유효 질량이 작을수록 이동도는 증가한다.

반도체 내의 전하는 일정한 속도를 유지하지 않지만, 전기장이 가해질 경우 평균적으로 일정한 드리프트 속도 v_{drift}를 가진다고 가정할 수 있다.

열평형 상태에서 전하는 열속도로 무작위하게 움직이지만, 전기장이 가해지면 열속도에 드리프트 속도가 더해져 전하가 순방향 흐름이 발생한다. 드리프트 속도는 열속도에 비해 매우 작으므로, 전기장이 존재하더라도 충돌 간 시간이나 충돌 시간에는 큰 영향을 미치지 않는다.

전자와 정공의 속도, 이동도 및 평균 자유 시간은 아래 표와 같다.

[표 7-1] 전기장 $\mathbb{E}$에서 전자와 정공의 드리프트 속도와 이동도

입자	전하량	드리프트 속도(v_{drift})	이동도(μ)	평균자유시간(τ)
전자	$-e$	$v_{drift,n} = -\frac{e\tau_n}{m_e^*}\mathbb{E}$	$\mu_n = \frac{e\tau_n}{m_e^*}$	$\tau_n = \frac{m_e^*\mu_n}{e}$
정공	$+e(q)$	$v_{drift,p} = \frac{q\tau_p}{m_p^*}\mathbb{E}$	$\mu_p = \frac{q\tau_p}{m_p^*}$	$\tau_p = \frac{m_p^*\mu_p}{q}$

[표 7-2] $T = 300K$에서 다양한 반도체에서의 전자와 정공의 이동도

이동도	Si	Ge	GaAs
$\mu_n[cm^2/(v \cdot s)]$	1,350	3,900	8,500
$\mu_p[cm^2/(v \cdot s)]$	470	1,900	400

예제 7-3 전기장 $\mathbb{E} = 10^3 V/cm$ 내에 실리콘 반도체가 있다. 정공의 이동도는 $\mu_p = 470cm^2/(V \cdot s)$, 전자의 이동도는 $\mu_n = 1,350cm^2/(v \cdot s)$이다. 전자와 정공의 드리프트 속도($v$), 가속도($a$), 평균 자유 시간($\tau$), 평균 자유 길이($l$)를 구하라. 유효 질량은 [표 6-2] 값인 $m_e^* = 0.26m_0, m_h^* = 0.36m_0$을 사용하라.

<u>**풀이**</u>

전자의 경우

$$v_n = -\mu_n \mathbb{E} = 1,350 \times 10^3 = 1.35 \times 10^6 cm/s$$

$$a_n = \frac{eE}{m_e^*} = \frac{(1.6 \times 10^{-19})(10^5)}{0.26 \times 9.11 \times 10^{-31}}$$

$$= 6.8 \times 10^{16} m/s^2$$

$$\tau_n = \frac{m_e^* \mu_n}{e} = \frac{0.26 \times 9.11 \times 10^{-31} \times 1.35 \times 10^{-4}}{1.6 \times 10^{-19}}$$

$$= 0.2psec$$

$$l_n = \tau_n v_n = 0.2 \times 10^{-12} \times 1.35 \times 10^6$$

$$= 2.7 \times 10^{-9} m$$

정공의 경우

$$v_p = \mu_p \mathbb{E} = 470 \times 10^3 = 4.7 \times 10^5 cm/s$$

$$a_p = \frac{eE}{m_h^*} = \frac{(1.6 \times 10^{-19})(10^5)}{0.36 \times 9.11 \times 10^{-31}}$$

$$= 4.9 \times 10^{14} m/s^2$$

$$\tau_p = \frac{m_h^* \mu_h}{q} = \frac{0.36 \times 9.11 \times 10^{-31} \times 470 \times 10^{-4}}{1.6 \times 10^{-19}}$$

$$= 0.09psec$$

$$l_p = \tau_p v_p = 0.09 \times 10^{-12} \times 4.7 \times 10^5$$

$$= 4.2 \times 10^{-10} m$$

전자와 정공의 드리프트 전류 밀도

전기장에 의해 전하의 순흐름이 발생하면 전류가 흐르게 된다. 전류(I)는 단위 시간 동안 흐르는 전하량을 의미하며, 전류 밀도(J, Current density)는 전류가 흐르는 방향에 수직인 단위 면적을 단위 시간 동안 통과하는 전하량의 크기를 의미한다.

$$I = \frac{dQ}{dt} \qquad [A = Coulomb/s] \quad (\text{식 } 7.8)$$

$$J = \frac{dI}{dA} \qquad [A/cm^2] \quad (\text{식 } 7.9)$$

전자와 정공에 의한 전류를 계산하기 위해, [그림 7-3]처럼 단위 면적 A 인 반도체를 고려한다.

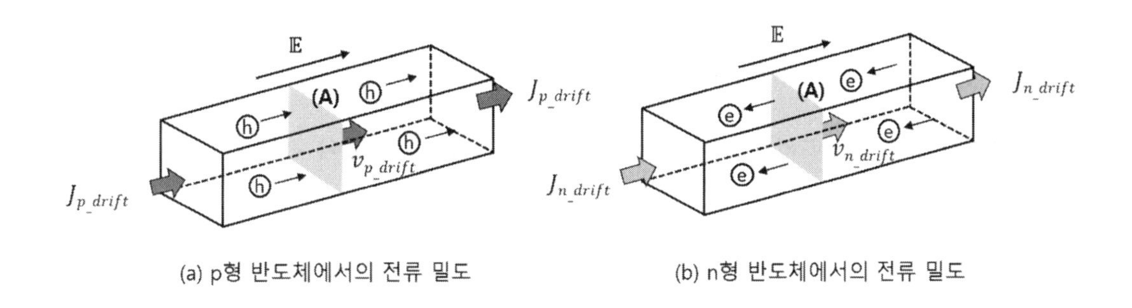

[그림 7-3] 단위 면적 A 에서 전기장에 의한 전자와 정공의 전류 밀도

단위 부피는 단위 면적을 단위 시간 동안 이동한 길이로 정의되며, 단위 부피 내의 전하량 Q는 정공인 경우 다음과 같이 표현된다.

$$\text{단위 부피} = A \cdot v_{drift} \cdot dt \qquad (\text{식 } 7.10)$$

$$Q = qp \cdot A \cdot v_{drift} \cdot dt \qquad (\text{식 } 7.11)$$

여기서 $qp \cdot A \cdot v_{drift} \cdot dt$는 단위 시간 동안 단위 부피를 흐르는 전하량 dQ를 의미한다. 따라서, 전류 I와 전류 밀도 J, 선속 (Flux)는 각각 다음과 같다.

$$I = \frac{dQ}{dt} = \frac{qpA \cdot v_{drift} dt}{dt} = Aqpv_{drift} \quad (식\ 7.12)$$

$$J = \frac{dI}{dA} = \frac{qpA \cdot v_{drift}}{A} = qpv_{drift} \quad (식\ 7.13)$$

$$Flux = \frac{J}{q} = pv_{drift} \quad (식\ 7.14)$$

전하가 $-e$인 경우, 즉 전자의 경우, 드리프트 속도는 전기장의 방향과 반대방향이 되어 다음과 같이 표현된다.

$$v_{drift,n} = -\mu_n \mathbb{E} \quad (식\ 7.15)$$

선속 (Flux)은 입자가 움직이는 속도 방향과 일치하므로, 전자의 선속은 다음과 같이 나타낼 수 있다.

$$flux_{drift,n} = n \cdot v_{drift,n} \quad (식\ 7.16)$$

전자는 음전하를 가지므로, 전자의 전류 밀도는 다음과 같이 표현된다.

$$Q_{drift,n} = -enA \cdot v_{drift,n} \cdot dt \quad (식\ 7.17)$$

$$J_{drift,n} = -en \cdot v_{drift,n} = en\mu_n \mathbb{E} \quad (식\ 7.18)$$

이와 같은 원리로 계산된 전자와 정공의 전류 밀도 및 속도는 [표 7-3]에 정리되어 있다.

[표 7-3] 전자와 정공의 전류 밀도와 전류

입자	전자	정공
전하량	$-e$	q
드리프트 속도(v_{drift})	$v_{drift,n} = -\mu_n \mathbb{E}$	$v_{drift,p} = \mu_p \mathbb{E}$
드리프트 선속($flux_{drift}$)	$flux_{drift,n} = nv_{drift,n}dt$	$flux_{drift,p} = pv_{drift,p}dt$
단위부피당 전하(Q)	$Q_{drift,n} = -enAv_{drift,n}dt$	$Q_{drift,p} = qpAv_{drift,p}dt$
드리프트 전류밀도(J_{drift})	$J_{drift,n} = -env_{drift,n}$ $J_{drift,n} = en\mu_n \mathbb{E}$	$J_{drift,p} = qpv_{drift,p}$ $J_{drift,p} = qp\mu_p \mathbb{E}$
드리프트 전류(I_{drift})	$I_{drift,n} = -Aenv_{drift,n}$ $I_{drift,n} = Aen\mu_n \mathbb{E}$	$I_{drift,p} = Aqpv_{drift,p}$ $I_{drift,p} = Aqp\mu_p \mathbb{E}$

반도체의 전도도와 비저항

반도체 내에서 전자와 정공이 동시에 존재할 경우, 전자와 정공의 이동에 의해 전류가 형성된다. 따라서, [표 7-3]에 따라 총 드리프트 전류 밀도는 다음과 같이 표현된다.

$$J = J_{drift,\,n} + J_{drift,\,p} = en\mu_n \mathbb{E} + qp\mu_p \mathbb{E} = q(n\mu_n + p\mu_p)\mathbb{E} \qquad (식\ 7.19)$$

위 식에서 알 수 있듯이, 전류 밀도 J 는 전기장에 비례하며, 이를 다음과 같이 나타낼 수 있다.

$$J = \sigma \mathbb{E} \qquad (식\ 7.20)$$

여기서 비례 상수 σ는 전도도(Conductivity)라 하며, 단위는 $[\Omega^{-1}/cm, \text{mho}/cm]$ 또는 $[S/cm, \text{siemeans}/cm]$이다. 전도도는 다음과 같이 정의된다.

$$\sigma = q(n\mu_n + p\mu_p) = \frac{1}{\rho} \qquad (식\ 7.21)$$

여기서 ρ는 비저항(Resistivity)이라 하며, 전도도의 역수로 단위는 $[\Omega \cdot cm]$이다.

예제 7-4 진성 반도체와 억셉터 농도가 $10^{16}\ cm^{-3}$으로 도핑된 p 형 반도체가 있다. 진성 반도체와 p 형 반도체의 비저항을 구하라. 진성 반도체의 $\mu_p = 480\ cm^2/(\mathrm{V \cdot s})$, $\mu_n = 1{,}350\ cm^2/(\mathrm{V \cdot s})$이며, 억셉터 농도가 $10^{16}\ cm^{-3}$인 p 형 반도체의 $\mu_p = 400\ cm^2/(\mathrm{V \cdot s})$, $\mu_n = 1{,}100\ cm^2/(\mathrm{V \cdot s})$이다.

풀이

진성 반도체의 비저항은 전자와 정공의 농도를 진성 농도 n_i로 대체하여 계산할 수 있다.

$$\rho = \frac{1}{q\left(n\mu_n + p\mu_p\right)} = \frac{1}{1.6 \times 10^{-19}\left(1.5 \times 10^{10} \times 1{,}350 + 1.5 \times 10^{10} \times 480\right)}$$
$$= 2.3 \times 10^5\ \Omega \cdot cm$$

억셉터 농도가 $10^{16}\ cm^{-3}$ 인 p 형 반도체의 다수전하인 정공의 농도는 $N_A = 10^{16} cm^{-3}$이고, 소수전하인 전자의 농도는 다음과 같이 계산된다.

$$n_p = \frac{{n_i}^2}{N_A} = \frac{(1.5 \times 10^{10})^2}{10^{16}} = 2.25 \times 10^4\ cm^{-3}$$

따라서, p 형 반도체의 비저항은 다음과 같이 계산된다.

$$\rho = \frac{1}{q\left(n\mu_n + p\mu_p\right)} = \frac{1}{1.6 \times 10^{-19}\left(10^{16} \times 400 + 2.25 \times 10^4 \times 1{,}100\right)}$$
$$= 1.56\ \Omega \cdot cm$$

p 형 반도체의 비저항은 진성 반도체와 비교했을 때, 크게 감소한다. 이는 도핑으로 인해 다수전하인 정공의 농도가 증가했기 때문이다. 반면, 소수전하인 전자 농도는 매우 작아 p 형 반도체의 전도도에 미치는 영향은 무시할 수 있다.

예제 7-5 도너 농도가 $N_D = 1.0 \times 10^{16}\ cm^{-3}$로 도핑된 길이 2um 의 균일한 n 형 실리콘 막대에 길이 방향으로 1V 가 인가되었다. 드리프트 속도, 길이 2um 의 실리콘 막대를 통과하는 시간, 드리프트 전류 밀도, 그리고 단면적이 0.25um^2 일 때 드리프트 전류를 구하라. 전자의 이동도 $\mu_n = 1{,}350\ cm^2/(\mathrm{V}\cdot\mathrm{s})$이다.

풀이

도너 농도가 $N_D = 1.0 \times 10^{16}\ cm^{-3}$로 도핑되었으므로, 소수전하인 정공의 농도가 매우 작아 전류에 미치는 영향을 무시할 수 있다.

전자의 드리프트 속도는 다음과 같이 계산된다.

$$v_{drift,n} = -\mu_n \mathbb{E} = 1{,}350 \times \frac{1}{2 \times 10^{-4}} = 6.75 \times 10^6 cm/s$$

길이 2um 의 실리콘 막대를 통과하는 시간은 다음과 같이 계산된다.

$$t = \frac{L}{v_{drift,n}} = \frac{2 \times 10^{-4}[cm]}{6.75 \times 10^6 [cm/s]} = 29.6 \times 10^{-12}\ s$$

총 전류 밀도 $(J_{drift,n} + J_{drift,p})$는 정공의 전류 밀도를 무시할 수 있으므로,

$$J_{drift,n} + J_{drift,p} \approx J_{drift,n} = en\mu_n \mathbb{E} = 1.6 \times 10^{-19} \times 10^{16} \times 1{,}350\ \times \frac{1}{2 \times 10^{-4}}$$

$$= 1.08 \times 10^4 A/cm^2$$

단면적이 $A = 0.25 um^2 = 0.25 \times 10^{-8} cm^2$일 때, 드리프트 전류는 다음과 같다.

$$I_{drift,n} = Aen\mu_n \mathbb{E} = 1.08 \times 10^4 \times 0.25 \times 10^{-8} = 2.7 \times 10^{-5} A$$

7.2.2 충돌 산란 메커니즘

입자는 열에너지에 의해 가속과 충돌을 반복하며 평균적인 열속도를 유지한다. 이와 마찬가지로, 전기장에 의해 가속된 전자 또는 정공은 이동하는 동안 이온화된 불순물 원자나 진동하는 격자 원자와 충돌하게 된다. 이러한 충돌로 인해, 드리프트 속

도는 (식 7.6)의 관계를 따르더라도 일정한 최대 속도에 도달하며, 이후에는 더 이상 증가하지 않는다. 이를 속도 포화(Saturation velocity)라고 한다.

속도 포화는 전기장이 증가함에 따라 반도체의 드리프트 속도 증가가 점차 둔화되는 현상을 의미한다. (식 7.6)에 따르면, 속도 포화 상태에서는 드리프트 속도(v)가 전기장(E)의 증가에도 불구하고 더 이상 증가하지 않기 때문에, 이동도 ($\mu = v/E$)는 감소하게 된다. 따라서 전기 전도도에서 이동도는 결정적인 역할을 한다. 이동도에 영향을 미치는 주요 요인은 다음과 같다. 첫째, 이온화된 불순물 원자와 진동하는 격자 원자에 의한 산란(Scattering)은 이동도를 감소시키는 주요 요인이다. 둘째, 반도체 표면의 거칠기에 의해 발생하는 산란 역시 이동도에 중요한 영향을 미친다.

격자 산란 (Lattice scattering)

절대온도 0K 에서는 반도체 내 모든 원자가 열에너지를 가지지 않으므로, 격자 원자들의 운동은 전혀 일어나지 않는다. 그러나 온도가 상승하면 반도체를 구성하는 원자들이 열에너지를 얻어 격자점을 중심으로 열운동을 시작한다. 이러한 격자의 열운동은 무작위적으로 발생하며, 전자 또는 정공과 불규칙적으로 상호작용하여 산란을 일으킨다. 이러한 현상을 격자 산란(Lattice scattering) 또는 포논 산란(Phonon scattering)이라고 한다.

포논(Phonon)은 격자의 진동파를 양자화한 개념으로, 온도가 상승하면 격자의 진동이 더욱 활발해진다. 이로 인해 충돌 횟수가 증가하고, 전하가 포논과 더 빈번히 간섭하게 된다. 또한, 전하의 열속도 $\left(v_{th} = \sqrt{3kT/m^*}\right)$가 증가하면서 충돌 시간이 짧아지고, 결과적으로 이동도가 감소한다.

격자 산란만 존재하는 경우, 이동도를 μ_L로 표기하며, 이는 온도에 대해 다음과 같은 의존성을 가진다.

$$\mu_L \propto T^{-3/2} \qquad (\text{식 } 7.22)$$

이온 불순물 산란 (Impurity scattering)

반도체는 전자와 정공의 농도를 증가시키기 위해 도너와 억셉터와 같은 불순물을 첨가하여 외인성 반도체를 만든다. 도핑된 도너는 상온에서 거의 전부 이온화되어 양전하를 띠는 도너 이온이 되고, 억셉터 역시 이온화되어 음전하를 띠는 억셉터 이온이 된다. 이렇게 생성된 도펀트 이온은 전자 및 정공과 정전기적인 쿨롱 힘을 통해 상호작용하여 산란 또는 충돌을 유발한다. 이를 이온화 불순물 산란(Ionized impurity scattering)이라고 한다.

이온화 불순물 산란에서는 평균 충돌 횟수가 이온화 불순물의 농도가 높을수록 증가하며, 충돌 사이의 시간은 짧아진다. 따라서 평균 충돌 시간은 이온화 불순물의 농도에 반비례한다. 즉, 평균 충돌 시간은 도너 이온 N_D^+와 억셉터 이온 N_A^-을 합한 총 이온화 불순물 농도 N_I 에 반비례하므로, 이동도는 불순물의 농도에 반비례한다.

또한, 전하의 열속도가 증가하면, 쿨롱 힘이 작용하는 이온화 불순물의 근처에 전하가 머무는 시간이 감소한다. 이로 인해, 도펀트 이온에 의한 산란 효과가 감소하고, 결과적으로 이동도는 증가한다. 이온화 불순물 산란만 존재하는 경우, 이동도를 μ_I로 표기한다. 이는 도펀트의 총 농도에 반비례하고, 온도가 증가하면 증가하는 다음과 같은 의존성을 가진다.

$$\mu_I \propto \frac{T^{3/2}}{N_D^+ + N_A^-} = \frac{T^{3/2}}{N_I} \qquad (\text{식 } 7.23)$$

[그림 7-4]는 이온화된 도너 이온이 쿨롱 힘에 의해 반대 극성의 전하(전자)를 끌어당기고, 같은 극성의 전하(정공)를 밀어내는 모습을 보여준다. 또한, 이온화된 억셉터 이온이 전자를 밀어내고 정공을 끌어당기는 산란 과정을 시각적으로 나타낸다.

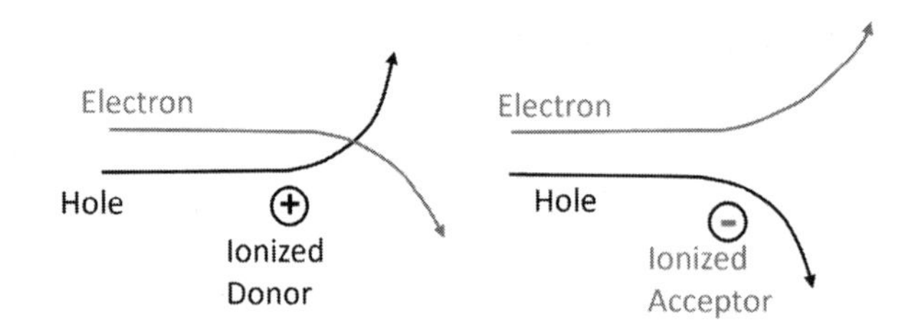

[그림 7-4] 이온화된 불순물에 의한 산란 효과

격자 산란과 이온화 불순물 산란에 의한 이동도

격자 산란에서 평균 충돌 시간 τ_L이 주어지면, 단위 시간당 격자 산란이 일어나는 횟수는 $1/\tau_L$이다. 마찬가지로, 이온화 불순물 산란에서 평균 충돌 시간 τ_I가 주어지면, 단위 시간당 이온화 불순물 산란이 발생하는 횟수는 $1/\tau_I$ 이다.

두 가지 산란이 모두 일어나는 경우, 단위 시간당 총 산란 횟수 $(1/\tau)$는 개별 산란 횟수의 합으로 표현된다. 여기서 τ는 총 충돌 간 평균 시간을 의미한다.

$$\frac{1}{\tau} = \frac{1}{\tau_L} + \frac{1}{\tau_I} \qquad (\text{식 } 7.24)$$

이동도는 (식 7.7)에 따라 평균 충돌 시간에 비례하므로, 격자 산란의 경우 이동도 μ_L은, τ_I에 비례하고, 이온화 불순물 산란의 경우 이동도 μ_I는 τ_I에 비례한다. 이를 (식 7.24)에 적용하면, 총 이동도의 역수는 각 이동도 역수의 합으로 표현할 수 있다.

$$\frac{1}{\mu} = \frac{1}{\mu_L} + \frac{1}{\mu_I} \qquad (\text{식 } 7.25)$$

격자 산란과 이온화 불순물 산란에 의한 이동도의 온도 의존성은 [그림 7-5]에서 확인할 수 있다. 저온 영역에서는 격자 산란의 영향이 상대적으로 작기 때문에, 이동도는 주로 이온화 불순물 산란에 의해 결정된다. 이 경우, 온도가 상승하면 전하의 열속도가 증가하여 이온화 불순물 근처에 전하가 머무는 시간이 줄어들기 때문에 이동도는 $T^{3/2}$에 비례하여 증가한다. 반면, 고온 영역에서는 격자의 진동이 증가하여 불순물 산란보다 격자 산란이 더 큰 영향을 미친다. 즉, 온도가 상승함에 따라 격자의 열운동이 더욱 활발해지면서 산란 강도가 증가하고, 이동도는 온도의 $T^{-3/2}$에 비례하여 감소한다.

또한, [그림 7-5]에서 확인할 수 있듯이, 불순물 농도가 증가하면 (식 7.23)에 따라 이온화 불순물 산란의 영향이 커지면서 이동도가 감소한다. 이로 인해, 격자 산란이 주로 영향을 미치는 고온 영역에서는 이동도 특성이 동일하게 유지되지만, 저온 영역에서는 이동도가 감소하는 경향을 보인다.

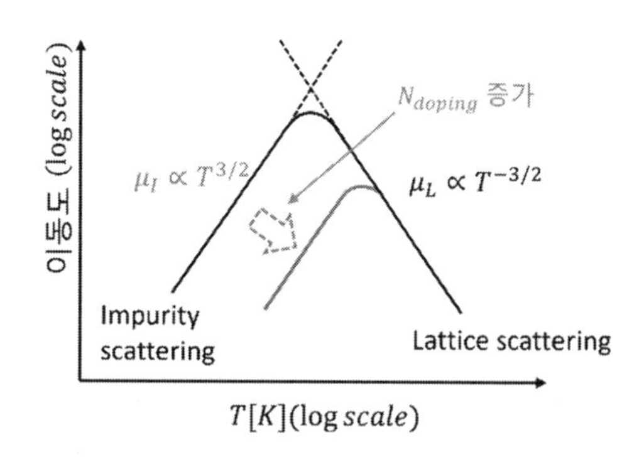

[그림 7-5] 온도에 따른 이온화된 불순물과 격자 산란의 이동도 특성

[그림 7-6]은 보상 반도체에서 도펀트의 총 농도에 따른 전자와 정공의 이동도 변화를 보여준다. 전자의 이동도는 정공의 이동도보다 더 크며, 도펀트의 총 농도가 증가할수록 이동도는 감소하는 경향을 나타낸다. 특히, $N_D = N_A$인 보상 반도체의 이동도는 진성 반도체의 이동도와 일치하지 않음을 확인할 수 있다. 이는 보상 반도체에서 도펀트 농도가 이동도에 미치는 영향을 반영한 결과이다.

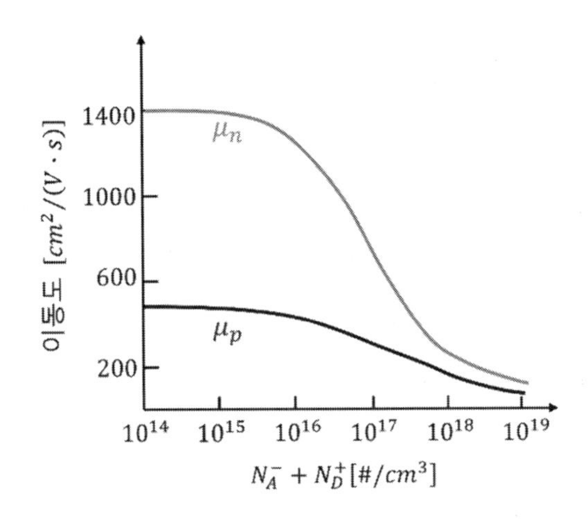

[그림 7-6] $T = 300K$에서 이온화 불순물 농도에 따른 전하의 이동도 특성

예제 7-6 전자의 이동도가 $\mu_n = 1{,}350\ cm^2/(\mathrm{V} \cdot \mathrm{s})$일 때, 전기장이 $10^5 V/cm$에서 속도 포화가 발행하지 않았다고 가정하여 드리프트 속도($v_{drift,n}$)를 구하라. 또한, 전자의 에너지가 $40meV$일 때 포논 산란에 의해 속도 포화가 발생한다고 가정하고, 포논 산란에 의한 속도 포화를 구하라. 전자의 유효 질량은 $m_e^* = 0.26m_0$이다.

<u>**풀이**</u>

속도 포화가 발생하지 않는다고 가정하면, 전기장에 의해 발생하는 전자의 드리프트 속도는 (식 7.6)에 의해 다음과 같이 계산된다.

$$v_{drift,n} = |-\mu_n E| = 1{,}350 \times 10^5 = 1.35 \times 10^8 cm/s$$

전자의 에너지가 40meV 일 때 속도 포화가 발생한다고 가정하면, 이 에너지는 운동 에너지로 변화되므로 다음과 같은 관계를 만족한다.

$$\frac{1}{2} m_e^* {v_{sat}}^2 = 40meV$$

40meV 단위를 Joule 로 변환하면,

$$40meV = 40 \times 10^{-3} \times 1.6 \times 10^{-19}[J] = 6.4 \times 10^{-21}J$$

이를 이용해 속도 포화를 계산하면,

$$v_{sat} = \sqrt{2 \times \frac{40meV}{m_e^*}} = \sqrt{2 \times \frac{6.4 \times 10^{-21}}{0.26 \times 9.11 \times 10^{-31}}} = 2.32 \times 10^5[m/s]$$
$$= 2.32 \times 10^7 cm/s$$

따라서, 포논 산란에 의한 속도 포화는 $2.32 \times 10^7\ cm/s$이다.

온도와 도핑 농도에 따른 전도율

물질의 전도율(σ)은 (식 7.21)에서 알 수 있듯이 전하의 농도와 이동도에 비례한다. 따라서, 전도율의 변화를 이해하기 위해 전하 농도와 이동도의 특성을 분석하는 것이 중요하다.

온도 변화에 따라 n 형 반도체의 전자 농도는 [그림 6-7]에서와 같이 세 가지 영역으로 나뉜다. 첫 번째는 부분적 이온화 영역으로, 온도가 증가하면서 도너 원자가 점차 이온화되어 전자 농도가 도핑 농도에 가까워지는 구간이다. 두 번째는 완전 이온화 영역으로, 온도가 더 높아지더라도 전자 농도가 일정하게 유지되는 구간이다. 마지막으로 진성 영역은 온도가 매우 높아져 전자 농도가 도핑 농도를 초과하고 진성 반도체의 전자 농도에 도달하는 구간이다.

한편, [그림 7-5]에서 알 수 있듯이, 이동도 역시 온도 변화에 따라 서로 다른 산란 메커니즘의 영향을 받으며 두 가지 영역으로 구분될 수 있다. 저온 영역에서는 이온화 불순물 산란이 이동도에 주된 영향을 미친다. 이 영역에서는 온도가 증가함에 따라 전자의 이동도가 증가한다. 반대로 고온 영역에서는 격자 산란이 이동도에 주된 영향을 미치며, 온도 상승에 따라 이동도가 감소하게 된다.

결과적으로, 반도체의 전도율은 전자 농도와 이동도의 특성이 결합되어 결정된다. 낮은 온도에서는 온도 증가에 따라 전자 농도와 이동도가 모두 증가하여 전도율이 상승한다. 온도가 더 상승하여 외인성 영역에 도달하면, 전자 농도는 일정하게 유지되지만 이동도가 증가함에 따라 전도율은 계속 증가한다. 그러나 온도가 더욱 상승해 이동도가 $T^{-3/2}$에 비례하여 감소하기 시작하면, 전도율은 감소한다. 온도가 매우 높아져 진성 영역에 도달하면 전자 농도가 크게 증가한다. 이때 감소하는 이동도의 영향을 전자 농도의 증가가 상쇄하면서 전도율은 다시 증가하게 된다.

결론적으로, 반도체의 전도율은 온도와 도핑 농도의 변화에 따라 복합적인 영향을 받으며, 이는 전자 농도와 이동도의 상호작용에 의해 결정된다.

전기장에 따른 속도 포화

열평형 상태의 반도체에서 전자와 정공은 약 $10^7\ cm/s$의 열속도를 가지며, 충돌과 산란을 반복하면서 무작위적으로 운동한다. 이 상태에서 외부 전기장이 인가되면, 열속도에 전기장 방향으로 드리프트 속도가 추가되어 입자는 특정 방향성을 갖고 이동하게 된다.

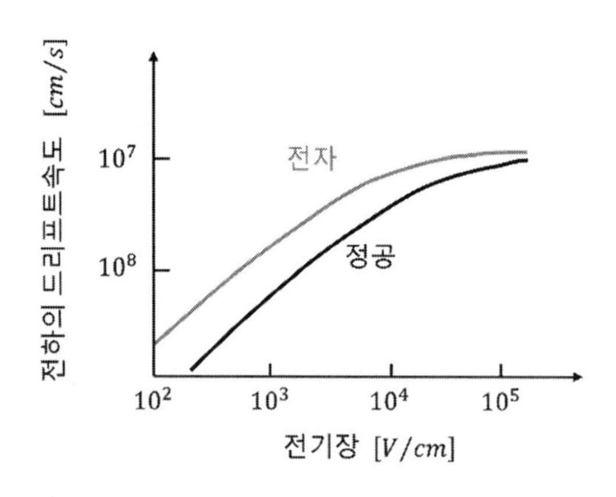

[그림 7-7] 전기장에 따른 전자와 정공의 드리프트 속도($T = 300K$)

전기장이 점점 증가함에 따라 드리프트 속도는 열속도와 비슷한 수준에 도달하게 된다. 이때부터 드리프트 속도는 더 이상 전기장에 선형적으로 비례하지 않고, 증가율이 점차 감소하며 속도 포화 상태에 도달한다. 이러한 현상을 전기장에 의한 속도 포화라고 한다.

7.3 확산 운동

반도체에 전기장을 인가하면 정공은 전기장 방향으로, 전자는 전기장의 반대 방향으로 드리프트 운동을 하며 드리프트 전류를 생성한다. 반면, 전기장이 없는 상태에서도 전자와 정공의 순움직임이 발생하여 전류를 생성하는 또 다른 메커니즘이 존재한다.

확산(Diffusion) 운동은 전기장이 없는 상태에서 전하 농도 차이에 의해 전하의 순운동이 발생하는 현상이다. 열운동의 결과로, 상대적으로 높은 전하 농도 영역에서 낮은 전하 농도 영역으로 입자가 이동하는 통계적인 흐름이 발생한다. 이러한 전하의 순흐름에 의해 발생하는 전류를 확산 전류(Diffusion current)라고 한다.

[그림 7-8]은 고농도와 저농도 입자 영역에서 열운동에 의해 발생하는 확산 운동을 보여준다. 확산 운동이 지속되면 열평형 상태에 도달하며, 시스템은 동일한 농도의 입자로 구성된다. 이 과정에서, 확산에 의해 입자가 이동하는 비율은 입자 농도의 기울기에 비례하며, 이는 픽스의 제 1 법칙에 따라 다음과 같이 정의된다.

$$J_{flux} = -D\frac{dn(x)}{dx} \qquad (식\ 7.26)$$

여기서 $n(x)$는 공간 방향의 입자 농도 함수로 단위는 $[cm^{-3}]$이며, D는 입자의 확산 계수로 단위는 $[cm^2/s]$이다.

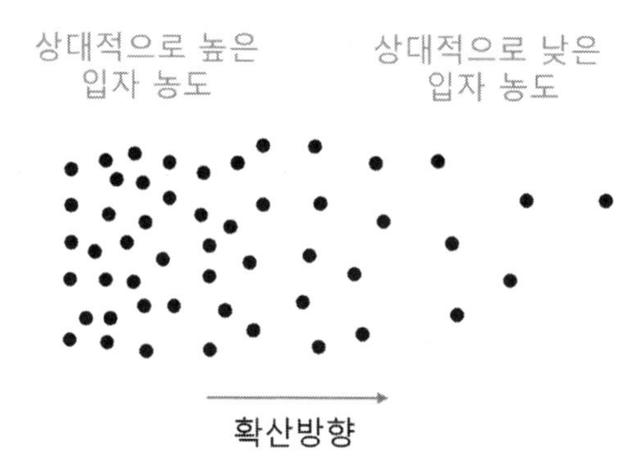

[그림 7-8] 고농도 영역에서 저농도 영역으로의 확산 운동

[그림 7-9]는 x 방향으로 감소하는 입자 농도 분포와 함께, 농도 분포의 기울기 및 입자가 이동하는 방향을 나타낸다. 농도가 x 방향으로 감소한다는 것은 농도 기울기가 음수임을 의미한다. 이러한 농도 차이를 해소하기 위해, 입자는 높은 농도 영역에서 낮은 농도 영역으로 이동하며, 이는 입자가 양의 x 방향으로 이동함을 나타낸다. 만약 확산하는 입자가 정공일 경우, 정공에 의한 전류는 입자의 이동 방향과 동일하게 양의 x 방향으로 흐른다. 반면, 확산하는 입자가 전자일 경우, 전자에 의한 전류는 입자의 이동 방향과 반대인 $-x$ 방향으로 흐르게 된다.

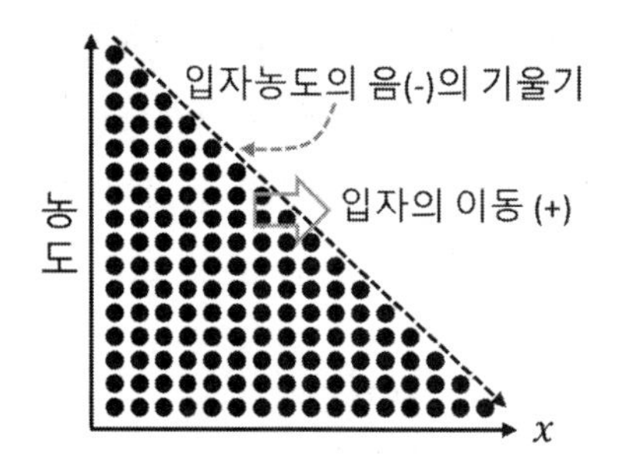

[그림 7-9] 확산 운동에서 음의 농도 분포 기울기와 양의 방향으로의 입자 확산

확산하는 입자가 전자 또는 정공일 경우, 전하의 흐름과 확산 전류 밀도를 정리하면 [표 7-4]와 같다. 여기서 D_n, D_p는 각각 전자와 정공의 확산 계수로, 단위는 $[cm^2/s]$이다.

선속(Flux)은 픽스의 법칙에 따라 농도 기울기와 반대 부호의 관계를 가진다. 확산 전류 밀도는 전자와 정공의 전하 극성에 따라 부호가 달라진다. 전자의 경우, 음의 전하를 가지므로 전류 방향이 선속과 반대이다. 반면, 정공인 경우 양의 전하를 가지므로 전류 방향이 선속과 동일하다.

[표 7-4] 전자와 정공의 확산 선속과 확산 전류 밀도

전하	전하	선속(flux)	전류밀도(J)
전자	$-e$	$flux_{diff,n} = -D_n \frac{dn(x)}{dx}$	$J_{diff,n} = eD_n \frac{dn(x)}{dx}$
정공	q	$flux_{diff,p} = -D_p \frac{dp(x)}{dx}$	$J_{diff,p} = -qD_p \frac{dp(x)}{dx}$

[표 7-5] $T = 300K$에서 통상적인 반도체의 확산 계수

반도체	전자의 확산계수($D_n[cm^2/s]$)	정공의 확산계수($D_p[cm^2/s]$)
Si	35	12.4
Ge	101	49.2

정공과 전자의 총 확산 전류

반도체 내에서 전자와 정공의 농도 기울기가 동시에 존재하면, 전자와 정공의 확산 전류도 함께 발생한다. 이때, 총 확산 전류 밀도는 다음과 같이 표현된다.

$$J_{diff} = J_{diff,n} + J_{diff,p} = eD_n \frac{dn(x)}{dx} - qD_p \frac{dp(x)}{dx} \qquad (식\ 7.27)$$

여기서 D_n과 D_p는 각각 전자와 정공의 확산 계수이며, $n(x)$와 $p(x)$전자와 정공의 농도 분포 함수이다.

예제 7-7 정공의 농도 분포가 $p(x) = p_0 e^{-x/L_p}$, $p_0 = 1.0 \times 10^{16}\ cm^{-3}$, $L_p = 1um$으로 주어진다. $x = 0$ 에서 정공의 전류 밀도를 계산하고, 면적이 100 um^2 일 때 전류 I_p를 구하라.

풀이

정공의 전류 밀도는 [표 7-4]에 의해 다음과 같이 계산된다.

$$J_p(x) = -qD_p \frac{dp(x)}{dx} = -qD_p \frac{d\left(p_0 e^{-x/L_p}\right)}{dx} = qD_p \frac{p_o}{L_p} e^{-\frac{x}{L_p}}$$

$x = 0$에서 경계 조건을 만족하는 전류 밀도는 다음과 같다.

$$J_p(x=0) = qD_p \frac{p_o}{L_p} e^{-\frac{0}{L_p}} = qD_p \frac{p_o}{L_p} = 1.6 \times 10^{-19} \times 12.4 \times \frac{10^{16}}{10^{-4}} = 198.4[A/cm^2]$$

면적이 100 um^2인 경우 총 전류는 다음과 같이 구할 수 있다.

$$I_p = A \times J_p(x=0) = 100 \times 10^{-8} \times 198.4 = 2.0 \times 10^{-4}[A]$$

예제 7-8 전자의 농도 분포가 그림과 같이 선형으로 감소하며, $n_0 = 1.0 \times 10^{17}\ cm^{-3}$, $D_n = 35[cm^2/s]$, $W = 1um$ 이다. 전자의 전류 밀도를 계산하고, $1mA$의 확산 전류가 되기 위한 단면적을 구하라.

풀이

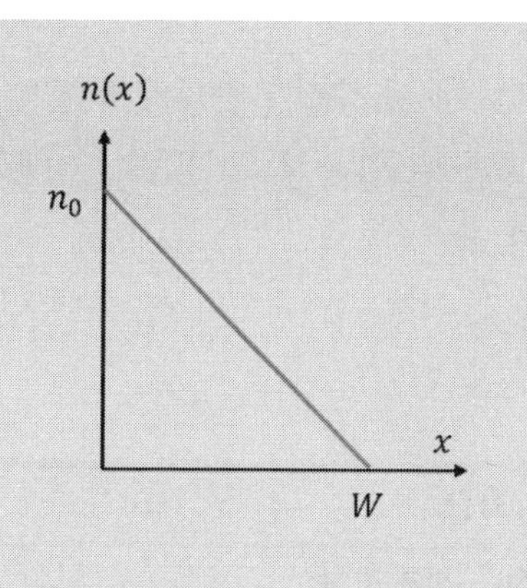

전자의 전류 밀도는 [표 7-4]에 의해서 다음과 같이 계산된다.

$$J_n = qD_n\frac{dn(x)}{dx} = 1.6 \times 10^{-19} \times 35 \times \frac{10^{-17}}{10^{-4}}$$

$$= -5.6 \times 10^3 \left[\frac{A}{cm}^2\right] = -5.6 \times 10^{-5}[A/um^2]$$

$1mA$의 확산 전류가 되기 위한 단면적은 다음과 같다.

$$단면적 = \frac{I_n}{J_n} = \frac{1mA}{5.6 \times 10^{-5}} = 18[um^2]$$

7.4 드리프트와 확산으로 이루어진 총 전류

반도체에서 전류는 전도전자와 정공의 드리프트 운동과 확산 운동에 의해 생성된다. 하지만 도너 이온(N_D^+)과 억셉터 이온(N_A^-)은 전하를 가지고 있지만 결정 격자 내에 고정되어 이동할 수 없으므로 전류에 기여하지 않는다.

전류를 생성하는 전자와 정공이 전기장 내에 존재하고 농도가 불균일할 때, 총 전류는 드리프트 전류(식 7.19)와 확산 전류(식 7.27)의 합으로 구성된다. 이를 반영한 총 전류 밀도는 다음과 같이 표현된다.

$$J_{total} = J_{drift} + J_{diff} = J_{drift,n} + J_{drift,p} + J_{diff,n} + J_{diff,p} \qquad (식\ 7.28)$$

이를 구체적으로 표현하면 다음과 같다.

$$J_{total} = en\mu_n\mathbb{E} + qp\mu_p\mathbb{E} + eD_n\frac{dn(x)}{dx} - qD_p\frac{dp(x)}{dx} \qquad (식\ 7.29)$$

예제 7-9 그림과 같이 전자의 농도와 정공의 농도가 불균일한 반도체에 전기장이 인가되었다. 이로 인해 확산 운동과 드리프트 운동이 발생한다. 전자와 정공의 확산 및 드리프트 운동 방향과 전류의 방향을 구하라.

풀이

$E(x)$

$n(x)$

$p(x)$

전기장과 전자 및 정공의 농도

전하	확산		드리프트	
	운동 방향	전류 방향	운동방향	전류방향
전자	⇒	⇐	⇐	⇒
정공	⇒	⇒	⇒	⇒

7.5 열평형 상태와 에너지 밴드

에너지 밴드 다이어그램은 보통 음전하를 가진 전자의 에너지를 기준으로 표현된다. 열평형 상태에서는 페르미 준위 E_F가 일정하며, 평평한 값을 유지한다. 이는 (식 6.53)으로부터 확인할 수 있다.

[그림 7-10]은 열평형 상태에서 균일한 n 형 반도체와 불균일한 n 형 반도체((예제 6-8)의 E_C가 기울어진 경우)의 에너지 밴드 다이어그램을 나타낸다.

균일한 농도의 반도체가 열평형 상태에 도달하면, x 위치에 있는 전자의 퍼텐셜 에너지는 $E_C(x)$로 표현된다. 이때, 페르미 준위 E_F는 위치 x와 무관하게 일정한 값을 가지므로, $E_C(x) - E_F$는 x에 관계없이 일정한 상수가 된다. 이로 인해 전자의 농도는 전체 영역에 걸쳐 균일하게 분포한다.

반면, [그림 7-10(b)]와 같이 불균일한 반도체가 열평형 상태에 도달하면, 페르미 준위 E_F는 여전히 x 위치와 무관하게 일정하지만, x 위치에서의 전자의 농도는 달라지게 된다. 이로 인해 $E_C(x) - E_F$는 일정하지 않으며, $E_C(x)$는 그림과 같이 기울어진 형태를 나타낸다.

$E_C(x) - E_V(x)$는 실리콘의 고유한 특성인 밴드갭 에너지([표 5-1] 참고)에 의해 결정된다. 이 값은 도핑 농도와 무관하며, 위치에 상관없이 일정하게 유지된다. 따라서, 가전자대 에너지 $E_V(x)$는 전도대 에너지 $E_C(x)$와 동일한 기울기를 가지며, 두 밴드는 서로 평행하게 변하는 형태를 보인다.

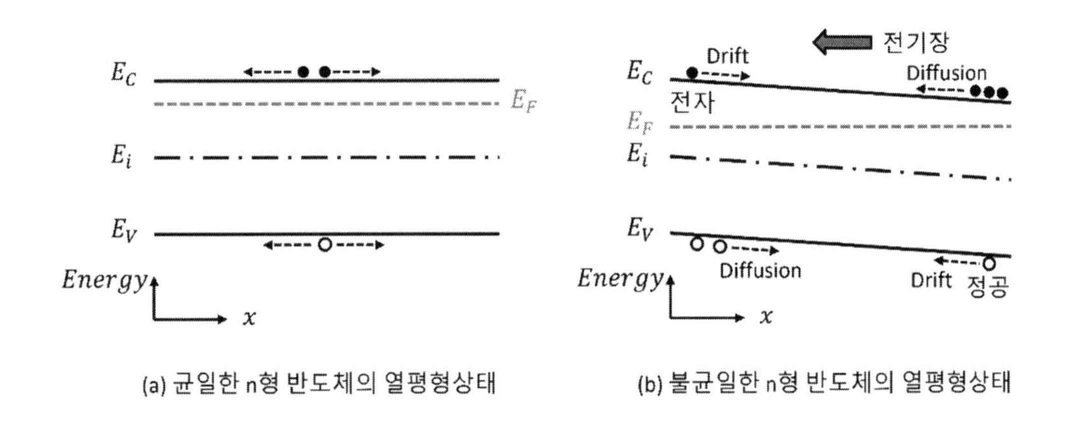

[그림 7-10] 균일한 n 형 반도체와 불균일한 n 형 반도체의 열평형 에너지 밴드 다이어그램

x 위치에 있는 전자의 퍼텐셜 에너지 $U(x)$는 다음과 같다.

$$U(x) = E_C(x) \quad \text{(식 7.30)}$$

전자의 퍼텐셜 에너지를 전하량으로 나눈 값은 전위 $V(x)$가 되며, 이는 다음과 같이 정의된다.

$$V(x) = \frac{E_C(x)}{-e} \quad \text{(식 7.31)}$$

전위와 전기장의 관계식인 $\mathbb{E}(x) = -dV(x)/dx$에 따라, 에너지 밴드에서 $E_C(x)$의 기울기는 전기장을 의미한다. 이를 식으로 표현하면 다음과 같다.

$$\mathbb{E}(x) = -\frac{dV(x)}{dx} = -\frac{d}{dx}\left(\frac{E_C(x)}{-e}\right) = \frac{1}{e}\cdot\frac{dE_C(x)}{dx} \qquad (\text{식 } 7.32)$$

[그림 7-10]에서 E_C의 기울기는 음의 값을 가지므로, 전기장 $\mathbb{E}(x)$는 음의 방향을 향한다. 이는 에너지 밴드가 기울어진 경우, 전위차에 의해 전기장이 인가된 효과와 동일함을 의미한다.

결과적으로, 전도대의 전자는 전기장 방향과 반대로, 퍼텐셜 에너지가 높은 위치에서 낮은 위치로 이동한다. 반면, 가전자대의 정공은 전자의 이동 방향과 반대 방향으로 이동한다. 이는 물속의 거품이 떠오르는 것과 같이, 정공이 기울어진 가전자 밴드를 따라 위쪽으로 이동하는 것을 의미한다.

예제 7-10 [그림 7-10(b)]와 같이 열평형 상태에서 전자의 농도 분포가 다음과 같이 주어진다.

$$n_0(x) = N_C e^{-(E_C(x)-E_F)/kT} \qquad (\text{식 } 1)$$

(식 7.32)를 이용하여 다음 수식을 유도하라.

$$\frac{dn_0(x)}{dx} = -n_0(x)\frac{e\mathbb{E}(x)}{kT}$$

풀이

전자 농도의 분포 함수 (식 1)의 양변을 x로 미분하면 다음과 같다.

$$\frac{dn_0(x)}{dx} = \frac{-N_C}{kT}e^{-(E_C(x)-E_F)/kT}\frac{dE_C(x)}{dx} \qquad (\text{식 } 2)$$

여기서, (식 7.32)의 $dE_C(x)/dx = e\mathbb{E}(x)$를 (식 2)에 대입하면

$$\frac{dn_0(x)}{dx} = \frac{-N_C}{kT} e^{-(E_C(x)-E_F)/kT} e\mathbb{E}(x) \qquad (\text{식 } 3)$$

또한, $n_0(x) = N_C e^{-(E_C(x)-E_F)/kT}$이므로 (식 3)을 다음과 같이 표현할 수 있다.

$$\frac{dn_0(x)}{dx} = -n_0(x)\frac{e\mathbb{E}(x)}{kT}$$

7.6 열평형 상태에서의 아인슈타인 관계식

[그림 7-10(b)]는 농도가 불균일한 n 형 반도체가 외부 전기장이 없는 상태에서 열평형 상태에 도달한 상황을 보여준다. 이 경우, 페르미 준위 E_F는 평평하므로, 반도체는 순전류가 없는 열평형 상태임을 알 수 있다. 그러나 $E_C(x) - E_F$가 일정하지 않으므로, 전자의 농도는 균일하지 않으며, 이로 인해 전자들은 확산 운동을 한다.

확산에 의해 전자는 농도가 높은 쪽에서 낮은 쪽으로 이동(음의 방향)하며, 이에 따라 확산 전류는 양의 방향으로 흐른다. 하지만, 열평형 상태에서 좌측 끝과 우측 끝의 $E_C(x) - E_F$ 값이 다르므로, 전자 농도는 균일하지 않다. 이는 농도가 다른 두 액체가 시간이 지남에 따라 확산으로 균일해지는 경우와는 다른 현상이다.

따라서, 확산을 방해하는 힘이 존재한다고 볼 수 있으며, 이는 아인슈타인 관계식으로 설명할 수 있다. 아인슈타인의 관계식은 열평형 상태에서 확산 운동과 드리프트 운동 간의 상호작용을 설명하는 중요한 물리적 관계를 나타낸다.

또한, [그림 7-10(b)에서 에너지 밴드 $E_C(x)$는 음의 기울기를 가지며 휘어진 형태를 보인다. 이는 (식 7.32)에 따라 반도체 내에 음의 방향으로 전기장이 존재함을 의미한다. 이렇게 확산에 의해 생성된 전기장을 확산 전기장(Built-in electric field)이

라 하며, 이에 대응하는 전위를 확산 전위(Built-in potential)라고 한다. 반도체에서 이러한 확산 전기장은 드리프트 운동을 유발하며, 이를 통해 드리프트 전류가 발생한다. [그림 7-10(b)]에서 확산 전기장에 의한 드리프트 전류는 음의 방향으로 흐른다.

열평형 상태에서 반도체는 페르미 준위 E_F가 일정하여 순전류가 없는 상태이다. 이 성질을 이용하여 아인슈타인 관계식을 유도할 수 있다.

[그림 7-10(b)]의 n 형 반도체가 열평형 상태에 있을 때, 순전류가 없으므로 전자의 드리프트 전류와 확산 전류는 크기가 같고, 방향은 반대이다. 이를 수식으로 표현하면, 다음과 같다.

$$J_n = \text{드리프트 전류} + \text{확산 전류} = 0 \qquad (\text{식 } 7.33)$$

전자의 드리프트 전류는 (식 7.18)을 사용하여 표현하고, 확산 전류는 [표 7-4]를 참고하면, 전자의 총 전류 밀도 J_n는 다음과 같이 표현된다.

$$en(x)\mu_n\mathbb{E}(x) + eD_n\frac{dn(x)}{dx} = 0 \qquad (\text{식 } 7.34)$$

열평형 상태에서는 전자의 농도 $n(x)$ 이 $n_0(x)$ 이므로, (예제 7-10)의 결과 $dn(x)/dx = -\big(n_0(x)\cdot e\mathbb{E}(x)\big)/kT$를 위 식에 대입하면

$$en(x)\mu_n\mathbb{E}(x) + eD_n\frac{-n(x)}{kT}e\mathbb{E}(x) = 0 \qquad (\text{식 } 7.35)$$

이를 정리하면 다음 관계식이 도출된다.

$$\mu_n = \frac{eD_n}{kT} \qquad (\text{식 } 7.36)$$

여기서 $e = q$이므로, 다음과 같은 관계가 성립한다.

$$\frac{kT}{q} = \frac{D_n}{\mu_n} \qquad (\text{식 } 7.37)$$

마찬가지로, 전기장이 인가되지 않은 상태에서 열평형에 도달한 경우, 정공에 의한 전류도 0 이므로 다음 관계가 성립한다.

$$\frac{kT}{q} = \frac{D_p}{\mu_p} \qquad (식\ 7.38)$$

이를 종합하면, 확산 계수와 이동도의 관계식인 아인슈타인 관계식은 다음과 같이 표현된다.

$$\frac{kT}{q} = V_T = \frac{D_n}{\mu_n} = \frac{D_p}{\mu_p} \qquad (식\ 7.39)$$

여기서 V_T는 열전압(Thermal Voltage)으로, 절대온도 $T = 300K$에서 $V_T = 26mV$이다.

아인슈타인 관계식을 통해 확산 계수와 이동도는 독립적이지 않음을 알 수 있다. 이는 확산과 이동도가 열속도를 매개로 밀접하게 연관되어 있음을 보여준다.

7.7 외부 전압 인가와 에너지 밴드

[그림 7-11]은 반도체에 외부 전압이 인가된 상태에서의 에너지 밴드 다이어그램을 나타낸다. [그림 7-11(a)]는 실리콘 반도체에 전압이 인가된 상태를 개념적으로 보여주며, [그림 7-11(c)]는 전압이 인가된 상태에서의 에너지 밴드 다이어그램을 제시한다.

에너지 준위 $E_C(x)$와 전위 $V(x)$의 관계식인 (식 7.31)과 (식 7.32)에 의하여 $E_C(x) = -eV(x)$가 성립한다. 외부 전압이 기준점 $x = 0$과 $x = L$ 사이에 $+0.1V$가 인가된다고 가정하면, 반도체 양 끝단의 에너지는 $0.1eV$ 차이를 갖게 된다. $E_C(x)$는 $V(x)$와 반대 방향으로 변화하므로, 전압이 증가하는 위치에서는 $E_C(x)$는 감소하며, $x = L$ 지점에서 $E_C(x)$는 아래로 기울어진 형태의 에너지 밴드 다이어그램을 형성한다.

이와 같이, 내부 전위의 발생 또는 외부 전압의 인가로 인해 에너지 밴드의 $E_C(x)$와 $E_V(x)$는 기울기를 갖게 된다. 이러한 기울기로 인해 전기장이 형성되며, 전도대의 전자는 높은 퍼텐셜 에너지인 좌측에서 우측으로 이동하고, 정공은 우측에서 좌측으로 이동한다.

또한, [그림 7-11]의 반도체는 균일하므로 농도 기울기가 없으며, 따라서 확산에 의한 전류는 발생하지 않는다.

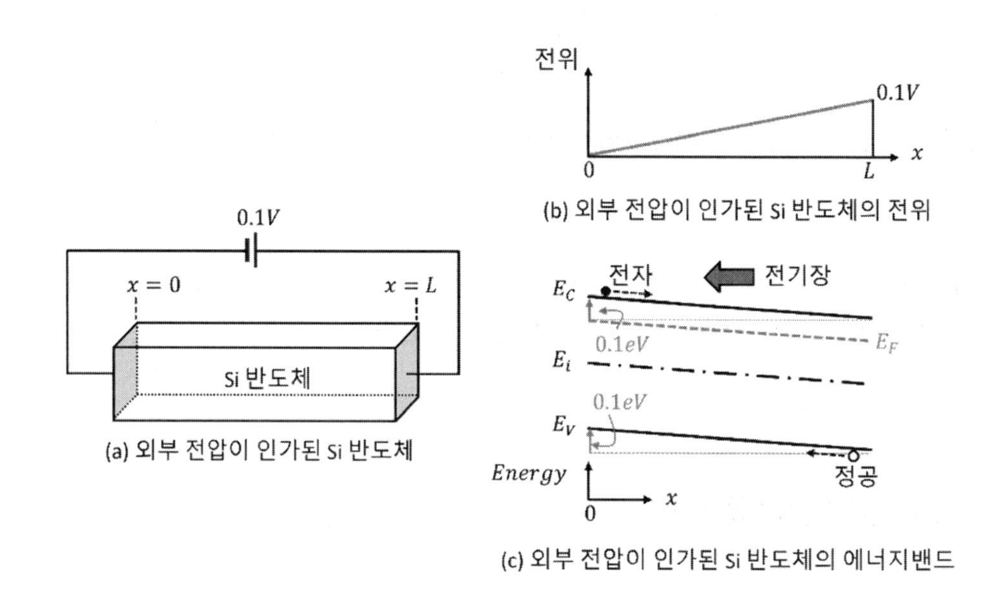

[그림 7-11] 외부 전압이 인가된 실리콘 반도체의 에너지 밴드 다이어그램

7.8 홀(Hall) 효과를 이용한 반도체 특성 측정

홀(Hall) 효과는 전류가 흐르는 도체나 반도체에 수직으로 자기장을 인가했을 때, 전류의 방향과 자기장의 방향에 수직인 방향으로 전위차(홀 전압)가 발생하는 현상이다. 이 효과는 전하를 가진 입자가 속도 $\vec{v}$로 운동할 때 발생하는 로렌츠 힘의 원리

를 활용하여 측정할 수 있다. 이를 통해 외인성 반도체가 n 형인지 p 형인지 구별할 수 있으며, 다수전하의 농도와 이동도를 계산할 수 있다.

전하량 q인 입자는 전기장 $\vec{\mathbb{E}}$ 와 자기장 $\vec{\mathbb{B}}$ 속에서 다음과 같은 로렌츠(Lorentz) 힘을 받는다.

$$\vec{F} = q\vec{\mathbb{E}} + q\vec{v} \times \vec{\mathbb{B}} \qquad (\text{식 } 7.40)$$

정지하거나 움직이는 전하는 전기장에 의해 $q\vec{\mathbb{E}}$의 힘을 받지만, 자기장에 의한 힘 $q\vec{v} \times \vec{\mathbb{B}}$는 움직이는 전하에만 작용한다.

홀 효과 실험은 [그림 7-12]와 같이 개념적으로 나타낼 수 있다. 여기서, x축 방향으로 전압 V_x를 인가하여 x축 방향으로 전류 $+I_x$가 흐르는 경우를 고려한다. 전류가 흐르는 반도체는 단면 폭 W, 높이 d, x축 방향으로 길이 L인 기하학적 형태를 갖는다. 이 반도체의 $x-y$평면에 수직인 $+z$축 방향으로 자속밀도 $\mathbb{B}_z$인 자기장이 인가된다.

이 상태에서 전하가 x축 방향으로 움직이면, 자기장에 의한 로렌츠 힘 $\vec{v} \times \vec{\mathbb{B}}$는 전하의 극성에 따라 방향이 달라진다. 예를 들어, 전하 q가 양수이면, 로렌츠 힘의 방향은 $-y$축 방향이고, 전하가 음수이면 $+y$축 방향으로 작용한다. 로렌츠 힘의 크기는 전하량, 속도, 자기장의 세기, 그리고 전하의 운동 방향과 자기장 사이의 각도 θ에 따라 달라지며, 다음 식으로 표현된다.

$$|\vec{F}| = |q\vec{v} \times \vec{\mathbb{B}}| = |q||\vec{v}||\vec{\mathbb{B}}| \sin\theta \qquad (\text{식 } 7.41)$$

[그림 7-12]는 x축 방향으로 전류 $+I_x$가 흐를 때, 반도체가 p 형인 경우와 n 형인 경우로 구분하여 홀 효과를 설명한다. 이 실험을 통해 전하의 성질과 움직임에 따른 반응을 관찰할 수 있다.

전류원이 정공일 때의 상황은 [그림 7-12(a)]에 나타나 있다. 전류가 $+x$축 방향으로 흐르므로, 정공의 운동 방향도 $+x$축 방향으로 동일하다. 이때, 자기장 B_z가 $+z$축 방향으로 인가되면, 자기장에 의해 정공은 $-y$축 방향으로 힘을 받는다. 그 결과, 반도체의 안쪽 표면에 정공이 점차 축적되기 시작하며, 이러한 축적에 의해 반도체 내부에는 $+y$축 방향으로 전기장이 유도된다.

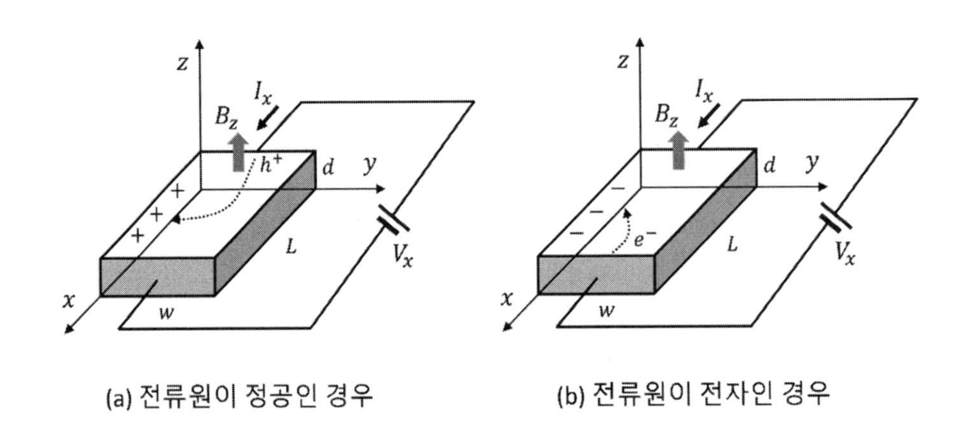

(a) 전류원이 정공인 경우 (b) 전류원이 전자인 경우

[그림 7-12] 전자와 정공에서의 홀 효과 실험

전류원이 전자인 경우는 [그림 7-12(b)]에 나타나 있다. 전류가 $+x$축 방향으로 흐르므로, 전자의 운동 방향은 전류 방향과 반대인 $-x$축 방향이 된다. 이때, 자기장 B_z가 $+z$축 방향으로 인가되면, 전자는 극성에 따라 $-y$축 방향으로 힘을 받는다. 로렌츠 힘의 결과로 전자가 반도체의 $-y$축의 표면에 점차 축적되며, 그로 인해 반도체 내부에는 $-y$축 방향으로 전기장이 유도된다.

정상상태 조건과 홀 전압

홀 효과 실험에서 자기장에 의해 유도되는 전기장을 홀 전기장($\mathbb{E}_H$)이라고 한다. 반도체가 평형 상태에 있을 때, 자기장에 의한 힘 $q\vec{v} \times \vec{\mathbb{B}}$과 축적된 전하에 의한 힘 $q\vec{\mathbb{E}}$이 서로 평형을 이루게 된다. 정공의 경우, 이는 다음과 같이 표현된다.

$$\vec{\mathbb{E}} = E_y\hat{y},\ q\vec{v} \times \vec{\mathbb{B}} = -qv_xB_z \sin 90^o\,\hat{y} \qquad (식\ 7.42)$$

여기서 $\hat{y}$는 y축의 단위벡터를 의미한다. 위 식을 이용하면 다음 식이 성립한다.

$$\vec{F} = q\vec{\mathbb{E}} + q\vec{v} \times \vec{\mathbb{B}} = 0 \qquad (식\ 7.43)$$

$$qE_y\hat{y} - qv_xB_z \sin 90^o\, \hat{y} = 0 \qquad (식\ 7.44)$$

따라서, y축 방향의 홀 전기장의 크기 ($\mathbb{E}_H$)는 다음과 같다.

$$\mathbb{E}_H = E_y = v_xB_z \qquad (식\ 7.45)$$

홀 전압 (V_H)은 홀 전기장과 반도체 폭 W의 곱으로 정의되며, 다음과 같다.

$$V_H = \mathbb{E}_HW = E_yW = v_xB_zW \qquad (식\ 7.46)$$

한편, 전하가 전자인 경우, 전자는 $-x$축 방향으로 움직인다. 이때, 전자의 힘 평형 관계는 다음과 같다.

$$(-e)E_y\hat{y} + (-e)(-v_x)B_z \sin 90^o\, \hat{y} = 0 \qquad (식\ 7.47)$$

여기서, $-y$축 방향의 홀 전기장의 크기 ($\mathbb{E}_H$)와 홀 전압 (V_H)은 각각 다음과 같이 계산된다.

$$\mathbb{E}_H = E_y = -v_xB_z \qquad (식\ 7.48)$$

$$V_H = -\mathbb{E}_HW = -E_yW = -v_xB_zW \qquad (식\ 7.49)$$

결론적으로, 전하의 종류에 따라 홀 전기장의 방향이 다르므로, y축 방향 전압의 극성도 달라진다. 예를 들어, 정공인 경우 반도체의 좌측 전압이 우측보다 높게 측정되고, 전자인 경우 반도체의 좌측 전압이 우측보다 낮게 측정된다. 이를 통해 반도체가 n 형인지 p 형인지 구별할 수 있다.

다수전하의 농도 측정

홀 효과 실험에서 반도체의 전류는 주로 드리프트 운동에 의해 발생한다. p 형 반도체인 경우, 정공의 드리프트 속도는 [표 7-3]을 참고하여 다음과 같이 구할 수 있다.

$$v_{drift,p} = \frac{J_{drift,p}}{qp} = \frac{1}{qp}\left(\frac{I_x}{Wd}\right) \qquad (식\ 7.50)$$

이 식을 (식 7.46)에 대입하면, 홀 전압 (V_H)은 다음과 같이 표현된다.

$$V_H = v_x B_z W = \frac{1}{qp}\left(\frac{I_x}{Wd}\right) B_z W = \frac{1}{qp}\left(\frac{I_x}{d}\right) B_z \qquad (식\ 7.51)$$

따라서, 정공의 농도 p는 다음과 같이 계산된다.

$$p = \frac{1}{q}\left(\frac{I_x}{d}\right) B_z \frac{1}{V_H} \qquad (식\ 7.52)$$

즉, 전류 I_x, 홀 전압 V_H, 자기장의 크기 B_z, 그리고 반도체의 높이 d를 측정하면 정공의 농도 p를 알 수 있다.

마찬가지로 n 형 반도체에서 전자의 농도는 다음과 같이 구할 수 있다.

$$v_{drift,n} = -\frac{J_{drift,n}}{en} = -\frac{1}{en}\left(\frac{I_x}{Wd}\right) \qquad (식\ 7.53)$$

$$V_H = -\frac{1}{en}\left(\frac{I_x}{d}\right) B_z \qquad (식\ 7.54)$$

$$n = -\frac{1}{e}\left(\frac{I_x}{d}\right) B_z \frac{1}{V_H} \qquad (식\ 7.55)$$

다수전하의 이동도 측정

다수전하의 이동도는 [표 7-3]의 수식을 활용하여 계산할 수 있다. 예를 들어, p 형 반도체에서, 드리프트 전류 밀도 $J_{drift,p}$와 전기장 $\mathbb{E}$ 는 각각 다음과 같이 표현된다.

$$J_{drift,p} = I_x / Wd \qquad (식\ 7.56)$$

$$\mathbb{E} = V_x / L \qquad (식\ 7.57)$$

따라서, 정공의 이동도 μ_p는 다음과 같이 계산된다.

$$\mu_p = \frac{J_{drift,p}}{qp\mathbb{E}} \qquad (식\ 7.58)$$

$$\mu_p = \frac{1}{qp(V_x/L)}\left(\frac{I_x}{Wd}\right) \qquad (식\ 7.59)$$

마찬가지로, n형 반도체에서 전자의 이동도 μ_n는 다음과 같이 구할 수 있다.

$$\mu_n = \frac{1}{en(V_x/L)}\left(\frac{I_x}{Wd}\right) \qquad (식\ 7.60)$$

즉, 홀 효과 실험에서 가해진 전압 V_x과 전류 I_x를 측정하고, 반도체의 기하학적인 변수인 W, d, L과 홀 효과 실험에서 구한 농도를 이용하면 다수전하의 이동도를 구할 수 있다.

CHAPTER

08

비평형 상태의 과잉 전하의 농도와 평형 상태 복귀

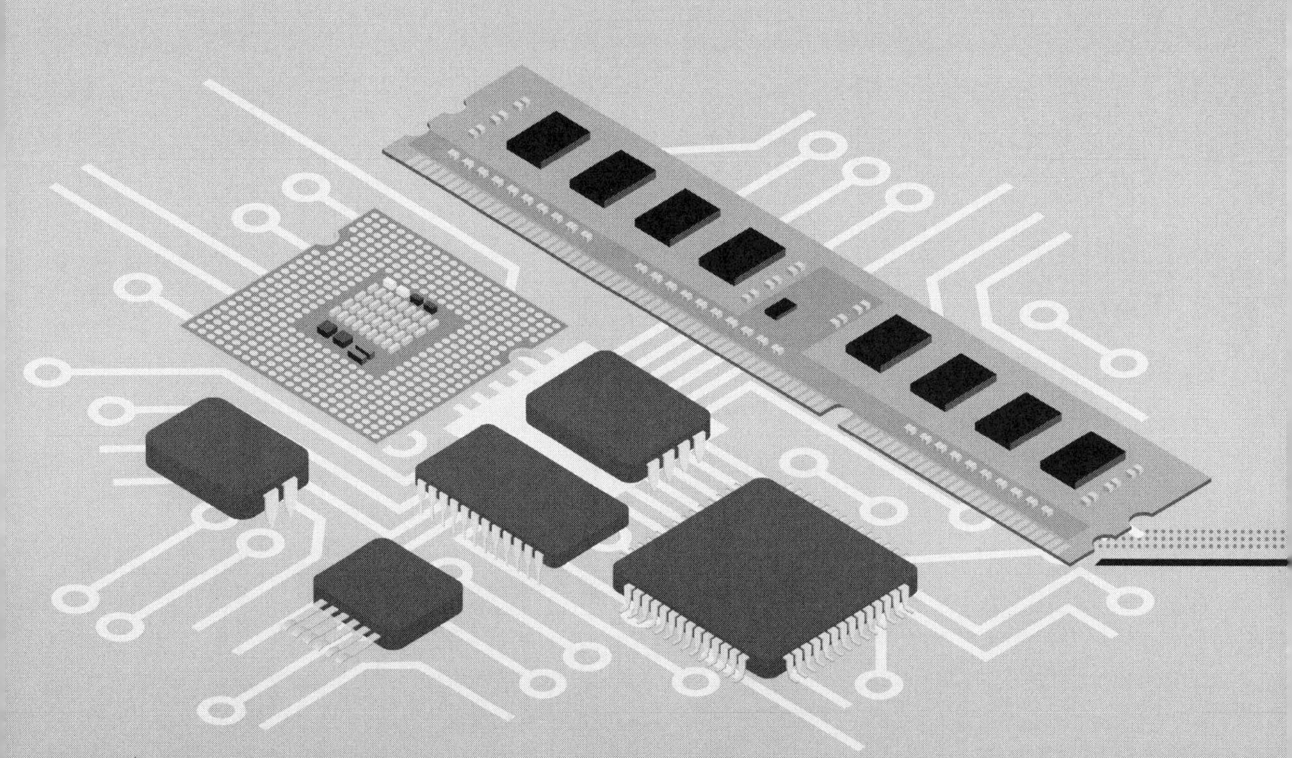

• UNIT GOALS

본 장에서는 반도체에서 열평형 상태를 벗어난 비평형 상태에서 과잉 전자와 과잉 정공의 생성 및 사라지는 재결합의 과정을 다룬다. 이러한 비평형 상태는 외부 에너지(빛, 열, 전기 등)의 자극에 의해 발생하며, 생성된 과잉 전하가 다시 평형 상태로 복귀하는 과정은 반도체 소자의 동작에 중요한 역할을 한다.

비평형 상태에서는 평형 상태에서 정의된 전하 농도(n_0, p_{D0})를 초과하는 과잉 전자와 정공이 생성된다. 생성된 과잉 전하들은 재결합(recombination)을 통해 점차 사라지며, 시스템은 다시 열평형 상태로 복귀한다. 이 과정에서 재결합률과 전하 수명은 비평형 상태에서 전하의 시간적 거동을 결정하는 중요한 매개변수가 된다.

유사-페르미 준위(Quasi-Fermi Level)는 비평형 상태에서 과잉 전하의 농도를 설명하기 위한 개념으로, 평형 상태의 페르미 준위(E_F)와 유사하지만, 전자(E_{Fn})와 정공(E_{Fp})에 대해 각각 독립적으로 정의된다.

비평형 상태에서는 과잉 전하가 생성되거나 재결합하면서 전하의 농도가 시간 및 공간에 따라 변화한다. 이러한 변화를 설명하기 위해 전하의 연속 방정식(Continuity equation)이 도입된다. 연속 방정식은 전하 보존 법칙을 기반으로 하며, 전기장, 농도 기울기, 과잉 전하의 생성 및 재결합 등의 상호작용을 수식적으로 설명한다.

또한, 앰비폴러 전송(Ambipolar Transport)은 전자와 정공이 동시에 이동하며 공동으로 전하를 운반하는 현상을 의미한다. 전자와 정공의 이동도 및 확산 계수가 서로 다르더라도, 앰비폴러 전송에서는 동일한 전기장 하에서 함께 이동하게 된다. 이러한 앰비폴러 전송은 소수전하의 확산 계수와 이동도 그리고 전하의 수명(lifetime)에 의해 결정되며, 비평형 상태에서 전류의 형성 및 전하 분포를 이해하는 데 중요한 역할을 한다.

8.1 열평형 상태의 전자와 정공의 생성과 재결합

열평형 상태에 있는 진성 반도체, n 형 반도체 및 p 형 반도체의 전자와 정공 농도는 [표 8-1]에 요약되어 있다. 일반적으로 진성 반도체, n 형 반도체 그리고 p 형 반도체의 페르미 준위는 각각 E_{Fi}, E_{Fn}, E_{Fp} 로 표기한다. 이때 n 형 반도체는 $N_D = 10^{17}cm^{-3}$의 도너로, p 형 반도체는 $N_A = 10^{14}cm^{-3}$의 억셉터로 도핑되었으며, 두 반도체 모두 완전한 이온화를 가정한다.

[표 8-1] $T = 300K$에서 열평형 상태의 전자와 정공의 농도 비교

전하	진성반도체	n형 반도체 ($N_D = 10^{17}cm^{-3}$)	p형 반도체 ($N_A = 10^{14}cm^{-3}$)
전자농도	$n_0 = n_i = 1.5 \times 10^{10}cm^{-3}$ $n_0 = N_C e^{-(E_C - E_{Fi})/kT}$	$n_0 = 1.0 \times 10^{17}cm^{-3}$ $E_C - E_{Fn} = kT\ln\left(\frac{N_C}{n_0}\right) = 0.147eV$	$n_0 = n_i e^{-(E_i - E_{Fp})/kT}$ $n_0 = \frac{{n_i}^2}{N_A} = 2.25 \times 10^6 cm^{-3}$
정공농도	$p_0 = n_i = 1.5 \times 10^{10}cm^{-3}$ $p_0 = N_V e^{-(E_{Fi} - E_V)/kT}$	$p_0 = n_i e^{-(E_{Fn} - E_i)/kT}$ $p_0 = \frac{n_0}{n_i^2} = 2.25 \times 10^3 cm^{-3}$	$p_0 = 1.0 \times 10^{14}cm^{-3}$ $E_{Fp} - E_V = kT\ln\left(\frac{N_V}{p_0}\right) = 0.301eV$
	$n_0 p_0 = n_i^2$	$n_0 p_0 = n_i^2$	$n_0 p_0 = n_i^2$

열에너지에 의해 생성된 전도대의 전자는 가전자대의 정공과 쌍으로 생성되므로, 열평형 상태에서 단위 시간당, 단위 부피당 전도대에서 생성되는 전자의 생성률 (G_{n0})은 가전자대에서 생성되는 정공의 생성률(G_{p0})과 동일하다. 전도대에 생성된 전자는 유한한 수명을 가지며, 가전자대의 정공과 재결합하여 소멸된다. 이에 따라, 단위 시간당, 단위 부피당 재결합되는 전자의 재결합률(R_{n0})은 정공의 재결합률 (R_{p0})과 같다. 열평형 상태에서는 생성과 재결합이 균형을 이루며 반복되므로, 전도대의 전자와 가전자대의 정공 개수는 일정하게 유지되고, 생성률과 재결합률은 항상 동일하다.

열평형 상태에서 전자와 정공의 재결합 과정을 살펴보자. 재결합이 일어나기 위해서는 전자와 정공이 필요하며, 재결합률은 전자의 농도 n_0와 정공의 농도 p_0에 비례

한다. 이때, 비례 상수를 재결합 계수 α_r로 정의하며, 이는 단위 시간당 단위 부피에서 저자-정공 쌍이 재결합하는 속도를 결정하는 인자이다.

열평형 상태에서 전자의 재결합률(R_{n0})과 정공의 재결합률(R_{p0})은 서로 같으며, 질량-작용 법칙 ($n_0 p_0 = n_i{}^2$)에 따라 다음과 같은 관계를 가진다.

$$R_{n0} = R_{p0} = \alpha_r n_0 p_0 = \alpha_r n_i{}^2 \qquad (\text{식 } 8.1)$$

이 식은 진성 반도체와 외인성 반도체 모두에 적용할 수 있다.

열평형 상태에서 전자의 생성률(G_{n0})과 정공의 생성률(G_{p0})은 전자의 재결합률 (R_{n0})과 정공의 재결합률(R_{p0})과 같으므로, 다음 관계를 만족한다.

$$G_{n0} = G_{p0} = R_{n0} = R_{p0} = \alpha_r n_0 p_0 = \alpha_r n_i{}^2 \qquad (\text{식 } 8.2)$$

따라서, 열평형 상태에서는 시간에 따라 전자와 정공의 총 개수(N) 또는 농도가 변하지 않으며, 이는 다음과 같이 표현된다.

$$\frac{\partial N}{\partial t} = 0 \qquad (\text{식 } 8.3)$$

8.2 비평형 상태에서의 전자와 정공의 생성과 재결합

외부에서 전압을 인가하거나, 전류를 흘려보내거나, 또는 빛을 입사시키는 등 외부 에너지가 가해지면 열평형 상태가 깨지며, 전자와 정공 농도는 열평형 상태에서 크게 벗어나게 된다. 이렇게 열평형 상태에서 벗어난 전자와 정공의 농도를 각각 과잉 전자(Excess electron)와 과잉 정공(Excess hole)이라고 한다.

빛의 입사에 의한 비평형 상태

열평형 상태에 있는 p 형 반도체에 밴드갭 에너지보다 큰 에너지를 가진 빛이 입사되면, [그림 8-1]과 같이 가전자대의 전자가 빛 에너지를 흡수하여 전도대로 전이하면서 전자 · 정공 쌍(Electron-hole pair)이 생성된다. 이 과정에서 열평형 상태에서 존재하는 전자 농도(n_0)와 정공 농도(p_0)에 더해, 새롭게 생성된 과잉 전자(δn, Excess electron)와 과잉 정공(δp, Excess hole)이 추가된다.

과잉 전자와 과잉 정공은 항상 쌍으로 생성($\delta n = \delta p$)되므로, 과잉 전자와 과잉 정공의 생성률은 동일하며, 이들의 농도 역시 같다. 따라서, 비평형 상태에서도 전하 중성 조건은 여전히 만족된다. 그러나 비평형 상태에서는 전자 농도와 정공 농도의 곱이 더 이상 진성 농도의 제곱 ($n_i{}^2$)을 만족하지 않으므로, 질량-작용 법칙은 적용되지 않는다.

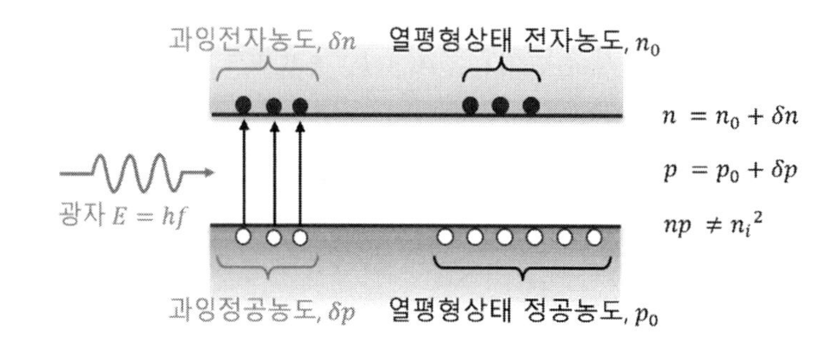

[그림 8-1] p 형 반도체에서 빛에 의해 생성된 과잉 전자와 과잉 정공

평형 상태로의 복귀

외부에서 입사되던 빛이 제거되면, [그림 8-2]와 같이 전도대에 있는 과잉 전자가 가전자대로 전이하면서 과잉 정공과 재결합한다. 이 과정에서 전자와 정공의 농도는 점차 감소하며, 시스템은 다시 열평형 상태로 복귀한다. 평형 상태로 복귀하는 과정에서 과잉 전자와 과잉 정공이 항상 쌍으로 재결합하므로, 과잉 전자의 재결합률과 과잉 정공의 재결합률은 동일하다.

빛이 제거된 [그림 8-2]의 상태에서는 빛에 의해 과잉 전자와 과잉 정공의 추가 생성이 중단되며, 오직 열평형 상태의 전자와 정공의 생성 메커니즘 (G_{n0}, G_{p0})만 작용한다. 이때, 생성률은 열평형 상태에서의 전자와 정공의 농도에 의해 결정되므로,

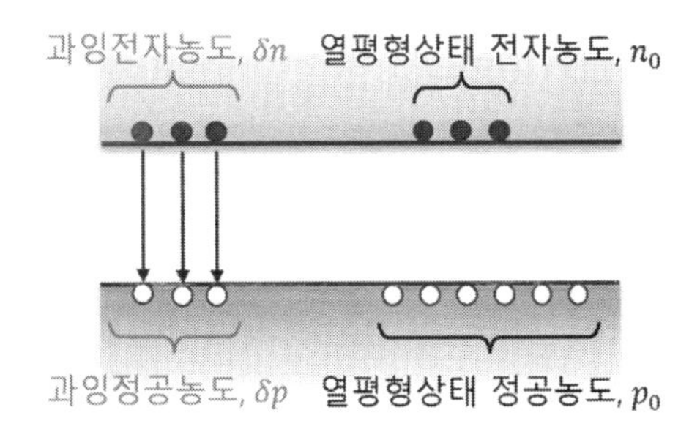

[그림 8-2] 비평형 상태의 p 형 반도체에서 재결합으로 인한 평형 복귀

$$\text{열평형 상태의 생성률} = G_{n0} = G_{p0} = \alpha_r {n_i}^2 \qquad (\text{식 } 8.4)$$

비평형 상태에서 생성된 과잉 전자와 과잉 정공은 재결합 과정을 통해 점차 사라지게 된다. 이 재결합률(재결합 속도)은 총 전자 농도 $n(t)$와 총 정공 농도 $p(t)$에 비례하며, 다음과 같이 비례상수 α_r를 사용하여 표현할 수 있다.

$$\text{재결합률} = -\alpha_r n(t)p(t) \qquad (\text{식 } 8.5)$$

따라서, 전자와 정공 농도의 시간 변화율은 생성률과 재결합률의 합으로 표현되며, 평형 상태로 복귀하는 과정에서 전자 농도의 시간 변화는 다음과 같다.

$$\frac{dn(t)}{dt} = \text{열평형 상태의 생성률} + \text{재결합률} = \alpha_r {n_i}^2 - \alpha_r n(t)p(t) \qquad (\text{식 } 8.6)$$

위 식에 $\mathrm{n(t) = n_0 + \delta n(t)}$로 대입하고, 열평형 상태에서 $\mathrm{n_0 p_0 = {n_i}^2}$과 비평형 상태에서 $\mathrm{\delta n(t) = \delta p(t)}$임을 이용하여 정리하면

$$\begin{aligned}\frac{d(\delta n(t))}{dt} &= \alpha_r\left[{n_i}^2 - (n_0 + \delta n(t))(p_0 + \delta p(t))\right] \\ &= -\alpha_r \delta n(t)[(n_0 + p_0) + \delta n(t)] \qquad (\text{식 } 8.7)\end{aligned}$$

여기서, 열평형 상태 농도인 n_0 (또는 p_0)는 시간에 따라 변하지 않음으로 $d(n_0)/dt = 0$를 가정하였다.

비평형 상태에서 생성된 과잉 전하의 농도가 열평형 상태의 다수전하 농도에 비해

상대적으로 작거나 클 때, 이를 기준으로 저준위 주입(Low level injection)과 고준위 주입(High level injection)으로 구분한다.

저준위 주입은 비평형 상태에서 생성된 과잉 전하의 농도가 열평형 상태의 다수전하 농도에 비해 작은 경우이며, 다음 조건을 만족한다.

$$n_0 + p_0 \gg \delta n(t) \qquad (\text{식 } 8.8)$$

반면, 과잉 전하의 농도가 다수전하의 농도와 비슷하거나 더 큰 경우를 고준위 주입이라 하며, 다음 조건을 만족한다.

$$n_0 + p_0 \leq \delta n(t) \qquad (\text{식 } 8.9)$$

p 형 반도체인 경우, 저준위 주입 조건에서는 $(n_0 + p_0) + \delta n(t) \approx (n_0 + p_0) \approx p_0$로 근사할 수 있다. 이를 이용하여 소수전하인 과잉 전자의 평형 상태로의 재결합률 (식 8.7)은 다음과 같이 근사할 수 있다.

$$\frac{d(\delta n(t))}{dt} = -\alpha_r \delta n(t)[(n_0 + p_0) + \delta n(t)] \approx -\alpha_r \delta n(t) p_0 \qquad (\text{식 } 8.10)$$

과잉 전자의 수명(Lifetime, τ_{n0})은 생성된 과잉 전자의 36.78%가 남아 있는 시간으로 정의되며, 다음과 같이 다수전하인 정공 농도 p_0에 반비례한다.

$$\tau_{n0} = \frac{1}{\alpha_r p_0} \qquad (\text{식 } 8.11)$$

소수전하인 과잉 전자의 재결합률은 (식 8.11)을 (식 8.10)에 대입하여 정리하면 다음과 같다.

$$\frac{d(\delta n(t))}{dt} = -\frac{\delta n(t)}{\tau_{n0}} = -\alpha_r p_0 \delta n(t) \qquad (\text{식 } 8.12)$$

예제 8-1 과잉 소수전하인 전자의 시간 변화율이 (식 8.10)처럼 주어진다. 이 방정식을 풀어 과잉 전하 농도 $\delta n(t)$를 구하고, 이를 통해 과잉 전자의 수명 (식

8.11)을 유도하라. 과잉 소수전자는 $t = 0$에서 재결합이 시작된다고 가정한다.

풀이

(식 8.10)에서 $\delta n(t)$을 좌변으로 dt를 우변으로 이동하여 정리하면

$$\frac{d(\delta n(t))}{\delta n(t)} = -\alpha_r p_0 dt$$

이 되고, 양변을 적분하고 정리하면

$$\ln(\delta n(t)) = -\alpha_r p_0 t + C$$

가 된다. 지수 함수를 취하고 해를 구하면 다음과 같다.

$$\delta n(t) = \delta n(0) e^{-\alpha_r p_0 t} = \delta n(0) e^{-t/\tau_{n0}}$$

여기서 τ_{n0}는 과잉 소수전하인 과잉 전자의 수명이며 생성된 과잉 전자가 36.78%로 감소하는 시간 (e^{-1})으로 정의된다.

$$\tau_{n0} = \frac{1}{\alpha_r p_0}$$

[표 8-2]는 n 형 및 p 형 반도체에서 과잉 전하가 저준위 주입 조건에서 생성된 후, 평형 상태로 복귀하는 과정에서 소수전하의 재결합률을 요약한 것이다. 이 표는 비평형 상태에서 과잉 전하가 소멸하며 평형 상태로 복귀하는 메커니즘을 간략히 정리하고 있다.

외인성 반도체에서 소수전하의 재결합률은 [표 8-2]에서 알 수 있듯이, 과잉 소수전하의 농도를 소수전하의 수명으로 나눈 값으로 정의된다. 이는 재결합률이 과잉 다수전하의 수명이 아니라 과잉 소수전하의 수명에 의해 결정된다는 것을 의미한다.

또한, 과잉 소수전하의 수명은 (식 8.11)에 따라 재결합 대상이 되는 다수전하 농도에 반비례한다. 다시 말해, 열평형 상태에서 다수전하의 농도가 클수록 과잉 전하가 더 빠르게 소멸하며, 평형 상태로 복귀하는 시간은 짧아진다.

반면, 평형 상태에서의 재결합률은 (식 8.2)에 따라 진성 농도의 제곱 n_i^2에 비례한다. 따라서, p 형 반도체에서 생성된 과잉 전자의 재결합률은 생성된 과잉 전자 농도를 전자의 수명으로 나눈 값으로 나타낼 수 있다.

[표 8-2] n 형 및 p 형 반도체에서 소수전하의 재결합률과 열평형 복귀 과정

	p형 반도체에서 저준위 주입	n형 반도체에서 저준위 주입
조건	$p_0 \gg n_0$ $p_0 \gg \delta n$(t)	$n_0 \gg p_0$ $n_0 \gg \delta p$(t)
소수전하의 재결합율	$\frac{d(\delta n(t))}{dt} = -\alpha_r p_0 \delta n(t) = -\frac{\delta n(t)}{\tau_{n0}}$	$\frac{d(\delta p(t))}{dt} = -\alpha_r n_0 \delta p(t) = -\frac{\delta p(t)}{\tau_{p0}}$

비평형 상태의 과잉 전하는 시간과 위치의 함수로 표현되며, 생성과 재결합 과정을 설명하기 위해 [표 8-3]에 각종 변수를 도입하였다.

[표 8-3] 비평형 상태의 생성과 재결합을 설명하는 각종 기호와 의미

기호	정의와 의미
n_0, p_0	시간 및 위치에 무관한 열평형상태의 전자농도$[cm^{-3}]$ 및 정공농도$[cm^{-3}]$
n, p	반도체의 전체 전자농도$[cm^{-3}]$ 및 정공농도$[cm^{-3}]$
$\delta n = n - n_0$	시간과 위치함수인 과잉전자농도$[cm^{-3}]$
$\delta p = p - p_0$	시간과 위치함수인 과잉정공농도$[cm^{-3}]$
g_n', g_p'	과잉전자 및 과잉정공의 생성률$[\#/(cm^3 \cdot s)]$
G_{n0}, G_{p0}	열평형상태에서 전자 및 정공의 생성률$[\#/(cm^3 \cdot s)]$
r_n', r_p'	과잉전자 및 과잉정공의 재결합률$[\#/(cm^3 \cdot s)]$
R_{n0}, R_{p0}	열평형상태에서 전자 및 정공의 재결합률$[\#/(cm^3 \cdot s)]$
α_r	재결합 계수, 재결합이 전하의 농도에 비례하는 계수 $[cm^3 \cdot s]$
τ_{n0}, τ_{p0}	소수전하인 전자와 정공의 수명 $\tau_{n0} = (\alpha_r p_0)^{-1}, \tau_{p0} = (\alpha_r n_0)^{-1}$

예제 8-2 $N_D = n_0 = 10^{17} cm^{-3}$인 실리콘에 $T = 300K$조건에서 빛이 입사되어 과잉 전하 $\delta n(t) = \delta p(t) = 10^4 cm^{-3}$가 발생하였다. 이때, 과잉 소수전하인 정공의 시간 변화(재결합률)와 수명 그리고 과잉 다수전하인 전자의 시간 변화와 수명을 구하라. 재결합 계수 $\alpha_r = 10^{-10} cm^3/s$ 이다.

풀이

(식 8.11)을 이용하여 과잉 소수전하인 정공의 수명 τ_{p0}을 구하면 다음과 같다.

$$\tau_{p0} = \frac{1}{\alpha_r n_0} = \frac{1}{10^{-10} \times 10^{17}} = 10^{-7}[s]$$

정공의 재결합률은 (예제 8-1)의 결과로부터

$$\delta p(t) = \delta p(0) e^{-t/\tau_{p0}} = 10^4 e^{-t/10^{-7}} [cm^{-3}]$$

과잉 다수전하인 전자의 수명은 정공의 수명과 동일하므로 $\tau_{n0} = 10^{-7}[s]$이다.

과잉 다수전하인 전자의 재결합률은 소수전하인 정공의 시간 변화와 동일하여 다음과 같다.

$$\delta n(t) = \delta n(0) e^{-t/\tau_{n0}} = 10^4 e^{-t/10^{-7}} [cm^{-3}]$$

과도상태(Transient state)와 정상상태(Steady-state)

열평형 상태(Thermal equilibrium state)에서 과잉 전하가 생성된 후 정상상태(Steady-state)와 평형 상태로 복귀하는 과정은 [그림 8-3]에 나타나 있다. 정상상태에서는 질량-작용의 법칙이 성립하지 않지만, 생성과 재결합이 동일한 비율로 발생하므로 전자와 정공의 농도가 시간에 대해 일정하게 유지된다.

반면, 과도상태(Transient state)는 전자와 정공의 농도가 시간에 따라 변화하는 상태를 의미한다. 이는 정상상태와 달리 전하 농도가 동적으로 변하며, 평형 상태로 복귀하거나, 정상상태로 진입하는 과정에서 나타난다.

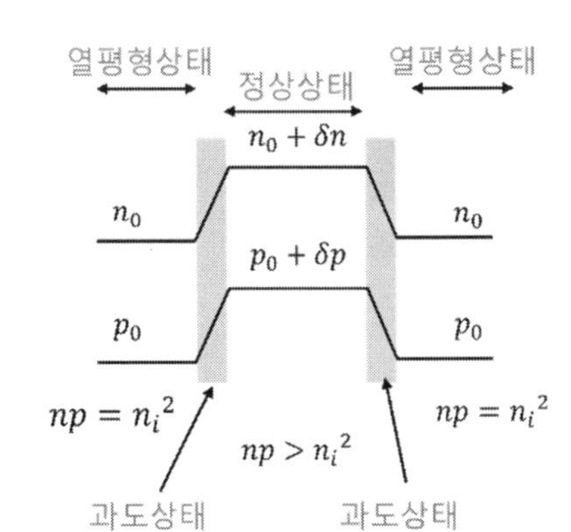

(a) 열평형상태→ 생성 → 비평형상태→ 재결합 → 열평형상태로의 복귀

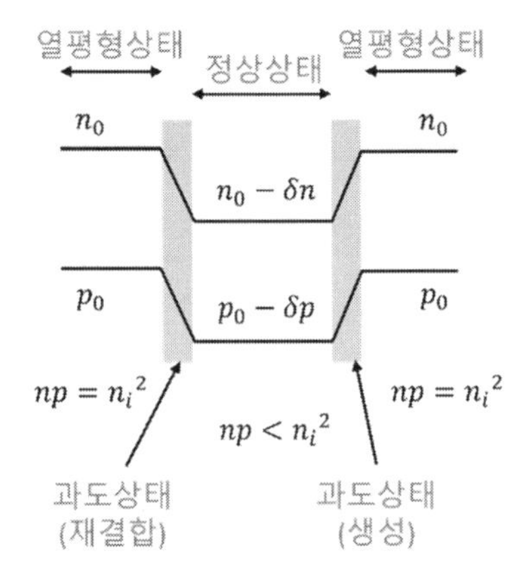

(a) 열평형상태→ 재결합 → 비평형상태→ 생성 → 열평형상태로의 복귀

[그림 8-3] 비평형 상태에서 열평형 상태로 복귀

예제 8-3 실리콘 막대가 $10^{15}cm^{-3}$의 농도의 붕소로 도핑되었다. 이 실리콘 막대가 빛에 노출되어 전자 · 정공 쌍이 $10^{20}cm^{-3}s^{-1}$ 의 비율로 막대의 모든 부피에서 생성되었다. 다음을 각각 구하라. $n_i = 1.5 \times 10^{10}cm^{-3}$, 재결합 수명은 10us 이다.

(1) p_o (2) n_o (3) δn (4) δp (5) p (6) n (7) np (8) 빛이 $t = 0$에서 갑자기 제거된 경우, $t > 0$ 인 시간에서의 $\delta n(t)$.

풀이

(1) 완전 이온화를 가정하면, $p_o = N_A = 10^{15}cm^{-3}$

(2) 열평형 상태에서 소수전하는 질량-작용 법칙으로부터

$$n_o = \frac{n_i^2}{p_o} = 2.25 \times 10^5 cm^{-3}$$

(3) 재결합 수명이 10us 이므로 $\delta n = \tau_{n0} r_n' = 10 \times 10^{-6} \times 10^{20} = 10^{15}cm^{-3}$

(4) $\delta p = \delta n = 10^{15} cm^{-3}$

(5) $p = p_o + \delta p = (10^{15} + 10^{15})[cm^{-3}] = 2 \times 10^{15} cm^{-3}$

(6) $n = n_o + \delta n = (10^5 + 10^{15})[cm^{-3}] \approx 10^{15} cm^{-3}$

(7) $np = 2 \times 10^{15} \times 10^{15} = 2 \times 10^{30} cm^{-6} > n_i^2$

(8) $\delta n(t) = \delta n(0) e^{-t/\tau} = 10^{15} e^{-t/10us} cm^{-3}$

8.3 유사-페르미 준위(Quasi-Fermi Level)

비평형 상태에서 반도체의 전자와 정공 농도는 열평형 상태와 달리 $np = n_i^2$ 관계를 만족하지 않는다. 이로 인해, 하나의 페르미 준위로 전자와 정공의 농도를 동시에 표현할 수 없다. 이러한 비평형 상황에서는 전자의 농도를 설명하기 위한 페르미 준위(E_{Fn})와 정공의 농도를 설명하기 위한 페르미 준위(E_{Fp})를 분리하여 사용한다. 이렇게 분리된 페르미 준위를 유사-페르미 준위(Quasi-Fermi Level)라고 하며, 비평형 상태에서 과잉 전하를 포함하는 전자(n)와 정공(p)의 농도는 유사-페르미 준위를 통해 표현된다.

$$n = n_o + \delta n = N_C e^{-(E_C - E_{Fn})/kT} = n_i e^{-(E_i - E_{Fn})/kT} \quad (\text{식 } 8.13)$$

$$p = p_o + \delta p = N_V e^{-(E_{Fp} - E_V)/kT} = n_i e^{-(E_{Fp} - E_i)/kT} \quad (\text{식 } 8.14)$$

여기서 E_{Fn}은 전자의 유사-페르미 준위로, 과잉 전자를 포함한 전체 전자의 농도를, E_{Fp}는 정공의 유사-페르미 준위로, 과잉 정공을 포함한 전체 정공의 농도를 나타낸다.

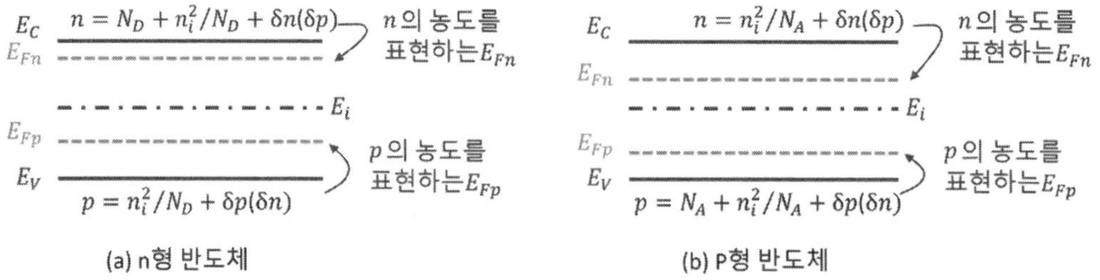

E_C $n = N_D + n_i^2/N_D + \delta n(\delta p)$ n의 농도를 표현하는E_{Fn}
E_{Fn}
E_i
E_{Fp}
E_V $p = n_i^2/N_D + \delta p(\delta n)$ p의 농도를 표현하는E_{Fp}

(a) n형 반도체

E_C $n = n_i^2/N_A + \delta n(\delta p)$ n의 농도를 표현하는E_{Fn}
E_{Fn}
E_i
E_{Fp}
E_V $p = N_A + n_i^2/N_A + \delta p(\delta n)$ p의 농도를 표현하는E_{Fp}

(b) P형 반도체

[그림 8-4] 비평형 상태에서 전자와 정공의 유사-페르미 준위

예제 8-4 $T = 300K$에서 불순물 농도 $N_D = 10^{17}cm^{-3}$로 도핑된 n 형 실리콘에 과잉 전하가 저준위 주입 조건으로 생성되어 $\delta n = \delta p = 10^{15}cm^{-3}$가 되었다. 열평형 상태에서의 페르미 준위 위치 $(E_C - E_F)$와, 비평형 상태에서의 유사-페르미 준위 E_{Fn} 및 E_{Fp}를 구하라.

$n_i = 1.5 \times 10^{10}cm^{-3}, N_C = 2.8 \times 10^{19}cm^{-3}$, $N_V = 1.04 \times 10^{19}cm^{-3}$이다.

풀이

(1) 열평형 상태에서 페르미 준위의 위치 $E_C - E_F$는 다음과 같이 계산된다.

$$E_C - E_F = kT\ln\left(\frac{N_C}{n_0}\right) = 0.026 \times \ln\left(\frac{2.8 \times 10^{19}}{10^{17}}\right) = 0.146eV$$

(2) 비평형 상태에서 총 전자 농도 $n = n_o + \delta n = 10^{17} + 10^{15} = 1.01 \times 10^{17}\ cm^{-3}$ 이므로 전자 농도를 나타내는 유사-페르미 준위 $E_C - E_{Fn}$는

$$E_C - E_{Fn} = kT\ln\left(\frac{N_C}{n}\right) = 0.026 \times \ln\left(\frac{2.8 \times 10^{19}}{1.01 \times 10^{17}}\right) = 0.146eV$$

이며, 정공의 농도를 나타내는 유사-페르미 준위 $E_{FP} - E_V$는 다음과 같다.

$$E_{FP} - E_V = kT \ln\left(\frac{N_V}{p}\right) = 0.026 \ln\left(\frac{1.04 \times 10^{19}}{10^{15} + 10^3}\right) = 0.24eV$$

저준위 주입 조건에서 비평형 상태가 되면, 다수전하인 전자의 페르미 준위 E_{Fn}는 차이가 없으나, 소수전하인 정공의 유사-페르미 준위 E_{FP}는 평형 상태의 페르미 준위 E_F와는 다르게 나타난다.

8.4 연속 방정식(Continuity equation)

반도체에서 흐르는 전류를 계산하려면 전하 농도가 공간과 시간에 따라 어떻게 변화하는지를 이해해야 한다. 전기장에 의한 드리프트, 농도 기울기에 의한 확산, 그리고 과잉 전하의 생성과 재결합은 시간적 및 공간적 변화를 반영하는 방정식으로 설명될 수 있다. 이러한 전하 보존 법칙을 기반으로 한 방정식을 전하의 연속 방정식(Continuity equation)이라 한다.

드리프트, 확산, 생성과 재결합을 고려한 전하의 연속 방정식

드리프트, 확산, 생성과 재결합을 고려한 전하의 연속 방정식은 전자와 정공의 농도가 시간 및 공간적으로 변화하는 과정을 나타낸다. 이 방정식은 드리프트와 확산에 의한 총 전류 밀도 (식 7.29)에 전자와 정공 농도를 시간적, 공간적 변화(생성과 재결합)를 포함한 농도로 대체함으로써 도출된다.

전하의 연속 방정식을 유도하기 위해, [그림 8-5]에 나타낸 p 형 반도체의 미소 부피를 기준으로, 단위 시간당 정공의 변화를 계산한다. 단위 시간당 정공의 변화율은 다음 네 가지 요소의 합으로 구성된다.

(1) 정공이 선속 $F(x)$로 왼쪽 단면적 $dydz$를 통해 미소 부피의 왼쪽에서 내부로 흘러 들어오는 정공의 개수: $F(x)dydz$

(2) 미소 부피 내부에서 열에너지 등에 의해 생성된 정공의 개수: $g_p' dxdydz$

(3) 미소 부피의 오른쪽 단면을 통해 외부로 빠져나가는 정공의 개수: $F(x+dx)dydz$

(4) 미소 부피 내부에서 재결합으로 인해 소멸되는 정공의 개수: $r_p' dxdydz$

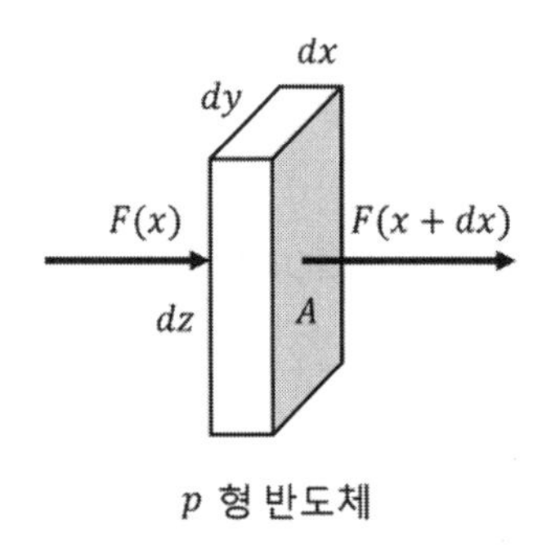

[그림 8-5] 미소 부피에서 정공의 흐름

p 형 반도체에서 단위 시간 동안 미소 부피 내 정공 농도의 변화는 위 네 가지 요소를 고려하여 표현할 수 있다.

$$\frac{\partial p(x,t)}{\partial t}dxdydz = F(x)dydz + g_p' dxdydz - F(x+dx)dydz - r_p' dxdydz \qquad (식\ 8.15)$$

이를 정리하면, 다음과 같다.

$$\frac{\partial p(x,t)}{\partial t}dxdydz = F(x)dydz - F(x+dx)dydz + \left(g_p' - r_p'\right)dxdydz \qquad (식\ 8.16)$$

우변의 $F(x)dydz - F(x+dx)dydz$를 dx로 나누고 곱하면

$$\frac{\partial p(x,t)}{\partial t}dxdydz = -\frac{F(x+dx) - F(x)}{dx}dxdydz + \left(g_p' - r_p'\right)dxdydz \qquad (식\ 8.17)$$

우변의 $(F(x+dx) - F(x))/dx$는 $dx \to 0$일 때 미분으로 표현되고, 양변을 미소 부피 $dxdydz$로 나누면 정공의 연속 방정식이 도출된다.

$$\frac{\partial p(x,t)}{\partial t} = -\frac{dF(x)}{dx} + (g'_p - r'_p) \qquad (식\ 8.18)$$

전류 밀도는 전하의 이동 속도(선속, Flux)와 전하량의 곱으로 정의되므로, 정공의 선속 F(x)을 J_p/q로 대체하면 정공의 전류 밀도에 대한 연속 방정식은 다음과 같이 표현된다.

$$\frac{\partial p(x,t)}{\partial t} = -\frac{1}{q}\frac{\partial J_p(x,t)}{\partial x} + (g'_p - r'_p) \qquad (식\ 8.19)$$

마찬가지로, 전자의 연속 방정식은 다음과 같다.

$$\frac{\partial n(x,t)}{\partial t} = -\frac{dF(x)}{dx} + (g'_n - r'_n) \qquad (식\ 8.20)$$

전자의 선속 $F(x)$를 $-J_n/e$로 대체하면 전자의 전류 밀도에 대한 연속 방정식은 다음과 같이 나타낼수 있다.

$$\frac{\partial n(x,t)}{\partial t} = \frac{1}{e}\frac{\partial J_n(x,t)}{\partial x} + (g'_p - r'_p) \qquad (식\ 8.21)$$

그러므로 전자와 정공의 연속 방정식 (식 8.19)와 (식 8.21)의 해를 통해 시간과 공간에 따른 전하 분포 변화를 계산할 수 있으며, 이를 통해 전하의 공간적, 시간적 분포 변화를 고려한 전류의 변화를 예측할 수 있다.

예제 8-5 [그림 8-5]에서 단면적이 $10cm^2$, $dx = 1cm$ 이다. 10 초 동안 왼쪽 단면과 오른쪽 단면을 통과하는 정공의 개수가 각각 $N(x) = 10^{10}$개, $N(x+dx) = 10^9$개이다. 정공의 선속 $F(x)$와 $F(x+dx)$를 구하고, 미소 부피에서 단위 시간당 증가하는 정공의 농도를 구하라.

<u>풀이</u>

정공의 선속 $F(x)$는 x지점에서 단위 시간 동안 단위 면적을 통과하는 정공의 개수로 정의되므로

$$F(x) = \frac{N(x)}{A \cdot \Delta t} = \frac{10^{10}\text{개}}{10cm^2 \times 10sec} = 10^8\ \text{개}/(cm^2 \cdot s)$$

마찬가지로, $x + dx$ 지점에서의 정공의 선속 $F(x + dx)$는

$$F(x+dx) = \frac{N(x+dx)}{A \cdot \Delta t} = \frac{10^9\text{개}}{10cm^2 \times 10sec} = 10^7\ \text{개}/(cm^2 \cdot s)$$

단위 시간당 미소 부피 내부에서 증가하는 정공의 개수는 들어오는 정공의 개수에서 흘러 나가는 정공의 개수를 뺀 값이므로 다음과 같다.

$$\frac{\Delta N}{\Delta t} = A[F(x) - F(x+dx)] = 10 \times [10^8 - 10^7] = 10^8\ \text{개}/s$$

미소 부피는 다음과 같이 계산된다.

$$\Delta V = Adx = 10cm^2 \times 1cm = 10cm^3$$

따라서, 단위 시간당 증가하는 정공농도는 다음과 같다.

$$\frac{\Delta N}{\Delta t \cdot \Delta V} = \frac{\Delta N}{\Delta t} \cdot \frac{1}{\Delta V} = 10^8\ \text{개}/s \times \frac{1}{10[cm^3]} = 10^7\ \text{개}/(cm^3 \cdot s)$$

일정한 도핑의 외인성 반도체에서의 전하 연속 방정식

전자와 정공의 전류 밀도에 대한 연속 방정식 (식 8.19)와 (식 8.21)은 일정한 도핑으로 이루어진 외인성 반도체에서 간략화된 형태로 표현될 수 있다. 이를 통해 일정한 도핑으로 이루어진 p 형 반도체와 n 형 반도체에서의 전류 밀도 연속 방정식을 단순화된 형태로 유도할 수 있다.

평형 상태에서 일정한 도핑을 가진 p 형 반도체에서는 $\partial p_o/\partial x = 0$이다. 이 조건을 바탕으로, 정공의 총 전류 밀도는 (식 7.29)로부터 다음과 같이 도출된다.

$$J_{p_{total}} = qp(x,t)\mu_p \mathbb{E}(x) - qD_p \frac{\partial p(x,t)}{\partial x} \quad \text{(식 8.22)}$$

이를 정공의 전류 밀도에 대한 연속 방정식 (식 8.19)에 대입하면,

$$\frac{\partial p(x,t)}{\partial t} = -\frac{1}{q}\frac{\partial}{\partial x}\left[qp(x,t)\mu_p \mathbb{E}(x) - qD_p \frac{\partial p(x,t)}{\partial x}\right] + \left(g_p' - r_p'\right) \quad \text{(식 8.23)}$$

위 식을 정리하면,

$$\frac{\partial p(x,t)}{\partial t} = D_p \frac{\partial^2 p(x,t)}{\partial x^2} - \mu_p \left[\mathbb{E}(x)\frac{\partial p(x,t)}{\partial x} + p(x,t)\frac{\partial E(x)}{\partial x}\right] + \left(g_p' - r_p'\right) \quad \text{(식 8.24)}$$

평형 상태에서 일정한 도핑을 가진 n 형 반도체 역시 $\partial n_o/\partial x = 0$이다. 이 조건을 바탕으로, 전자의 총 전류 밀도는 (식 7.29)로부터 다음과 같이 도출된다.

$$J_{n_{total}} = en(x,t)\mu_n \mathbb{E} + eD_n \frac{dn(x)}{dx} \quad \text{(식 8.25)}$$

이를 전자의 전류 밀도에 대한 연속 방정식 (식 8.21)에 대입하면,

$$\frac{\partial n(x,t)}{\partial t} = D_n \frac{\partial^2 n(x,t)}{\delta x^2} + \mu_n \left[\mathbb{E}(x)\frac{\partial n(x,t)}{\partial x} + n(x,t)\frac{\partial E(x)}{\partial x}\right] + (g_n' - r_n') \quad \text{(식 8.26)}$$

따라서, 일정한 도핑의 외인성 반도체에서 외부 전기장, 과잉 전하의 생성률 및 재결합률이 주어지면, 위의 연속 방정식을 활용하여 전하의 공간적 분포와 시간적 변화를 반영한 전류를 계산할 수 있다.

8.5 전하의 앰비폴러 전송(Ambipolar transport)

반도체에 외부 전기장이 인가된 상태에서 특정 부분에 과잉 전자와 과잉 정공이 생성되면, 이들은 서로 반대 방향으로 이동할 것으로 예상된다. 그러나, 과잉 전자와 과잉 정공은 서로 반대되는 전하량을 가지므로, 이들에 의해 내부 전기장이 생성된다. 생성된 내부 전기장은 과잉 전자와 과잉 정공을 서로 끌어당기며, 결과적으로 과잉 전하들이 분리되지 않고 함께 이동하게 만든다.

이와 같이 과잉 전하가 서로 전하 중성을 거의 유지하며 쌍으로 이동하는 현상을 앰비폴러 전송(Ambipolar transport)이라고 한다. 앰비폴러 전송에서는 전하 쌍이 단일 전하의 유효 이동도(Mobility)와 유효 확산 계수(Diffusion coefficient)를 가지고 드리프트 및 확산을 하는 것으로 해석된다. 또한 앰비폴러 전송의 특성은 생성된 과잉 소수전하의 확산 계수, 이동도, 전하 수명에 따라 결정된다.

과잉 전하는 외부 전기장이 없는 경우와 외부 전기장이 인가된 경우에서 그 공간적 및 시간적 분포가 다르게 나타난다. [그림 8-6]은 이 두 가지 상황을 설명한다. 외부 전기장이 없는 경우, 생성된 전하 쌍은 주로 확산에 의해 이동하며, 시간이 지남에 따라 전하의 분포가 점차 넓어지고 소멸된다. 반면, 외부 전기장이 인가되면, 내부 전기장보다 상대적으로 큰 외부 전기장에 의해 전하 쌍이 단일 전하처럼 이동한다.

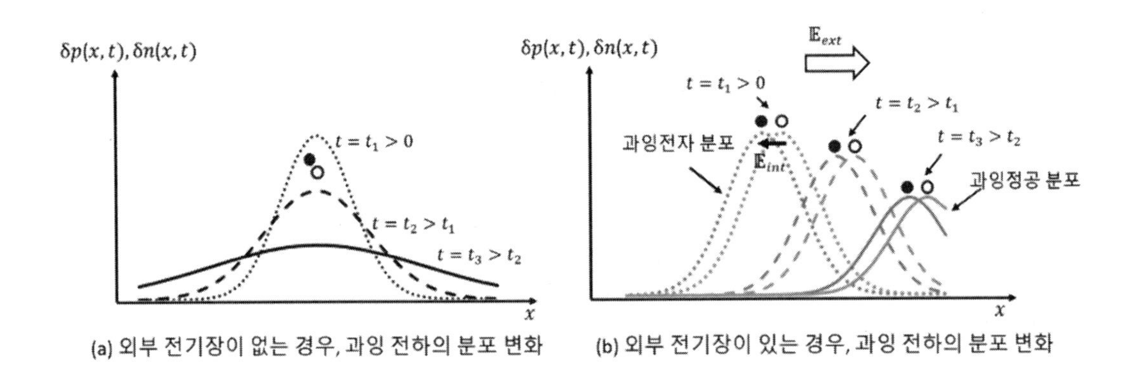

[그림 8-6] 외부 전기장 유무에 따른 과잉 전하의 시간에 따른 분포 변화

앰비폴러의 확산 계수와 이동도

정공의 전류 밀도 연속 방정식 (식 8.24)와 전자의 전류 밀도 연속 방정식 (식 8.26)의 합을 이용하여, 평형 상태에서 농도 p_o와 n_o가 일정한 경우의 앰비폴러 확산 계수와 이동도를 구해보자.

먼저, 정공의 전류 밀도 연속 방정식 (식 8.24)에 $\mu_n n(x,t)$를 곱하면 다음과 같다.

$$\mu_n n(x,t)\frac{\partial p(x,t)}{\partial t} = \mu_n n(x,t) D_p \frac{\partial^2 p(x,t)}{\partial x^2} - \mu_n n(x,t)\mu_p\left[\mathbb{E}(x)\frac{\partial p(x,t)}{\partial x} + p(x,t)\frac{\partial \mathbb{E}(x)}{\partial x}\right] + \mu_n n(x,t)\left(g'_p - r'_p\right) \quad (\text{식 } 8.27)$$

마찬가지로, 전자의 전류 밀도 연속 방정식 (식 8.26)에 $\mu_p p(x,t)$를 곱하면 다음과 같다.

$$\mu_p p(x,t)\frac{\partial n(x,t)}{\partial t} = \mu_p p(x,t) D_n \frac{\partial^2 n(x,t)}{\partial x^2} + \mu_p p(x,t)\mu_n\left[\mathbb{E}(x)\frac{\partial n(x,t)}{\partial x} + n(x,t)\frac{\partial \mathbb{E}(x)}{\partial x}\right] + \mu_p p(x,t)(g'_n - r'_n) \quad (\text{식 } 8.28)$$

(식 8.27)과 (식 8.28)을 더하면 다음과 같이 정리된다.

$$\mu_n n(x,t)\frac{\partial p(x,t)}{\partial t} + \mu_p p(x,t)\frac{\partial n(x,t)}{\partial t}$$

$$= \mu_n n(x,t) D_p \frac{\partial^2 p(x,t)}{\partial x^2} - \mu_n n(x,t)\mu_p\left[\mathbb{E}(x)\frac{\partial p(x,t)}{\partial x} + p(x,t)\frac{\partial \mathbb{E}(x)}{\partial x}\right] + \mu_n n(x,t)\left(g'_p - r'_p\right)$$

$$+ \mu_p p(x,t) D_n \frac{\partial^2 n(x,t)}{\partial x^2} + \mu_p p(x,t)\mu_n \left[\mathbb{E}(x)\frac{\partial n(x,t)}{\partial x} + n(x,t)\frac{\partial \mathbb{E}(x)}{\partial x}\right]$$
$$+ \mu_p p(x,t)(g'_n - r'_n) \quad (\text{식 } 8.29)$$

여기서 전기장 $\mathbb{E}(x)$는 내부 전기장 $\mathbb{E}_{int}(x)$과 외부 전기장 $\mathbb{E}_{ext}(x)$의 합으로 주어진다.

$$\mathbb{E}(x) = \mathbb{E}_{ext}(x) + \mathbb{E}_{int}(x) \quad (\text{식 } 8.30)$$

과잉 생성된 전자 · 정공 쌍의 개수를 $\delta p(x,t) = \delta n(x,t) = \delta N(x,t)$로 정의하면.

$$\frac{\partial p(x,t)}{\partial t} = \frac{\partial\big(p_o + \delta N(x,t)\big)}{\partial t} = \frac{\partial \delta N(x,t)}{\partial t} \quad (\text{식 } 8.31)$$

$$\frac{\partial n(x,t)}{\partial t} = \frac{\partial\big(n_o + \delta N(x,t)\big)}{\partial t} = \frac{\partial \delta N(x,t)}{\partial t} \quad (\text{식 } 8.32)$$

여기서, $g'_p = g'_n = g'$, $r'_p = r'_n = r'$로 가정하면, 전자와 정공의 전류 밀도 연속 방정식 (식 8.29)는 다음과 같이 정리된다.

$$\big[\mu_n n(x,t) + \mu_p p(x,t)\big]\frac{\partial \delta N(x,t)}{\partial t}$$
$$= \big[\mu_n n(x,t) D_p + \mu_p p(x,t) D_n\big]\frac{\partial^2 \delta N(x,t)}{\partial x^2}$$
$$+ \mu_n \mu_p\big(p(x,t) - n(x,t)\big)\left[\mathbb{E}(x)\frac{\partial N(x,t)}{\partial x}\right]$$
$$+ \big[\mu_n n(x,t) + \mu_p p(x,t)\big](g' - r') \quad (\text{식 } 8.33)$$

양변을 $\mu_n n(x,t) + \mu_p p(x,t)$로 나누면,

$$\frac{\partial \delta N(x,t)}{\partial t} = D'\frac{\partial^2 \delta N(x,t)}{\partial x^2} + \mu' \mathbb{E}(x)\frac{\partial N(x,t)}{\partial x} + (g' - r') \quad (\text{식 } 8.34)$$

$$D' = \frac{\mu_n n(x,t) D_p + \mu_p p(x,t) D_n}{\mu_n n(x,t) + \mu_p p(x,t)}[cm^2/s] \quad (\text{식 } 8.35)$$

$$\mu' = \frac{\mu_n \mu_p\big(p(x,t) - n(x,t)\big)}{\mu_n n(x,t) + \mu_p p(x,t)}[cm^2/(V \cdot s)] \quad (\text{식 } 8.36)$$

여기서 D'는 앰비폴러의 확산 계수(Ambipolar diffusion coefficient), μ'는 앰비폴러의 이동도 (Ambipolar mobility)로 정의된다.

또한, 아인슈타인 관계 $D_n = (D_p/\mu_p)\mu_n$, $\mu_p = (\mu_n/D_n)D_p$를 (식 8.35)에 대입하면, 다음과 같은 결과를 얻을 수 있다.

$$D' = \frac{\mu_n n(x,t) D_p + \mu_p p(x,t) D_n}{\mu_n n(x,t) + \mu_p p(x,t)} = \frac{D_n D_p \big(n(x,t) + p(x,t)\big)}{D_n n(x,t) + D_p p(x,t)} [cm^2/s] \quad (\text{식 } 8.37)$$

이와 같이, 과잉 전하에 의한 연속 방정식은 정공의 전류 밀도에 대한 연속 방정식 (식 8.24)와 전자의 전류 밀도에 대한 연속 방정식 (식 8.26)의 조합으로 나타낼 수 있다. 이를 통해 과잉 전하의 시간 변화율은 확산 계수, 이동도, 생성률, 그리고 재결합률의 조합으로 설명되며, 앰비폴러 전송의 기본 특성을 해석할 수 있다.

p 형 반도체에서의 앰비폴러의 확산 계수와 이동도

p 형 반도체에 저준위 주입이 이루어지면 앰비폴러 전송은 $n(x,t) \ll p(x,t)$ 조건을 만족한다. 이는 소수전하인 전자의 농도가 다수전하인 정공에 비해 매우 작다는 것을 의미하며, 이 조건에서 앰비폴러의 확산 계수 D'과 앰비폴러의 이동도 μ'는 다음과 같이 간소화된다.

$$D' = \frac{D_n D_p \big(n(x,t) + p(x,t)\big)}{D_n n(x,t) + D_p p(x,t)} \approx \frac{D_n D_p p(x,t)}{D_p p(x,t)} = D_n \quad (\text{식 } 8.38)$$

$$\mu' = \frac{\mu_n \mu_p \big(p(x,t) - n(x,t)\big)}{\mu_n n(x,t) + \mu_p p(x,t)} \approx \frac{\mu_n \mu_p p(x,t)}{\mu_p p(x,t)} = \mu_n \quad (\text{식 } 8.39)$$

따라서, 전자의 연속 방정식은 다음과 같이 표현된다.

$$\frac{\partial \delta n(x,t)}{\partial t} = D_n \frac{\partial^2 \delta n(x,t)}{\partial x^2} + \mu_n \mathbb{E}(x) \frac{\partial n(x,t)}{\partial x} + (g' - r') \quad (\text{식 } 8.40)$$

여기서 재결합률 r'은, 소수전하인 전자의 수명을 τ_{n0}로 가정하면 다음과 같이 표현된다.

$$r' = r'_n = \frac{\delta n(x,t)}{\tau_{n0}} \quad (식\ 8.41)$$

따라서, p 형 반도체에서 전자의 이동 특성은 앰비폴러 확산 및 이동의 주요 결정 요인으로 작용한다. 특히, 소수전하인 전자의 수명이 짧아질수록 재결합이 빠르게 이루어져 전자·정공 쌍의 움직임에 큰 영향을 준다. 이러한 결과는 앰비폴러 전송이 다수전하가 아닌 소수전하의 이동 특성에 의해 크게 좌우됨을 명확히 보여준다.

n 형 반도체에서의 앰비폴러의 확산 계수와 이동도

저준위 주입이 이루어진 n 형 반도체에서는 $n(x,t) \gg p(x,t)$ 조건을 만족한다. 이는 다수전하인 전자의 농도가 소수전하인 정공의 농도에 비해 매우 크다는 것을 의미하며, 이로 인해 앰비폴러의 확산 계수 D'과 앰비폴러의 이동도 μ'는 다음과 같이 간소화된다.

$$D' = \frac{D_n D_p \big(n(x,t) + p(x,t)\big)}{D_n n(x,t) + D_p p(x,t)} \approx \frac{D_n D_p n(x,t)}{D_n n(x,t)} = D_p \quad (식\ 8.42)$$

$$\mu' = \frac{\mu_n \mu_p \big(p(x,t) - n(x,t)\big)}{\mu_n n(x,t) + \mu_p p(x,t)} \approx -\frac{\mu_n \mu_p n(x,t)}{\mu_n n(x,t)} = -\mu_p \quad (식\ 8.43)$$

따라서, 연속 방정식은 다음과 같이 표현된다.

$$\frac{\partial \delta p(x,t)}{\partial t} = D_p \frac{\partial^2 \delta p(x,t)}{\partial x^2} - \mu_p \mathbb{E}(x) \frac{\partial p(x,t)}{\partial x} + (g' - r') \quad (식\ 8.44)$$

여기서 재결합률 r'은, 소수전하인 정공의 수명을 τ_{p0}로 가정하면 다음과 같이 표현된다.

$$r' = r'_p = \frac{\delta p(x,t)}{\tau_{p0}} \quad (식\ 8.45)$$

이로써 n 형 반도체에서 소수전하인 정공의 이동 특성은 앰비폴러 확산 및 이동의 주요 결정 요인으로 작용한다. 이는 전자·정공 쌍의 움직임이 다수전하(전자)가 아닌 소수전하(정공)의 특성에 의해 지배됨을 의미한다. 특히, 정공의 수명 τ_{p0}이 짧아질수록 재결합이 더 빠르게 이루어지며, 이러한 특성이 앰비폴러 전송에 직접적으로 영향을 미친다.

8.5.1 과잉 전하가 생성되어 정상상태가 된 경우의 앰비폴러 전송

전기장과 전하 생성이 없는 n 형 반도체에 [그림 8-7]과 같이 균일한 세기로 빛을 입사하면 전도대와 가전자대에서 전자·정공 쌍이 생성된다. 이때, 빛의 입사로 인해 생성된 과잉 전하의 농도가 정상상태에 도달한 것으로 가정한다. $x = 0$에서 생성된 과잉 전하는 $\Delta N = \Delta p = \Delta n$으로 정의된다.

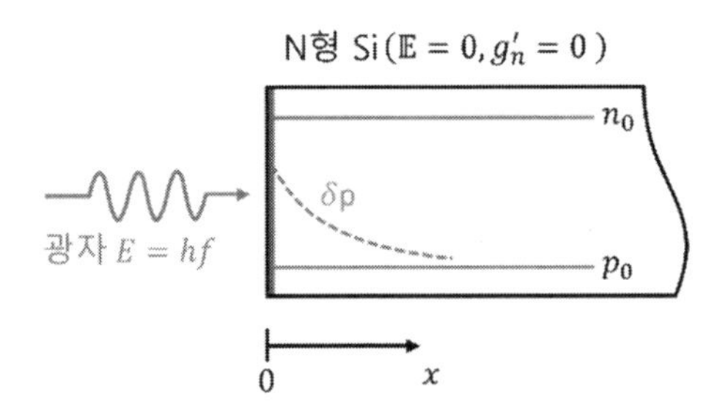

[그림 8-7] 빛에 의한 과잉 전하의 생성과 재결합

[그림 8-7]은 빛의 입사로 생성된 전자·정공 쌍이 확산과 재결합 과정을 거치며 공간적으로 분포하는 모습을 나타낸다. 균일한 빛의 세기로 인해 과잉 전하의 생성률은 일정하며, 전기장이 없는 조건에서는 과잉 전하가 확산에 의해서만 공간적으로 분포한다.

이때, 과잉 전하는 정상상태에 도달했으므로 시간에 따른 농도 변화는 없고, 공간에 따른 농도 변화만 존재한다. 이 농도 변화는 확산 방정식을 통해 다음과 같이 유도된다.

n 형 반도체의 앰비폴러 전송에서는 소수전하인 정공이 주요 변수가 되므로, 정공의 연속 방정식을 사용해 공간적 분포를 구한다. 정공의 연속 방정식 (식 8.44)에서

생성항이 없으므로 $g' = 0$, 전기장이 없는 조건에서는 $\mathbb{E}(x) = 0$이 되어 다음 식을 얻을 수 있다.

$$-\mu_p \mathbb{E}(x) \frac{\partial N(x,t)}{\partial x} = 0 \quad (\text{식 } 8.46)$$

또한, 정상상태에서는 과잉 전하 농도가 시간에 따라 변하지 않으므로,

$$\delta N(x,t) = \delta N(x) = \delta p(x) = \delta n(x) \quad (\text{식 } 8.47)$$

따라서,

$$\frac{\partial \delta N(x,t)}{\partial t} = \frac{\partial \delta N(x)}{\partial t} = 0 \quad (\text{식 } 8.48)$$

소수전하인 정공의 재결합률 r'은 정공의 수명 τ_{p0}에 의해 결정되며,

$$r' = r_p' = \frac{\delta p(x)}{\tau_{p0}} \quad (\text{식 } 8.49)$$

이 조건을 적용하면 앰비폴러 전송의 연속 방정식은 다음과 같다.

$$D_p \frac{d^2 \delta p(x)}{dx^2} - \frac{1}{\tau_{p0}} \delta p(x) = 0 \quad (\text{식 } 8.50)$$

위 식을 정리하면,

$$\frac{d^2 \delta p(x)}{dx^2} - \frac{1}{{L_p}^2} \delta p(x) = 0 \quad (\text{식 } 8.51)$$

여기서 L_p는 정공의 확산길이(Diffusion length)로, 확산과 재결합 사이의 균형을 나타내는 특성 길이로서 다음과 같이 정의된다.

$$L_p = \sqrt{D_p \tau_{p0}} \quad (\text{식 } 8.52)$$

2 차 미분 방정식 (식 8.51)의 일반해는 다음과 같다.

$$\delta p(x) = Ae^{+x/L_p} + Be^{-x/L_p} \quad (식\ 8.53)$$

여기서, 경계 조건을 적용하여 계수 A와 B를 결정한다. 먼거리 경계 조건($x = \infty$)에서는 과잉 전하는 소멸하여 0 이므로,

$$\delta p(\infty) = Ae^{+\infty/L_p} + Be^{-\infty/L_p} = 0 \quad (식\ 8.54)$$

따라서, 계수 $A = 0$이다.

다음으로, $x = 0$ 경계 조건에서 과잉 전하가 $\Delta N = \Delta p = \Delta n$이므로

$$\delta p(0) = Be^{-0/L_p} = \Delta N \quad (식\ 8.55)$$

따라서, 계수 $B = \Delta p$임을 알 수 있다.

위 경계 조건들을 적용하면, 만족하는 해는 다음과 같다.

$$\delta p(x) = \Delta p e^{-x/L_p} \quad (식\ 8.56)$$

이는 과잉 전하 농도가 정공의 확산 길이 L_p에 따라 공간적으로 지수 감소함을 보여준다. 빛의 입사로 인해 생성된 과잉 전하는 $x = 0$에서 최대치를 가지며, 확산과 재결합 과정으로 먼거리에서는 점차 감소하여 소멸한다.

8.5.2 정상상태 후 평형 상태 복귀로의 전하 움직임

n 형 반도체에 [그림 8-7]과 같이 균일한 세기의 빛을 입사하여 과잉 전하 농도가 정상상태에 도달한 후, 빛을 갑자기 제거한다고 가정한다. 이 경우, 과잉 전하는 재결합 과정을 통해 시간이 지남에 따라 감소하며 평형 상태로 복귀한다.

과잉 정공의 농도가 공간적으로 균일하다고 가정하면, 과잉 정공의 농도는 시간에 따라서만 변한다. 이를 바탕으로 시간에 따른 과잉 전하 농도의 감소 과정을 분석한다.

n 형 반도체의 앰비폴러 전송 연속 방정식 (식 8.44)에서 생성 항이 없으므로 $g' = 0$ 이다. 또한, 전기장이 없으므로 $\mathbb{E}(x) = 0$이며, 이에 따라 다음 식이 성립한다.

$$-\mu_p \mathbb{E}(x) \frac{\partial N(x,t)}{\partial x} = 0 \quad (\text{식 } 8.57)$$

과잉 정공의 농도가 공간적으로 균일하다고 가정하면, $\delta N(x,t) = \delta N(t) = \delta p(t) = \delta n(t)$이다.

소수전하의 재결합률 r'은 소수전하인 정공의 수명 τ_{p0}에 의해 다음과 같이 표현된다.

$$r' = r_p' = \frac{\delta p(x)}{\tau_{p0}} \quad (\text{식 } 8.58)$$

이를 앰비폴러 전송 연속 방정식 (식 8.44)에 대입하면 다음 미분 방정식을 얻을 수 있다.

$$\frac{d\delta p(t)}{dt} = -\frac{\delta p(t)}{\tau_{p0}} \quad (\text{식 } 8.59)$$

양변을 $\delta p(t)$와 t에 대해 분리하면,

$$\frac{d\delta p(t)}{\delta p(t)} = -\frac{dt}{\tau_{p0}} \quad (\text{식 } 8.60)$$

양변을 적분하면,

$$\int \frac{1}{\delta p(t)} d\delta p(t) = \int -\frac{1}{\tau_{p0}} dt \quad (\text{식 } 8.61)$$

$$\ln|\delta p(t)| = -\frac{t}{\tau_{p0}} + C \quad (\text{식 } 8.62)$$

양변에 e를 밑으로 하는 자연 지수 함수를 취하면,

$$\delta p(t) = e^C \cdot e^{-t/\tau_{p0}} \quad (\text{식 } 8.63)$$

초기 조건 $t = 0$에서 $\delta p(t) = \delta p(0)$를 적용하면, $e^C = \delta p(0)$이므로, 최종적으로 다음과 같은 해를 얻는다.

$$\delta p(t) = \delta p(0) e^{-t/\tau_{p0}} \quad (\text{식 } 8.64)$$

이 결과는 과잉 전하 농도가 시간에 따라 지수적으로 감소하며, 감소 속도는 정공의 수명 τ_{p0}에 의해 결정됨을 보여준다. 이는 과잉 전하가 재결합 과정을 통해 점차 평형 상태로 복귀하는 과정을 수식적으로 나타낸다.

8.5.3 과잉 전하 생성과 흡수원에 의한 과잉 전하 농도

균일한 세기의 빛이 n 형 반도체에 입사하여, [그림 8-8]과 같이 반도체 전체 영역에서 전자·정공 쌍이 일정한 비율로 생성된다고 가정한다. 이 과정에서 생성된 과잉 전하(과잉 전자와 과잉 정공)는 반도체 내부에 공간적으로 분포하며, 동시에 특정 지점 $x = 0$에 존재하는 과잉 전하 흡수원(Sink)에 의해 제거된다.

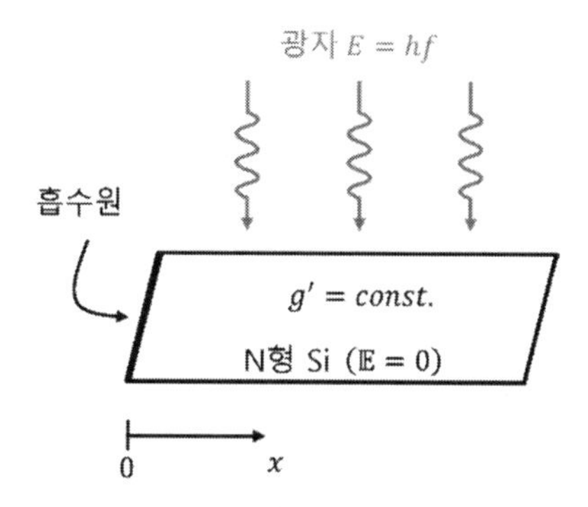

[그림 8-8] 과잉 전하가 균일하게 생성되는 반도체에서 과잉 전하 흡수원이 있는 경우

이와 같은 조건에서 반도체 내부의 과잉 전하 농도의 공간적 분포를 구해보자. 문제를 단순화하기 위해 반도체는 정상상태에 도달하여 시간에 따른 농도 변화가 없다고 가정하며, 내부에는 전기장이 존재하지 않고, 두께 효과는 무시한다.

흡수원으로부터 멀리 떨어진 지점인 $x = \infty$에서는 과잉 소수전하인 정공의 재결합률이 평형 상태의 소수전하인 정공의 수명 τ_{p0}에 의해 결정된다. 또한, 반도체가 정상상태에 있으므로 생성률 g'과 재결합률 $r'(\infty)$은 동일하다. 따라서 다음과 같은 관계가 성립한다.

$$r'(\infty) = r_p'(\infty) = \frac{\delta p(\infty)}{\tau_{p0}} = g' \quad (\text{식 } 8.65)$$

흡수원이 위치한 $x = 0$에서 과잉 소수전하인 정공의 재결합률은 다음과 같이 표현된다. 여기서 $\tau_p{}'$는 $x = 0$에서 과잉 소수전하인 정공의 수명을 나타낸다.

$$r'(0) = r_p'(0) = \frac{\delta p(0)}{\tau_p{}'} \quad (\text{식 } 8.66)$$

반도체가 정상상태에 있으므로, $x = 0$과 $x = \infty$에서의 재결합률은 동일하며, 생성률 g'와 같아야 한다.

$$g' = r'(\infty), g' = r'(0) \quad (\text{식 } 8.67)$$

따라서, $r'(\infty)$와 $r'(0)$도 동일해야 한다.

$$r'(\infty) = r'(0) \quad (\text{식 } 8.68)$$

(식 8.65)와 (식 8.67)을 이용하면 다음과 같은 관계를 얻을 수 있다.

$$\frac{\delta p(\infty)}{\tau_{p0}} = \frac{\delta p(0)}{\tau_p{}'} \quad (\text{식 } 8.69)$$

이를 정리하면,

$$\delta p(0) = \delta p(\infty)\frac{\tau_p{}'}{\tau_{p0}} \quad (\text{식 } 8.70)$$

위 식에서 알 수 있듯이, 흡수원이 있는 $x = 0$에서의 과잉 전하 농도는 $x = \infty$에서의 과잉 전하 농도보다 작다. 따라서 $\delta p(0) < \delta p(\infty)$이며, 이를 통해 $\tau_p{}' < \tau_{p0}$임을 알 수 있다.

n 형 반도체의 앰비폴러 전송 연속 방정식 (식 8.44)에서 전기장이 존재하지 않으므로 $\mathbb{E}(x) = 0$이다. 따라서 다음 관계가 성립한다.

$$-\mu_p \mathbb{E}(x) \frac{\partial N(x,t)}{\partial x} = 0 \quad (\text{식 } 8.71)$$

또한, n 형 반도체가 정상상태에 있으므로 과잉 전하 농도는 시간에 따라 변화하지 않는다. 따라서, 과잉 전하 농도는 $\delta N(x,t) = \delta N(x) = \delta p(x) = \delta n(x)$로 표현되며, 다음과 같은 관계를 얻을 수 있다.

$$\frac{\partial \delta N(x,t)}{\partial t} = \frac{\partial \delta N(x)}{\partial t} = 0 \quad (\text{식 } 8.72)$$

이를 바탕으로 앰비폴러 전송의 연속 방정식은 다음과 같이 정리된다.

$$D_p \frac{d^2 \delta p(x)}{dx^2} + g' - \frac{1}{\tau_{p0}} \delta p(x) = 0 \quad (\text{식 } 8.73)$$

위 식을 정리하면,

$$\frac{d^2 \delta p(x)}{dx^2} + \frac{g'}{D_p} - \frac{1}{{L_p}^2} \delta p(x) = 0 \quad (\text{식 } 8.74)$$

여기서 L_p는 정공의 확산 길이(Diffusion length)로 정의되며, 다음과 같은 관계를 갖는다.

$$L_p = \sqrt{D_p \tau_{p0}} \quad (\text{식 } 8.75)$$

2 차 미분 방정식 (식 8.74)에서 g'를 포함한 상수 항을 제거하기 위해, 과잉 전하의 공간적인 변동 성분을 나타내는 새로운 함수 $\delta p'(x)$를 정의하자. $\delta p'(x)$은 총 과잉 전하 농도에서 생성율 g'과 수명τ_{p0}에 의해 일정하게 유지되는 균일한 과잉 전하 농도를 뺀 값으로, 다음과 같이 표현된다.

$$\delta p'(x) = \delta p(x) - g' \tau_{p0} \quad (\text{식 } 8.76)$$

여기서 $g'\tau_{p0}$는 생성률 g'에 의해 형성된 과잉 전하 농도가 재결합 수명 τ_{p0} 동안 일정하게 유지되는 균일한 성분을 나타낸다. 이는 위치 x에 따라 변하지 않는 상수이다.

(식 8.76)의 $\delta p(x)$를 미분 방정식 (식 8.74)에 대입하면 미분 방정식의 상수항이 상쇄되어 다음과 같이 간단한 형태로 변형된다.

$$\frac{d^2\delta p'(x)}{dx^2} - \frac{1}{{L_p}^2}\delta p'(x) = 0 \quad (식\ 8.77)$$

위 미분 방정식의 일반해는 다음과 같이 주어진다.

$$\delta p'(x) = Ae^{+x/L_p} + Be^{-x/L_p} \quad (식\ 8.78)$$

이제, $\delta p'(x) = \delta p(x) - g'\tau_{p0}$를 이용하여 $\delta p(x)$를 구하면 다음과 같다.

$$\delta p(x) = g'\tau_{p0} + Ae^{+x/L_p} + Be^{-x/L_p} \quad (식\ 8.79)$$

경계 조건 $x = \infty$에서 과잉 전하는 $g'\tau_{p0}$로 수렴하므로, $A = 0$임을 알 수 있다.

또한, 경계 조건 $x = 0$에서 과잉 전하 농도는 다음과 같이 주어지므로 계수 B를 구할 수 있다.

$$\delta p(0) = g'\tau_{p0} + B \quad (식\ 8.80)$$

상수 A와 B를 적용한 최종 해는 다음과 같다.

$$\delta p(x) = g'\tau_{p0} + \left(\delta p(0) - g'\tau_{p0}\right)e^{-x/L_p} \quad (식\ 8.81)$$

여기서, g'값을 (식 8.65)로 대체하면, 과잉 소수전하 농도는 다음과 같이 표현된다.

$$\delta p(x) = \delta p(\infty) + \left(\delta p(0) - \delta p(\infty)\right)e^{-x/L_p} \quad (식\ 8.82)$$

이제, [그림 8-8]에서 $x = 0$에 과잉 전하 흡수원이 없는 경우를 고려하자. 이 조건에서는 $\delta p(0) = \delta p(\infty)$가 성립하므로, 과잉 소수전하 농도는 위치 x에 관계없이 일정하며, 다음과 같이 표현된다.

$$\delta p(x) = \delta p(\infty) \quad (식\ 8.83)$$

또 다른 경우로, $x = 0$에 있는 과잉 전하 흡수원의 능력이 무한하다고 가정하자. 이 경우, 과잉 전하의 수명 $\tau_p{}' = 0$이 되며, 과잉 소수전하 농도는 다음과 같이 표현된다.

$$\delta p(x) = g' \tau_{p0}\left(1 - e^{-x/L_p}\right) \quad (식\ 8.84)$$

CHAPTER

09

열평형 상태에서의 PN 접합

• UNIT GOALS

본 장에서는 p형 반도체와 n형 반도체가 접합하여 열평형 상태에 도달하는 과정을 이해하고, PN 접합의 에너지밴드 구조를 분석한다.

우선, PN 접합의 주요 개념인 다수전하와 소수전하의 농도, 공핍영역의 크기와 물리적 의미를 정의하고, 확산 전위, 내부 전위, 전기장 등의 개념을 직관적으로 설명한다.

다음으로, PN 접합 내의 전하 분포를 기반으로 푸아송 방정식을 활용하여 전기장과 내부 전위를 계산하고, 공핍영역의 크기를 유도한다.

마지막으로, 일방형 PN 접합에 이를 적용하여 주요 물리량을 계산하고 분석하는 방법을 학습한다.

9.1 p 형 반도체와 n 형 반도체

PN 접합은 [그림 9-1]과 같이 억셉터를 도핑한 p 형 반도체와 도너를 도핑한 n 형 반도체를 접합하여 형성된 구조이다. 각각의 반도체는 외부로부터 전기적 영향을 받지 않는 한 전기적 중성 상태를 유지하며, 반도체 공정을 통해 물리적으로 연결된다. 이러한 접합은 PN 다이오드와 같은 다양한 전자 소자의 기본이 되는 구조이다.

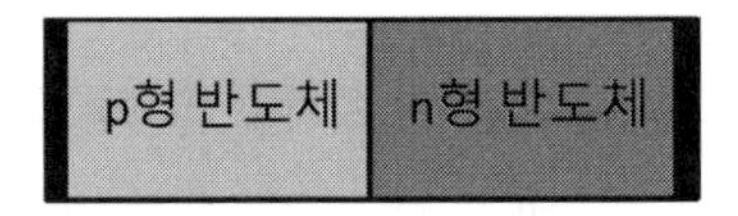

[그림 9-1] PN 접합

억셉터 농도 $N_A = 1.0 \times 10^{16} cm^{-3}$, 도너 농도 $N_D = 1.0 \times 10^{15} cm^{-3}$인 PN 접합을 고려하자. 이때 절대온도 $T = 300K$에서 도펀트가 완전 이온화되었다고 가정한다. 열평형 상태에서 다수전하와 소수전하의 농도 분포는 [그림 9-2]에 나타나 있다.

[그림 9-3]은 [그림 9-2]에서 다룬 PN 접합 구조를 바탕으로, p 형 반도체와 n 형 반도체에서의 다수전하와 소수전하의 농도 분포, 그리고 두 반도체의 에너지 밴드 구조를 보여준다. 여기서 p_{po}는 열평형 상태에서 p 형 반도체 내 정공의 농도를, n_{no}는 열평형 상태에 있는 n 형 반도체의 전자 농도를 의미한다.

n 형 반도체와 p 형 반도체의 페르미 준위 E_{Fn}과 E_{Fp}는 각각 (식 9.1)과 (식 9.2)를 통해 계산된다. 완전 이온화 상태를 가정하면, $p_{po} = N_A$와 $n_{no} = N_D$가 성립한다. 그림에서의 계산 과정은 밴드갭 에너지가 $E_g = 1.1eV$이고, $\mathrm{T} = 300\mathrm{K}$에서 $26meV$의 열에너지(Thermal Energy)를 기반으로 한다.

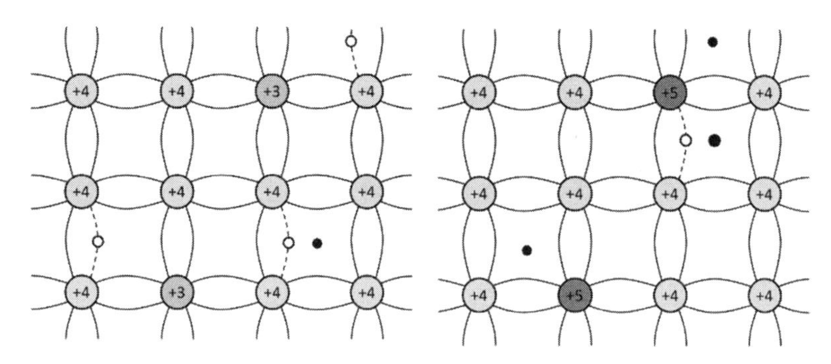

	p형 반도체 특성	n형 반도체 특성
다수 전하	$N_A = 1.0 \times 10^{16}[cm^{-3}]$ $p_{p0} = 1.0 \times 10^{16}[cm^{-3}]$	$N_D = 1.0 \times 10^{15}[cm^{-3}]$ $n_{n0} = 1.0 \times 10^{15}[cm^{-3}]$
소수 전하	$n_{p0} = \frac{n_i^2}{N_A} = \frac{(1.5 \times 10^{10})^2}{1.0 \times 10^{16}} = 2.25 \times 10^4[cm^{-3}]$	$p_{n0} = \frac{n_i^2}{N_D} = \frac{(1.5 \times 10^{10})^2}{1.0 \times 10^{15}} = 2.25 \times 10^5[cm^{-3}]$
실리콘 농도	$5 \times 10^{22}[cm^{-3}]$	$5 \times 10^{22}[cm^{-3}]$

[그림 9-2] PN 접합을 구성하고 있는 p 형 및 n 형 반도체 예

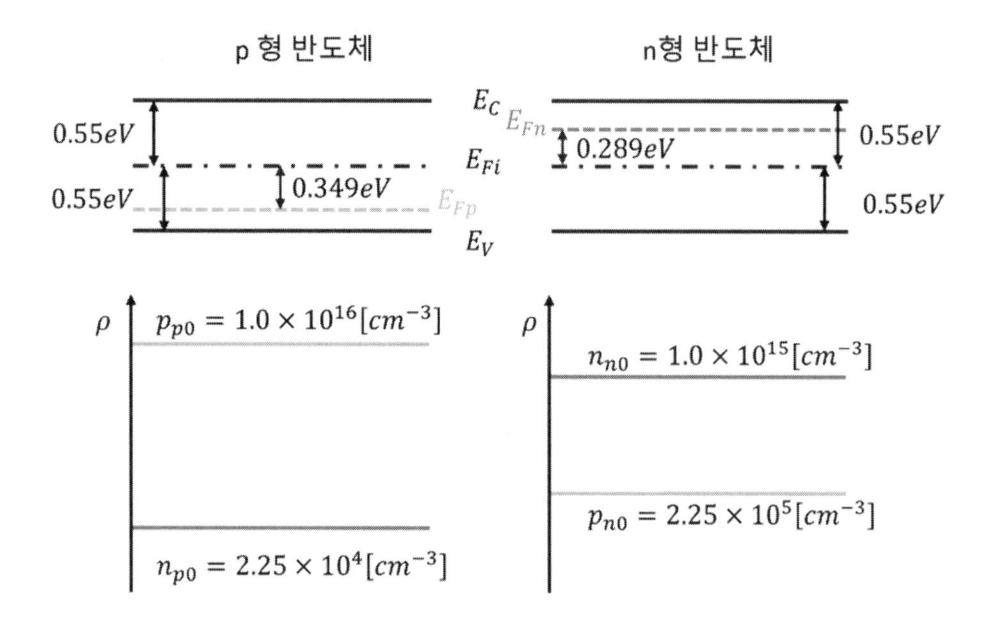

[그림 9-3] PN 접합의 에너지 밴드와 농도 분포 예

$$E_i - E_{Fp} = kT\ln\left(\frac{p_{po}}{n_i}\right) \quad (식\ 9.1)$$

$$E_{Fn} - E_i = kT\ln\left(\frac{n_{no}}{n_i}\right) \quad (식\ 9.2)$$

9.2 열평형 상태의 PN 접합

열평형 상태에서의 PN 접합은 p 형 반도체와 n 형 반도체가 접합하면서 전하가 재분포되고, 이로 인해 전기장이 형성되어 정공과 전자의 흐름이 서로 균형을 이루는 상태가 된다. 본 절에서는 열평형 상태에서 PN 접합의 전기적 특성과 물리적 구조를 분석한다.

9.2.1 열평형 상태의 PN 접합

[그림 9-4]는 p 형 반도체와 n 형 반도체가 접합된 직후의 모습을 시각적으로 나타낸 개념도이다. 이 그림에서 흰색 원은 정공을, 검은색 원은 전자를 상징한다. 완전 이온화된 p 형 반도체에서 정공의 농도 p_{p0}가 $1.0 \times 10^{16} cm^{-3}$인 경우, 전자의 농도 n_{p0}가 $2.25 \times 10^4 cm^{-3}$로 계산된다. 반대로, 완전 이온화된 n 형 반도체의 전자의 농도 n_{n0}가 $1.0 \times 10^{15} cm^{-3}$이면, 정공의 농도 p_{n0}는 $2.25 \times 10^5 cm^{-3}$이다.

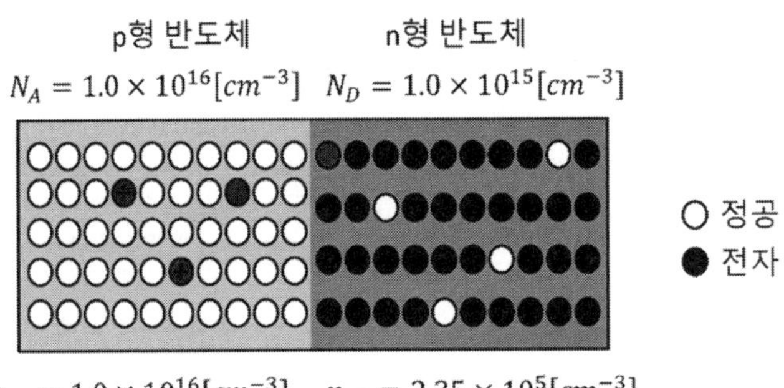

[그림 9-4] PN 접합과 전자와 정공 농도 개념

PN 접합 직후, [그림 9-4]에서 p 형 반도체와 n 형 반도체 간의 전하 농도 차이에 의해 확산운동이 발생한다. p 형 영역에서의 정공 농도($1.0 \times 10^{16} cm^{-3}$)가 n 형 영역의 정공 농도 ($2.25 \times 10^{5} cm^{-3}$)보다 훨씬 높기 때문에, 정공은 농도가 낮은 n 영역으로 확산한다. 동시에 n 형 영역의 전자 농도($1.0 \times 10^{15} cm^{-3}$)가 높아 전자는 농도가 낮은 p 형 영역으로 확산한다.

[그림 9-5]는 PN 접합이 형성된 직후 p 형 반도체와 n 형 반도체 사이에서 확산이 진행되는 과정을 나타낸다. 이 과정은 두 반도체 영역 간의 전하 농도 차이에 의해 발생하며, 전자와 정공의 이동이 반복되면서 공핍영역이 확장된다. 결과적으로 전하 재분포를 통해 열평형 상태로 도달하며, 이는 평형 상태에서 내부 전기장이 형성되는 기반이 된다.

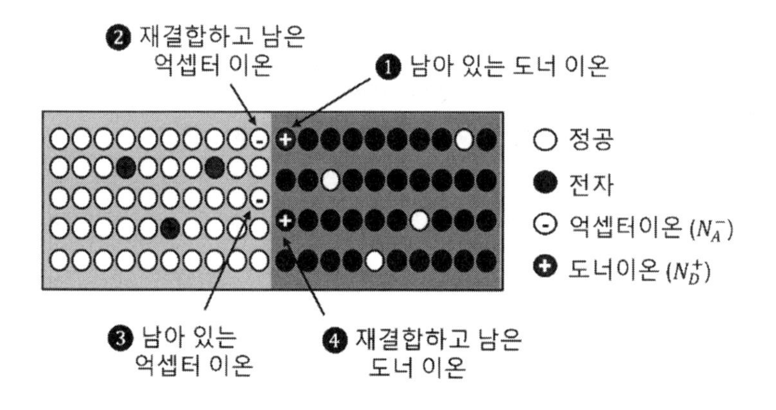

[그림 9-5] PN 접합 직후 초기 확산 과정 개념

1. **n 영역에서 p 영역으로의 전자 확산**: 전도전자가 풍부한 n 영역에서 전자는 p 영역으로 확산된다. 이 과정에서 전자가 빠져나간 n 영역에는 양전하를 띤 도너 이온 (N_D^+)이 남게 된다.
2. **p 영역으로 확산된 전자의 재결합**: p 영역으로 확산된 전자는 공핍영역 내 존재하는 정공과 재결합하여 소멸한다. 재결합 이후 p 영역에는 음전하를 띤 억셉터 이온 (N_A^-)이 남게 된다.
3. **p 영역에서 n 영역으로의 정공 확산**: 정공이 풍부한 p 영역에서 정공이 n 영역으

로 확산된다. 이 과정에서 p 영역에는 음전하를 띤 억셉터 이온 (N_A^-)이 남게 된다.

4. **n 영역으로 확산된 정공의 재결합**: n 영역으로 확산된 정공은 공핍영역 내 전자와 재결합하여 소멸한다. 이 과정으로 인해 n 영역에는 양전하를 띤 도너 이온 (N_D^+)이 남게 된다.

PN 접합이 형성되는 과정에서, 접합 경계 부근에서는 양전하를 띤 도너 이온 N_D^+과 음전하를 띤 억셉터 이온 N_A^-이 축적되고, 전자와 정공은 확산과 재결합 과정에서 소멸된다. 이로 인해 접합 경계 부근에서는 [그림 9-6]과 같이 전하가 거의 없는 공핍영역(Depletion region)이 형성된다.

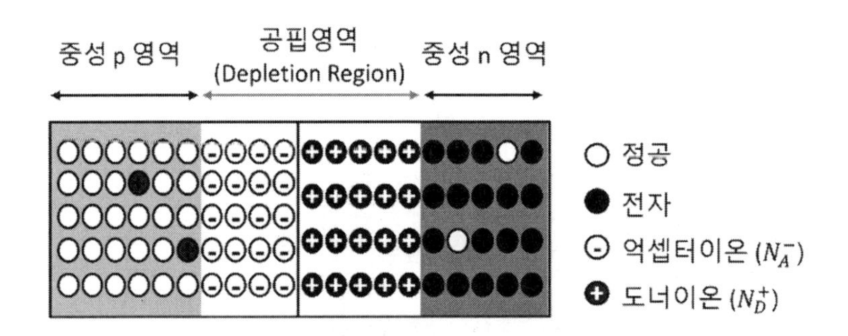

[그림 9-6] PN 접합의 평형 상태

7.6 절에 논의한 것처럼, 불균일한 농도의 반도체에서는 확산에 의해 전기장이 형성되고, 이로 인해 확산 전류와 드리프트 전류가 서로 상쇄되어 순전류가 흐르지 않는 평형 상태가 형성된다. PN 접합에서도 이러한 원리가 동일하게 적용되며, [그림 9-6]은 PN 접합의 이러한 평형 상태를 개념적으로 나타낸 것이다.

PN 접합이 평형 상태에 도달하면, 반도체는 전기적으로 중성인 p 영역과 n 영역, 그리고 공핍영역(Depletion region)으로 구분된다. p 영역과 n 영역은 각각 p 형 반도체와 n 형 반도체의 특성을 그대로 유지한다. 반면, 공핍영역은 억셉터 이온 (N_A^-)과 도너 이온 (N_D^+)으로 이루어진 이온화 영역으로, 정공과 전자가 소멸되어 전기적으로 중성 영역과는 다른 특성을 가진다.

[그림 9-5]에서 나타난 공핍영역의 전하 분포는 전자와 정공의 확산 및 재결합 과정에 의해 형성되며 다음과 같은 균형 관계를 보여준다. 공핍영역에서 전자의 확산으로 인해 발생한 도너 이온 (N_{D1}^{+})의 개수와 확산된 전자가 p 형 반도체에서 재결합하여 형성된 억셉터 이온 (N_{A1}^{-})의 개수는 동일하다. 마찬가지로, 정공의 확산으로 인해 형성된 억셉터 이온 (N_{A2}^{-})의 개수는 확산된 정공이 n 형 반도체 영역에서 재결합하여 형성된 도너 이온 (N_{D2}^{+})의 개수와 동일하다.

따라서, 공핍영역 내에서 억셉터 이온 (N_{A}^{-})은 (N_{A1}^{-})과 (N_{A2}^{-})의 합으로 구성되며, 도너 이온 (N_{D}^{+}) 역시 (N_{D1}^{+})과 (N_{D2}^{+})의 합으로 구성된다. 이때 전체 억셉터 이온 (N_{A}^{-})의 개수와 도너 이온 (N_{D}^{+})의 개수는 항상 동일하다.

전기적으로 중성인 영역에서는 전위 차이가 없으므로 전기장이 존재하지 않는다. 그러나 공핍영역에서는 p 영역 내 음전하를 갖는 억셉터 이온 (N_{A}^{-})과 n 영역 내 양전하를 갖는 도너 이온 (N_{D}^{+})으로 인해, n 영역에서 p 영역으로 향하는 음의 방향의 전기장이 형성된다.

9.2.2 에너지 밴드에서의 열평형 과정과 열평형 상태

PN 접합이 형성된 직후, [그림 9-7]과 같이 전자 농도가 높은 n 영역에서는 전자가 p 영역으로 확산되고, 동시에 정공 농도가 높은 p 영역에서는 정공이 n 영역으로 확산된다.

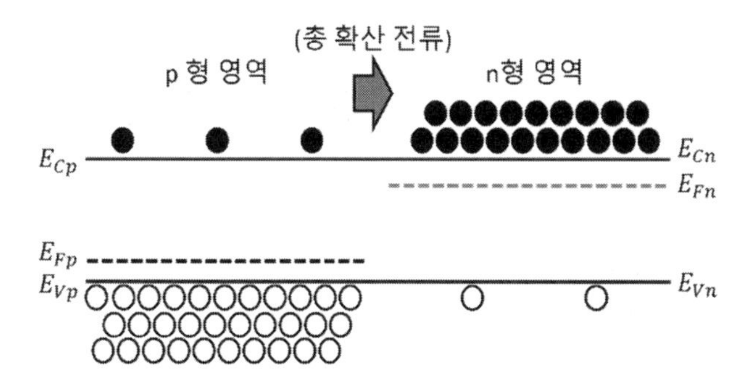

[그림 9-7] PN 접합 직후 에너지 밴드 다이어그램

이 초기 상태에서는 n 영역의 전도대 준위(E_{Cn})와 p 영역의 전도대 준위(E_{Cp})가 동일하므로, 에너지 밴드의 기울기가 형성되지 않고, 결과적으로 내부의 전기장은 존재하지 않는 것으로 가정된다. 이러한 접합 초기에는 [그림 9-7]과 같이 p 영역으로 전자가 확산하는 동시에 n 영역으로 정공이 확산되어 전자와 정공에 의해 총 확산 전류가 흐르지만, 드리프트 전류는 존재하지 않는다. 이때 확산 전류는 양의 방향으로 흐른다.

확산이 진행됨에 따라 재결합과 함께 p 영역에는 음전하를 띠는 억셉터 이온(N_A^-)이, n 영역에는 양전하를 띠는 도너 이온(N_D^+)이 축적되기 시작한다. 그 결과, n 영역의 도너 이온(N_D^+)이 있는 영역은 양의 전위를 띠고, p 영역의 억셉터 이온(N_A^-)이 있는 영역은 음의 전위를 띠게 된다. 이로 인해 에너지 밴드 다이어그램에서 n 영역의 전도대와 가전자대가 p 영역에 비해 상대적으로 낮아지기 시작한다.

[그림 9-8]은 PN 접합에서 확산이 시작된 이후의 에너지 밴드 다이어그램으로, 확산과 재결합에 의해 형성된 음의 억셉터 이온(N_A^-)과 양의 도너 이온(N_D^+)으로 인해 E_{Cn} 준위가 E_{Cp}준위보다 낮아짐을 나타낸다.

이 에너지 밴드에서의 E_{Cn}과 E_{Cp}의 차이는 확산을 억제하는 에너지 장벽 역할을 하며, 에너지 밴드 다이어그램에서 기울기를 형성하여 내부 전기장을 발생시킨다. 이 내부 전기장에 의해 흐르는 드리프트 전류는 음의 방향으로 흐르며, 확산 전류와 반대방향이 된다.

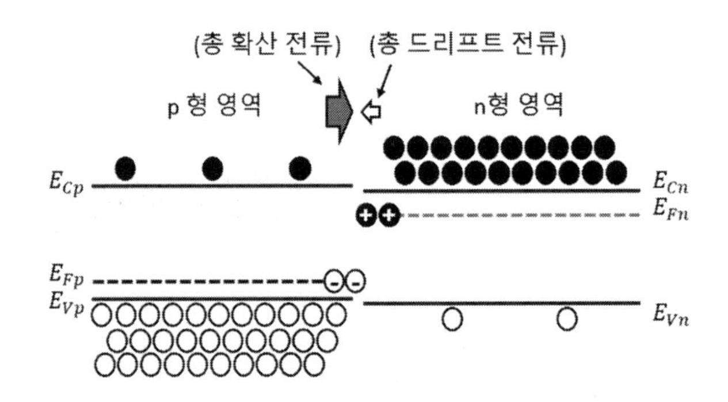

[그림 9-8] PN 접합 후 평형 상태로의 에너지 밴드 변화 과정

확산과 재결합이 발생하면 공핍영역이 생성되고, 이로 인해 내부 전기장이 형성되어 드리프트 전류가 증가한다. 동시에 증가하는 에너지 장벽이 증가함에 따라 확산 전류는 점차 감소하기 시작한다.

[그림 9-8]은 PN 접합이 형성된 후, 평형 상태에 도달하기 이전의 초기 상태를 보여준다. 이 상태에서는 n 영역으로 흐르는 큰 확산 전류와 p 영역으로 흐르는 상대적으로 작은 드리프트 전류가 존재한다.

확산과 재결합이 지속됨에 따라 공핍영역이 점차 확장되고, 이로 인해 내부 전기장이 증가하며, E_{Cn} 준위가 E_{Cp} 준위보다 지속적으로 낮아진다. 그 결과, 확산 전류는 감소하고, 드리프트 전류는 증가한다. 결국, 두 전류의 크기가 같아지는 순간이 오며, 이를 열평형 상태라고 한다. [그림 9-9]은 열평형 상태에 있는 PN 접합의 에너지 밴드 다이어그램을 나타낸다.

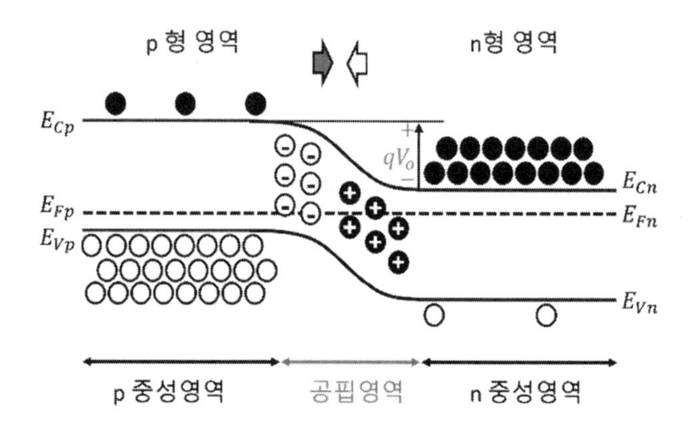

[그림 9-9] 열평형 상태에서의 PN 접합 에너지 밴드 다이어그램

열평형 상태에서는 순전류가 0 이 되고, 페르미 준위는 PN 접합 전체에 걸쳐 일정하게 유지되며 $(E_{Fp} = E_{Fn})$ 평평한 값을 가진다. 이 상태에서 공핍영역은 [그림 9-6]의 공핍영역과 동일하며, 공간 전하 영역(Space charge region)이라고도 불린다. 이 영역에서 도펀트 이온은 속박 전하(Bound charge) 또는 공간 전하(Space charge)로 간주된다.

중성 p 영역과 공핍영역 경계에서 정공의 확산은 오른쪽 방향, 즉 공핍영역 방향으로 진행되지만, 공핍영역 내 전기장은 왼쪽 방향으로 작용한다. 따라서, 공핍영역으로 확산된 정공은 전기장에 의해 다시 p 영역으로 드리프트하며, 이로 인해 정공에 의한 순 전류는 0 이 되어 확산과 드리프트 운동이 평형을 유지한다.

마찬가지로, 중성 n 영역과 공핍영역 경계에서 전자의 확산은 왼쪽 방향, 즉 공핍영역 방향으로 진행하나, 공핍영역 내 전기장은 오른쪽 방향으로 작용한다. 따라서, 공핍영역으로 확산된 전자는 전기장에 의해 다시 n 영역으로 드리프트하고, 이로 인해 전자에 의한 순전류도 0 이 되어, 확산과 드리프트 운동이 평형 상태를 유지한다.

중성 p 영역의 정공 농도는 억셉터 농도와 동일하고, 마찬가지로 중성 n 영역의 전자 농도는 도너 농도와 동일하다. 따라서 중성 영역에서는 $E_{Fp} - E_{Vp}$와 $E_{Fn} - E_{Vn}$은 일정하게 유지된다.

열평형 상태에 있는 PN 접합에서, [그림 9-9]에서와 같이 E_{Cn} 준위와 E_{Cp} 준위의 차이를 에너지 장벽 qV_o라고 하며 다음과 같이 표현된다. 여기서 전압 V_o(또는 ϕ_{bi})는 내부 전위(Built-in potential)라고 한다.

$$qV_o = q\phi_{bi} = E_{Cp} - E_{Fp} - (E_{Cn} - E_{Fn}) \quad \text{(식 9.3)}$$

PN 접합의 열평형 상태에서는 $E_{Fp} = E_{Fn}$이 성립하므로, 에너지 장벽 qV_o는 다음과 같이 단순화된다.

$$qV_o = q\phi_{bi} = E_{Cp} - E_{Cn} \quad \text{(식 9.4)}$$

만약 n 형 반도체와 p 형 반도체가 독립적으로 존재한다면, $E_{Cp} = E_{Cn}$이므로, PN 접합 후 나타나는 에너지 장벽 qV_o는 (식 9.3)에서 $E_{Cp} = E_{Cn}$을 가정하여 구할 수 있다. 즉, 독립된 n 형 반도체와 p 형 반도체의 페르미 준위로부터 PN 접합 후의 에너지 장벽은 다음과 같이 구할 수 있다.

$$qV_o = q\phi_{bi} = E_{Fn} - E_{Fp} \quad \text{(식 9.5)}$$

[그림 9-10]은 독립적으로 존재하는 p 형 및 n 형 반도체와 두 반도체가 접합하여 평형 상태에 도달한 PN 접합의 내부 전위를 나타낸다. 이 그림에는 공핍 p 영역에서 형성된 내부 전위 V_p, ϕ_{Fp}와 공핍 n 영역에서 형성된 내부 전위 V_n, ϕ_{Fn}를 구분하여 보여준다.

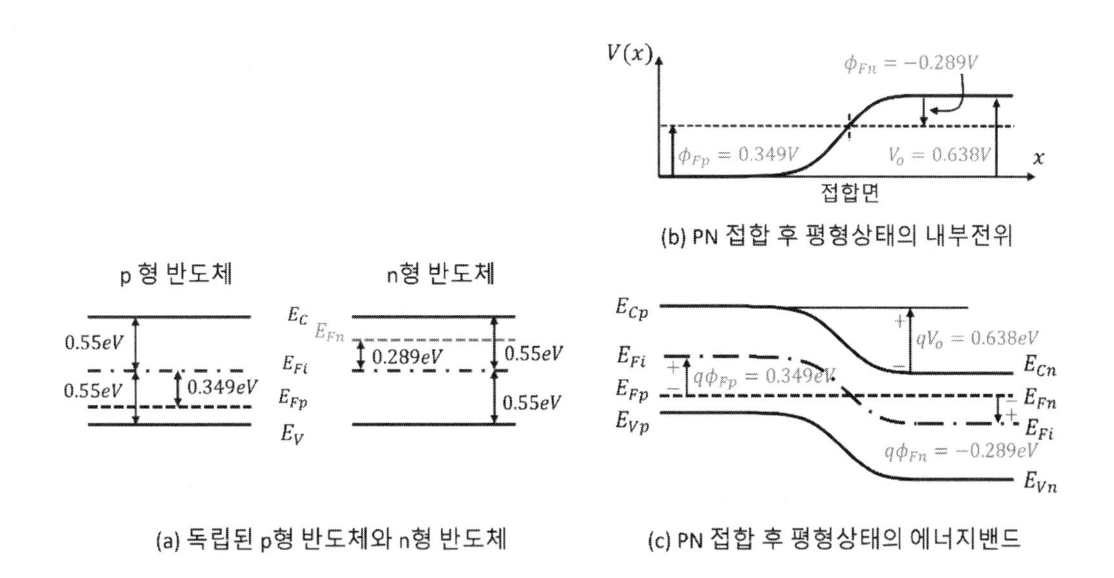

[그림 9-10] 독립된 p 형 및 n 형 반도체와 평형 상태 PN 접합의 에너지 밴드 다이어그램

공핍 p 영역의 내부 전위 ϕ_{Fp}는 진성 페르미 준위 E_{Fi}와 페르미 준위 E_{Fp}의 차이에 해당하는 양의 전위 차이다. 반면, 공핍 n 영역의 내부 전위 ϕ_{Fn}은 진성 페르미 준위 E_{Fi}와 페르미 준위 E_{Fn}의 차이에 해당하는 음의 전위 차이다. 각각의 내부 전위는 다음과 같이 표현된다.

$$V_p = \phi_{Fp} = \frac{E_{Fi} - E_{Fp}}{q} \qquad (식\ 9.6)$$

$$V_n = \phi_{Fn} = \frac{E_{Fi} - E_{Fn}}{q} \qquad (식\ 9.7)$$

따라서 총 내부 전위는 $\phi_{Fp} + |\phi_{Fn}|$로 표현되며, 다음과 같이 나타낸다. 여기서 전위(전압)의 단위는 $[V]$이고, 에너지의 단위는 $[eV]$이다.

$$V_o = V_p + |V_n| = \phi_{Fp} + |\phi_{Fn}| \qquad (식\ 9.8)$$

농도가 다른 반도체가 접합하여 열평형 상태에 도달하면, 접합된 반도체는 하나의 공통된 페르미 준위를 가지며, 이로 인해 순 전류는 흐르지 않는 상태가 된다. 이와 같은 열평형 상태의 PN 접합에서는 초기 확산 과정에서 발생한 전하의 재분포로 인해 에너지 장벽이 형성되며, 이 에너지 장벽에 의한 전위를 내부 전위라고 한다. 내부 전위는 접합 부위에서 확산 운동을 억제하고, 열평형 상태를 유지하는 데 중요한 역할을 한다.

평형 상태에서 중성 n 영역은 위치에 관계없이 동일한 전위를 가지며, 이로 인해 전도대 (E_C)와 가전자대 (E_V)는 기울기가 0 인 평평한 에너지 준위를 형성한다. 이러한 이유로, 중성 n 영역의 길이 방향으로는 전기장이 존재하지 않는다. 마찬가지로, 중성 p 영역도 위치와 무관하게 동일한 전위를 가지며, 이 영역에서도 길이 방향으로 전기장이 존재하지 않는다.

반면, 열평형 상태의 공핍영역에서는 전하의 재분포로 인해 내부 전위가 형성되며, 이로 인해 공핍영역의 에너지 밴드에는 기울기가 나타나게 된다. 이는 내부 전기장이 존재함을 의미하며, 공핍영역은 PN 접합에서 전기장이 형성되는 유일한 영역으로 작용한다.

이와 같은 공핍영역의 전기장은 확산 운동과 균형을 이루어 PN 접합의 열평형 상태를 유지하는 데 핵심적인 역할을 한다.

9.2.3 내부 전위(Built-in potential)

PN 접합에서 공핍영역에 인가되는 총 내부 전위를 계산하기 위해 공핍 n 영역과 p 영역의 내부 전위 ϕ_{Fn}, ϕ_{Fp}를 구한다.

n 영역에서의 전자 농도는 $n_0 = n_i e^{-(E_i - E_F)/kT}$에서, E_i는 E_{Fi}로, E_F는 E_{Fn}으로 대체하여 자연로그를 취하여 정리하면 다음과 같은 관계가 성립한다.

$$E_{Fn} - E_{Fi} = kT\ln\left(\frac{n_0}{n_i}\right) = kT\ln\left(\frac{N_D}{n_i}\right) \qquad (식\ 9.9)$$

이를 공핍 n 영역의 내부 전위 ϕ_{Fn} (식 9.7)에 대입하면, 다음 결과를 얻을 수 있다.

$$\phi_{Fn} = \frac{E_{Fi} - E_{Fn}}{q} = -\frac{kT}{q}\ln\left(\frac{N_D}{n_i}\right) \qquad (식\ 9.10)$$

p 영역에서의 정공 농도는 $p_0 = n_i e^{-(E_F - E_i)/kT}$에서 동일하게 전개하면

$$E_{Fp} - E_{Fi} = kT\ln\left(\frac{n_i}{p_0}\right) = kT\ln\left(\frac{n_i}{N_A}\right) \qquad (식\ 9.11)$$

이를 공핍 p 영역의 내부 전위 ϕ_{Fp} (식 9.6)에 대입하면, 다음과 같이 계산된다.

$$\phi_{Fp} = \frac{E_{Fi} - E_{Fp}}{q} = \frac{kT}{q}\ln\left(\frac{N_A}{n_i}\right) \qquad (식\ 9.12)$$

따라서, 공핍 p 영역과 n 영역에서 형성된 내부 전위의 총합, $V_p + |V_n|$ 는 다음과 같다.

$$V_o = V_p + |V_n| = \phi_{Fp} + |\phi_{Fn}| = \frac{kT}{q}\ln\left(\frac{N_A N_D}{{n_i}^2}\right) \qquad (식\ 9.13)$$

여기서, 억셉터 농도 N_A는 p 형 반도체의 억셉터의 농도이며, 보상 반도체인 경우 억셉터 농도에서 도너 농도를 차감한 값으로 정의된다. 마찬가지로, 도너 농도 N_D는 n 형 반도체의 도너의 농도이고, 보상 반도체에서는 도너 농도에서 억셉터 농도를 차감한 값으로 정의된다.

PN 접합의 내부 전위는 도펀트 농도, 온도 및 밴드갭 에너지에 따라 다음과 같은 특성을 보인다.

도펀트 농도가 증가하면 PN 접합의 내부 전위는 증가한다. 이는 도핑 농도가 높아질수록 (식 9.13)에서 계산된 전위 값이 커지기 때문이다.

온도가 상승하면 내부 전위는 감소한다. 이는 온도가 증가하면, 가전자대에서 전도대로 전자 전이가 더 활발해져 진성 농도 n_i가 증가하기 때문이다.

반면, 밴드갭 에너지 (E_g)가 증가하면 내부 전위는 증가한다. 이는 가전자대에서 전도대로 전이할 확률이 낮아져 진성 농도 n_i가 감소하기 때문이다.

예제 9-1 PN 접합에서 생성되는 총 내부 전위 (식 9.13)을 평형 상태에서의 아인슈타인 관계를 이용하여 유도하라.

풀이

평형 상태에서 PN 접합의 내부 전위를 유도하기 위해 정공과 전자의 확산 전류와 드리프트 전류가 각각 상쇄되어 합이 0 이 되는 조건을 고려한다.

평형 상태에서 정공에 의한 확산 전류와 드리프트 전류 성분의 합은 0 이므로,

$$J_p = 0 = J_{p,drift} + J_{p,diff}$$

이를 전개하면,

$$qp\mu_p \mathbb{E}(x) - qD_p \frac{dp(x)}{dx} = 0$$

정리하면 다음과 같은 관계를 얻는다.

$$\frac{\mu_p}{D_p} \mathbb{E}(x) = \frac{1}{p(x)} \frac{dp(x)}{dx}$$

여기서 전기장은 전위의 기울기로 나타낼 수 있으므로, $\mathbb{E}(x) = -dV(x)/dx$를 대입하면,

$$\frac{\mu_p}{D_p}\left(\frac{-dV(x)}{dx}\right) = \frac{1}{p(x)} \frac{dp(x)}{dx}$$

아인슈타인 관계식 $qD_p = \mu_p kT$ 를 적용하면

$$-\frac{q}{kT}\int_{V_p}^{V_n} dV(x) = \int_{p_p}^{p_n} \frac{1}{p(x)} dp(x)$$

이를 적분하고 정리하면,

$$-\frac{q}{kT}[V_n - V_p] = \ln p_n - \ln p_p$$

$$V_o = \phi_{bi} = V_n - V_p = -\frac{kT}{q}\ln\frac{p_n}{p_p} = \frac{kT}{q}\ln\frac{p_p}{p_n}$$

열평형 상태에서 $p_p = N_A$이고, $p_n = {n_i}^2/N_D$이므로 (식 9.13)이 유도된다.

$$V_o = \phi_{bi} = \frac{kT}{q}\ln\frac{N_A}{{n_i}^2/N_D} = \frac{kT}{q}\ln\frac{N_A N_D}{{n_i}^2}$$

열평형 상태에서 전자에 의한 확산 전류와 드리프트 전류 성분의 합은 0 이므로,

$$J_n = 0 = J_{n,drift} + J_{n,diff}$$

이를 전개하면,

$$qn\mu_n \mathbb{E}(x) + qD_p\frac{dn(x)}{dx} = 0$$

정리하면 다음과 같은 관계를 얻는다.

$$\frac{\mu_n}{D_n}\mathbb{E}(x) = -\frac{1}{n(x)}\frac{dn(x)}{dx}$$

전기장을 전위의 기울기로 나타낸 $\mathbb{E}(x) = -dV(x)/dx$을 대입하면

$$\frac{\mu_n}{D_n}\left(\frac{-dV(x)}{dx}\right) = -\frac{1}{n(x)}\frac{dn(x)}{dx}$$

아인슈타인 관계식 $qD_n = \mu_n kT$ 를 적용하면

$$\frac{q}{kT}\int_{V_p}^{V_n} dV(x) = \int_{n_p}^{n_n} \frac{1}{n(x)} dn(x)$$

이를 적분하면,

$$\frac{q}{kT}[V_n - V_p] = \ln n_n - \ln n_p$$

$$V_o = \phi_{bi} = V_n - V_p = \frac{kT}{q}\ln\frac{n_n}{n_p} = -\frac{kT}{q}\ln\frac{n_p}{n_n}$$

열평형 상태에서 $n_n = N_D$ 이고, $n_p = {n_i}^2/N_A$ 이므로 전자의 경우에서도 (식 9.13)이 유도된다.

$$V_o = \phi_{bi} = \frac{kT}{q}\ln\frac{N_D}{n_i^2/N_A} = \frac{kT}{q}\ln\frac{N_A N_D}{n_i^2}$$

9.3 열평형 상태에 있는 PN 접합의 물리량과 에너지 밴드 다이어그램

열평형 상태의 PN 접합에 외부 전기장이 인가되지 않아 전류가 흐르지 않을 때, 공핍영역(공핍층)에 형성된 전하 분포, 전기장, 전위(Potential)를 전하 분포를 기반으로 하는 2 차 미분 방정식인 푸아송 방정식 (식 2.25)를 통해 구할 수 있다.

9.3.1 공핍영역의 전하 분포

PN 접합의 열평형 상태에서 공핍영역에 형성된 전하 분포는 [그림 9-6]에 개념적으로 표현되어 있다. [그림 9-11]은 공핍영역 내에서 전하 분포가 어떻게 변하는지를

시각적으로 보여준다. 공핍영역과 중성 영역의 경계에서는 전하 농도가 점선으로 표현된 것처럼 점진적으로 변화한다. 그러나, 분석을 단순화하기 위해 공핍 근사(Depletion approximation)를 적용할 수 있다. 이 근사는 공핍영역과 중성 영역의 전하 농도 변화는 계단식 접합처럼 급격하게 일어나고, 공핍영역 내 전하 농도는 일정하며, 급격한 전하 변화는 중성 영역에서 발생한다고 가정한다. 이러한 공핍 근사를 통해 실제 PN 접합의 복잡한 농도 변화를 단순화함으로써, PN 접합의 분석을 보다 용이하게 할 수 있다.

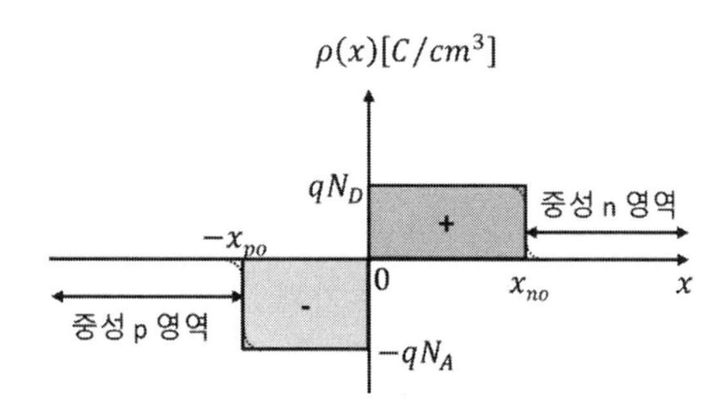

[그림 9-11] PN 접합에서 공핍영역 부근의 전하 분포

PN 접합 부근에서는 정공과 전자가 동일한 개수로 확산하고 재결합하기 때문에, 억셉터 이온 N_A^- 으로 구성된 공핍 p 영역의 전하량과 도너 이온 N_D^+ 으로 구성되는 공핍 n 영역의 전하량은 크기가 같고 부호가 반대이다. 따라서, 공핍영역 전체의 총 전하량은 항상 0 이 된다.

상온 $T = 300K$에서 완전 이온화를 가정한 PN 접합에서는 $N_D^+ = N_D$, $N_A^- = N_A$가 성립한다. 이 조건에서, PN 접합내 임의의 x지점에서 전하 밀도 $\rho(x)$는 다음과 같이 표현된다.

$$\rho(x) = q[p_0(x) + N_D^+(x) - n_0(x) - N_A^-(x)] \quad (식\ 9.14)$$

위 식을 PN 접합내 각 영역에서 적용하면 전하 밀도는 다음과 같이 정리된다. 이는 [표 9-1]에 요약되어 있다.

- **중성 p 영역 ($x \le -x_{p0}$)**: 이동 가능한 정공의 농도 $p_0(x)$는 N_A로 일정하고, N_A^- 농도의 고정 전하(이온)가 존재한다. 따라서, 이 영역은 전기적으로 중성이다.
- **공핍 p 영역 ($-x_{p0} < x \le 0$)**: 억셉터가 전부 이온화되어 음의 고정 전하 농도는 N_A^-로 일정하고, 이동 가능한 정공은 공핍되어 전하 밀도는 $-qN_A^-$가 된다.
- **공핍 n 영역 ($0 < x \le x_{n0}$)**: 도너가 전부 이온화되어 양의 고정 전하 농도는 N_D^+로 일정하고, 이동 가능한 전자는 공핍되어 전하 밀도는 qN_D^+가 된다.
- **중성 n 영역 ($x_{n0} < x$)**: 이동 가능한 전자의 농도 $n_0(x)$는 N_D로 일정하고, N_D^+ 농도의 고정 전하(이온)가 존재하여 이영역은 전기적으로 중성이다.

결론적으로, PN 접합의 총 전하량은 항상 0 이 된다. 이는 공핍영역에서 전자와 정공의 농도 차이에 의해 형성된 고정 전하들이 서로 상쇄되어, 접합 전체에서 전하의 균형을 맞추기 때문이다.

공핍영역에서 서로 상쇄되는 전하량은 크기가 같고 부호가 반대이므로, PN 접합의 단면적을 A 라고 가정하면 공핍영역의 총 전하량 $|Q_J|$는 다음과 같이 표현된다.

$$|Q_J| = AN_A x_{po} = AN_D x_{no} \quad (식\ 9.15)$$

[표 9-1] PN 접합의 각 영역별 전하 밀도와 분포

		$x \le -x_{p0}$	$-x_{p0} < x \le 0$	$0 < x \le x_{n0}$	$x_{n0} < x$
(+)전하밀도	이동가능 전하밀도	p_0	0	0	0
	고정전하밀도	0	0	$+N_D^+$	$+N_D^+$
(−)전하밀도	이동가능 전하밀도	0	0	0	n_0
	고정전하밀도	$-N_A^-$	$-N_A^-$	0	0
총 전하밀도		0	$-N_A^-$	$+N_D^+$	0

9.3.2 공핍영역의 내부 전기장

PN 접합에서의 내부 전기장은 1 차원 미분형 가우스 법칙 (식 2.8)을 기반으로 다음과 같이 표현된다.

$$\frac{d\mathbb{E}}{dx} = \frac{\rho}{\varepsilon_s} \quad (식\ 9.16)$$

이를 공핍 p 영역 $(-x_p < x \leq 0)$에 적용하면, $\rho = -qN_A^- = -qN_A$이므로

$$\frac{d\mathbb{E}_p}{dx} = -\frac{qN_A}{\varepsilon_s}, \qquad -x_{p0} < x \leq 0 \quad (식\ 9.17)$$

이를 적분하면 전기장 $\mathbb{E}_p(x)$는 다음과 같이 계산된다.

$$\mathbb{E}_p(x) = -\frac{qN_A}{\varepsilon_s}x + C_1 \quad (식\ 9.18)$$

경계 조건 $x = -x_{p0}$에서 $\mathbb{E}_p(-x_{p0}) = 0$을 적용하면, 상수 C_1은 다음과 같다.

$$C_1 = -\frac{qN_A}{\varepsilon_s}x_{p0} \quad (식\ 9.19)$$

따라서, 공핍 p 영역에서의 전기장은 다음과 같이 주어진다.

$$\mathbb{E}_p(x) = -\frac{qN_A}{\varepsilon_s}(x + x_{p0}), \qquad -x_{p0} < x \leq 0 \quad (식\ 9.20)$$

같은 방식으로 1 차원 미분형 가우스 법칙 (식 9.16)을 공핍 n 영역 $(0 < x \leq x_{n0})$에 적용하면

$$\frac{d\mathbb{E}_n}{dx} = \frac{qN_D}{\varepsilon_s}, \qquad 0 < x \leq x_{n0} \quad (식\ 9.21)$$

이를 적분하면 전기장 $\mathbb{E}_n(x)$는 다음과 같다.

$$\mathbb{E}_n(x) = \frac{qN_D}{\varepsilon_s}x + C_2 \quad (식\ 9.22)$$

경계 조건 $x = x_{n0}$에서 $\mathbb{E}_n(x_{n0}) = 0$을 적용하면, 상수 C_2는 다음과 같다.

$$C_2 = -\frac{qN_D}{\varepsilon_s}x_{n0} \quad (\text{식 } 9.23)$$

따라서, 공핍 n 영역에서의 전기장은 다음과 같이 주어진다.

$$\mathbb{E}_n(x) = \frac{qN_D}{\varepsilon_s}(x - x_{n0}), \qquad 0 < x < x_{n0} \quad (\text{식 } 9.24)$$

PN 접합의 접합면에서 전기장은 연속이므로 $\mathbb{E}_p(0) = \mathbb{E}_n(0)$가 성립한다. 이를 통해 다음 관계를 얻을 수 있다.

$$-\frac{qN_A}{\varepsilon_s}x_{p0} = -\frac{qN_D}{\varepsilon_s}x_{n0} \quad (\text{식 } 9.25)$$

따라서,

$$N_A x_{p0} = N_D x_{n0} \quad (\text{식 } 9.26)$$

위 관계는 (식 9.15)와 동일하며, 이는 $N_A x_{p0}$가 일정한 PN 접합에서 도너 농도 N_D가 증가하면 공핍 n 영역의 길이 x_{n0}는 감소하고, 도너 농도가 감소하면 x_{n0}는 증가함을 의미한다.

[그림 9-12]는 열평형 상태의 PN 접합에서 전기장 분포를 나타낸다. 중성 영역에서는 전기장이 0 이며, 공핍영역에서는 전기장이 $-x$ 방향으로 작용하므로 음의 값을 갖는다. 최대 전기장 $\mathbb{E}_{max}$는 접합면에서 발생하며, 다음과 같이 계산된다.

$$\mathbb{E}_{max} = -\frac{q}{\varepsilon_s}N_D x_{n0} = -\frac{q}{\varepsilon_s}N_A x_{p0} \quad (\text{식 } 9.27)$$

또한, [그림 9-12]에서 전기장의 면적은 전위에 해당하며, 다음 관계를 만족한다.

$$\mathbb{E}_{max} = -\frac{2V_0}{W} \quad (\text{식 } 9.28)$$

여기서 W는 공핍영역의 너비로, $W = x_{p0} + x_{n0}$이다.

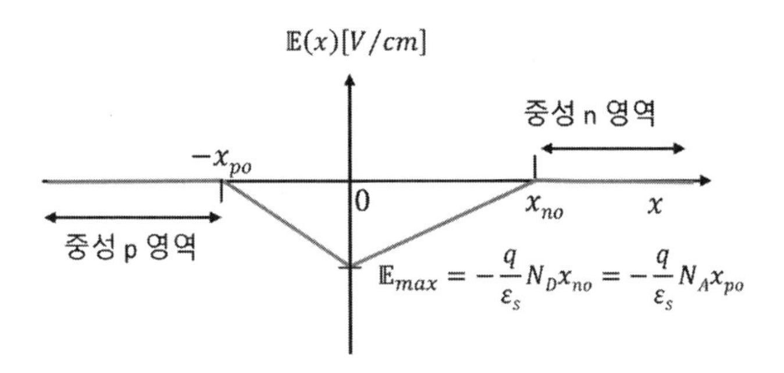

[그림 9-12] 평형 상태의 PN 접합에서의 전기장 분포

9.3.3 공핍영역의 내부 전위(Built-in potential)

전기장과 전위의 관계는 다음과 같이 표현된다.

$$V(x) = -\int \mathbb{E}dx \qquad (\text{식 } 9.29)$$

이 식을 공핍 p 영역과 공핍 n 영역으로 나누어 각각의 전위를 계산한 후, 전체 전위를 구한다.

공핍 p 영역 $(-x_p < x \leq 0)$에서의 전위

공핍 p 영역에서의 전기장 (식 9.20)을 이용하여 전위를 계산하면,

$$V_p(x) = -\int \mathbb{E}_p(x)dx \qquad (\text{식 } 9.30)$$

$$V_p(x) = -\int \left[-\frac{qN_A}{\varepsilon_s}\left(x + x_{p0}\right)\right]dx \qquad (\text{식 } 9.31)$$

이를 적분하면,

$$V_p(x) = \frac{qN_A}{\varepsilon_s}\left(\frac{1}{2}x^2 + x_{p0}x\right) + C_p \qquad (\text{식 } 9.32)$$

경계 조건 $V_p\left(-x_{p0}\right) = 0$을 적용하여 상수 C_p를 계산하면,

$$0 = \frac{qN_A}{\varepsilon_s}\left\{\frac{1}{2}\left(-x_{p0}\right)^2 + x_{p0}\left(-x_{p0}\right)\right\} + C_p \qquad (\text{식 } 9.33)$$

$$C_p = \frac{qN_A}{\varepsilon_s} \cdot \frac{\left(x_{p0}\right)^2}{2} \qquad (\text{식 } 9.34)$$

따라서, 공핍 p 영역의 전위는 다음과 같이 표현된다.

$$V_p(x) = \frac{qN_A}{\varepsilon_s}\left(\frac{1}{2}x^2 + x_{p0}x + \frac{\left(x_{p0}\right)^2}{2}\right) = \frac{qN_A}{2\varepsilon_s}\left(x + x_{p0}\right)^2, \quad -x_{p0} < x \le 0 \qquad (\text{식 } 9.35)$$

공핍 n 영역 ($\mathbf{0} < x \le x_{n0}$)에서의 전위

공핍 n 영역에서의 전위를 (식 9.24)의 전기장 식을 이용하여 구하면,

$$V_n(x) = -\int \mathbb{E}_n(x)dx \qquad (\text{식 } 9.36)$$

$$V_n(x) = -\int \left[\frac{qN_D}{\varepsilon_s}\left(x - x_{n0}\right)\right]dx \qquad (\text{식 } 9.37)$$

이를 적분하면,

$$V_n(x) = -\frac{qN_D}{\varepsilon_s}\left(\frac{1}{2}x^2 - x_{n0}x\right) + C_n \qquad (\text{식 } 9.38)$$

경계 조건 $V_n(0) = V_p(0)$을 적용하여 C_n을 계산하면,

$$C_n = \frac{qN_A\left(x_{p0}\right)^2}{2\varepsilon_s} \qquad (\text{식 } 9.39)$$

따라서, 공핍 n 영역의 전위는 다음과 같다.

$$V_n(x) = -\frac{qN_D}{\varepsilon_s}\left(\frac{1}{2}x^2 - x_{n0}x\right) + \frac{qN_A\left(x_{p0}\right)^2}{2\varepsilon_s} \qquad (\text{식 } 9.40)$$

이를 정리하면,

$$V_n(x) = -\frac{qN_D}{2\varepsilon_s}(x - x_{n0})^2 + \frac{qN_D(x_{n0})^2}{2\varepsilon_s} + \frac{qN_A(x_{p0})^2}{2\varepsilon_s}, \qquad 0 < x \le x_{n0} \quad (\text{식 } 9.41)$$

공핍영역 경계에서의 전위 및 전체 내부 전위 계산

각 경계에서의 전위를 구했으므로, 공핍 n 영역과 공핍 p 영역의 양 경계에서 형성된 전위 크기를 이용하여 공핍영역 전체의 전위차를 구할 수 있다.

공핍 p 영역에 인가되는 내부 전위 ϕ_{Fp}는 경계 $x = -x_{p0}$와 $x = 0$ 사이의 전위차로 정의된다.

$$\phi_{Fp} = V_p(0) - V_p(-x_{p0}) \quad (\text{식 } 9.42)$$

공핍 p 영역의 전위 (식 9.35)에 $x = 0$을 적용하면, 다음을 얻는다.

$$\phi_{Fp} = V_p(0) = \frac{qN_A(x_{p0})^2}{2\varepsilon_s} \quad (\text{식 } 9.43)$$

공핍 n 영역에 인가되는 내부 전위 $|\phi_{Fn}|$는 경계 $x = 0$와 $x = x_{n0}$사이의 전위차로 정의된다.

$$|\phi_{Fn}| = V_n(x_{n0}) - V_n(0) \quad (\text{식 } 9.44)$$

공핍 n 영역의 전위 (식 9.40)에 $x = x_{n0}$를 대입하면,

$$V_n(x_{n0}) = \frac{qN_D(x_{n0})^2}{2\varepsilon_s} + \frac{qN_A(x_{p0})^2}{2\varepsilon_s} \quad (\text{식 } 9.45)$$

공핍 p 영역의 전위 (식 9.35)에 $x = 0$를 대입하면,

$$V_n(0) = V_p(0) = \frac{qN_A}{2\varepsilon_s}(x_{p0})^2 \quad (\text{식 } 9.46)$$

따라서, $V_n(0) = V_p(0)$임을 이용하면 공핍 n 영역의 내부 전위 $|\phi_{Fn}|$는 다음과 같이 계산된다.

$$|\phi_{Fn}| = V_n(x_{n0}) - V_p(0) = \frac{qN_D(x_{n0})^2}{2\varepsilon_s} + \frac{qN_A(x_{p0})^2}{2\varepsilon_s} - \frac{qN_A(x_{p0})^2}{2\varepsilon_s}$$
$$= \frac{qN_D(x_{n0})^2}{2\varepsilon_s} \qquad \text{(식 9.47)}$$

공핍영역 전체에 인가되는 내부 전위 V_o는 ϕ_{Fp}와 $|\phi_{Fn}|$의 합이므로,

$$V_o = \phi_{Fp} + |\phi_{Fn}| = \frac{qN_A(x_{p0})^2}{2\varepsilon_s} + \frac{qN_D(x_{n0})^2}{2\varepsilon_s}$$
$$= \frac{q}{2\varepsilon_s}\left(N_A(x_{p0})^2 + N_D(x_{n0})^2\right) \qquad \text{(식 9.48)}$$

공핍영역에서의 내부 전위 V_o는 PN 접합의 전위 장벽으로, 공핍 p 영역과 공핍 n 영역에 축적된 진하의 균형에 의해 형성된다. 이 전위 장벽은 정공과 전자의 확산을 억제하며, PN 접합의 열평형 상태를 유지하는 데 중요한 역할을 한다.

[그림 9-13]은 PN 접합면을 포함한 공핍영역에서의 전위 분포를 나타낸다. PN 접합의 중성 p 영역과 n 영역에서는 전위가 일정하지만, 공핍 p 영역과 공핍 n 영역에서는 비선형적으로 변화하는 과정을 보여준다. 여기서, x 축은 공간 좌표를, y 축은 내부 전위를 나타낸다.

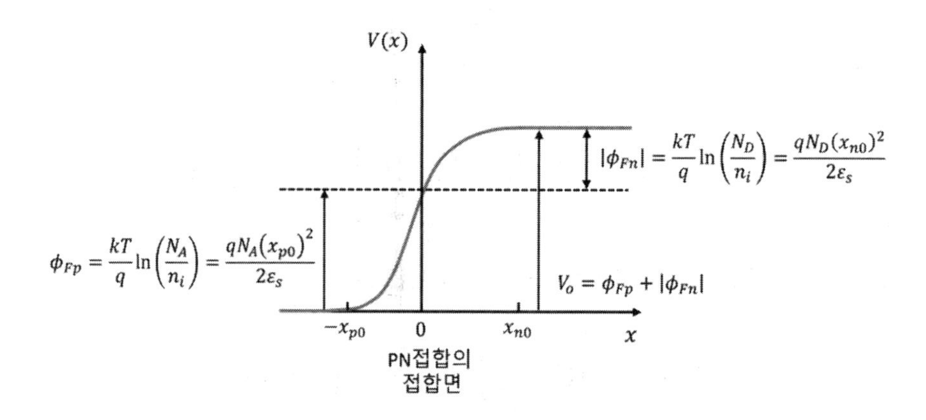

[그림 9-13] 평형 상태의 PN 접합 전위

9.3.4 에너지 밴드 다이어그램

[그림 9-14]는 열평형 상태에서 PN 접합의 에너지 밴드 다이어그램을 전자의 퍼텐셜 에너지를 기준으로 나타낸 것이다. 여기서는 전하량 q 대신 전자의 전하 $(-e)$를 사용하고, 전자의 퍼텐셜 에너지를 $E(-x_{p0}) = 0$으로 설정하였다.

열평형 상태에서, n 영역의 전도대에 있는 전자가 p 영역의 전도대로 확산하려면, 내부 전위 V_0에 해당하는 에너지 장벽 qV_0를 극복해야 한다. 이 에너지 장벽은 n 영역에 있는 다수전하인 전자가 p 영역으로 확산하려는 운동을 억제하는 역할을 한다. 결과적으로, 전자의 확산 운동은 내부 에너지 장벽에 의해 감소하게 된다.

동시에, 음의 기울기를 가지는 에너지 밴드는 공핍영역 내에서 전기장을 생성하며, 이는 전자를 $+x$ 방향으로 드리프트하게 한다. 이는 전자의 확산 운동을 억제하고 평형 상태를 유지하는 데 기여한다.

마찬가지로, 정공의 확산 운동도 감소하지만, 에너지 밴드의 음의 기울기로 인해 정공은 $-x$ 방향으로 드리프트한다. 이는 정공의 확산 운동과 균형을 이루어 정공의 순운동이 0 이 되도록 한다.

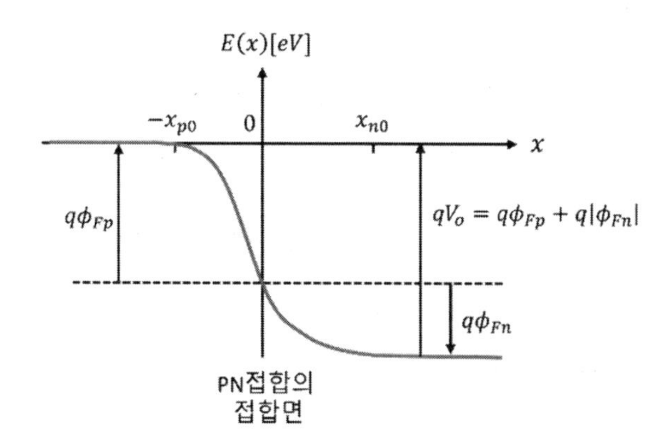

[그림 9-14] 평형 상태에서 PN 접합의 에너지 밴드 다이어그램

결과적으로, PN 접합의 공핍영역에서는 전자와 정공의 확산 운동과 드리프트 운동이 서로 평형을 이루어 순 전류가 흐르지 않는 열평형 상태를 유지한다. 이 과정에서 형성된 내부 전위는 에너지 장벽으로 작용하여 다수전하인 전자와 정공의 확산 운동을 억제하는 동시에, 드리프트 운동을 통해 전하 간의 균형을 유지한다. 이로 인해 PN 접합은 외부 전기장이 가해지지 않은 상태에서는 열평형을 유지하며, 전류가 흐르지 않는 안정적인 상태를 지속한다.

내부 전위차인 V_0는 외부 전압계로 직접 측정되지 않는다. 이는 금속 탐침을 이용해 PN 접합의 전위를 측정할 때, 금속과 반도체의 접촉면에서 새로운 전위 장벽이 형성되기 때문이다. 이 새로운 전위 장벽은 금속 탐침과 p 형 반도체 접점, 그리고 금속 탐침과 n 형 반도체 접점 사이에 각각 생겨나며, 이러한 장벽들이 PN 접합의 내부 전위 V_0를 상쇄하는 역할을 한다.

따라서, PN 접합의 내부 전위는 전압계로 직접 확인할 수 없지만, 10.4 절에서 설명하듯이 PN 집합 커패시턴스의 전압 의존성을 측정하는 방법을 통해 간접적으로 구할 수 있다. 이러한 간접 측정 방식은 PN 접합의 전기적 특성을 분석하는 데 있어 중요한 방법으로 사용된다.

9.3.5 공핍영역의 두께

공핍영역(공핍층)의 총 두께 $W = x_{p0} + x_{n0}$는 억셉터 이온 (N_A^-)과 도너 이온 (N_D^+)에 의해 형성되며, 다음과 같이 계산할 수 있다.

내부 전위 (식 9.48)에 $x_{p0} = N_D x_{n0}/N_A$ (식 9.26)을 대입하면,

$$V_o = \frac{q}{2\varepsilon_s}\left(N_A\left(\frac{N_D x_{n0}}{N_A}\right)^2 + N_D(x_{n0})^2\right) \quad (식\ 9.49)$$

이를 전개하여 정리하면 다음과 같다.

$$V_o = \frac{q}{2\varepsilon_s}\frac{N_D}{N_A}(N_D + N_A)(x_{n0})^2 \quad (식\ 9.50)$$

따라서, 공핍 n 영역의 두께는 다음과 같다.

$$x_{n0} = \sqrt{\frac{2\varepsilon_s V_o}{q}\left(\frac{N_A}{N_D}\right)\left(\frac{1}{N_D + N_A}\right)} \quad \text{(식 9.51)}$$

마찬가지로, 공핍 p 영역의 두께는 내부 전위 (식 9.48)에 $x_{n0} = N_A x_{p0}/N_D$ (식 9.26)을 대입하면,

$$x_{p0} = \sqrt{\frac{2\varepsilon_s V_o}{q}\left(\frac{N_D}{N_A}\right)\left(\frac{1}{N_D + N_A}\right)} \quad \text{(식 9.52)}$$

공핍영역의 총 두께는 x_{n0} (식 9.51)과 x_{p0} (식 9.52)를 합한 값이므로,

$$W = x_{n0} + x_{p0} = \sqrt{\frac{2\varepsilon_s V_o}{q}\left(\frac{N_A}{N_D}\right)\left(\frac{1}{N_D + N_A}\right)} + \sqrt{\frac{2\varepsilon_s V_o}{q}\left(\frac{N_D}{N_A}\right)\left(\frac{1}{N_D + N_A}\right)} \quad \text{(식 9.53)}$$

여기서 두 항의 공통 인자를 묶어 정리하면,

$$W = \sqrt{\frac{2\varepsilon_s V_o}{q}\left(\frac{1}{N_D + N_A}\right)}\left(\sqrt{\frac{N_A}{N_D}} + \sqrt{\frac{N_D}{N_A}}\right) \quad \text{(식 9.54)}$$

좀 더 유용한 형태로 변경하면, 공핍영역의 총 두께 W는 다음과 같이 표현된다.

$$W = \sqrt{\frac{2\varepsilon_s V_o}{q} \cdot \frac{(N_D + N_A)}{N_A N_D}} = \sqrt{\frac{2\varepsilon_s V_o}{q} \cdot \left(\frac{1}{N_A} + \frac{1}{N_D}\right)} \quad \text{(식 9.55)}$$

예제 9-2 공핍영역의 두께 (식 9.54)에서 (식 9.55)를 유도하라.

<u>풀이</u>

(식 9.54)에서 다음 항을 단순화한다.

$$\sqrt{\frac{N_A}{N_D}}+\sqrt{\frac{N_D}{N_A}}$$

이를 제곱하여 계산을 단순화한 뒤, 제곱근를 취하면,

$$\sqrt{\left(\sqrt{\frac{N_A}{N_D}}+\sqrt{\frac{N_D}{N_A}}\right)^2}=\sqrt{\frac{N_A}{N_D}+2+\frac{N_D}{N_A}}=\sqrt{\frac{{N_A}^2+2N_AN_D+{N_D}^2}{N_AN_D}}$$

위 식은 다음과 같이 정리되어

$$\sqrt{\frac{(N_A+N_D)^2}{N_AN_D}}=\frac{N_A+N_D}{\sqrt{N_AN_D}}$$

정리된 위 식을 (식 9.54)에 대입하면 (식 9.55)가 유도된다.

$$W=\sqrt{\frac{2\varepsilon_sV_o}{q}\cdot\frac{(N_D+N_A)}{N_AN_D}}=\sqrt{\frac{2\varepsilon_sV_o}{q}\cdot\left(\frac{1}{N_A}+\frac{1}{N_D}\right)}$$

PN 접합의 공핍 p 영역과 공핍 n 영역에 축적된 전하량의 부호는 반대이지만, 크기는 같아 다음 관계를 만족한다.

$$qAx_{no}N_D=qAx_{po}N_A \qquad (\text{식 } 9.56)$$

공핍영역의 총 두께 $W=x_{p0}+x_{n0}$를 (식 9.56)에 대입하면,

$$x_{no}N_D=(W-x_{no})N_A \qquad (\text{식 } 9.57)$$

위 식을 정리하면, 공핍 n 영역의 두께 x_{no}는 공핍영역의 전체 두께 W로 표현된다.

$$x_{no} = \frac{N_A}{(N_D + N_A)} W \qquad (식\ 9.58)$$

마찬가지로, 공핍 p 영역의 두께 x_{po}는

$$(W - x_{po})N_D = x_{po}N_A \qquad (식\ 9.59)$$

이를 정리하면,

$$x_{po} = \frac{N_D}{(N_D + N_A)} W \qquad (식\ 9.60)$$

공핍 p 영역과 공핍 n 영역에 축적된 서로 같은 크기의 전하량은 다음과 같다.

$$|Q_J| = qAx_{no}N_D = qAx_{po}N_A \qquad (식\ 9.61)$$

이를 전체 공핍영역에 축적된 총 전하량으로 환산하면,

$$|Q_J| = qA\frac{N_A N_D}{(N_D + N_A)}\sqrt{\frac{2\varepsilon_s V_o}{q} \cdot \frac{(N_D + N_A)}{N_A N_D}} \qquad (식\ 9.62)$$

최종적으로, 다음과 같은 형태로 간소화된다.

$$|Q_J| = A\sqrt{2\varepsilon_s q V_o \cdot \frac{N_A N_D}{(N_D + N_A)}} \qquad (식\ 9.63)$$

예제 9-3 단면적 $A = 10^{-4} cm^2$인 평형 상태의 PN 접합이 있다. 다음 조건에서 소수전하와 다수전하 농도, 내부 전위, 공핍영역 두께, 최대 전기장의 크기, 그리고 공핍영역의 전하를 계산하라. $T = 300K, n_i = 1.5 \times 10^{10} cm^{-3}, \varepsilon_s = 1.04 \times 10^{-10} F/m, q = 1.6 \times 10^{-19} C$ 이며, 완전 이온화를 가정한다.

(a) $N_A = 10^{17} cm^{-3}$, $N_D = 10^{17} cm^{-3}$ 인 PN 접합

(b) $N_A = 10^{17} cm^{-3}$, $N_D = 10^{15} cm^{-3}$ 인 PN 접합

(c) $N_A = 10^{16} cm^{-3}$, $N_D = 10^{16} cm^{-3}$ 인 PN 접합

<u>풀이</u>

$\varepsilon_s = 1.04 \times 10^{-10} F/m$를 변환하면 $\varepsilon_s = 1.04 \times 10^{-12} F/cm$이 된다.

(a) $N_A = 10^{17} cm^{-3}$, $N_D = 10^{17} cm^{-3}$ 인 PN 접합

p 영역의 다수전하인 정공의 농도는 $N_A = p_0 = 10^{17} cm^{-3}$ 이고, 소수전하인 전자의 농도는 질량-작용 법칙에 의해 $n_p = n_i^2/N_A = (1.5 \times 10^{10})^2/10^{17} = 2.25 \times 10^3 [cm^{-3}]$이다.

n 영역의 다수전하인 전자의 농도는 $N_D = n_0 = 10^{17} cm^{-3}$이고 소수전하인 정공의 농도는 질량-작용 법칙에 의해 $p_n = {n_i}^2/N_D = (1.5 \times 10^{10})^2/10^{17} = 2.25 \times 10^3 [cm^{-3}]$이다.

PN 접합의 내부 전위는

$$V_o = kT \cdot \ln\left(\frac{N_A \cdot N_D}{{n_i}^2}\right) = 0.026 \times \ln\left(\frac{10^{17} \times 10^{17}}{(1.5 \times 10^{10})^2}\right) = 0.817V$$

공핍영역의 두께는 다음과 같다.

$$W = \sqrt{\frac{2\varepsilon_s V_o}{q} \cdot \frac{(N_D + N_A)}{N_A N_D}} = \sqrt{\frac{2 \times 1.04 \times 10^{-12} \times 0.817}{1.6 \times 10^{-19}} \cdot \frac{(10^{17} + 10^{17})}{10^{17} \times 10^{17}}}$$
$$= 1.458 \times 10^{-5} cm = 0.146 um$$

공핍 n 영역 크기인 x_{n0}와 공핍 p 영역의 크기 x_{p0}는

$$x_{no} = \frac{N_A}{(N_D + N_A)} W = \frac{10^{17}}{(10^{17} + 10^{17})} \times 1.458 \times 10^{-5} = 7.28 \times 10^{-6} cm$$
$$= 0.073 um$$

$$x_{po} = \frac{N_D}{(N_D + N_A)} W = \frac{10^{17}}{(10^{17} + 10^{17})} \times 1.458 \times 10^{-5} = 0.073 um$$

최대 전기장의 크기 $\mathbb{E}_{max}$는 다음과 같다.

$$\mathbb{E}_{max} = -\frac{q}{\varepsilon_s} N_D x_{n0} = -\frac{1.6 \times 10^{-19}}{1.04 \times 10^{-12}} \times 10^{17} \times 7.28 \times 10^{-6}$$
$$= -1.12 \times 10^5 [V/cm]$$

공핍영역의 전하량 $|Q_J|$는 다음과 같이 구해진다.

$$|Q_J| = A \sqrt{2\varepsilon_s q V_o \cdot \frac{N_A N_D}{(N_D + N_A)}}$$
$$= 10^{-4} \sqrt{2 \times 1.04 \times 10^{-12} \times 1.6 \times 10^{-19} \times 0.817 \cdot \frac{10^{17} \times 10^{17}}{(10^{17} + 10^{17})}}$$

$$= 1.17 \times 10^{-11} [C] = 11.7 p[C]$$

PN 접합 (b), (c)인 경우 PN 접합의 물리량을 계산하여 정리하면 다음과 같다.

전하	$N_A = 10^{17} cm^{-3}$ $N_D = 10^{17} cm^{-3}$	$N_A = 10^{15} cm^{-3}$ $N_D = 10^{17} cm^{-3}$	$N_A = 10^{16} cm^{-3}$ $N_D = 10^{16} cm^{-3}$
내부전위 V_o	0.817V	0.697V	0.697V
공핍층의 두께 W	$0.146um$	$0.957um$	$0.426um$
공핍 n 영역 두께 x_{n0}	$0.073um$	$0.947um$	$0.213um$
공핍 p 영역 두께 x_{p0}	$0.073um$	$0.009um$	$0.213um$
최대 전기장의 크기 $\mathbb{E}_{max}$	$1.12 \times 10^5 V/cm$	$1.46 \times 10^4 V/cm$	$3.28 \times 10^4 V/cm$
공핍층의 전하량 $\|Q_J\|$	$11.7pC$	$1.5pC$	$3.4pC$

9.3.6 공핍영역과 중성 영역의 경계에서 전하 농도 분포

열평형 상태에서 PN 접합의 전하 농도 분포는 [그림 9-15]에 나타나 있다. 공핍영역 $(-x_{p0} < x < x_{n0})$에서는 전하가 공핍되어 전자와 정공의 농도가 거의 0 에 가까워진다. 반면, 각 중성 영역에서는 다수전하와 소수전하의 농도가 일정하게 유지된다. n 영역의 다수전하인 전자의 농도는 n_{n0}이고, 소수전하인 정공의 농도는 p_{n0}이다. p 영역의 다수전하인 정공의 농도는 p_{p0}이고, 소수전하인 전자의 농도는 n_{p0}이다.

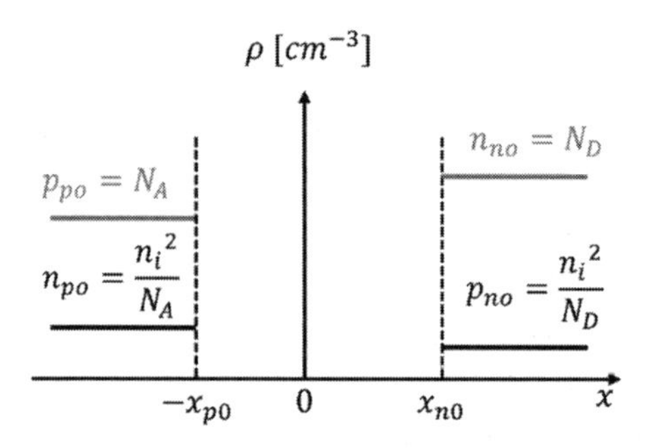

[그림 9-15] 평형 상태의 PN 접합에서 전하 농도

n 영역에서 내부 전위는 (식 9.10)으로부터 다음과 같이 표현된다.

$$|\phi_{Fn}| = \frac{kT}{q}\ln\left(\frac{N_D}{n_i}\right) = \frac{kT}{q}\ln\left(\frac{n_{n0}}{n_i}\right) \qquad \text{(식 9.64)}$$

p 영역에서 내부 전위는 (식 9.12)로부터 다음과 같다.

$$\phi_{Fp} = \frac{kT}{q}\ln\left(\frac{N_A}{n_i}\right) = \frac{kT}{q}\ln\left(\frac{p_{p0}}{n_i}\right) \qquad \text{(식 9.65)}$$

이를 소수전하 농도로 표현하면,

$$\phi_{Fp} = \frac{kT}{q}\ln\left(\frac{{n_i}^2}{n_i \times n_{p0}}\right) = \frac{kT}{q}\ln\left(\frac{n_i}{n_{p0}}\right) \qquad \text{(식 9.66)}$$

전체 내부 전위 V_o는 p 영역과 n 영역의 내부 전위를 합한 값으로, 다음과 같다.

$$V_o = \phi_{Fp} + |\phi_{Fn}| = \frac{kT}{q}\ln\left(\frac{n_{n0}}{n_i}\right) + \frac{kT}{q}\ln\left(\frac{n_i}{n_{p0}}\right) \qquad (\text{식 } 9.67)$$

이를 정리하면,

$$\frac{q}{kT}V_o = \ln\left(\frac{n_{n0}}{n_{p0}}\right) \qquad (\text{식 } 9.68)$$

따라서, n 영역의 다수전하 농도와 p 영역의 소수전하 농도는 다음과 같은 관계를 만족한다.

$$n_{n0} = n_{p0}\exp\left(\frac{q}{kT}V_o\right) \qquad (\text{식 } 9.69)$$

마찬가지로, p 영역의 다수전하 농도와 n 영역의 소수전하 농도는 다음과 같다.

$$p_{p0} = p_{n0}\exp\left(\frac{q}{kT}V_o\right) \qquad (\text{식 } 9.70)$$

9.4 일방형 PN 접합의 예

PN 접합에서 한쪽의 도핑 농도가 다른 쪽의 농도보다 현저히 높은 경우를 일방형 접합(One-sided junction)이라고 한다. 이 경우, PN 접합의 물리량이 단순화된다.

예를 들어, $N_A \gg N_D$인 경우(예제 9-3(b)), 공핍영역의 크기와 전하량을 단순화하여 다음과 같이 근사할 수 있다.

일방형 PN 접합에서 공핍영역의 전체 크기 W는 (식 9.55)에서 다음과 같이 근사된다.

$$W = \sqrt{\frac{2\varepsilon_s V_o}{q} \cdot \left(\frac{1}{N_A} + \frac{1}{N_D}\right)} \approx \sqrt{\frac{2\varepsilon_s V_o}{qN_D}} \qquad (식\ 9.71)$$

이는 공핍영역의 두께가 고농도의 도핑 농도(N_A)와는 무관하며, 저농도(N_D)에 의해 결정됨을 보여준다. 즉 저농도의 공핍영역의 두께(x_{no})는 $(N_D + N_A) \approx N_A$ 이므로 전체 공핍영역의 두께와 거의 같아진다.

$$x_{no} = \frac{N_A}{(N_D + N_A)} W \approx W \qquad (식\ 9.72)$$

반면, 고농도의 공핍영역의 두께는 0 으로 근사화된다.

$$x_{po} = \frac{N_D}{(N_D + N_A)} W \approx 0 \qquad (식\ 9.73)$$

또한, $N_A \gg N_D$일 때, 다음 관계가 성립한다.

$$\frac{N_A N_D}{(N_D + N_A)} = \frac{N_D}{(N_D/N_A + 1)} \approx N_D \qquad (식\ 9.74)$$

이를 (식 9.63)에 대입하면 공핍영역의 전하량 $|Q_J|$는 다음과 같이 단순화된다.

$$|Q_J| \approx A\sqrt{2\varepsilon_s q V_o N_D} \qquad (식\ 9.75)$$

일방형 PN 접합에서는 저농도 영역의 도핑 농도가 공핍영역의 크기와 전하량을 결정하는 주요 요인이 된다. 반면, 고농도 영역은 물리적 특성에 거의 영향을 미치지 않으며, 계산이 크게 간소화된다.

CHAPTER

10

외부 전압과 PN 접합

• UNIT GOALS

평형 상태에 있는 PN 접합에 순방향 또는 역방향의 외부 전압이 인가되면, 전위 장벽, 공핍영역, 전기장과 같은 주요 물리량이 변화한다. 이러한 변화는 전하 분포에 영향을 미쳐, 공핍영역 경계에서 전하의 분포를 변화시키며, 이를 통해 전류가 흐르게 된다. 본 장에서는 외부 전압이 인가된 PN 접합에서 발생하는 전하 분포의 변화와 주요 물리적 특성 변화를 다룬다.

외부 전압이 인가된 PN 접합에서는 다양한 물리적 변화가 발생한다. 외부 전압에 따라 에너지밴드 다이어그램이 변하고, 공핍영역의 크기와 전위 장벽의 높이가 변화한다. 그리고 전기장의 크기와 분포도 변화한다. 이러한 물리량의 변화를 이해하는 것은 PN 접합의 동작 원리를 파악하는 중요한 부분이다.

특히, 외부 전압이 역방향으로 인가될 때, PN 접합의 공핍영역에서 나타나는 접합 캐패시턴스의 변화와 역방향 전압의 특성을 이해하는 것도 중요하다. 또한, 역방향 전압이 임계값을 초과할 때 발생하는 제너 항복(Zener breakdown)과 애벌런치 항복(Avalanche breakdown) 현상을 이해하는 것도 필수적이다.

10.1 순방향과 역방향 바이어스 전압의 PN 접합

PN 접합은 양단에 전압을 인가하면 회로의 기본 소자인 다이오드로 활용할 수 있다. [그림 10-1]은 열평형 상태, 순방향 바이어스(Forward bias), 역방향 바이어스(Reverse bias) 전압 상태에 대한 개념적인 연결도를 보여준다. 역방향 바이어스 상태는 n 영역에 비해 p 영역에 낮은(음) 전압이 인가되는 상태이며, 순방향 바이어스 상태는 n 영역보다 p 영역에 높은(양) 전압이 인가되는 상태를 의미한다.

열평형 상태에서 PN 접합에 외부 전압이 인가되면 평형이 깨지면서 페르미 준위가 어긋난다. 페르미 준위의 이동하면 전도대와 가전자대의 위치가 변하고, 이에 따라, 전자와 정공의 분포도 변화한다. 이러한 변화는 에너지 밴드 구조, 전위 장벽, 공핍영역의 물리적 변화를 유발하며, 전류 흐름에도 영향을 미친다. 순방향 바이어스에서는 전위 장벽이 낮아져 전류가 쉽게 흐르며, 역방향 바이어스에서는 전위 장벽이 커져 전류 흐름이 차단된다. 역방향 전압이 임계값을 초과하면 제너 항복(Zener breakdown)이나 애벌런치 항복(Avalanche breakdown) 현상이 발생할 수 있다.

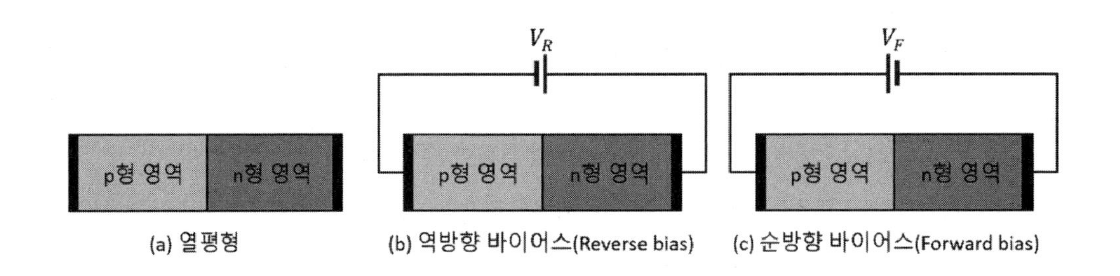

[그림 10-1] 열평형, 역방향 바이어스, 순방향 바이어스 상태의 PN 접합

PN 접합의 중성 p 영역과 중성 n 영역은 각각 높은 정공 농도와 전자 농도로 인해 낮은 저항 특성을 보이는 반면, 공핍영역은 전하가 공핍되어 매우 높은 저항 특성을 나타낸다. 따라서 외부 전압이 인가되면, 공핍영역의 높은 저항으로 인해 인가된 전압의 대부분이 공핍영역에 분포하게 된다.

공핍영역에 인가되는 외부 전압은 열평형 상태에서 공핍영역에 형성된 내부 전위에 추가된다. 만약 추가된 외부 전압이 내부 전위와 같은 방향으로 작용하면, PN 접합의 내부 전위는 평형 상태보다 높아지며, 반대로 외부 전압이 내부 전위와 반대 방향으로 작용하면 PN 접합의 내부 전위는 평형 상태보다 낮아진다.

한편, 중성 영역은 저항이 매우 작아 전압 강하가 미미하다. 이로 인해 중성 영역에서의 전압 변화는 무시할 수 있으며, 평형 상태와 유사하게 0 으로 근사된다.

10.2 순방향 바이어스된 PN 접합 특성

순방향 전압이 PN 접합에 인가되면, 외부 전압의 대부분은 공핍영역에 걸리게 된다. 순방향 전압은 공핍영역 내부 전위와 반대 방향으로 작용하므로, PN 접합의 내부 전위(V_o 또는 ϕ_{bi})의 크기를 감소시킨다. 내부 전위가 감소하면 공핍영역의 전기장 강도도 약화된다.

PN 접합의 p 영역과 n 영역에 도핑된 도펀트 농도 N_A와 N_D는 외부 전압이 인가되더라도 변하지 않고 일정하게 유지된다. 이는 불순물 농도가 온도나 외부 전압 변화에 영향을 받지 않는 정적인 특성을 가지기 때문이다. 그러나, 내부 전위가 감소하면, (식 9.48)에 따라 공핍영역의 폭 x_{p0}와 x_{n0}도 감소한다. 그 결과, 공핍영역의 폭이 감소하고, 공핍 전하량(공간 전하량)도 함께 감소한다.

공핍영역이 감소하면, PN 접합의 전기적 특성이 크게 변화한다. 특히, 내부 전위가 낮아짐에 따라 전자와 정공의 확산이 용이해지며, 이로 인해 순방향 전류가 증가한다. 순방향 전압이 커질수록 전자와 정공의 주입 확률이 높아져, 다수전하가 주입되는 영역에서 전도율이 크게 향상된다. 그 결과, PN 접합 다이오드의 정류 특성, 즉 전류가 한 방향으로만 흐르는 특성이 뚜렷해진다.

[그림 10-2]는 평형 상태의 PN 접합과 순방향 전압이 인가된 상태의 PN 접합을 비교하여, 공핍영역, 내부 전위, 그리고 에너지 밴드 다이어그램을 보여준다. 이 그림

에서는 p 영역을 기준으로 에너지 밴드 다이어그램을 작성하였으며, 순방향 전압이 인가됨에 따라 공핍영역의 폭이 감소하고 에너지 장벽이 낮아지는 모습을 확인할 수 있다.

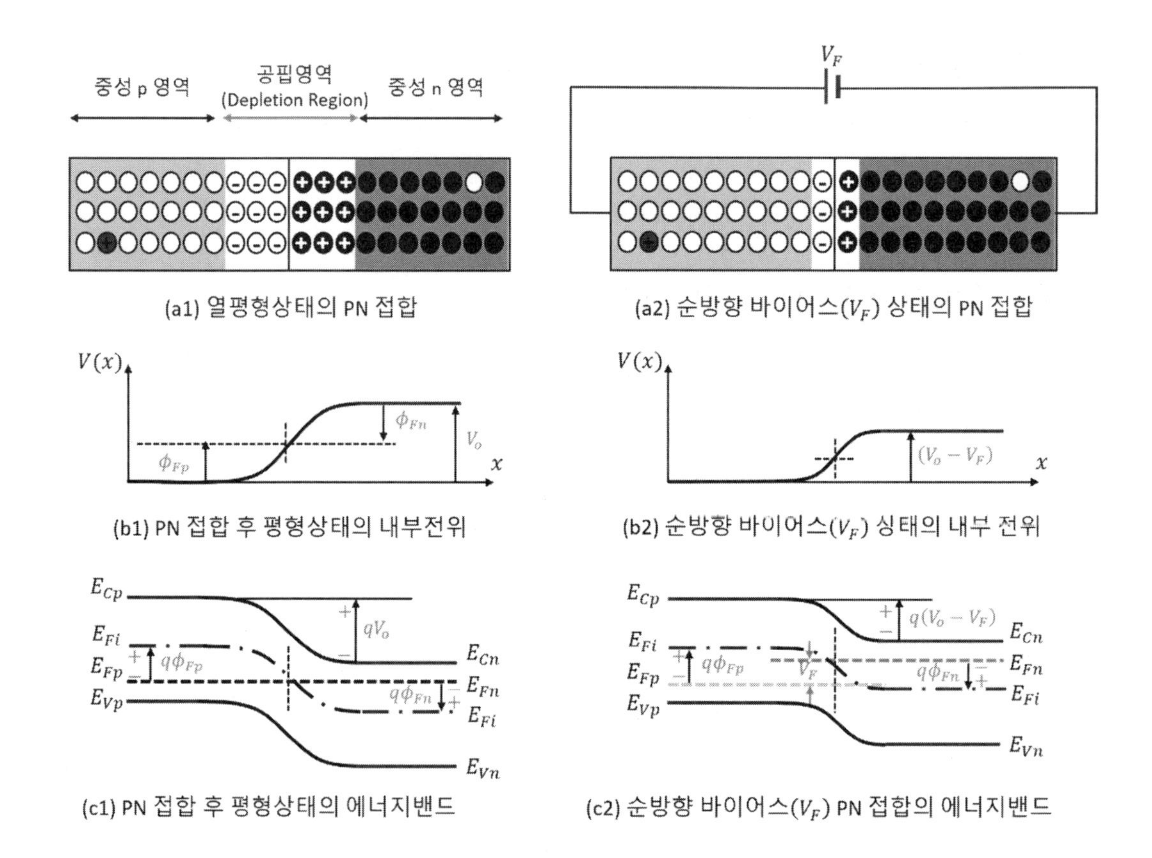

[그림 10-2] 열평형 및 순방향 바이어스(V_F) PN 접합의 전위와 에너지 밴드

열평형 상태의 PN 접합에 외부 전압이 인가되면, 페르미 준위 E_{Fn}과 E_{Fp}는 평형 상태와 달리 외부 전압에 의해 어긋나게 된다. 이 차이는 순방향 전압 V_F과 동일하며, 이는 외부 전압 인가로 인해 전자와 정공의 에너지 준위가 변했음을 의미한다. 이러한 에너지 준위의 변화는 다수전하의 이동을 활성화시켜, 순방향 전류의 흐름을 촉진한다.

순방향 바이어스에서의 이러한 변화는 PN 접합 다이오드가 전류를 한 방향으로만 흐르게 할 수 있는 정류 특성의 물리적 원리를 설명한다.

전위 장벽 감소

순방향 전압 V_F가 인가되면, 이는 평형 상태에서 존재하던 내부 전위 V_o와 반대 방향으로 작용한다. 이로 인해 PN 접합의 공핍영역에 형성된 내부 전위는 V_o에서 $(V_o - V_F)$로 감소한다.

$$V_o \rightarrow (V_o - V_F) \qquad (\text{식 } 10.1)$$

내부 전위의 감소는 에너지 장벽의 높이에도 직접적인 영향을 미친다. 에너지 장벽의 초기 높이는 qV_o로 정의되며, 순방향 전압이 가해지면 이 높이 역시 $q(V_o - V_F)$로 줄어든다.

$$qV_o \rightarrow q(V_o - V_F) \qquad (\text{식 } 10.2)$$

결과적으로, 순방향 바이어스는 공핍영역에 걸린 전기장을 약화시키며, 이는 전류 흐름을 방해하던 에너지 장벽의 높이를 낮추는 효과를 가져온다.

공핍영역 감소와 공핍 전하량 감소

순방향인 외부 전압 V_F는 PN 접합의 공핍영역에만 영향을 미치며, 그 결과 공핍영역의 폭 W이 감소하게 된다. 공핍영역의 폭 W는 평형 상태의 폭 (식 9.55)에 변화된 전위 장벽 (식 10.1)을 대입함으로써 구할 수 있다. 여기서 x_p과 x_n은 순방향 전압이 인가된 상태에서의 공핍 p 영역과 공핍 n 영역의 크기를 나타낸다.

$$W = x_p + x_n = \sqrt{\frac{2\varepsilon_S}{q}\frac{(N_A + N_D)}{N_A N_D}(V_o - V_F)} \qquad (\text{식 } 10.3)$$

순방향 전압 V_F가 증가함에 따라 공핍영역의 폭 W는 초기 평형 상태의 전위 $\sqrt{V}_o$에 비례하던 값에서 점진적으로 감소한다. 이는 공핍영역에 형성된 전기장이 약해짐을 의미하며, 결과적으로 PN 접합 내부에서 전하의 이동이 촉진되고 전류 흐름이 더욱 원활해진다.

공핍영역 감소는 공핍 전하량에도 영향을 미친다. 즉, 순방향 바이어스가 인가된 PN 접합의 공핍 전하량 $|Q_J|$은 평형 상태의 공핍 전하량 (식 9.63)을 이용하여 다음과 같이 나타낼 수 있다.

$$|Q_J| = A\sqrt{2\varepsilon_s \frac{N_A N_D}{(N_D + N_A)} q(V_o - V_F)} \quad (\text{식 } 10.4)$$

여기서 A는 PN 접합의 면적을 나타낸다. 공핍 전하량의 감소는 공핍영역 내 축적된 전하가 줄어드는 결과를 초래하며, 이는 순방향 전압이 인가될 때 다이오드 특성 변화와 밀접한 관계가 있다. 특히, 전압 증가에 따른 공핍 전하량의 감소는 PN 접합 다이오드의 정류 특성과 전류-전압 관계를 이해하는 데 중요한 물리적 근거를 제공한다.

최대 전기장 감소

공핍영역의 폭이 감소함에 따라, PN 접합 내에서 발생하는 최대 전기장 $\mathbb{E}_{max}$도 감소한다. 최대 전기장은 (식 9.27)에 의해 다음과 같이 표현되며, 이는 항상 PN 접합면에서 발생한다.

$$\mathbb{E}_{max} = -\frac{q}{\varepsilon_s} N_D x_n = -\frac{q}{\varepsilon_s} N_A x_p \quad (\text{식 } 10.5)$$

여기서 x_p와 x_n은 공핍영역 내 각각 p 영역과 n 영역의 폭을 나타내며, ε_s는 반도체 물질의 유전율이다.

최대 전기장 $\mathbb{E}_{max}$는 공핍영역 내 축적된 전하 밀도와 직접적으로 관련되며, 공핍영역의 폭이 감소할수록 축적된 전하량이 줄어들기 때문에 최대 전기장의 크기도 감소한다. 이는 순방향 전압 V_F가 증가함에 따라 내부 전위 $(V_o - V_F)$가 감소하기 때문이며, 공핍영역에 형성된 전기장이 약화되는 결과를 초래한다.

이러한 전기장의 약화는 전하(전자와 정공)가 PN 접합을 가로질러 이동하기 쉽게 만들어, 다이오드의 전류-전압 특성에서 순방향 전류가 증가하는 주요 원인 중 하나가 된다.

더불어, 최대 전기장의 감소는 PN 접합에서 터널링 효과와 같은 고전기장 조건에서 발생할 수 있는 비선형 현상의 발생 가능성을 낮춘다. 이는 순방향 전압 범위 내에서 다이오드의 정상적인 동작을 안정적으로 유지할 수 있도록 돕는다.

결론적으로, 최대 전기장의 감소는 다이오드의 동작 안정성과 효율성을 동시에 향상시키는 중요한 물리적 효과이며, 다이오드 설계와 최적화의 핵심 요소이다.

전하 분포와 전류

순방향 바이어스된 PN 접합의 공핍층 내 전하 분포는 [그림 10-2(b2)]에 나타난 것처럼 억셉터 이온(N_A^-)과 도너 이온(N_D^+)으로 구성된다. 순방향 바이어스가 적용되면 공핍영역의 폭이 줄어들어 전하 축적 영역이 감소하며, 전체 고정 전하량도 함께 감소한다.

순방향 전압 V_F가 인가되면, PN 접합의 에너지 장벽 높이가 낮아져 전자와 정공이 에너지 장벽을 극복하기 쉬워진다. 이는 다수전하(전자와 정공)의 확산을 촉진하며, 순방향 전류가 급격히 증가하는 주요 요인이 된다.

반면, 공핍영역의 전기장이 약해짐에 따라 드리프트 전류는 상대적으로 미미한 수준을 유지한다. 공핍영역 내에서 소수전하의 이동은 전기장에 의존하는 데, 전기장이 약화되면서 드리프트 전류의 기여도는 확산 전류에 비해 현저히 낮아진다.

중성 영역에서는 확산된 전하가 재결합 과정을 통해 점진적으로 감소하며, 전하 농도는 위치에 따라 지수적으로 감소한다. 재결합은 전자와 정공이 결합하여 에너지를 열이나 빛 형태로 방출하는 과정이며, 재결합된 전하는 더 이상 전류 흐름에 기여하지 않지만, 재결합 과정에서 빛 형태로 방출되는 과정은 LED 에서 활용된다.

이와 같은 전하 분포와 전류의 변화는 다이오드의 전류-전압 특성에 직접적인 영향을 미친다. 특히, 중성 영역에서의 전하 재분포는 순방향 전류의 크기를 결정짓는 핵심 요소일 뿐만 아니라, 다이오드의 응답 속도와 효율에도 큰 영향을 미친다. 전하 분포의 세부적인 형태와 중성 영역에서의 전하 이동에 대한 더 구체적인 분석은 11장에서 논의된다.

10.3 역방향 바이어스된 PN 접합 특성

역방향 전압이 PN 접합에 인가되면, 외부 전압의 대부분은 공핍영역에 걸리게 된다. 이 역방향 전압은 공핍영역 내부 전위와 같은 방향으로 작용하여 PN 접합의 내부 전위를 증가시킨다. 내부 전위가 증가하면 공핍영역의 전기장 강도도 강화되어 전자와 정공의 이동에 영향을 미친다.

PN 접합의 p 영역과 n 영역에 도핑된 도펀트 농도 N_A와 N_D는 외부 전압이 인가되더라도 변하지 않고 일정하게 유지된다. 내부 전위가 증가하면 (식 9.48)에 따라 공핍영역의 폭 x_{p0}와 x_{n0}가 증가한다. 이에 따라 공핍 전하량(공간 전하량)도 증가한다.

내부 전위가 높아짐에 따라 전자와 정공의 확산은 더욱 억제되며, 확산 전류는 매우 작아진다. 반면, 공핍영역 내 전기장이 강화됨에 따라 소수전하(예: n 영역의 정공, p 영역의 전자)가 드리프트 전류를 형성한다. 그러나, 소수전하의 농도가 매우 낮기 때문에 역방향 전류는 여전히 미미한 수준을 유지한다. 이 역방향 전류는 주로 열적으로 생성된 소수전하에 의해 발생하며, 온도 변화에 따라 민감하게 반응한다.

역방향 전압이 매우 커져 공핍영역 내 전기장이 특정 임계값을 초과하면 제너 항복(Zener Breakdown)이나 애벌런치 항복(Avalanche Breakdown)이 발생할 수 있다.

[그림 10-3]은 평형 상태의 PN 접합과 역방향 전압이 인가된 상태의 PN 접합을 비교한 그림이다. 이 그림에서는 공핍영역의 확대, 내부 전위 변화, 그리고 에너지 밴

드 다이어그램을 시각적으로 확인할 수 있다. p 영역을 기준으로, 역방향 전압이 인가됨에 따라 공핍영역의 폭이 증가하고, 에너지 장벽이 높아지는 변화가 나타난다.

열평형 상태의 PN 접합에 외부 역방향 전압이 인가되면, 페르미 준위(E_{Fn}와 E_{Fp})는 평형 상태와 다르게 외부 전압의 영향으로 역방향 전압(V_R)만큼 어긋난다. 이는 역방향 전압이 전자와 정공의 에너지 준위를 변화시키기 때문이다. 이러한 에너지 준위의 변화는 소수전하의 이동을 억제하지만, 공핍영역 내 전기장이 강화됨에 따라 드리프트 전류는 유지된다.

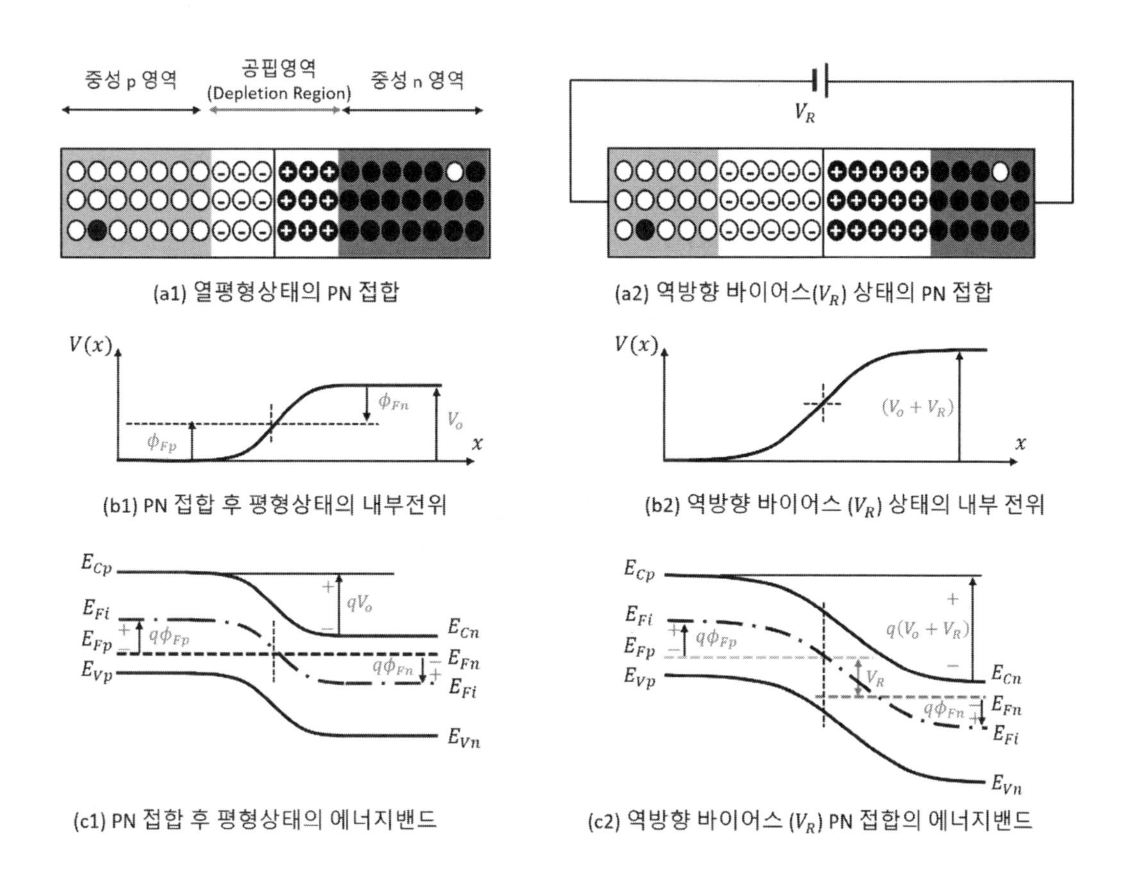

[그림 10-3] 열평형 및 역방향 바이어스(V_R) PN 접합의 전위와 에너지 밴드

역방향 바이어스에서 이러한 변화는 PN 접합 다이오드가 전류를 한 방향으로만 흐르게 하는 정류 특성을 이해하는 데 중요한 기초를 제공한다. 또한, 항복 전압을 초과하면 전류가 급증하는 현상은 다이오드의 고전압 동작 특성을 설명하는 중요한 요소이다.

전위 장벽 증가

역방향 전압 V_R이 인가되면, 이는 평형 상태에서 존재하던 내부 전위 V_o와 같은 방향으로 작용한다. 그 결과, PN 접합의 공핍영역에 형성된 내부 전위는 V_o에서 $(V_o + V_R)$로 증가하게 된다.

$$V_o \rightarrow (V_o + V_R) \qquad \text{(식 10.6)}$$

내부 전위가 증가함에 따라, 에너지 장벽의 높이도 초기 평형 상태에서의 높이인 qV_o에서 $q(V_o + V_R)$로 증가한다.

$$qV_o \rightarrow q(V_o + V_R) \qquad \text{(식 10.7)}$$

따라서, 역방향 바이어스는 공핍영역에 걸린 전기장을 강화하여, 전류 흐름을 방해하는 에너지 장벽의 높이를 더욱 증가시킨다. 이는 소수전하의 이동을 억제하고, PN 접합 다이오드의 정류 특성을 유지하는 데 중요한 역할을 한다.

공핍영역과 공핍 전하량 증가

외부 전압은 주로 공핍영역에만 인가되므로 평형 상태에서의 n 영역의 공핍영역 (식 9.51), p 영역의 공핍영역 (식 9.52), 전체 공핍영역 (식 9.55)에 변화된 내부 전위 $qV_o \rightarrow q(V_o - V_R)$를 대입하면 각 공핍영역의 폭은 다음과 같이 증가한다. 여기서 x_p과 x_n은 전압이 인가된 상태에서의 공핍 p 영역과 공핍 n 영역의 크기를 나타낸다.

$$x_n = \sqrt{\frac{2\varepsilon_s(V_o + V_R)}{q}\left(\frac{N_A}{N_D}\right)\left(\frac{1}{N_D + N_A}\right)} \qquad \text{(식 10.8)}$$

$$x_p = \sqrt{\frac{2\varepsilon_s(V_o + V_R)}{q}\left(\frac{N_D}{N_A}\right)\left(\frac{1}{N_D + N_A}\right)} \quad \text{(식 10.9)}$$

$$W = x_p + x_n = \sqrt{\frac{2\varepsilon_s}{q}\frac{(N_A + N_D)}{N_A N_D}(V_o + V_R)} \quad \text{(식 10.10)}$$

공핍영역이 증가함에 따라, 공핍영역 내 존재하는 공핍 전하량은 (식 9.63)에 변화된 내부 전위 $(V_o + V_R)$를 대입하여 다음과 같이 나타낼 수 있다.

$$|Q_J| = A\sqrt{2\varepsilon_s \cdot \frac{N_A N_D}{(N_D + N_A)} q(V_o + V_R)} \quad \text{(식 10.11)}$$

최대 전기장 증가

평형 상태의 최대 전기장 (식 9.28)을 활용하면 역방향 바이어스 상태에서도 최대 전기장은 여전히 PN 접합 면에서 발생하며, 공핍영역의 크기가 증가함에 따라 비례하여 증가함을 알 수 있다.

$$\mathbb{E}_{max} = -\frac{q}{\varepsilon_s}N_D x_n = -\frac{q}{\varepsilon_s}N_A x_p \quad \text{(식 10.12)}$$

여기서 x_p와 x_n은 각각 공핍영역 내 p 영역과 n 영역의 폭을 나타내며, ε_s는 반도체 물질의 유전율이다. 이러한 최대 전기장의 증가는 공핍영역에서 전류 흐름을 더욱 억제하는 주요 요인으로 작용하며, PN 접합의 전기적 특성에 중요한 영향을 미친다.

예제 10-1 상온 $T = 300K$ 에서 실리콘 PN 접합의 도핑 농도가 $N_A = 10^{17}cm^{-3}$, $N_D = 10^{17}cm^{-3}$로 주어졌다. 내부 전위 ϕ_{Fp}, ϕ_{Fn}, 열평형 상태의 전위 장벽 V_o, 그리고 역방향전압 $V_R = 1V$ 가 인가된 경우의 전위 장벽을 구하라. $n_i = 1.5 \times 10^{10}[cm^{-3}], kT/q = 26mV$이다.

풀이

내부 전위 ϕ_{Fp}, ϕ_{Fn}의 (식 9.64)와 (식 9.65)에서

$$\phi_{Fp} = \frac{kT}{q}\ln\left(\frac{N_A}{n_i}\right) = 0.026\ln\left(\frac{10^{17}}{1.5\times10^{10}}\right) = 0.409[V]$$

$$|\phi_{Fn}| = \frac{kT}{q}\ln\left(\frac{N_D}{n_i}\right) = 0.026\ln\left(\frac{10^{17}}{1.5\times10^{10}}\right) = -0.409[V]$$

열평형 상태의 전위 장벽은 $V_o = \phi_{Fp} + |\phi_{Fn}|$이므로

$$V_o = \phi_{Fp} + |\phi_{Fn}| = 0.409 + 0.409 = 0.818[V]$$

역방향 전압 V_R이 인가된 경우, 전위 장벽은 $V_o + V_R$로 변화하므로 $1V$ 역방향 전압에서의 전위 장벽은 1.818[V]이다.

전하 분포 변화

역방향 바이어스가 인가된 PN 접합의 공핍층 내 전하 분포는 [그림 10-3(a2)]에 나타난 것처럼, 일정한 농도의 억셉터 이온(N_A^-)과 도너 이온(N_D^+)에 의한 이온 전하로 구성된다. 역방향 전압 V_R이 인가됨에 따라 공핍영역의 폭이 평형 상태보다 확장되며, 이로 인해 공핍 전하량이 증가한다.

(식 9.69)에 따르면, 평형 상태에서 PN 접합의 공핍영역 경계에서 전자의 농도는 내부 전위의 지수 함수로 결정되며, 정공의 농도 역시 동일한 관계를 따른다.

역방향 전압 V_R에 의해 공핍영역의 내부 전위 V_o는 $(V_o + V_R)$로 증가한다. 이때 공핍영역 경계에서 p 영역의 소수전하인 전자의 농도 n_p는 n 영역의 다수전하인 전자의 농도 n_n에 의해 다음과 같이 표현된다.

$$n_p = n_n \exp\left[-\frac{q}{kT}(V_o + V_R)\right] \qquad (식\ 10.13)$$

여기서, PN 접합은 더 이상 열평형 상태가 아니므로 첨자 0 이 생략되며, p 영역에서의 전자 농도는 n_p, n 영역에서의 전자 농도는 n_n으로 표현된다. 역방향 전압이 증가함에 따라 지수 함수의 값은 0 으로 수렴하므로, $n_p \approx 0$으로 근사할 수 있다.

역방향 전압이 인가된 PN 접합의 다수전하와 소수전하의 농도 분포를 [그림 10-4]에 나타내었다. 이 그림에서 공핍 p 영역의 경계에서 소수전하인 전자의 농도는 근사적으로 0 이며, 공핍 n 영역의 경계에서 소수전하인 정공의 농도 p_n도 근사적으로 0 임을 알 수 있다. 평형 상태의 PN 접합에서는 $p_{p0} \gg n_{p0}$ 및 $p_{n0} \ll n_{n0}$ 조건이 성립하므로, 다수전하의 농도 변화는 미미하여 일정한 농도로 근사할 수 있다. 한편, $x = -\infty$와 $x = +\infty$인 중성 영역에서는 평형 상태의 농도 n_{po}및 p_{no}가 유지된다.

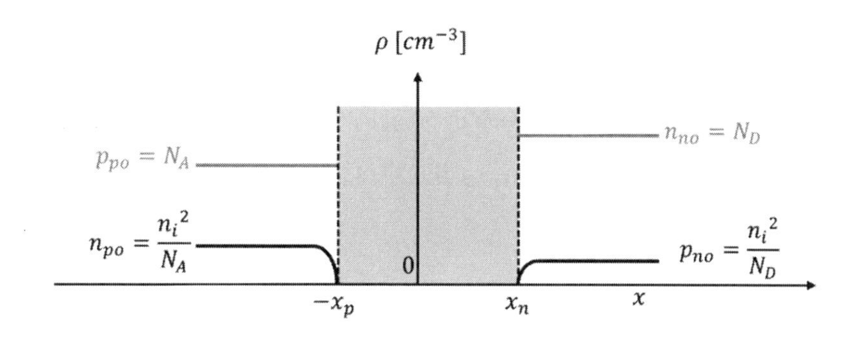

[그림 10-4] 역방향 바이어스된 PN 접합의 전하 분포

중성 영역에서의 소수전하 분포

중성 p 영역과 공핍영역의 경계인 $x = -x_p$에서 소수전하의 농도가 $n_p(x) \approx 0$으로 근사화되는 경우, p 영역에서의 전자의 농도 $n_p(x)$를 구해보자.

$x = -x_p$에서 소수전하의 농도가 0 으로 근사화된다는 것은, 이 위치에 전자를 완전히 흡수하는 이상적인 흡수원 역할을 공핍영역이 하고 있음을 의미한다. 이 조건 하에서, 소수전하인 전자의 농도 $n_p(x)$는 다음과 같은 관계를 만족한다.

1. 농도 경계 조건: $x = -x_p$에서 소수전하 농도는 0 에 근접하고, $x = -\infty$에서 소수전하 농도는 열평형 상태의 중성 p 영역의 소수전하 농도 n_{p0}에 도달한다.

2. 소수전하의 소멸: $x = -x_p$에서 전자의 유효 수명 $\tau_n{}'$이 0 으로 근사화된다.

위 조건을 기반으로, 소수전하 분포는 (식 8.84)에서 논의된 정상상태의 과잉 전하의 소멸 메커니즘을 활용하여 표현할 수 있다. 여기서 과잉 전하는 전자로 바뀌고, L_p는 전자의 확산 거리 L_n으로 대체된다. 또한, 공간적 위치를 고려하여 x를 $-x$로 변환하고, $n_p(-x_p) = 0$, $n_p(-\infty) = n_{p0}$를 반영하면, 중성 p 영역에서의 전자의 농도는 다음과 같이 표현된다.

$$n_p(x) = n_{p0}\left(1 - e^{(x+x_p)/L_n}\right) \quad (\text{식 } 10.14)$$

여기서 L_n은 전자의 확산 거리(Difusion length)로, 전자가 이동하며 소멸되기까지의 평균 거리를 나타낸다. 이 과정에서 $x = -x_p$에서 흡수원의 전자 흡수 능력이 무한하다고 가정하면, 해당 위치에서 전자의 유효 수명 $\tau_n{}'$은 0 이다.

마찬가지로, 중성 n 영역과 공핍영역의 경계인 $x = x_n$에서도 소수전하인 정공의 농도가 $p_n(x) \approx 0$ 으로 근사화되며, n 영역에서의 과잉 소수정공의 농도 $p_n(x)$는 다음과 같이 표현된다.

$$p_n(x) = p_{n0}\left(1 - e^{-(x-x_n)/L_p}\right) \quad (\text{식 } 10.15)$$

여기서 L_p은 정공의 확산 거리(Difusion length)이다.

평형 상태, 순방향 및 역방향에서의 전하 농도와 최대 전기장

[그림 10-5]는 PN 접합이 평형 상태, 순방향 바이어스, 그리고 역방향 바이어스 상태에서 나타나는 공핍영역의 폭, 공핍영역 내 전하 농도, 그리고 최대 전기장의 변화를 요약하여 보여준다.

평형 상태에서는 PN 접합의 공핍영역 폭이 역방향 바이어스 상태보다 작고 순방향 바이어스 상태보다 크다. 공핍영역 내의 전하 농도와 전기장은 내부 전위에 의해 균형을 이루고 있다. 이 상태에서 전기장의 최대값은 접합면 부근에서 나타난다.

순방향 바이어스가 인가되면, PN 접합의 내부 전위가 감소하면서 공핍영역이 좁아진다. 이에 따라 공핍영역 내 전하량이 감소하며, 이는 공핍영역 내 최대 전기장을 감소시키는 주요 원인이 된다. 결과적으로, 순방향 바이어스 상태에서는 평형 상태와 비교했을 때 공핍영역 폭과 최대 전기장 모두 감소하며, 전기장 분포의 면적도 줄어든다.

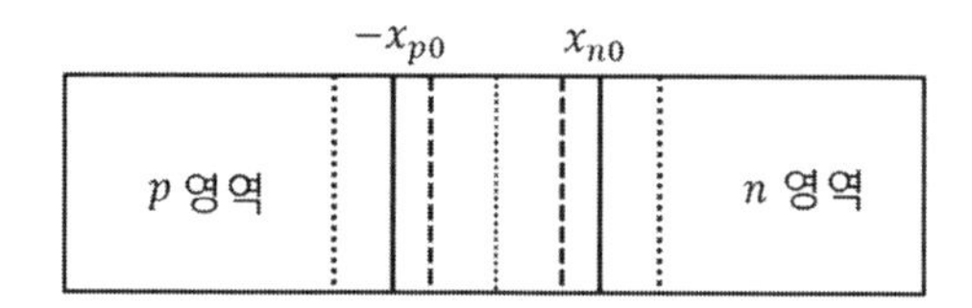

(a) 평형상태와 순방향,역방향 바이어스 상태의 PN 접합

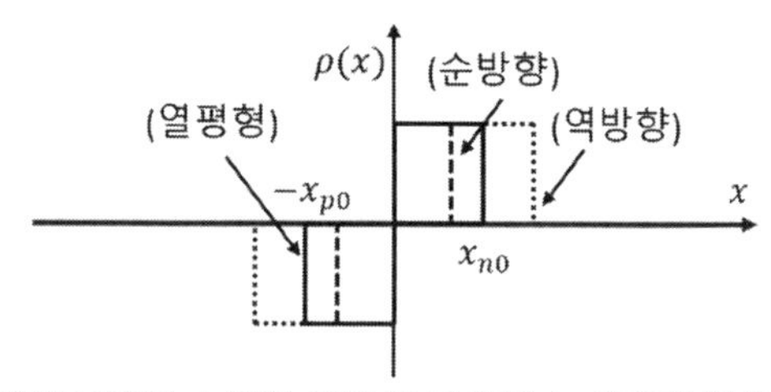

(b) 평형상태와 순방향,역방향 바이어스 상태의 전하농도

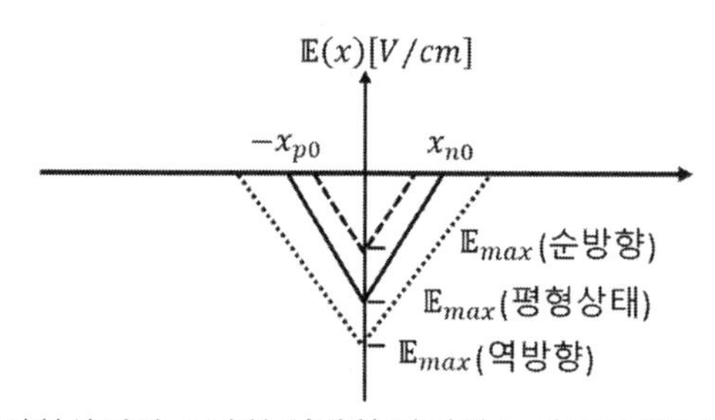

(c) 평형상태와 순방향,역방향 바이어스 상태의 전기장

[그림 10-5] 열평형, 순방향 및 역방향 바이어스 PN 접합의 공핍영역, 전하 분포, 최대 전기장

역방향 바이어스가 인가되면 내부 전위가 증가하면서 공핍영역이 확장된다. 공핍영역의 폭이 넓어짐에 따라 공핍영역 내 전하량이 증가하고, 이에 따라 공핍영역 내 최대 전기장이 평형 상태보다 커진다. 이 상태에서는 공핍영역 내 전기장이 더욱 강하게 형성되며, 전기장 분포의 면적도 평형 상태나 순방향 바이어스 상태보다 확연히 커진다.

10.4 PN **접합 커패시턴스(공핍 커패시턴스**, Depletion capacitance)

PN 접합은 공핍영역 내에서 양전하와 음전하로 분리되어 존재하므로, 평행판 커패시터와 유사한 커패시턴스 특성을 가진다. 이렇게 공핍영역의 공간 전하에 의해 형성되는 커패시턴스를 PN 접합 커패시턴스(PN junction capacitance) 또는 공핍 커패시턴스(Depletion capacitance)라 한다.

[그림 10-6]은 균일하게 도핑된 PN 접합에 역방향 전압 V_R이 인가된 경우와, 미세 전압 dV_R이 추가되어 총 전압이 $V_R + dV_R$가 된 경우를 보여준다.

역방향 전압에 의해 공핍영역 내 도너 이온(양전하)과 억셉터 이온(음전하)의 전하는 동일한 크기의 전하를 가지지만 반대 극성으로 형성된다. 따라서, 역방향 전압의 증분에 의해 생성된 p 영역과 n 영역의 증분된 공핍 전하량은 [그림 10-6]에서 서로 동일하다.

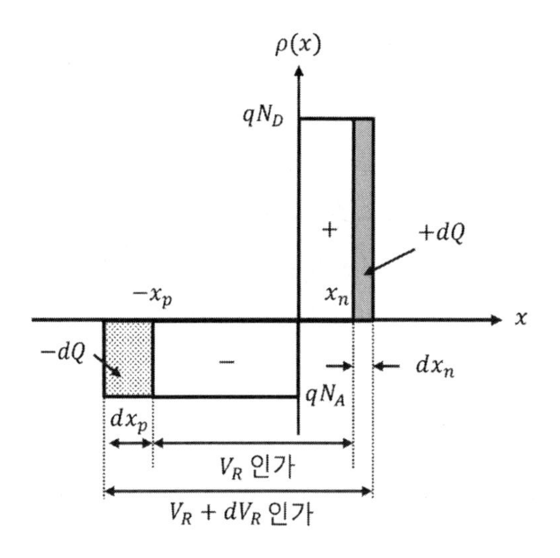

[그림 10-6] 균일 도핑된 PN 접합의 역방향 전압 변화에 따른 전하 분포 변화

역방향 전압이 dV_R만큼 증가하면, 공핍영역이 확장되어 p 영역에서는 억셉터 이온이 추가로 노출되며, 그에 따라 음전하가 증가한다.

$$-dQ' = -qN_A(Adx_p) \quad (\text{식 } 10.16)$$

반대로, n 영역에서는 도너 이온이 추가로 노출되어 양전하가 증가한다.

$$dQ' = qN_D(Adx_n) \quad (\text{식 } 10.17)$$

여기서 A는 PN 접합의 단면적이며, dx_p와 dx_n은 역방향 전압 dV_R에 의해 변화한 공핍영역 폭을 나타낸다. 전하 증분 dQ'를 단위 면적당 전하 증분 $dQ = dQ'/A$로 변환하면, 다음과 같이 표현된다.

$$-dQ = -qN_A dx_p \quad (\text{식 } 10.18)$$

$$dQ = qN_D dx_n \quad (\text{식 } 10.19)$$

PN 접합에서 역방향 전압의 변화는 동일한 크기의 양전하와 음전하의 변화를 유발하므로, 커패시턴스 정의 $C = dQ/dV$에 의해 단위 면적당 PN 접합 커패시턴스는 다음과 같이 정의된다.

$$C = \frac{dQ}{dV_R} = qN_D\frac{dx_n}{dV_R} = qN_A\frac{dx_p}{dV_R} \quad [F/cm^2] \quad (\text{식 } 10.20)$$

(식 10.8)을 역방향 전압 V_R에 대해 미분하면, 공핍영역 폭의 변화량은 다음과 같이 구해진다.

$$\frac{dx_n}{dV_R} = \sqrt{\frac{2\varepsilon_s}{q}\left(\frac{N_A}{N_D}\right)\left(\frac{1}{N_D+N_A}\right)} \cdot \frac{1}{2\sqrt{V_o+V_R}} \quad (\text{식 } 10.21)$$

$$\frac{dx_n}{dV_R} = \sqrt{\frac{\varepsilon_s}{2q}\left(\frac{N_A}{N_D}\right)\left(\frac{1}{N_D+N_A}\right)\left(\frac{1}{V_o+V_R}\right)} \quad (\text{식 } 10.22)$$

이를 (식 10.20)에 대입하면, PN 접합 커패시턴스는 다음과 같이 정리된다.

$$C = \frac{dQ}{dV_R} = qN_D \frac{dx_n}{dV_R} = \sqrt{\frac{q\varepsilon_s}{2}\left(\frac{N_A N_D}{N_D + N_A}\right)\left(\frac{1}{V_o + V_R}\right)} \quad (\text{식 } 10.23)$$

마찬가지로, (식 10.9)를 역방향 전압 V_R에 대해 미분하여도 동일한 결과를 얻는다.

$$C = \frac{dQ}{dV_R} = qN_A \frac{dx_p}{dV_R} = \sqrt{\frac{q\varepsilon_s}{2}\left(\frac{N_A N_D}{N_D + N_A}\right)\left(\frac{1}{V_o + V_R}\right)} \quad (\text{식 } 10.24)$$

이를 정리하면 다음과 같다.

$$C = \sqrt{\frac{q\varepsilon_s}{2}\left(\frac{N_A N_D}{N_D + N_A}\right)\left(\frac{1}{V_o + V_R}\right)} = \frac{1}{\sqrt{\frac{2}{q\varepsilon_s}\left(\frac{N_D + N_A}{N_A N_D}\right)(V_o + V_R)}}$$
$$= \frac{\varepsilon_s}{\sqrt{\frac{2\varepsilon_s}{q}\frac{(N_A + N_D)}{N_A N_D}(V_o + V_R)}} \quad (\text{식 } 10.25)$$

(식 10.25)의 분모는 공핍영역의 두께 W (식 10.10)과 같으므로 PN 접합의 단위 면적당 접합 커패시턴스는 다음과 같이 정리된다.

$$C = \frac{\varepsilon_s}{W} \quad [F/cm^2] \quad (\text{식 } 10.26)$$

(식 10.26)은 두 개의 금속 평행판이 W 만큼 떨어져 있을 때의 커패시턴스와 동일하다. 따라서 공핍영역의 크기 W인 PN 접합은 길이 W만큼 떨어져 있는 금속 평행판 커패시터와 동일하게 해석할 수 있다.

일방형 접합의 커패시턴스

9.4 절에서 다룬 일방형 접합(One-sided junction), 즉 $N_A \gg N_D$ 조건이 성립하는 p^+n접합의 공핍 커패시턴스를 분석해 보자. 이 조건에서는 $N_A \gg N_D$이므로, 공핍층의 대부분이 n 영역에 형성되며, p 영역의 기여는 무시할 수 있다. 이러한 조건에서, (식 10.25)로부터 일방형 접합의 커패시턴스는 다음과 같이 간략화된다.

$$C \approx \sqrt{\frac{\varepsilon_S q N_D}{2(V_o + V_R)}} \quad (\text{식 } 10.27)$$

또한, 근사된 공핍층 두께 (식 9.71)을 이용하면 다음과 같이 유도할 수 있다.

$$C = \frac{\varepsilon_S}{W} \approx \frac{\varepsilon_S}{\sqrt{\frac{2\varepsilon_S(V_o + V_R)}{qN_D}}} = \sqrt{\frac{\varepsilon_S q N_D}{2(V_o + V_R)}} \quad (\text{식 } 10.28)$$

이를 역으로 정리하면 다음과 같은 형태를 얻는다.

$$\left(\frac{1}{C}\right)^2 = \frac{2(V_o + V_R)}{\varepsilon_S q N_D} \quad (\text{식 } 10.29)$$

(식 10.29)를 활용해 역방향 전압 V_R에 따른 커패시턴스를 측정하고 $1/C^2$ 대 V_R 그래프를 작성하면, 가로축 절편을 통해 내부 전위값 V_o을 구할 수 있다. 또한, 그래프의 기울기를 통해 낮은 도핑 농도(이 경우 N_D)를 결정할 수 있다.

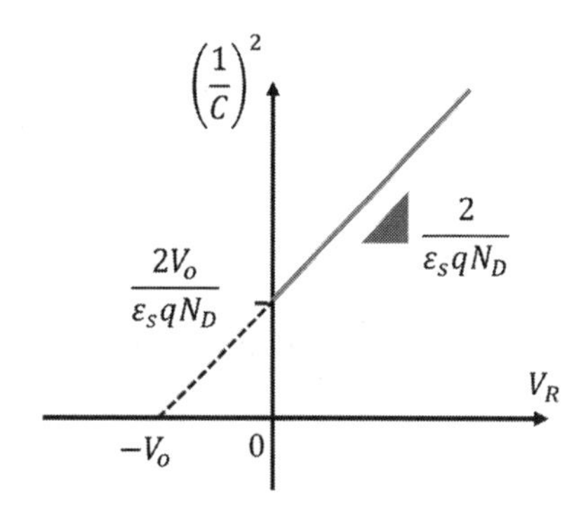

[그림 10-7] 일방형 PN 접합의 역방향 전압 V_R에 따른 커패시턴스

한편, 순방향 전압(즉, $-V_R$)이 인가되는 경우에는 확산 커패시턴스의 영향으로 위의 수식을 따르지 않는다. 확산 커패시턴스는 순방향 바이어스 상태에서 발생하며, 이는 11 장에서 자세히 다룬다. 순방향 전압이 인가되면, 공핍영역이 좁아져 전하 이동이 활성화되고, 이로 인해 커패시턴스의 값이 변화하게 된다.

예제 10-2 온도 $T = 300\text{K}$인 일방형 PN 다이오드에서 단위 면적당 공핍 커패시턴스가 다음과 같이 측정되었다. $1/\mathrm{C}^2$ 대 $\mathrm{V_R}$ 그래프에서 기울기는 $2 \times 10^{15}\mathrm{F}^{-2}\mathrm{V}^{-1}$, 교차점은 0.84V 이다. 낮게 도핑된 영역의 농도 $\mathrm{N_D}$와 높게 도핑된 영역의 농도 $\mathrm{N_A}$를 평형 상태의 내부 전위 $\mathrm{V_o}$ 로부터 구하라. ,$\mathrm{q} = 1.6 \times 10^{-19}, \varepsilon_s = 1.04 \times 10^{-10}\mathrm{F/m}$, $\mathrm{n_i} = 1.5 \times 10^{10}\ \mathrm{cm}^{-3}, \mathrm{kT/q} = 26\mathrm{mV}$이다.

<u>풀이</u>

$1/C^2$ 대 V_R 그래프에서 가로축과의 교점이 0.84V 이므로, 내부 전위 $V_0 = 0.84V$ 이다.

기울기가 $2 \times 10^{15}\mathrm{F}^{-2}\mathrm{V}^{-1}$ 이므로 (식 10.29)를 사용하면

$$N_D = \frac{2}{1.04 \times 10^{-12} \times 1.6 \times 10^{-19} \times 2 \times 10^{15}} = 6 \times 10^{15} cm^{-3}$$

평형 상태의 내부 전위는 (식 9.13)으로부터 다음과 같이 표현된다.

$$V_o = \frac{kT}{q}\ln\left(\frac{N_D N_A}{n_i^2}\right)$$

이를 고농도 포펀트인 억셉터 농도 N_A에 대해 정리하면,

$$N_A = \frac{n_i^2}{N_D}\exp\left(\frac{qV_o}{kT}\right)$$

여기에 변수 값을 대입하면, 높은 영역의 도핑 농도인 N_A는 다음과 같다.

$$N_A = \frac{(1.5 \times 10^{10})^2}{6 \times 10^{15}}\exp\left(\frac{0.84}{0.026}\right) = 4 \times 10^{18}[cm^{-3}]$$

10.5 역방향 항복 특성(Breakdown)

PN 접합 소자에 역방향 바이어스 전압이 인가되면, 일반적으로 매우 작은 역방향 전류만 흐른다. 그러나, 역방향 전압을 계속 증가시키면, 특정 전압에서 역방향 전류가 급격하게 증가하는 현상이 나타난다. 이 특정 전압을 항복 전압 (Breakdown voltage)이라 한다.

PN 접합에서 역방향 바이어스 항복 현상을 유발하는 주요 메커니즘으로는 제너 항복(Zener breakdown)과 애벌런치 항복 (Avalanche breakdown)이 있다.

본 절에서는 제너 항복과 애벌런치 항복 특성과 작동 메커니즘에 대해 알아본다.

제너 항복(Zener breakdown)

제너 항복(Zener breakdown)은 고농도로 도핑된 p+와 n+ 영역에서 발생하는 터널링 메커니즘이다. 이 현상은 일반적으로 5V 이하의 낮은 역방향 전압에서 발생하며, 애벌런치 항복(Avalanche breakdown)보다 낮은 전압에서 나타나는 것이 특징이다.

[그림 10-8]은 고농도로 도핑된 PN 접합의 평형 상태와 제너 항복 상태를 나타낸다. 고농도로 도핑된 PN 접합의 평형 상태에서는 p 형 가전자대와 n 형 전도대의 위치가 비슷하며, 공핍영역의 두께가 저농도 PN 접합에 비해 매우 얇다.

이 조건에서 역방향 바이어스가 인가되면, p 영역의 가전자대에 있는 전자의 에너지가 n 영역의 전도대보다 높아지고, 전위 장벽의 폭이 좁아진다. 이로 인해 전자들이 n 형 전도대로 터널링할 수 있는 조건이 형성된다.

터널링 메커니즘을 통해 n 영역에서 p 영역으로 많은 역방향 전류가 흐르게 되며, 이를 제너 항복이라 한다. 제너 항복이 발생하면, 낮은 전압에서도 PN 접합의 양 단자 사이에서 전류가 급격히 증가하는 특성을 보인다.

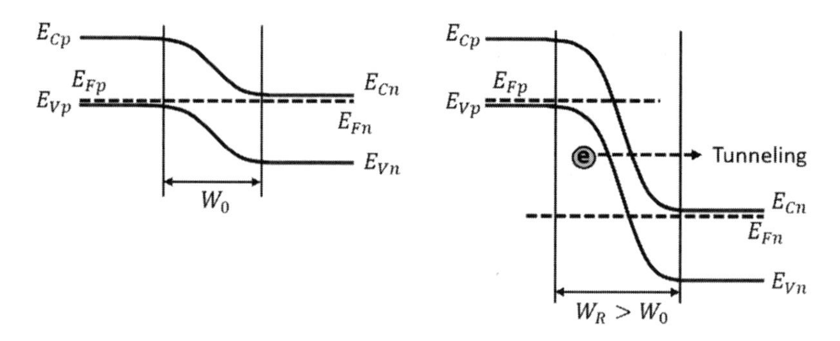

(a) 고농도 PN 접합의 평형상태　(b) 고농도 PN 접합의 제너 항복 매너니즘

[그림 10-8] 고농도 PN 접합의 평형 상태와 제너 항복 메커니즘

애벌런치 항복(Avalanche breakdown)

애벌런치 항복은 도핑 농도가 낮은 대부분의 PN 접합에서 지배적으로 나타나는 항복 메커니즘이다. 이 현상은 역방향 바이어스 상태에서 전자가 가속되어 충돌 이온화를 유발하고, 이로 인해 새로운 전자·정공 쌍이 생성되며 전류가 증폭되는 과정에서 발생한다. 애벌런치 항복은 일반적으로 7V 이상의 역방향 전압에서 나타난다.

[그림 10-9]는 저농도로 도핑된 PN 접합에서 애벌런치 항복 상태를 시각적으로 보여준다.

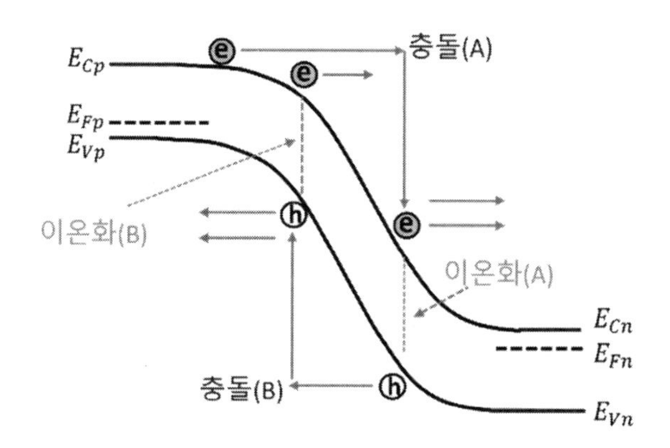

[그림 10-9] 저농도 PN 접합의 애벌런치 항복 메커니즘

도핑 농도가 낮은 PN 접합은 상대적으로 넓은 공핍영역을 가지며, 이 공핍영역을 통과하는 전자나 정공은 강한 역방향의 전기장에 의해 에너지 갭(E_g)보다 큰 에너지를 획득하게 된다. 높은 에너지를 획득한 전자나 정공은 비교적 넓은 공핍영역 내에서 다수의 원자(예: $5.0 \times 10^{22} cm^{-3}$)와 반복적으로 충돌하며, 이 과정에서 원자의 공유결합을 파괴하고 새로운 전자·정공 쌍(EHP, Electron-hole pair)을 생성한다.

생성된 전자와 정공은 기존의 전하(전자와 정공)들과 함께 전기장에 의해 가속되어, 다른 원자의 공유결합을 파괴하며, 추가적인 전하를 생성한다. 이 과정이 반복되면서 전자와 정공의 수가 눈사태처럼 폭발적으로 증가하며, 이를 애벌런치 항복(Avalanche breakdown)이라 한다.

애벌런치 항복이 발생하면, 제너 항복과 달리 PN 접합은 물리적으로 열화되거나 파괴될 가능성이 높아져 정상적인 동작이 불가능해질 수 있다.

[그림 10-9]는 저농도 PN 접합에서 발생하는 애벌런치 항복 과정을 보여준다. 이 과정은 전자에 의한 영향(A)과 정공에 의한 영향(B)로 구분되어 설명된다. p 영역에서 공핍영역으로 이동한 전자는 높은 전기장에 의해 큰 에너지를 얻는다. 에너지를 획득한 전자는 공핍영역 내에서 실리콘 원자와 충돌하며, 밴드갭 에너지(E_g)보다 큰 에너지를 전달하여 원자를 이온화시킨다(A). 이 과정에서 새로운 전자와 정공이 생성되며, 기존 전자는 전기장에 의해 오른쪽으로 이동하고, 새롭게 생성된 전자도 같은 방향으로 이동한다. 이동 중 충분한 에너지를 획득한 전자는 다른 실리콘 원자와 충돌하여 추가적인 이온화를 유발한다.

한편, 충돌 과정에서 생성된 정공은 전기장에 의해 왼쪽으로 이동하며, 이동 중 정공은 공핍영역 내에서 실리콘 원자와 충돌해 추가적인 이온화(B)를 일으킨다. 이로 인해 새로운 전자와 정공이 생성되며, 반복적인 충돌 과정이 지속된다.

이러한 충돌 이온화 과정이 반복되면서 전자와 정공의 수가 눈사태처럼 폭발적으로 증가하며, 이를 애벌런치 항복이라 한다. 애벌런치 항복이 발생하려면 공유결합을 깰 만큼 강한 전기장이 필요하며, 반복적인 충돌과 이온화가 일어날 수 있는 충분한 공간이 요구된다.

CHAPTER

11

외부 전압과 PN 다이오드

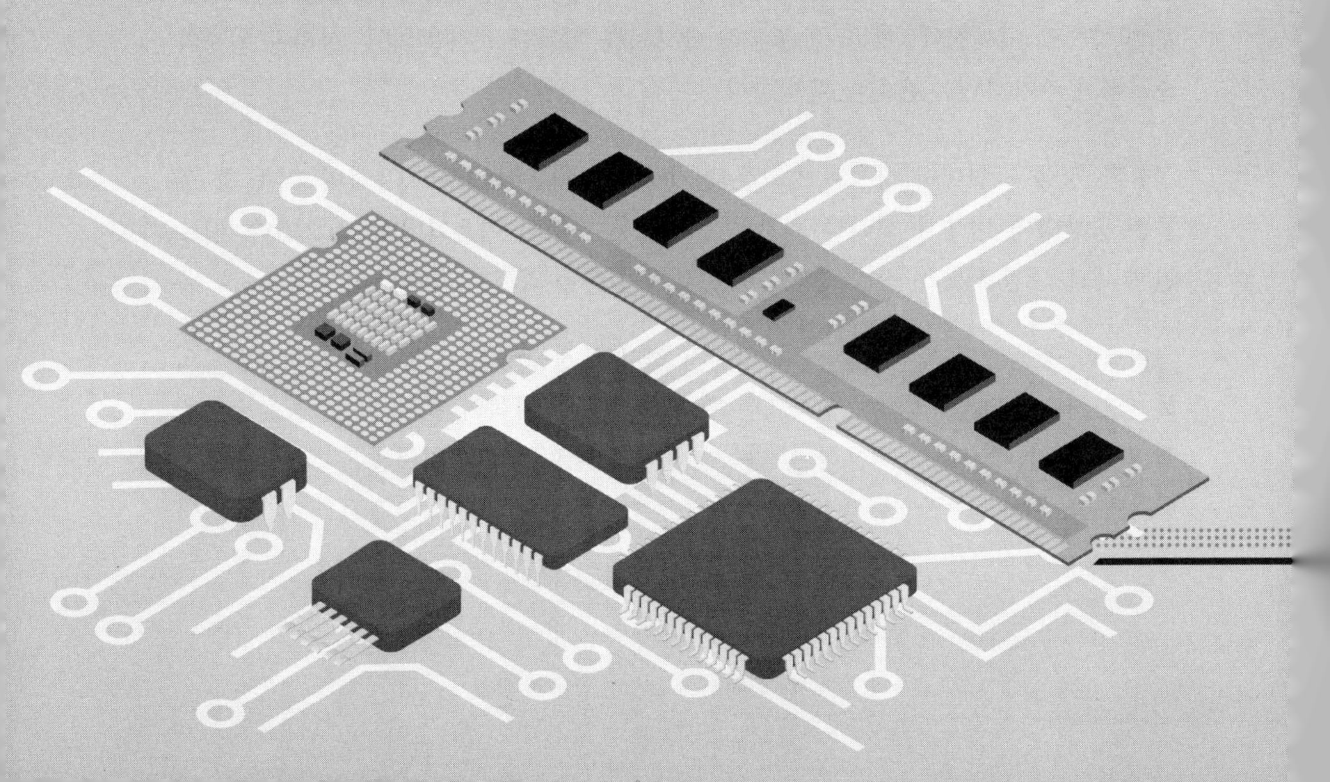

• UNIT GOALS

본 장에서는 평형 상태의 PN 접합에 순방향 외부 전압이 인가될 때 발생하는 다이오드 전류와 확산 커패시턴스에 대해 다룬다. 다이오드 전류는 주입된 소수전하의 확산 운동에 의해 발생하며, 확산 커패시턴스는 소수전하가 축적되면서 나타나는 현상이다.

PN 다이오드의 이상적인 가정을 바탕으로 유도된 과잉 소수전하 분포와 유사-페르미 준위는 다이오드 내 소수전하의 확산 전류를 효과적으로 설명한다. 또한, 확산 전류와 이에 대응하는 다수전하의 재결합 전류를 통해 이상적인 다이오드의 전류 특성을 정확히 이해할 수 있다.

추가적으로, 순방향 바이어스에서 발생하는 다이오드 전류 특성을 역방향 바이어스 전압 영역까지 확장하여 역방향 전류를 설명하고, 온도 변화에 따른 다이오드 전류 특성의 변화를 살펴본다.

또한, PN 다이오드의 동작 시간을 고려하여 전하 축적에 의한 확산 커패시턴스와 공핍 커패시턴스의 크기를 비교하고, 과잉 소수전하가 중성 영역을 통과하는 시간을 기반으로 다이오드 전류를 해석한다.

11.1 이상적인 PN 다이오드의 가정

PN 다이오드의 전류 특성을 이해하기 위해 다음과 같은 이상적인 가정을 설정한다.

❶ 비축퇴 도핑된 PN 접합

비축퇴 도핑 조건에서 맥스웰-볼츠만 근사(Maxwell-Boltzmann approximation)가 유효하다고 가정한다. 이를 통해 이전에 유도된 대부분의 수식을 그대로 적용할 수 있다.

❷ 일정한 도핑 농도와 사각형 공핍 근사(Depletion approximation)

PN 접합에서 p 영역의 억셉터 농도와 n 영역의 도너 농도는 일정하며, 공핍영역은 계단형 경계 형태로 형성되어 사각형 공핍 근사(Depletion approximation)가 적용된다.

❸ 공핍영역에서의 전하 재결합 및 생성 무시

공핍영역 내 전하의 재결합 및 생성은 매우 작아 무시할 수 있다. 따라서, 전하 연속 방정식이 단순화되며, 공핍영역을 흐르는 전자와 정공에 의한 전류는 일정하다.

❹ 저준위 주입(Low level injection) 조건

PN 다이오드에서 공핍영역을 통해 p 영역과 n 영역으로 주입되는 소수전하의 양은 다수전하의 양보다 매우 작다고 가정한다. 이를 저준위 주입(Low level injection)이라 한다. 따라서, 주입에 의한 다수전하의 농도 변화는 무시되며, 중성 n 영역과 p 영역에서의 다수전하 농도는 일정하다.

❺ 중성 영역의 전기장 무시

외부 전압에 의해 생성된 전기장은 공핍영역에만 존재하며, 중성 영역에서는 여전히 전기장이 0 으로 가정된다. 따라서 드리프트 효과는 무시할 수 있고, 평형 상태의 수식과 개념을 확장하여 적용할 수 있다.

❻ 정상상태(Steady-state) 동작

PN 다이오드는 정상상태(Steady-state)에서 동작한다고 가정한다. 따라서 시간에 따른 전하 밀도의 변화는 없다고 가정한다.

이와 같은 가정을 통해, (식 8.19)와 (식 8.21)의 전자와 정공의 전류 밀도에 대한 연속 방정식은 다음 조건을 만족한다.

$$\frac{\partial p(x,t)}{\partial t}=0,\quad \frac{\partial n(x,t)}{\partial t}=0,\quad g_p'=r_p'=0 \qquad (\text{식 } 11.1)$$

결과적으로, 이상적인 PN 다이오드에서 정공과 전자의 전류 밀도에 대한 연속 방정식은 다음과 같이 단순화된다.

$$\frac{dJ_p(x)}{dx}=0 \qquad (\text{식 } 11.2)$$

$$\frac{dJ_n(x)}{dx}=0 \qquad (\text{식 } 11.3)$$

이 수식은 이상적인 조건에서 정공과 전자의 전류 밀도가 위치에 따라 일정하다는 것을 의미한다.

11.2 순방향 PN 다이오드의 전하 분포

열평형 상태의 PN 접합에 외부에서 순방향 전압 V_F를 인가하면, 페르미 준위 E_{Fn}과 E_{Fp}는 V_F 만큼 어긋나게 된다. 순방향 전압 V_F 는 평형 상태의 내부 전위와 반대

방향으로 작용하므로, 내부 전위 V_o는 $(V_o - V_F)$로 감소하며, 에너지 장벽 또한 초기 상태 qV_o에서 $q(V_o - V_F)$로 감소한다.

이러한 에너지 장벽의 감소로 인해 공핍영역의 폭이 줄어들며, 공핍 전하량과 최대 전기장을 감소시킨다.

11.2.1 중성 영역 경계면에서의 전하의 농도

열평형 상태에서 내부 전위 V_o가 인가된 PN 접합의 공핍영역 경계에서, 다수전하(전자 또는 정공)의 농도는 (식 9.69)와 (식 9.70)에 따라 소수전하(전자 또는 정공)의 농도와 내부 전위의 지수 함수의 곱으로 표현된다.

순방향 바이어스 V_F가 인가되면 에너지 장벽은 qV_o 에서 $q(V_o - V_F)$로 감소한다. 따라서, 중성 영역에서의 다수전하 농도는 다음과 같이 표현된다. 여기서 열평형 상태가 아니므로 첨자 0 는 생략된다.

$$n_n = n_p \exp\left[\frac{q}{kT}(V_o - V_F)\right] \qquad (식\ 11.4)$$

$$p_p = p_n \exp\left[\frac{q}{kT}(V_o - V_F)\right] \qquad (식\ 11.5)$$

저준위 주입(Low level injection)을 가정하면, $n_n = n_{n0} + \delta n_n \approx n_{n0}$가 성립하므로 (식 11.4)는 다음과 같이 정리된다.

$$n_{n0} = n_p \exp\left[\frac{q}{kT}(V_o - V_F)\right] \qquad (식\ 11.6)$$

여기에 (식 9.69)의 $n_{n0} = n_{p0}\exp(qV_o/kT)$을 대입하면

$$n_{p0} \exp\left[\frac{q}{kT}V_o\right] = n_p \exp\left[\frac{q}{kT}(V_o - V_F)\right] \qquad (식\ 11.7)$$

이를 정리하면 다음과 같다.

$$n_p = n_{p0} \exp\left(\frac{q}{kT}V_F\right) \qquad (식\ 11.8)$$

(식 11.8)은 소수전하 주입에 의해 p 영역에서 생성된 전자의 총 농도 $n_p(=n_{p0} + \delta n_p)$가 순방향 전압 V_F의 지수 함수에 비례함을 보여준다. 특히, $V_F = 0V$일 때, $n_p = n_{p0}$가 되어 전자의 농도는 열평형 상태의 전자의 농도와 같아진다.

순방향 바이어스된 PN 접합에서, 공핍 p 영역과 중성 p 영역의 경계에서, 전자 농도 n_p는 열평형 상태의 전자 농도 n_{p0}에서 순방향 전압의 지수 함수에 비례하는 큰 변화를 보인다. 그러나 저준위 주입 조건에서는 다수전하의 농도는 $p_p = p_{p0} + \delta p_p \approx p_{p0}$로 변화 없이 일정하다.

유사하게, 공핍 n 영역과 중성 n 영역의 경계에서도 소수전하인 정공의 농도가 순방향 전압 V_F의 지수 함수에 비례한다.

$$p_n = p_{n0} \exp\left(\frac{q}{kT}V_F\right) \qquad (식\ 11.9)$$

소수전하 주입인 경우, 중성 p 영역에서의 다수전하인 정공의 농도 변화가 없는 것처럼, 중성 n 영역에서 다수전하인 전자의 농도도 $n_n = n_{n0} + \delta n_n \approx n_{n0}$로 변화 없이 일정하다.

11.2.2 중성 영역 경계면에서의 유사-페르미 준위(Quasi-Fermi Level)

순방향 전압 V_F가 인가된 저준위 주입의 비평형 상태에서는, 다수전하의 농도는 변화가 없지만, 소수전하의 농도는 순방향 전압 V_F의 지수 함수에 비례하여 증가한다. 이로 인해 특정 위치에서 전자와 정공의 농도의 곱은 $n_p p_p > n_i^2$이 되어 질량-작용 법칙이 더 이상 성립하지 않는다. 이러한 비평형 상태에서는 전자와 정공의 농도를 각각 유사-페르미 준위 (Quasi-Fermi Level)를 사용하여 표현한다.

공핍영역의 경계 $x = -x_p$와 $x = x_n$에서 유사-페르미 준위를 살펴보자.

위치 $x = -x_p$에서 다수전하는 정공이고, 소수전하는 전자이다. 중성 p 영역에서 다수전하인 정공 농도는 저준위 주입 조건에서 다음과 같이 표현된다.

$$p_p = p_o + \delta p_p \approx p_{p0} = n_i e^{-(E_{Fp} - E_i)/kT} \qquad (식\ 11.10)$$

따라서, 정공의 유사-페르미 준위는 평형 상태의 페르미 준위 E_{Fp}와 동일하다.

순방향 전압 V_F가 인가되면, 소수전하인 전자의 농도 n_p는 무시할 수 없을 정도로 증가한다. 따라서, 전자의 유사-페르미 준위는 평형 상태의 페르미 준위와 달라지며, 이를 E'_{Fn}으로 나타낸다. 이때, 총 전자의 농도는 다음과 같다.

$$n_p = n_{po} + \delta n_p = n_i e^{-(E_i - E'_{Fn})/kT} \qquad (식\ 11.11)$$

위치 $x = -x_p$에서 전자와 정공의 농도 곱 $n_p p_p$은 (식 11.10)과 (식 11.11)을 통해 다음과 같이 표현된다.

$$n_p p_p = (n_{po} + \delta n_p)(p_o + \delta p_p) = n_i e^{-(E_i - E'_{Fn})/kT} \cdot n_i e^{-(E_{Fp} - E_i)/kT}$$
$$= n_i^2 e^{(E'_{Fn} - E_{Fp})/kT} \quad (식\ 11.12)$$

저준위 주입 조건에서는 $p_p \approx p_{p0}$가 성립하므로,

$$n_p p_{p0} = n_i^2 e^{(E'_{Fn} - E_{Fp})/kT} \qquad (식\ 11.13)$$

양변에 n_{p0}를 곱하면,

$$n_p p_{p0} \cdot n_{p0} = n_i^2 e^{(E'_{Fn} - E_{Fp})/kT} \cdot n_{p0} \qquad (식\ 11.14)$$

$p_{p0} n_{p0} = n_i^2$를 이용하여 정리하면,

$$n_p = n_{p0} e^{(E'_{Fn} - E_{Fp})/kT} \qquad (식\ 11.15)$$

이를 (식 11.8)과 비교하면, 유사-페르미 준위와 페르미 준위와의 차이가 qV_F임을 알 수 있다.

$$E'_{Fn} - E_{Fp} = qV_F \qquad (식\ 11.16)$$

따라서, 순방향 전압 V_F가 인가된 경우, 위치 $x = -x_p$에서 전자의 유사-페르미 준위 E'_{Fn}는 전자의 평형 상태 페르미 준위에서 qV_F만큼 상승한다. 반면, 정공의 유사-페르미 준위는 평형 상태 준위와 변화 없이 동일하다.

위치 $x=-x_p$에서 전자의 유사-페르미 준위 E'_{Fn}과 n 영역 $x=x_n$에서 정공의 유사-페르미 준위 E'_{Fp}를 이용하여, [그림 11-1]에 공핍영역과 중성 p, n 영역 내 다수전하와 소수전하의 유사-페르미 준위를 나타낸다.

평형 상태$(E_{Fn}=E_{Fp})$에서 순방향 전압 V_F가 인가되면, qV_o 크기의 에너지 장벽이 $q(V_o-V_F)$로 변하고, 페르미 준위 차$(E_{Fn}-E_{Fp})$는 0 에서 qV_F로 변화한다.

$$E_{Fn}-E_{Fp}=qV_F \qquad (식\ 11.17)$$

이를 (식 11.16)과 비교하면 $E'_{Fn}=E_{Fn}$이 성립하며, 따라서 $x=-x_p$에서 전자의 유사-페르미 준위는 E_{Fn}과 동일하다. 마찬가지로, $x=x_n$에서의 정공의 유사-페르미 준위는 E_{Fp}와 동일하다.

이 결과는 PN 접합에서 다수전하의 페르미 준위가 공핍영역을 가로질러 소수전하 영역(공핍영역의 경계인 $-x_p$또는 x_n)까지 이어지며, 소수전하의 유사-페르미 준위와 연속적으로 연결됨을 의미한다.

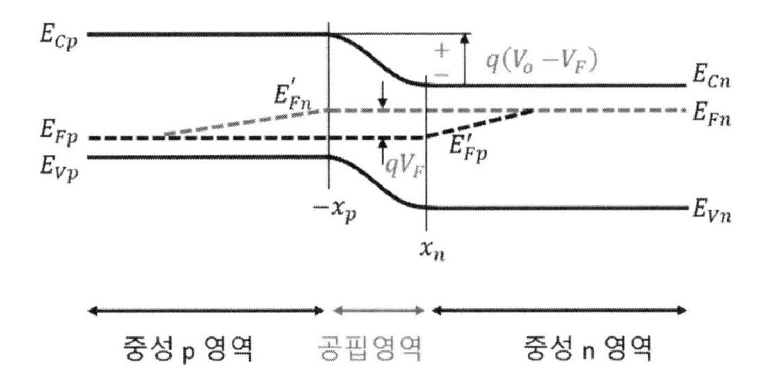

[그림 11-1] 순방향 바이어스 PN 다이오드의 유사-페르미 준위 분포

유사-페르미 준위를 이용하여 PN 다이오드에 순방향 전압 V_F가 인가된 경우, 질량-작용 법칙을 살펴보자.

공핍 p 영역과 중성 영역 경계에서, 전자의 농도는 평형 상태의 전자의 농도 n_{p0}의 $e^{qV_F/kT}$ 배가 되어 다음과 같이 표현된다.

$$n_p = n_{p0}e^{(E_{Fn}-E_{Fp})/kT} = n_{p0}e^{qV_F/kT} \qquad (식\ 11.18)$$

마찬가지로, $x = x_n$에서의 유사-페르미 준위는 $E'_{Fp} = E_{Fp}$가 되고, 정공의 농도는 다음과 같다.

$$p_n = p_{n0}e^{(E_{Fn}-E_{Fp})/kT} = p_{n0}e^{qV_F/kT} \qquad (식\ 11.19)$$

따라서, PN 다이오드의 공핍영역과 중성 영역의 경계인 $x = -x_p$와 $x = x_n$에서의 농도의 곱 $n_p p_p$와 $n_n p_n$는 질량-작용 법칙이 더이상 성립하지 않음을 나타낸다.

$$n(-x_p)p(-x_p) = n_p p_{p0} = n(x_n)p(x_n) = n_n p_n = {n_i}^2 e^{qV_F/kT} \qquad (식\ 11.20)$$

11.2.3 주입된 소수전하의 확산과 재결합

순방향 전압 V_F에 의해 $x = -x_p$에 저준위로 주입된 전자는 $x = -\infty$에서의 전자 농도 n_{p0}와 $x = -x_p$에서의 전자 농도 $n_{p0}e^{qV_F/kT}$의 차이로 인해 $-x$방향으로 확산한다. 이 과정에서 전자는 p 영역의 다수전하인 정공과 재결합하며 섬차 소멸한나.

마찬가지로, $x = x_n$에 저준위로 주입된 정공은 $x = +\infty$에서의 정공 농도 p_{n0}와 $x = x_n$에서의 정공 농도 $p_{n0}e^{qV_F/kT}$의 차이로 인해 $+x$방향으로 확산한다. 이 과정에서 정공은 n 영역의 다수전하인 전자와 재결합하면서 점차 소멸된다.

정상상태에서 저준위로 주입된 과잉 전자와 과잉 정공의 농도 분포 $\delta n_p(x)$와 $\delta p_n(x)$를 구하기 위해 다음 조건을 고려한다.

PN 다이오드의 중성 p 영역과 n 영역에서는 전기장이 $\mathbb{E} = 0$이며, 전하 생성이 없고 정상상태 $(\partial p(x,t)/\partial t = 0, \partial n(x,t)/\partial t = 0)$가 유지된다고 가정한다. 이 조건은 8.5.1 절의 과잉 전하가 생성된 후 정상상태에 도달한 앰비폴러 전송과 동일하다.

따라서, (식 8.50)을 이용하면, PN 다이오드의 중성 p 영역에서 과잉 소수 전자의 앰비폴러 전송 연속 방정식은 다음과 같이 표현된다.

$$\frac{d^2\delta n_p(x)}{dx^2} - \frac{1}{{L_n}^2}\delta n_p(x) = 0 \quad (x \le -x_p) \quad (\text{식 } 11.21)$$

마찬가지로 PN 다이오드의 중성 n 영역 내 과잉 소수 정공의 앰비폴러 전송 연속 방정식은 다음과 같다.

$$\frac{d^2\delta p_n(x)}{dx^2} - \frac{1}{{L_p}^2}\delta p_n(x) = 0 \quad (x \ge x_n) \quad (\text{식 } 11.22)$$

여기서 L_p는 정공의 확산길이(Diffusion length)로 $L_p = \sqrt{D_p\tau_{p0}}$이고, L_n는 전자의 확산길이(Diffusion length)로 $L_n = \sqrt{D_n\tau_{n0}}$이다. 또한 τ_{p0}는 정공의 수명, τ_{n0}는 전자의 수명을 의미한다.

길이가 아주 긴 PN 접합의 농도 분포

길이가 아주 긴 PN 접합(Long PN junction)은 중성 영역의 길이가 확산 길이(L_n, L_p)보다 훨씬 커서, 공핍영역에서 멀리 떨어진 위치에서는 과잉 전하의 농도가 0 으로 수렴하는 경우를 말한다. 이러한 조건에서, 앰비폴러 전송 연속 방정식인 (식 11.21)과 (식 11.22)의 특수해를 구해보자.

연속 방정식의 특수해를 구하기 위한 PN 접합의 경계 조건은 다음과 같다.

$$p_n(x_n) = p_{n0}e^{qV_F/kT} \quad \& \quad p_n(\infty) = p_{n0} \quad (\text{식 } 11.23)$$

$$n_p(-x_p) = n_{p0}e^{qV_F/kT} \quad \& \quad n_p(-\infty) = n_{p0} \quad (\text{식 } 11.24)$$

정상상태에서 생성된 p 영역의 과잉 전자 농도는 앰비폴러 전송 연속 방정식의 특수해 (식 8.53)에 경계 조건 (식 11.24)을 적용하면 다음과 같이 표현된다.

$$\delta n_p(x) = n_p(x) - n_{p0} = n_{p0}\left(e^{qV_F/kT} - 1\right)e^{(x+x_p)/L_n},\ \ (x \le -x_p) \quad (\text{식 } 11.25)$$

마찬가지로, (식 11.23)의 경계 조건을 적용하여 구한 n 영역에서의 과잉 정공 농도는 다음과 같이 구해진다.

$$\delta p_n(x) = p_n(x) - p_{n0} = p_{n0}\left(e^{qV_F/kT} - 1\right)e^{-(x-x_n)/L_p},\ \ (x \ge x_n) \quad (\text{식 } 11.26)$$

열평형 상태에서, 중성 p 영역의 다수전하인 정공 농도는 p_{p0}, 소수전하인 전자 농도는 n_{p0}이다. 이와 유사하게, 중성 n 영역의 다수전하인 전자 농도는 n_{n0}, 소수전하인 정공 농도는 p_{n0}로 표현된다.

순방향 전압 V_F가 인가되었을 때, 공핍영역 경계 $x = -x_p$에서 전자의 농도는 $n_p(-x_p)$로 증가한다. 이로 인해 발생하는 과잉 전자의 농도는 다음과 같이 계산된다.

$$\delta n_p(-x_p) = n_p(-x_p) - n_{p0} = n_{p0}\left(e^{qV_F/kT} - 1\right) \quad (\text{식 } 11.27)$$

마찬가지로, 공핍영역 경계 $x = x_n$에서 정공의 농도는 $p_n(x_n)$으로 증가하며, 이에 따른 과잉 정공의 농도는 다음과 같이 계산된다.

$$\delta p_n(x_n) = p_n(x_n) - p_{n0} = p_{n0}\left(e^{qV_F/kT} - 1\right) \quad (\text{식 } 11.28)$$

과잉 소수전하의 농도와 열평형 상태에서의 다수 및 소수전하의 농도 분포를 그래프로 나타내면, [그림 11-2]와 같다. 이 그림은 열평형 상태에서 p 영역의 정공 농도가 n 영역의 전자 농도보다 높은 경우를 가정하며, 저준위 주입 조건에서 발생하는 상황을 나타낸다.

[그림 11-2]에서 p 영역의 다수전하인 정공의 농도는 p_{p0}로 일정하게 유지된다. 반면, 소수전하인 전자의 농도는 공핍영역 경계에서 $n_p(-x_p)$로 증가하고, 중성 영역으로 갈수록 점차 감소하여 $x \to -\infty$에서 n_{p0}에 수렴한다. 이러한 전자 농도 분포는 공핍영역을 통과해 p 영역으로 주입된 전자가 중성 p 영역으로 확산하면서 다수전하인 정공과 재결합하여 점차 소멸되는 과정을 나타낸다. 유사하게, n 영역에서도 동일한 과정이 발생한다. 공핍영역 경계 $x = x_n$에 주입된 정공의 농도는 $p_n(x_n)$로 증

가하며, 중성 n 영역으로 확산되는 동안 다수전하인 전자와 재결합하여 점차 사라지게 된다.

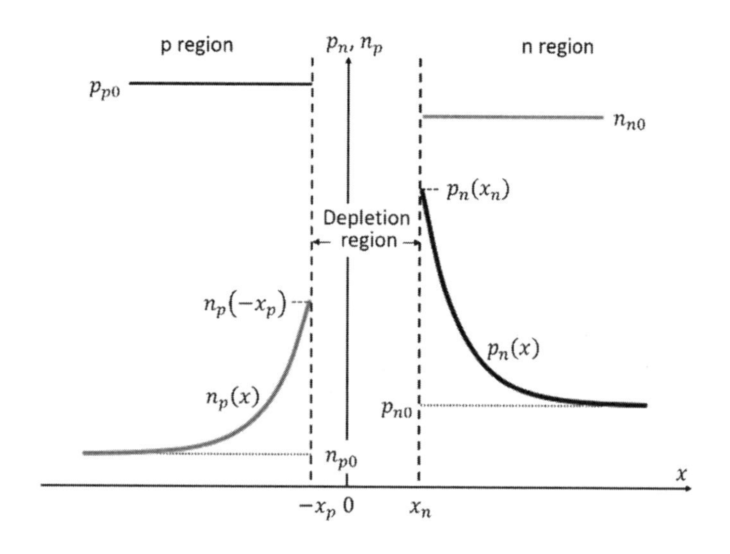

[그림 11-2] 순방향 바이어스된 PN 다이오드의 소수전하의 농도 분포

순방향 전압 V_F가 인가되면, 일반적으로 $e^{qV_F/kT} \gg 1$이 성립하므로, 생성된 과잉 소수전하의 농도는 평형 상태의 소수전하 농도보다 훨씬 크다. 이에 따라, 과잉 소수전하의 농도 분포인 (식 11.25)와 (식 11.26)은 다음과 같이 근사화된다.

$$\delta n_p(x) = n_p(x) - n_{p0} \approx n_p(x) = n_{p0} e^{qV_F/kT} e^{(x+x_p)/L_n}, \quad (x \le -x_p) \qquad (\text{식 } 11.29)$$

$$\delta p_n(x) = p_n(x) - p_{n0} \approx p_n(x) = p_{n0} e^{qV_F/kT} e^{-(x-x_n)/L_p}, \quad (x \ge x_n) \qquad (\text{식 } 11.30)$$

주입된 과잉 소수전하는 중성 영역으로 확산하면서 재결합을 통해 점차 소멸된다. 이 과정에서 소수전하는 확산 길이만큼 이동한 후, 초기 과잉 전하의 약 36.8%(e^{-1})정도가 남게 된다. 이러한 농도 분포는 [그림 11-3]에 나타나 있다.

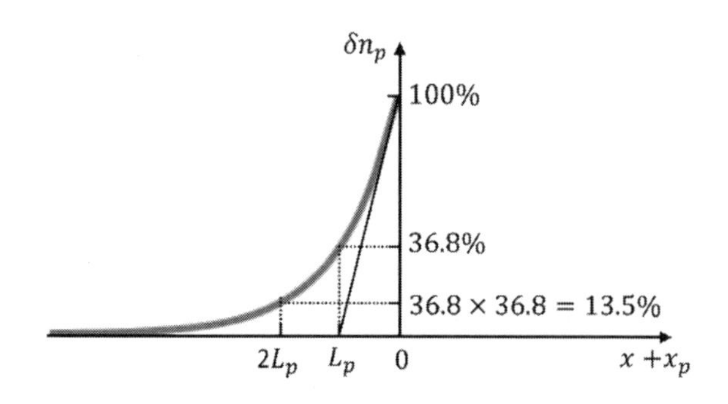

[그림 11-3] 저준위 주입된 소수전하의 확산 길이

예제 11-1 중성 p 영역에서 전자의 유사-페르미 준위는 [그림 11-1]처럼 경사진 직선으로 나타난다. (식 11.11)을 활용하여 중성 p 영역에서 전자의 유사-페르미 준위를 유도하라.

풀이

과잉 전자 농도는 $\delta n_p(x) \gg n_{p0}$이므로, $n_p(x) \approx \delta n_p(x)$가 성립한다. 따라서, 중성 p 영역에서의 전자 농도 $n_p(x)$는 다음과 같이 표현된다.

$$n_p(x) \approx \delta n_p(x) = n_{p0}\left(e^{qV_F/kT} - 1\right)e^{(x+x_p)/L_n} \approx n_{p0}e^{qV_F/kT}e^{(x+x_p)/L_n}$$

유사-페르미 준위에 의한 전자의 농도 (식 11.18)을 $x \leq -x_p$ 인 모든 영역으로 확장하면, 전자의 농도는 다음과 같이 표현된다.

$$n_p(x) = n_{p0}e^{(E_{Fn}(x) - E_{Fp})/kT}$$

위 두 식을 비교하면,

$$n_{p0}e^{(E_{Fn}(x) - E_{Fp})/kT} = n_{p0}e^{qV_F/kT}e^{(x+x_p)/L_n}, \quad \left(x \leq -x_p\right)$$

양변을 정리하여 $E_{Fn}(x)$를 구하면,

$$\frac{E_{Fn}(x) - E_{Fp}}{kT} = \frac{qV_F}{kT} + \frac{x + x_p}{L_n}$$

따라서,

$$E_{Fn}(x) = E_{Fp} + qV_F + \frac{kT}{L_n}(x + x_p)$$

이는 중성 p 영역에서 유사-페르미 준위가 위치 x에 따라 양의 기울기를 가지며, 선형적으로 증가함을 나타낸다.

예제 11-2 $N_A = 10^{17}cm^{-3}$, $N_D = 5 \times 10^{17}cm^{-3}$인 PN 접합에 0.6V 의 순방향 전압이 인가되었다. $D_p = 12cm^2/\mathrm{s}$, $\tau_p = 1\mathrm{us}$, $D_n = 36cm^2/\mathrm{s}$, $\tau_n = 2\mathrm{us}, kT/q = 26mV$, $n_i = 1.5 \times 10^{10}cm^{-3}$, $\varepsilon_s = 1.04 \times 10^{-12}C/cm^2$이다.

(a) 내부 전위(Built-in Potential, V_o)를 계산하라. (b) 공핍층의 폭(W)을 구하라. (c) n 영역과 p 영역에서의 확산 길이를 계산하고, 일반적인 PN 다이오드의 크기(0.1um 이하)와 비교하라. (d) 접합 가장자리에 주입된 과잉 소수전하의 농도를 계산하라. (e) n 영역과 p 영역에서 다수 및 소수전하 분포를 구하라. (f) 순방향 전압 V=0.6V 일 때, 과잉 전하 농도 분포를 그래프로 나타내라. (g) 유사-페르미 준위(E_{Fp}, E_{Fn})를 포함하는 에너지 다이어그램을 그려라.

<u>풀이</u>

(a) 내부 전위는 다음과 같다.

$$V_o = \frac{kT}{q}\ln\frac{N_D N_A}{{n_i}^2} = 0.026 \times \ln\left(\frac{5 \times 10^{17} \times 10^{17}}{(1.5 \times 10^{10})^2}\right) = 0.859V$$

(b) 공핍층의 폭 W는 다음과 같다.

$$W = \sqrt{\frac{2\varepsilon_s}{q}\frac{N_D + N_A}{N_D N_A}(V_o - V_F)}$$
$$= \sqrt{\frac{2 \times 1.04 \times 10^{-12}}{1.6 \times 10^{-19}}\frac{(5 \times 10^{17} + 10^{17})}{(5 \times 10^{17} \times 10^{17})} \times (0.859 - 0.6)}$$
$$= 0.064um$$

(c) n 영역에서의 정공의 확산 길이 L_p와 p 영역에서의 전자의 확산 길이 L_n는 다음과 같다.

$$L_p = \sqrt{D_p \tau_p} = \sqrt{12 \times 1u} = \sqrt{12 \times 10^{-6}} = 3.5 \times 10^{-3}cm = 35um$$

$$L_n = \sqrt{D_n \tau_n} = \sqrt{36.4 \times 2u} = \sqrt{36.4 \times 2 \times 10^{-6}} = 85um$$

PN 다이오드의 크기(0.1um)보다 전자와 정공의 확산 길이 L_p, L_n가 훨씬 크다.

(d) 접합 가장자리에 주입된 과잉 소수전하의 농도는 (식 11.29)와 (식 11.30)에서 구할 수 있다.

평형 상태에서의 소수전하 농도는 다음과 같다.

$$n_{p0} = \frac{n_i^2}{N_A} = \frac{(1.5 \times 10^{10})^2}{10^{17}} = 2.25 \times 10^3 cm^{-3}$$

$$p_{n0} = \frac{n_i^2}{N_D} = \frac{(1.5 \times 10^{10})^2}{5 \times 10^{17}} = 4.50 \times 10^2 cm^{-3}$$

그러므로, 접합 가장자리에서의 과잉 소수전하 농도는 다음과 같다.

$$\delta n_p(-x_p) = n_{po}\left(\exp\left[\frac{qV_F}{kT}\right] - 1\right) = 2.25 \times 10^3 \times \left(\exp\left[\frac{0.6}{0.026}\right] - 1\right)$$
$$= 8.7 \times 10^{12} cm^{-3}$$

$$\delta p_n(x_n) = p_{no}\left(\exp\left[\frac{qV_F}{kT}\right] - 1\right) = 4.5 \times 10^2 \times \left(\exp\left[\frac{0.6}{0.026}\right] - 1\right)$$
$$= 1.7 \times 10^{12} cm^{-3}$$

생성된 과잉 전하 농도가 다수전하 농도보다 훨씬 작으므로 저준위 주입조건이 만족된다.

(e) n 영역에서 소수전하인 정공의 분포는 (식 11.26)으로부터 다음과 같다.

$$\delta p_n(x) = p_{no}\left(e^{qV_F/kT} - 1\right)e^{-(x-x_n)/L_p} = 1.7 \times 10^{12} \exp\left[\frac{-(x-x_n)}{35um}\right] cm^{-3}$$

n 영역에서 다수전하인 전자의 분포는 $n_n(x) = n_{no} + \delta n_n(x)$ 이고, $\delta n_n = \delta p_n(x)$이므로

$$n_n(x) = n_{no} + \delta n_n = N_D + \delta p_n(x)$$
$$= 5 \times 10^{17} cm^{-3} + 1.7 \times 10^{12} \exp\left[\frac{-(x-x_n)}{35um}\right] cm^{-3}$$

p 영역의 소수전하인 전자의 분포는

$$\delta n_p(x) = n_{po}\left(e^{qV_F/kT} - 1\right)e^{\frac{(x+x_p)}{L_n}} = 8.7 \times 10^{12} \exp\left[\frac{(x+x_p)}{85um}\right] cm^{-3}$$

p 영역의 다수전하인 정공의 분포는 다음과 같다.

$$p_p(x) = p_{po} + \delta p_p(= \delta n_p) = N_A + \delta p_p(x)$$
$$= 10^{17} cm^{-3} + 8.7 \times 10^{12} \exp\left[\frac{(x+x_p)}{35um}\right] cm^{-3}$$

(f) 순방향 전압 V=0.6V 일 때, p 영역의 공핍영역 경계($x = -x_p$)에서 과잉 전자의 농도는 최대값인 $8.7 \times 10^{12} cm^{-3}$에서 시작하여 중성 영역으로 갈수록 지수적으로 감소한다. 마찬가지로, n 영역의 경계($x = x_n$)에서 과잉 정공의 농도는 최대값인 $1.7 \times 10^{12} cm^{-3}$에서 중성 영역으로 갈수록 지수적으로 감소한다.

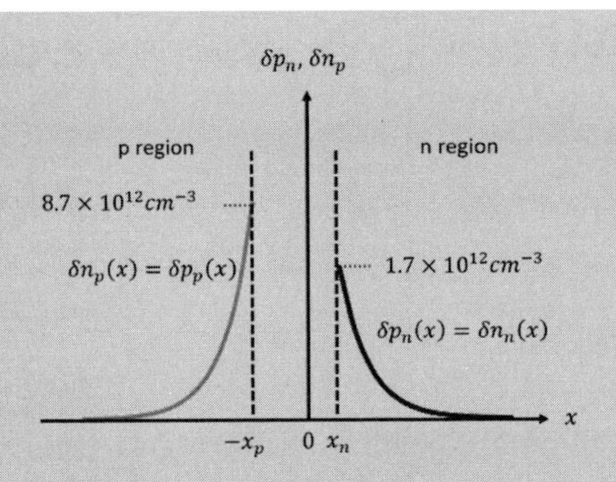

(g) 유사-페르미 준위 E_{Fp}, E_{Fn}는 다음과 같이 구한다.

p 영역의 소수전하인 전자의 농도는 다음과 같다.

$$n_p(x) = n_{po} + \delta n_p(x) = N_C \exp\left[\frac{-(E_C - E_{Fn})}{kT}\right]$$

여기서, 위에서 구한 n_{po}와 $\delta n_p(x)$를 대입하면,

$$N_C \exp\left[\frac{-(E_C - E_{Fn})}{kT}\right] = 2.25 \times 10^3 + 8.7 \times 10^{12} \exp\left[\frac{(x + x_p)}{85um}\right]$$

이를 정리하면, 유사-페르미 준위 E_{Fn}은 다음과 같이 계산된다.

$$E_{Fn} = E_C - kT\ln\frac{2.81 \times 10^{19}}{2.25 \times 10^3 + 8.7 \times 10^{12} \exp\left[\frac{-(x + x_p)}{85um}\right]}$$

n 영역에서 소수전하인 정공의 농도는 다음과 같다.

$$p_n(x) = p_{no} + \delta p_n(x) = N_V \exp\left[\frac{-(E_{Fp} - E_V)}{kT}\right]$$

위에서 구한 p_{no}와 $\delta p_n(x)$를 대입하면

$$N_V \exp\left[\frac{-(E_{Fp} - E_V)}{kT}\right] = 4.50 \times 10^2 + 1.7 \times 10^{12} \exp\left[\frac{-(x - x_n)}{35um}\right]$$

이를 정리하면, 유사-페르미 준위 E_{Fp}는 다음과 같이 계산된다.

$$E_{Fp} = E_V + kT\ln\frac{1.05 \times 10^{19}}{4.50 \times 10^2 + 1.7 \times 10^{12}\exp\left[\frac{-(x - x_n)}{35um}\right]}$$

계산된 E_{Fn}과 E_{Fp}를 포함한 에너지 밴드 다이어그램을 그리면 다음과 같다.

소수전하 농도의 변화로 인해, 중성 영역에서는 E_{Fn}과 E_{Fp}가 경사 형태로 나타난다. 공핍영역에서는 E_{Fn}과 E_{Fp}가 수직으로 분리되어 전위 차를 형성하며, 중성 영역으로 갈수록 소수전하 농도가 감소함에 따라 선형적으로 기울어진다.

또한, 정공의 확산 길이가 전자의 확산 길이보다 짧기 때문에, E_{Fp}는 E_{Fn}보다 더 급격한 기울기로 열평형 상태의 페르미 준위로 수렴한다.

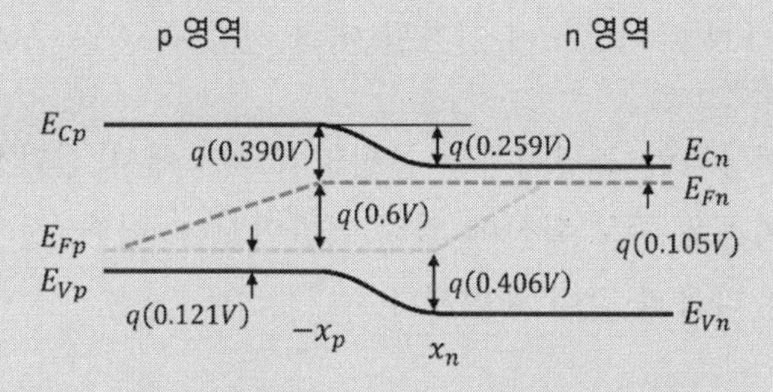

11.3 PN 다이오드의 전류

순방향 전압이 인가되면 PN 다이오드의 공핍영역 경계에 소수전하가 주입된다. 주입된 과잉 전하는 중성 영역으로 확산하며, 다수전하와 재결합하여 점차 소멸된다.

이 과정에서 주입되는 전자의 농도는 $n_{p0}e^{qV_F/kT}$, 정공의 농도는 $p_{n0}e^{qV_F/kT}$로 나타난다. 따라서, 전압에 따라 주입된 전하 분포가 달라지며, 중성 n 또는 p 영역에서 발생하는 전하 농도 차이에 의해 확산 전류와 재결합 전류가 형성된다.

순방향 전압에서 유도된 전하 분포는 PN 다이오드의 이상적인 가정을 기반으로 한다. 이 가정에는 비축퇴 도핑, 일정한 도핑 농도와 사각형 공핍 근사, 공핍영역에서의 전하 재결합 및 생성 무시, 저준위 주입 조건, 중성 영역에서 전기장 무시, 그리고 정상상태 동작이 포함된다. 이러한 가정은 이상적인 PN 다이오드의 전류-전압 특성에도 동일하게 적용된다.

11.3.1 이상적인 PN 다이오드의 전류 연속 방정식과 전류 밀도

순방향 전압 V_F가 PN 다이오드에 인가될 때의 전류 특성을 구해보자.

PN 다이오드의 이상적인 조건에서는 공핍영역 외부에서 전기장이 0 으로 가정되며, 전자와 정공의 이동은 주로 확산에 의해 이루어진다. 이때, 전자와 정공의 확산에 의한 총 전류 밀도는 다음과 같이 표현된다.

$$J_{total} = J_n + J_p = eD_n \frac{dn(x)}{dx} - qD_p \frac{dp(x)}{dx} \qquad (식\ 11.31)$$

여기서, J_n은 전자의 확산 전류 밀도, J_p는 정공의 확산 전류 밀도를 나타낸다.

저준위 주입 조건에서, 과잉 전하의 농도 분포가 (식 11.25)와 (식 11.26)으로 주어진다. 이를 이용하면 전하 농도의 변화율은 다음과 같이 표현된다.

$$\frac{dn(x)}{dx} = \frac{n_{p0}}{L_n}\left(e^{qV_F/kT} - 1\right)e^{(x+x_p)/L_n} \quad \left(x \le -x_p\right) \quad (식\ 11.32)$$

$$\frac{dp(x)}{dx} = -\frac{p_{n0}}{L_p}\left(e^{qV_F/kT} - 1\right)e^{-(x-x_n)/L_p} \quad (x \geq x_n) \quad (\text{식 } 11.33)$$

이 식들은 과잉 전하의 농도가 공핍영역 경계에서 최대가 되고, 중성 영역으로 갈수록 지수적으로 감소함을 보여준다. 이를 통해 전자와 정공의 확산 전류 밀도는 각각 다음과 같이 표현된다.

$$J_n(x) = \frac{eD_n}{L_n}n_{p0}\left(e^{qV_F/kT} - 1\right)e^{(x+x_p)/L_n} \quad \left(x \leq -x_p\right) \quad (\text{식 } 11.34)$$

$$J_p(x) = \frac{qD_p}{L_p}p_{n0}\left(e^{qV_F/kT} - 1\right)e^{-(x-x_n)/L_p} \quad (x \geq x_n) \quad (\text{식 } 11.35)$$

11.3.2 PN 다이오드의 전류 밀도

이상적인 PN 다이오드의 공핍영역에서는 전하의 재결합 및 생성량이 매우 작아 이를 무시할 수 있다. 따라서 공핍영역을 흐르는 전류는 일정하다고 가정할 수 있다. 이러한 조건에서 공핍영역을 흐르는 전류 밀도를 구해보자.

공핍영역 전류

공핍영역에서 흐르는 전자의 전류 밀도는 연속적이며 일정하다. 따라서, $x = -x_p$ 지점을 흐르는 전자의 확산 전류는 공핍영역 내의 모든 위치에서 동일하다. 이를 수식으로 표현하면,

$$J_n\left(-x_p\right) = J_n(0) = J_n(x_n) \quad (\text{식 } 11.36)$$

마찬가지로, 공핍영역에서 흐르는 정공의 전류 밀도도 연속적이며 일정하므로 다음 관계를 만족한다.

$$J_p\left(-x_p\right) = J_p(0) = J_p(x_n) \quad (\text{식 } 11.37)$$

공핍영역 경계 $x = -x_p$에서의 전자의 확산 전류 밀도 $J_n\left(-x_p\right)$는 (식 11.34)로부터 다음과 같이 계산된다.

$$J_n(-x_p) = \frac{eD_n}{L_n} n_{p0}\left(e^{qV_F/kT} - 1\right) \quad (\text{식 } 11.38)$$

공핍영역 경계 $x = x_n$에서의 정공의 확산 전류 $J_p(x_n)$는 (식 11.35)로부터 다음과 같다.

$$J_p(x_n) = \frac{qD_p}{L_p} p_{n0}\left(e^{qV_F/kT} - 1\right) \quad (\text{식 } 11.39)$$

공핍영역 외부, 즉 중성 영역에서는 전류 밀도가 위치에 따라 지수적으로 감소한다. 예를 들어, 전자의 전류 밀도 $J_n(x)$는 $x = -x_p$에서 $(eD_n/L_n)n_{p0}\left(e^{qV_F/kT} - 1\right)$의 값을 가지며, 중성 p 영역으로 갈수록, 즉 x가 $-x_p$보다 더 큰 음의 값이 됨에 따라 지수적으로 감소하게 된다.

마찬가지로, 정공의 전류 밀도 $J_p(x)$는 $x = x_n$에서 $\left(qD_p/L_p\right)p_{n0}\left(e^{qV_F/kT} - 1\right)$의 값을 가지며, 중성 n 영역으로 갈수록, 즉, x가 x_n 보다 더 큰 양의 값이 됨에 따라 지수적으로 감소한다.

공핍영역에서의 전류 밀도는 전자의 확산 전류 밀도 $J_n(-x_p)$와 정공의 확산 전류 밀도 $J_p(x_n)$의 합으로 표현된다. 이를 수식으로 나타내면 다음과 같다.

$$J_{total} = J_n(-x_p) + J_p(x_n) \quad (\text{식 } 11.40)$$

PN 다이오드의 전 영역에서 흐르는 전류는 일정하다고 가정하므로, 공핍영역을 흐르는 전류는 다이오드 전체의 전류가 된다. 이를 확장하면 총 전류 밀도는 다음과 같다.

$$J_{total} = \left(\frac{eD_n}{L_n} n_{p0} + \frac{qD_p}{L_p} p_{n0}\right)\left(e^{qV_F/kT} - 1\right) = J_S\left(e^{qV_F/kT} - 1\right) \quad (\text{식 } 11.41)$$

여기서 J_S는 포화 전류 밀도(Saturation current density)로, 다음과 같이 정의된다.

$$J_S = J_{Sn} + J_{Sp} = \frac{eD_n}{L_n} n_{p0} + \frac{qD_p}{L_p} p_{n0} \quad (\text{식 } 11.42)$$

포화 전류 밀도의 개별 성분은 다음과 같다.

$$J_{Sn} = \frac{eD_n}{L_n} n_{p0} \qquad (\text{식 } 11.43)$$

$$J_{Sp} = \frac{qD_p}{L_p} p_{n0} \qquad (\text{식 } 11.44)$$

포화 전류 밀도 J_S는 전자와 정공의 농도, 확산 계수, 확산 길이에 의해 결정되는 상수다. 순방향 전압이 $V_F = 0\text{V}$일 때, 식 (11.41)에 의해 총 전류 밀도 $J_{total} = 0$이 된다.

반대로, $V_F < 0$ 인 역방향 전압에서는 $e^{qV_F/kT} \approx 0$ 으로 근사할 수 있으므로 $J_{total} = -J_S$가 된다. 따라서, 역방향 전압 상태에서 포화 전류 밀도 J_S는 일정한 값을 유지한다.

(예제 11-3)에서 확인할 수 있듯이, PN 다이오드의 경우 J_{Sn}과 J_{Sp}는 매우 작은 값을 가진다. 다이오드의 전류-전압 특성은 (식 11.41)로 나타내며, 이를 이상적인 다이오드 전류식이라고 한다. 이 특성은 [그림 11-4]와 같이 순방향 전압에서 지수으로 증가하고 역방향 전압에서는 거의 일정한 포화 전류를 유지하는 형태를 보인다.

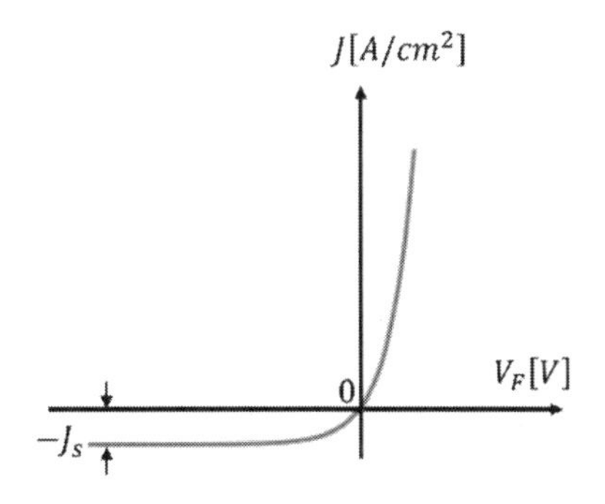

[그림 11-4] 이상적인 PN 다이오드의 전류-전압 특성

전자의 확산 전류와 재결합 전류

중성 p 영역의 경계에서 저준위로 주입된 전자가 중성 영역으로 확산하면서 나타나는 확산 전류 밀도는 (식 11.32)와 같이 지수 함수적으로 감소한다. 이러한 전자의 확산 전류 밀도 분포는 [그림 11-5]에 나타나 있다.

PN 다이오드의 중성 p 영역 경계인 $x = -x_p$에서는 전자의 확산 전류 밀도가 $(eD_n/L_n)n_{p0}\left(e^{qV_F/kT} - 1\right)$로 최대가 되지만, $x = -\infty$에서는 확산 전류 밀도가 0 으로 수렴한다. 만약 중성 p 영역에 전자의 확산 전류만 존재한다면, PN 다이오드 전 영역에서 전류가 일정하다는 이상적인 PN 다이오드의 가정과 모순된다. 따라서, 감소하는 확산 전류를 보충하는 추가적인 성분이 필요하다.

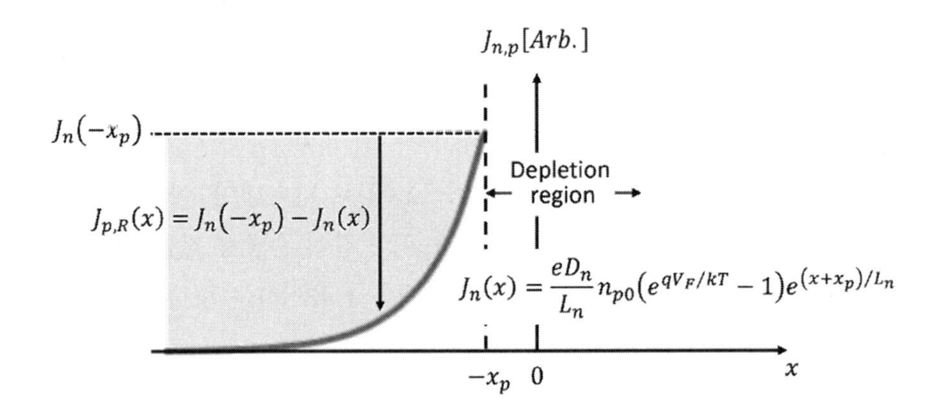

[그림 11-5] 중성 p 영역의 과잉 전자에 의한 확산 및 재결합 전류 밀도

중성 p 영역에 저준위로 주입된 과잉 전자는 $-x$ 방향으로 확산하면서 다수전하인 정공과 재결합하여 점차 소멸된다. 이 과정에서 중성 p 영역에는 전자의 확산 전류 외에도, 정공이 전자와 재결합함에 따라 이에 대응하는 정공 전류가 발생한다. 이를 정공의 재결합 전류라고 하며, 정공의 재결합 전류 밀도는 다음과 같이 표현된다.

$$J_{p,R}(x) = J_n(-x_p) - J_n(x) \qquad (식\ 11.45)$$

특히, 경계 $x = -x_p$에서 재결합 전류 밀도는 다음과 같다.

$$J_{p,R}(-x_p) = J_n(-x_p) - J_n(-x_p) = 0 \qquad (식\ 11.46)$$

반면, 또 다른 경계 조건인 $x = -\infty$에서는 재결합 전류 밀도가 다음과 같이 주어진다.

$$J_{p,R}(-\infty) = J_n(-x_p) - J_n(-\infty) = J_n(-x_p) \qquad (식\ 11.47)$$

결과적으로, 중성 p 영역에서의 전자로 인한 총 전류 밀도는 전자의 확산 전류 밀도와 정공의 재결합 전류 밀도의 합으로 일정하게 유지되며, 이는 다음과 같이 표현된다.

$$J_{n,total} = J_n(-x_p) = J_{p,R}(x) + J_n(x) \qquad (식\ 11.48)$$

중성 p 영역에 주입된 소수전하인 전자는 n 영역에서 다수전하인 전자에 의해 공급된다. 반면, 재결합 과정에서 소모된 정공은 외부 회로로부터 공급되며, 이는 PN 다이오드에서 재결합 전류를 형성한다.

정공의 확산 전류와 재결합 전류

저준위로 주입된 과잉 정공은 PN 다이오드의 중성 n 영역에서 $+x$ 방향으로 확산하면서 다수전하인 전자와 재결합하여 점차 소멸된다. 이로 인해 과잉 정공의 농도와 확산 전류 밀도가 지수 함수적으로 감소한다. [그림 11-6]은 중성 n 영역에서 저준위로 주입된 과잉 정공에 의한 확산 전류 밀도와 재결합 전류 밀도의 분포를 보여준다.

중성 p 영역에서 전류가 일정한 것처럼, 중성 n 영역에서도 감소하는 정공의 확산 전류는 전자의 재결합 전류로 보완된다. 결과적으로, 중성 n 영역 내 전류 밀도는 항상 일정하며, 그 크기는 $J_p(x_n)$로 유지되며 다음과 같이 표현된다.

$$J_{p,total} = J_p(x_n) = J_{n,R}(x) + J_p(x) \qquad (식\ 11.49)$$

중성 n 영역에서 정공과 재결합하는 전자는 PN 다이오드에 순방향 바이어스된 외부 회로의 음극에서 공급된다.

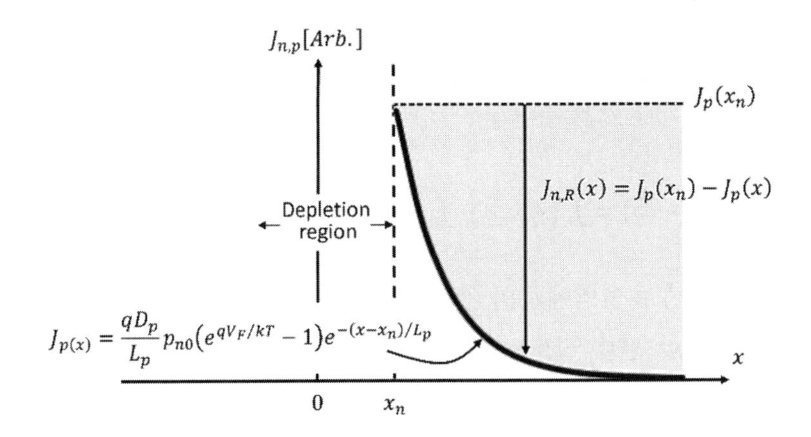

[그림 11-6] 중성 n 영역 내 과잉 정공의 확산 및 재결합 전류 밀도

다이오드의 총 전류

PN 다이오드의 공핍영역과 중성 n, p 영역에서 흐르는 전자와 정공의 이상적인 전류 밀도 분포는 [그림 11-7]에 나타나 있다.

중성 p 영역에서 다이오드 총 전류 밀도는 전자의 확산 전류 밀도 $J_n(x)$, 정공의 재결합 전류 밀도 $J_{p,R}(x)$, 그리고 n 영역으로 주입되는 정공의 확산 전류 $J_p(x_n)$로 구성된다. 이를 바탕으로, 위치 $x = -\infty$와 $x = -x_p$에서의 총 전류 밀도는 다음과 같이 표현된다.

$$J(-\infty) = [J_n(-\infty) + J_{p,R}(-\infty)] + J_p(x_n) = J_n(-x_p) + J_p(x_n) \quad (식\ 11.50)$$

$$J(-x_p) = [J_n(-x_p) + J_{p,R}(-x_p)] + J_p(x_n) = J_n(-x_p) + J_p(x_n) \quad (식\ 11.51)$$

유사하게, 중성 n 영역에서 다이오드 총 전류 밀도는 정공의 확산 전류 밀도 $J_p(x)$, 전자의 재결합 전류 밀도 $J_{n,R}(x)$, 그리고 p 영역으로 주입되는 전자의 확산 전류 $J_n(-x_p)$로 구성된다. 이를 바탕으로, 위치 $x = \infty$와 $x = x_n$에서의 총 전류 밀도는 다음과 같이 표현된다.

$$J(\infty) = J_p(\infty) + J_{n,R}(\infty) + J_n(-x_p) = J_p(x_n) + J_n(-x_p) \quad (식\ 11.52)$$

$$J(x_n) = J_p(x_n) + J_{n,R}(x_n) + J_n(-x_p) = J_p(x_n) + J_n(-x_p) \quad (식\ 11.53)$$

따라서, 중성 n, p 영역과 공핍영역을 흐르는 전류 밀도는 일정하며, PN 다이오드의 총 전류 밀도는 다음과 같이 표현된다.

$$J_{total} = J_n(-x_p) + J_p(x_n) = J_S(e^{qV_F/kT} - 1) \quad (식\ 11.54)$$

[그림 11-7]에서는 PN 다이오드의 총 전류를 전자의 확산 전류 밀도와 정공의 확산 전류 밀도를 합하여 표현하였다. 다이오드 내에서 임의의 위치 x에서 총 전류 밀도 J_{total}는 항상 일정하게 유지되며, 이는 PN 다이오드의 이상적인 특성을 반영한다.

특히, n 영역으로 주입되는 정공은 n 영역 내에서 소수전하의 이동(확산)으로 나타나지만, 이를 공급하기 위한 p 영역에서의 메커니즘은 다수전하의 이동(드리프트)의 결과이다. 유사하게, p 영역으로 주입되는 전자는 p 영역 내에서 소수전하의 이동(확산)으로 나타나지만, 이를 공급하기 위한 n 영역에서의 메커니즘은 다수전하의 이동(드리프트)의 결과이다.

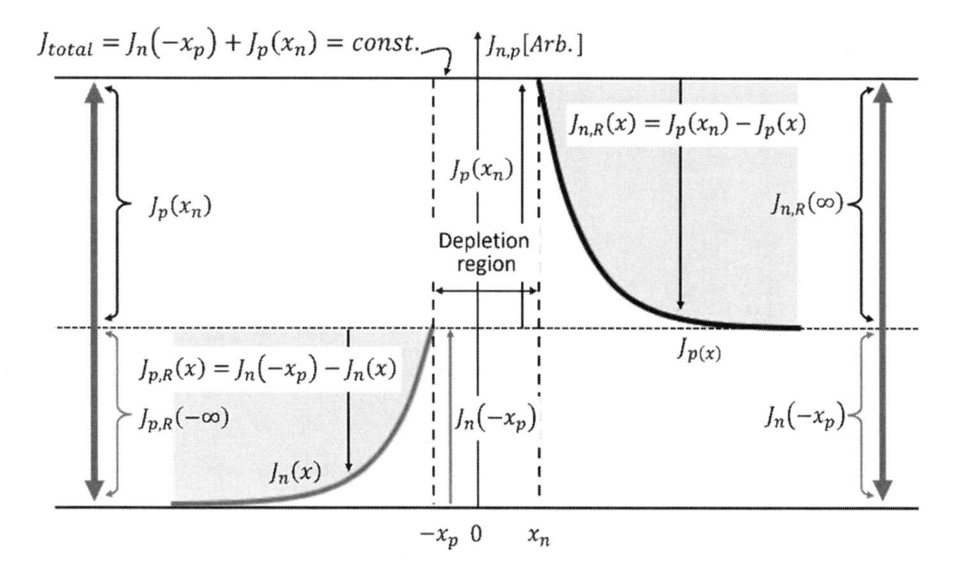

[그림 11-7] PN 다이오드의 이상적인 확산 전류와 총 전류 특성

PN 다이오드의 양 끝단에서 나타나는 전류는 다수전하의 드리프트 전류이다. 이 드리프트 전류를 유발하는 전기장은 (예제 11-3)에서와 같이 매우 작아 0 으로 근사하였다.

비록 전기장이 미약하더라도, 중성 영역에서 다수전하 농도는 매우 크기 때문에 확산과 재결합 과정이 원활하게 이루어질 수 있도록 충분한 전하를 공급할 수 있다. 순방향 전압이 증가하더라도, 중성 영역에서 다수전하에 의한 전류를 유발하는 전기장은 여전히 0 으로 근사되므로, 드리프트 전류는 0 으로 가정한다. 따라서, PN 다이오드의 총 전류는 전위 장벽이 낮아짐에 따라 변화하는 확산 전류에 의해 결정된다.

포화 전류를 계산하기 위해, PN 다이오드의 평형 상태, 순방향 및 역방향 바이어스 상태에서 다수전하와 소수전하의 농도를 [그림 11-8]에 비교하였다. 평형 상태에서 중성 p 영역의 소수전하인 전자의 농도는 n_i^2/N_A로 일정하고, n 영역의 소수전하인 정공의 농도는 n_i^2/N_D로 일정하다. 반면, 순방향 바이어스 상태에서는 [그림 11-8(c)]와 같이 공핍영역의 경계에서 소수전하 농도가 증가한다. 물론, 다수전하의 농도도 증가하지만, 저준위 주입 조건에서는 다수전하 농도는 일정하게 유지된다고 근사한다.

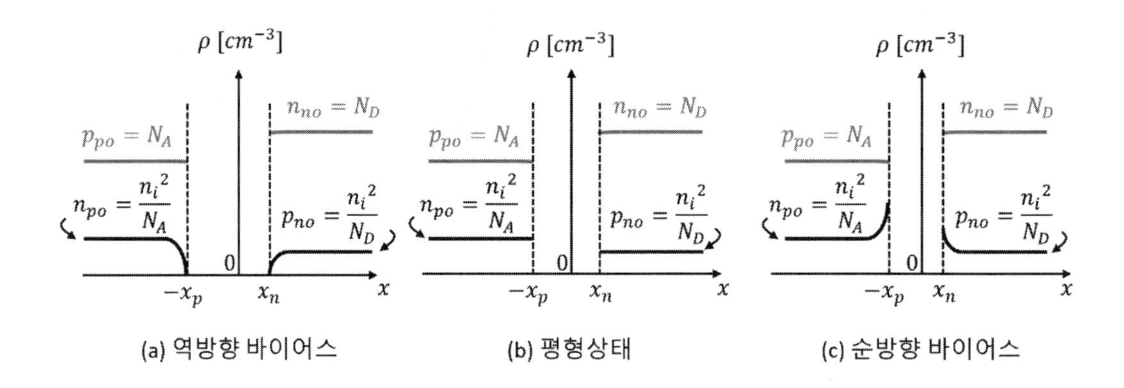

[그림 11-8] PN 다이오드의 평형, 순방향, 역방향 상태에서의 전하 농도

포화 전류 밀도를 나타내는 (식 11.43)과 (식 11.44)에 따르면, 전자의 포화 전류 밀도와 정공의 포화 전류 밀도는 역방향 바이어스 전압의 크기에 관계없이 일정하다.

이는 순방향 바이어스에서의 전류와는 다르게, n 영역에서 p 영역으로 흐르는 전류를 나타낸다.

이 역방향 전류는 [그림 11-8(a)]의 전하 분포를 통해 이해할 수 있다. 역방향 바이어스 상태에서, 중성 p 영역의 소수전하인 전자의 농도는 공핍영역 경계 근처에서 감소하여 경계에서 0 에 수렴한다. 공핍영역 경계에서 p 영역의 전자는 공핍영역으로 확산되고, 확산된 전자는 공핍영역 내의 강한 음의 전기장에 의해 n 영역으로 빠져나가게 된다.

마찬가지로, 중성 n 영역의 소수전하인 정공은 공핍영역으로 확산되며, 확산된 정공은 공핍영역 내의 강한 음의 전기장에 의해 p 영역으로 빠져나간다.

이 과정에서, n 영역의 소수전하인 정공은 p 영역으로 빠져나가고, p 영역의 소수전하인 전자는 n 영역으로 빠져나간다. 이러한 전하의 이동이 역방향 바이어스 상태에서 역전류를 형성한다.

예제 11-3 (예제 11-2)와 같은 조건의 PN 다이오드에 0.6V 의 순방향 전압이 인가되었다. $N_A = 10^{17}cm^{-3}$, $N_D = 5 \times 10^{17}cm^{-3}$, $D_p = 12cm^2$ /s, $\tau_p = 1\text{us}$, $D_n = 36cm^2$ /s, $\tau_n = 2\text{us}, kT/q = 26mV$, $n_i = 1.5 \times 10^{10}cm^{-3}$, $\varepsilon_s = 1.04 \times 10^{-12}C/cm^2$, L_n=85um, L_p=35um, $\mu_p = 470cm^2/(V \cdot s)$, $\mu_n = 1{,}350cm^2/(V \cdot s)$ 이다.

(a) 포화 전류 밀도(Saturation current density) J_S, J_{Sn}, J_{Sp} 를 구하라.

(b) 전류 밀도 J_{total}를 구하라.

(c) 전류가 확산 운동이 아닌 드리프트 운동에 기인한다고 가정할 경우, 필요한 전기장의 크기를 구하라.

(d) 공핍영역에 인가되는 전기장의 크기를 계산하고, (c)에서 구한 전기장과 비

교하여 중성 영역의 전기장이 0 이라고 가정한 타당성을 검토하라.

풀이

(a) 포화 전류 밀도 J_S, J_{Sn}, J_{Sp}는 다음과 같이 계산된다.

$$J_{Sn} = \frac{eD_n}{L_n} n_{p0} = \frac{1.6 \times 10^{-19} \times 36}{85u} \times 2.25 \times 10^3 = 1.53 \times 10^{-12}\ A/cm^2$$

$$J_{Sp} = \frac{qD_p}{L_p} p_{n0} = \frac{1.6 \times 10^{-19} \times 12}{35u} \times 450 = 2.47 \times 10^{-13}\ A/cm^2$$

$$J_S = J_{Sn} + J_{Sp} = 1.78 \times 10^{-12}\ A/cm^2$$

(b) 순방향 바이어스에서의 전류 밀도 J_{total}은 다음과 같이 계산된다.

$$J_{total} = J_S\left(e^{qV_F/kT} - 1\right) = 1.78 \times 10^{-12}\left(e^{0.6/0.026} - 1\right) = 1.87 \times 10^{-2}\ A/cm^2$$

(c) 전기장 $\mathbb{E}$ 에서의 전자의 전류 밀도는 $J_n = en\mu_n\mathbb{E}$, 정공의 전류 밀도는 $J_p = qp\mu_p\mathbb{E}$ 이므로, 전류 밀도 $1.87 \times 10^{-2}\ A/cm^2$를 만족하는 전자의 전기장은 다음과 같다.

$$\mathbb{E} = \frac{J_n}{en\mu_n} = \frac{1.87 \times 10^{-2}}{1.6 \times 10^{-19} \times 5 \times 10^{17} \times 1{,}350} = 1.73 \times 10^{-4}\ V/cm$$

또한, 전류 밀도 $1.87 \times 10^{-2}\ A/cm^2$를 만족하는 정공의 전기장은 다음과 같다.

$$\mathbb{E} = \frac{J_p}{qp\mu_p} = \frac{1.87 \times 10^{-2}}{1.6 \times 10^{-19} \times 1 \times 10^{17} \times 470} = 2.49 \times 10^{-3}\ V/cm$$

(d) 평형 상태의 내부 전위 V_o는 다음과 같이 계산된다.

$$V_o = \frac{kT}{q} \ln\left(\frac{N_A N_D}{n_i^2}\right) = 0.026 \ln\left(\frac{10^{17} \times 5 \times 10^{17}}{(1.5 \times 10^{10})^2}\right) = 0.859V$$

순방향 바이어스된 PN 다이오드의 공핍영역의 크기는 다음과 같이 계산된다.

$$W = \sqrt{\frac{2\varepsilon_s}{q}\frac{(N_A + N_D)}{(N_A N_D)}(V_o - V_F)}$$

$$= \sqrt{\frac{2 \times 1.04 \times 10^{-12}}{1.6 \times 10^{-19}}\frac{(10^{17} + 5 \times 10^{17})}{(10^{17} \times 5 \times 10^{17})}(0.859 - 0.6)}$$

$$= 6.36 \times 10^{-8} m$$

영역 n 의 공핍영역의 크기는 다음과 같이 계산된다

$$x_n = \sqrt{\frac{2\varepsilon_s(V_o - V_F)}{q}\left(\frac{N_A}{N_D}\right)\left(\frac{1}{N_D + N_A}\right)}$$

$$= \sqrt{\frac{2 \times 1.04 \times 10^{-12}}{1.6 \times 10^{-19}}\frac{(0.859 - 0.6)}{(5 \times 10^{17})}\frac{(10^{17})}{(10^{17} + 5 \times 10^{17})}}$$

$$= 0.011 um$$

순방향 바이어스된 PN 다이오드의 공핍영역에 인가된 전기장의 크기는 다음과 같다.

$$\mathbb{E}_{max} = -\frac{q}{\varepsilon_s}N_D x_n = -\frac{1.6 \times 10^{-19}}{1.04 \times 10^{-12}} \times 5 \times 10^{17} \times 0.011 \times 10^{-6}$$
$$= -8.15 \times 10^4 V/cm$$

공핍영역의 $\mathbb{E}_{max}$값을 중성 영역에서 구한 전기장 $1.73 \times 10^{-4}\, V/cm$과 비교하면, 대부분의 전기장은 공핍영역에 집중됨을 확인할 수 있다. 따라서, 중성 영역의 전기장을 0 으로 근사한 가정은 타당하다.

중성 p 영역의 끝단인 $x = -\infty$에서는 전자의 확산 전류가 0 이므로, 이 지점에서의 전류는 p 영역의 다수전하인 정공에 의한 드리프트 전류로만 이루어진다. 전기장이 0 으로 근사되는 매우 작은 값인 $2.49 \times 10^{-3}\, V/cm$ 이라도, 중성 p 영역에서 정공의 농도가 매우 높아 충분한 드리프트 전류가 생성된다.

마찬가지로 중성 n 영역의 끝단인 $x = \infty$에서는 정공의 확산 전류는 0 이므로, 이 지점에서의 모든 전류는 n 영역의 다수전하인 전자에 의한 드리프트 전류로 이루어진다. n 영역에서 전자의 농도가 매우 높기 때문에, 0 으로 근사되는 작은 전기장 $1.73 \times 10^{-4}\,V/cm$에서도 충분한 드리프트 전류를 생성할 수 있다.

11.4 PN 다이오드의 전류 및 온도 특성

PN 다이오드의 순방향 전압에 따른 전류의 지수 함수적 특성과 포화 전류 밀도의 온도 의존성을 통해 PN 다이오드의 전류 특성을 살펴보자.

포화 전류 밀도

이상적인 PN 다이오드의 전류-전압 관계식은 (식 11.41)로 주어진다. 순방향 바이어스 상태에서 $e^{qV_F/kT} \gg 1$ 이므로, 이는 다음과 같이 근사할 수 있다.

$$J_{total} = J_S\left(e^{qV_F/kT} - 1\right) \approx J_S e^{qV_F/kT} \quad (\text{식 } 11.55)$$

포화 전류 밀도 J_S(식 11.42)는 진성 농도 n_i에 의존하며 다음과 같이 나타낼 수 있다.

$$J_S = \frac{eD_n}{L_n}n_{p0} + \frac{qD_p}{L_p}p_{n0} = \frac{eD_n}{L_n}\frac{n_i{}^2}{N_A} + \frac{qD_p}{L_p}\frac{n_i{}^2}{N_D} = \left(\frac{eD_n}{L_nN_A} + \frac{qD_p}{L_pN_D}\right)n_i{}^2 \qquad (\text{식 } 11.56)$$

이를 진성 농도 n_i(식 5.70)을 이용하여 정리하면, 포화 전류 밀도 J_S 는 다음과 같이 온도에 의존하는 형태로 표현된다.

$$J_S = \left(\frac{eD_n}{L_nN_A} + \frac{qD_p}{L_pN_D}\right){n_i}^2 = \left(\frac{eD_n}{L_nN_A} + \frac{qD_p}{L_pN_D}\right)4\left(\frac{2\pi k}{h^2}\right)^3 (m_n^* m_p^*)^{\frac{3}{2}} T^3 e^{-E_g/kT}$$
$$= cT^3 e^{-E_g/kT} \quad (\text{식 } 11.57)$$

(식 11.55)의 양변에 로그를 취하면,

$$\log(J_{total}) = \log(J_S) + \log\left(e^{qV_F/kT}\right) \quad (\text{식 } 11.58)$$

이를 정리하면,

$$\log(J_{total}) = \log(J_S) + \frac{qV_F}{kT}\log(e) \quad (\text{식 } 11.59)$$

여기서 $e = 2.7183$, $\log(e) = 0.4343$이므로, 위 식은 최종적으로 다음과 같이 표현된다.

$$\log(J_{total}) = \log(J_S) + 0.4343\frac{q}{kT}V_F \quad (\text{식 } 11.60)$$

V_F에 대해 $\log(J_{total})$를 그래프로 나타내면, [그림 11-9]와 같이 직선이 되고, 직선의 기울기는 $0.4343 \cdot q/kT$가 된다. 따라서, 기울기로부터 온도를 구할 수 있으며, 세로축 절편으로부터 포화 전류 밀도 J_S를 구할 수 있다.

온도 $T = 300K$인 경우 (식 11.60)은 다음과 같다.

$$\log(J_{total}) = \log(J_S) + 16.7\,V_F \quad (\text{식 } 11.61)$$

이때, 직선의 기울기는 16.7 dec/V가 되고, 기울기의 역수는 $60mV/dec$가 된다. 기울기의 역수인 $60mV/dec$는 전류가 10 배 증가하는 데 필요한 순방향 전압이 60mV 임을 의미한다.

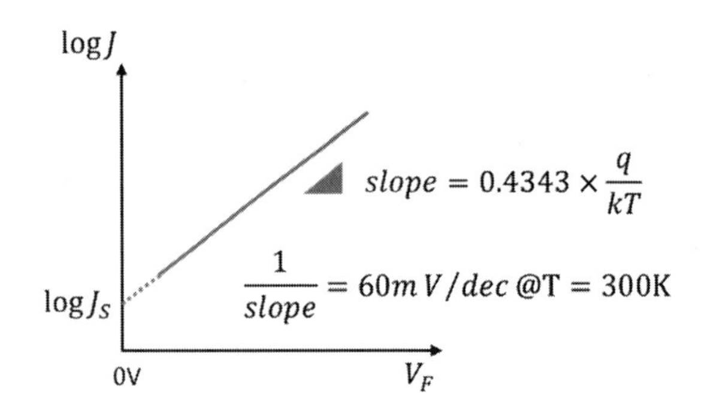

[그림 11-9] PN 다이오드의 $\log(J_{total}) - V_F$ 특성

포화 전류 밀도의 온도 특성

포화 전류 밀도 J_S의 온도 의존성을 (식 11.57)을 기반으로 분석해보자. 이를 온도 T에 대해 미분하면 다음과 같다.

$$\frac{\partial J_S}{\partial T} = \frac{\partial\left(cT^3 e^{-E_g/kT}\right)}{\partial T} \qquad (\text{식 } 11.62)$$

연쇄 법칙을 적용하여 계산하면,

$$\frac{\partial J_S}{\partial T} = c3T^2 e^{-E_g/kT} + cT^3 e^{-E_g/kT}\left(-\frac{E_g}{k}\right)(-1)T^{-2} \qquad (\text{식 } 11.63)$$

이를 정리하면,

$$\frac{\partial J_S}{\partial T} = cT^3 e^{-E_g/kT}\left(\frac{3}{T} + \frac{E_g}{kT^2}\right) \qquad (\text{식 } 11.64)$$

따라서, 다음과 같은 형태로 표현할 수 있다.

$$\frac{\partial J_S}{\partial T} = \frac{J_S}{T}\left(3 + \frac{E_g}{kT}\right) \qquad (\text{식 } 11.65)$$

이 결과로부터, 온도가 증가하면 포화 전류 밀도 J_S도 증가함을 알 수 있다.

순방향 다이오드 전류의 온도 특성

순방향 바이어스된 PN 다이오드의 온도에 따른 전류 특성을 살펴보자. 특정 온도에서 다이오드가 [그림 11-10]의 곡선 'A'와 같은 전류 특성을 가진다고 가정하자. 이 상태에서 온도가 상승하면 다이오드의 전류 특성은 'B'로 변화한다. 이러한 특성 변화에 대해, 특정 전압 V_2 에서 전류 밀도가 J_1에서 J_2로 증가한다고 할 수 있다. 또는, 온도 상승한 후에도 같은 전류 J_1을 유지하려면, 전압이 V_2에서 V_1으로 감소해야 한다고 해석할 수 있다. 이 두 가지 관점 중에서, 온도 변화에도 불구하고 일정한 전류를 유지하기 위해 필요한 전압 변화를 분석하여 순방향 다이오드의 온도 특성을 구해보자.

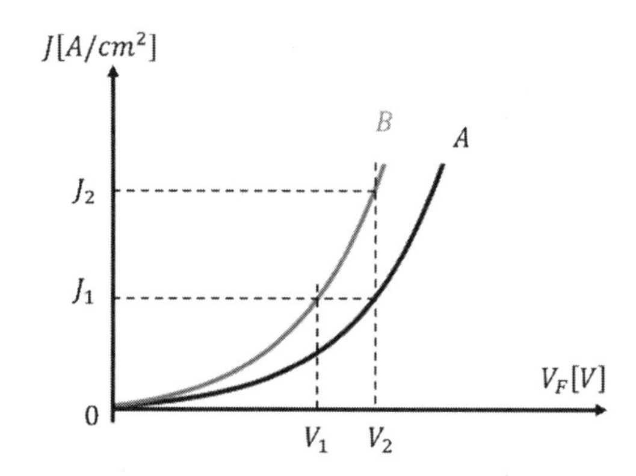

[그림 11-10] PN 다이오드의 순방향 전류의 온도 의존성

온도가 변할 때, 일정한 순방향 전류 J_{total}를 유지하기 위한 V_F의 변화를 구해보자. 이를 위해 이상적인 PN 다이오드의 전류식 (식 11.55)의 양변에 자연로그를 취하고 V_F에 대하여 정리하면, 다음과 같다.

$$V_F = -\frac{kT}{q}\ln\left(\frac{J_S}{J_{total}}\right) \quad \text{(식 11.66)}$$

이 식을 온도 T에 대해 미분하면,

$$\frac{\partial V_F}{\partial T} = -\left[\frac{k}{q}\ln\left(\frac{J_S}{J_{total}}\right) + \frac{kT}{q}\cdot\frac{1}{\frac{J_S}{J_{total}}}\cdot\frac{1}{J_{total}}\cdot\frac{\partial J_S}{\partial T}\right] \quad (\text{식 } 11.67)$$

여기서 J_{total}은 온도 변화에 따라 일정한 값을 유지하므로 상수로 간주할 수 있다.

$\partial J_S/\partial T$는 (식 11.64)를, J_S/J_{total}는 (식 11.55)를 활용하여 정리하면,

$$\frac{\partial V_F}{\partial T} = -\left[\frac{k}{q}\cdot\left(-\frac{qV_F}{kT}\right) + \frac{kT}{q}\cdot\frac{1}{J_S}\cdot\frac{J_S}{T}\left(3 + \frac{E_g}{kT}\right)\right] \quad (\text{식 } 11.68)$$

이를 정리하면 최종적으로 다음과 같다.

$$\frac{\partial V_F}{\partial T} = \frac{V_F}{T} - \frac{kT}{q}\cdot\frac{1}{T}\left(3 + \frac{E_g}{kT}\right) \quad (\text{식 } 11.69)$$

특정 조건인 $T = 300K, E_g = 1.1eV, kT = 26meV, V_F = 0.7V$을 (식 11.69)에 대입하면 다음과 같이 계산된다.

$$\frac{\partial V_F}{\partial T} = -1.6\,mV/℃ \quad (\text{식 } 11.70)$$

이 계산 결과는 실리콘에서의 실험값인 $-2.5mV/℃$ 와 유사하다. 이러한 실리콘의 온도 특성을 활용하면, 온도 센서로서 실리콘을 응용할 수 있다.

예제 11-4 실리콘 PN 다이오드가 20°C 에서 $V_F = 0.7V$일 때, 1mA 의 전류가 흐른다. 온도가 40°C 로 상승하면, Diode 전압 V_F는 어떻게 되는가?

풀이

실리콘 PN 다이오드의 온도에 따른 전압 변화율은 $dV/dT = -2.5mV/℃$이다. 이를 이용하여 온도가 20°C 에서 40°C 로 증가할 때 전압 변화를 계산하면,

$$\Delta V = (40 - 20)℃ \times \left(-\frac{2.5mV}{℃}\right) = -50mV$$

따라서, 다이오드 전압은 온도가 증가함에 따라 감소하며, 새로운 전압 $V_F = 0.65V(= 0.7V - 0.05V)$가 된다.

[그림 11-11]은 PN 다이오드의 순방향 및 역방향 전압에서의 이상적인 전류 특성을 나타낸다. 역방향 바이어스 상태에서 온도가 상승하면 (식 11.65)에 의해 포화 전류 밀도 J_S가 증가한다. 이는 역방향 전류 크기를 증가시키며, 온도가 상승할수록 역방향 전류가 증가하는 특성을 나타낸다.

반면, 순방향 바이어스 상태에서는 (식 11.66)에 따라 특정 전류를 유지하기 위해 필요한 순방향 전압 V_F가 온도가 상승함에 따라 $2.5mV/℃$씩 감소한다. 이 전압 감소는 순방향 전류가 온도 상승과 함께 증가하도록 만든다.

또한, 그림에서는 역방향 바이어스 상태에서 다이오드가 견딜 수 있는 최대 전압 한계인 항복 전압이 표시되어 있다.

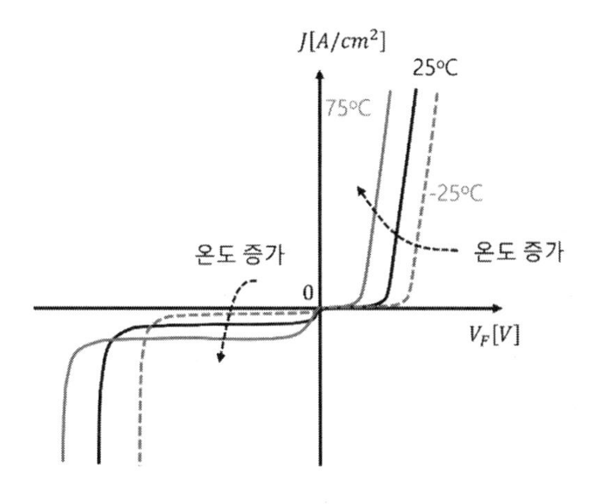

[그림 11-11] PN 다이오드의 순방향 및 역방향 전류-전압 특성

11.5 PN 다이오드의 확산 커패시턴스(Diffusion Capacitance)

10.4 절에서 설명한 바와 같이, 공간 전하(Space Charge)는 공핍영역을 형성하며 이는 평행판 커패시터와 유사한 커패시턴스를 생성한다. 이를 공핍 커패시턴스 (Depletion capacitance) 또는 접합 커패시턴스 (Junction capacitance)라 한다.

PN 다이오드에 순방향 전압이 인가되면, 공핍영역 외에도 중성 영역 근처에 축적된 소수전하가 공간적으로 분리되어 주입된다. 이 축적된 소수전하는 공핍 커패시턴스와 유사한 방식으로 새로운 커패시턴스 성분을 형성하며, 이를 확산 커패시턴스 (C_d, Diffusion capacitance)라 한다.

공간 전하에 의한 접합 커패시턴스 C_J와 과잉 소수전하에 의한 확산 커패시턴스 C_d를 생성하는 전하 분포는 [그림 11-12]에 나타내었다. 접합 커패시턴스 C_J는 (식 10.25)에 따라 외부 전압의 제곱근에 역비례한다.

$$C_J \propto \frac{1}{\sqrt{V}} \quad (\text{식 } 11.71)$$

한편, 확산 커패시턴스는 순방향 바이어스 상태에서 외부 순방향 전압에 대해 지수 함수적으로 증가하며, 공핍 커패시턴스보다 훨씬 큰 값을 갖는다.

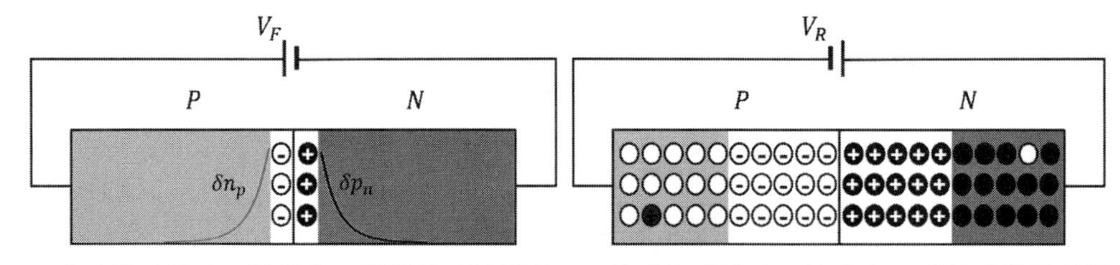

(a) 순방향 바이어스 상태의 PN 접합과 과잉 전하 (b) 역방향 바이어스 상태의 PN 접합과 공간 전하

$$C_d \propto \frac{J_S}{kT/q} \exp\left(\frac{qV_F}{kT}\right) \qquad C_j \propto \frac{1}{\sqrt{V_R}}$$

[그림 11-12] PN 다이오드의 과잉 전하와 공간 전하 특성

PN 다이오드에 순방향 전압 V_F가 인가되면, 중성 영역 근처에 축적된 과잉 소수 전하가 확산 커패시턴스를 형성한다. 단위 면적당 확산 커패시턴스 C_d는 순방향 전압에 따른 과잉 소수전하량의 변화율로 정의된다.

$$C_d = \frac{dQ}{dV_F} = \frac{d(|Q_{n,p}| + Q_{p,n})}{dV_F} \qquad (\text{식 } 11.72)$$

여기서 $Q_{n,p}$는 중성 p 영역에 주입되어 축적된 단위 면적당 전자의 총 전하량이며, $Q_{p,n}$는 중성 n 영역에 주입되어 축적된 단위 면적당 정공의 총 전하량을 의미한다.

중성 p 영역$[-\infty, -x_p]$에 존재하는 과잉 전자의 총 전하량 $Q_{n,p}$는 다음과 같이 계산된다.

$$Q_{n,p} = q\int_{-\infty}^{-x_p} \delta n_p(x)dx = q\int_{-\infty}^{-x_p} n_{p0}e^{qV_F/kT}e^{(x+x_p)/L_n}dx \qquad (\text{식 } 11.73)$$

이를 적분하면,

$$\begin{aligned} Q_{n,p} &= qn_{p0}e^{qV_F/kT}e^{x_p/L_n}\int_{-\infty}^{-x_p} e^{x/L_n}dx \\ &= qn_{p0}e^{qV_F/kT}e^{x_p/L_n}\left[L_n e^{x/L_n}\right]_{-\infty}^{-x_p} \end{aligned} \qquad (\text{식 } 11.74)$$

정리하면,

$$Q_{n,p} = qn_{p0}e^{qV_F/kT}e^{x_p/L_n}L_n\left(e^{-x_p/L_n} - e^{-\infty/L_n}\right) = qn_{p0}L_n e^{qV_F/kT} \qquad (\text{식 } 11.75)$$

여기서 (식 11.43)의 $J_{sn} = (eD_n/L_n)n_{p0}$과 $L_n = \sqrt{D_n\tau_n}$를 적용하면, 과잉 전자의 총 전하량은 다음과 같다.

$$Q_{n,p} = qe^{qV_F/kT}J_{sn}\frac{L_n}{eD_n}L_n = J_{sn}e^{qV_F/kT}\frac{{L_n}^2}{D_n} = J_{sn}e^{qV_F/kT}\tau_n \qquad (\text{식 } 11.76)$$

마찬가지로, 중성 n 영역 $[x_n, \infty]$에 존재하는 과잉 정공의 총 전하량 $Q_{p,n}$는 다음과 같이 계산된다.

$$Q_{p,n} = q\int_{x_n}^{\infty} \delta p_n(x)dx = q\int_{x_n}^{\infty} p_{n0}e^{qV_F/kT}e^{-(x-x_n)/L_p}dx$$
$$= qp_{n0}e^{qV_F/kT}e^{x_n/L_p}\int_{x_n}^{\infty} e^{-x/L_p}dx \qquad (\text{식 } 11.77)$$

이를 계산하면 $Q_{p,n}$는 다음과 같다.

$$Q_{p,n} = qp_{n0}e^{qV_F/kT}e^{x_n/L_p}\left[-L_p e^{-x/L_p}\right]_{x_n}^{\infty} = qp_{n0}L_p e^{qV_F/kT} \qquad (\text{식 } 11.78)$$

여기서 (식 11.44)의 $J_{sp} = (qD_p/L_p)p_{n0}$과 $L_p = \sqrt{D_p\tau_{p0}}$을 이용하면 과잉 정공의 총 전하량은 다음과 같이 표현된다.

$$Q_{p,n} = qe^{qV_F/kT}J_{sp}\frac{L_p}{qD_p}L_p = J_{sp}e^{qV_F/kT}\frac{{L_p}^2}{D_p} = J_{sp}e^{qV_F/kT}\tau_p \qquad (\text{식 } 11.79)$$

소수전하 주입에 의한 전체 전하량 $|Q_{n,p}| + Q_{p,n}$은 다음과 같이 표현된다.

$$|Q_{n,p}| + Q_{p,n} = J_{sn}e^{qV_F/kT}\tau_n + J_{sp}e^{qV_F/kT}\tau_p$$
$$= (J_{sn}\tau_n + J_{sp}\tau_p)e^{qV_F/kT} \qquad (\text{식 } 11.80)$$

따라서, 확산 커패시턴스 C_d는 다음과 같이 순방향 전압에 대해 지수적으로 증가한다.

$$C_d = \frac{dQ}{dV_F} = \frac{d(|Q_{n,p}| + Q_{p,n})}{dV_F} \propto e^{qV_F/kT} \qquad (\text{식 } 11.81)$$

PN 다이오드에 인가되는 전압에 따른 공핍 커패시턴스와 확산 커패시턴스 특성은 [그림 11-13]에 나타나 있다. PN 다이오드가 역방향 전압 상태 또는 낮은 순방향 전압에서는 공핍 커패시턴스가 확산 커패시턴스보다 더 크게 나타난다.

그러나, PN 다이오드의 순방향 전압이 다이오드 온 전압에 도달하여 전류가 흐르기 시작하면, 확산 커패시턴스는 공핍 커패시턴스보다 급격하게 커진다.

결과적으로, 다이오드의 커패시턴스는 온 전압 이상에서는 확산 커패시턴스가 주된 성분으로 작용하며, 전체 커패시턴스에서 대부분을 차지한다.

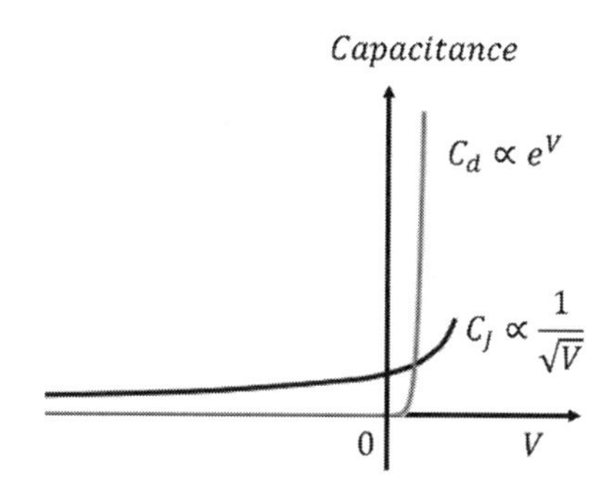

[그림 11-13] PN 다이오드의 확산 커패시턴스와 공핍 커패시턴스 특성

11.6 PN **다이오드의 소수전하 축적 및 통과 시간**

PN 다이오드에 순방향 전압이 인가되면, 소수전하가 확산에 의해 공핍영역을 가로질러 중성 p 영역과 n 영역으로 주입된다. 이러한 소수전하의 주입은 확산 커패시턴스를 유발하며, 주입된 전자와 정공에 의해 각각 단위 면적당 전하량이 축적된다. 단위 면적당 전하량은 전류 밀도와 전하의 평균 통과 시간의 곱으로 표현되며, 다음 관계를 만족한다.

$$Q_{n,p} = J_n \tau_n = J_{sn} e^{qV_F/kT} \tau_n \qquad (식\ 11.82)$$

$$Q_{p,n} = J_p \tau_p = J_{sp} e^{qV_F/kT} \tau_p \qquad (식\ 11.83)$$

여기서 τ_n과 τ_p는 각각 확산된 전자와 정공의 평균 통과 시간을 의미한다.

유사하게, 전자와 정공에 의한 총 전하 Q_{tot}는 총 전류 J_t와 평균 통과 시간 τ_T (Mean transit time) 또는 평균 축적 시간 τ_s(Mean storage time)로 표현된다.

$$Q_{tot} = |Q_{n,p}| + Q_{p,n} = J_n \tau_n + J_p \tau_p = J_t \tau_T = J_t \tau_s \qquad (식\ 11.84)$$

이는 평균 축적 시간 또는 평균 통과 시간 내에 중성 영역에 축적되거나 통과하는 총 전하량 Q_{tot}를 의미한다.

[그림 11-14]는 PN 다이오드의 이상적인 전류-전압 특성과 주입된 소수전하에 의한 확산 저항(r_d)을 나타낸다. 전류-전압 특성 곡선에서 기울기의 역수는 저항을 의미하며, 순방향 전압에서 주입된 소수전하의 확산 전류와 관련된 저항을 단위 면적당 확산 저항 $[A/cm^2]$이라 한다.

다이오드의 이상적인 전류식 (식 11.41)로부터 dJ/dV_F는

$$\frac{dJ}{dV_F} = \frac{q}{kT}J \quad (식\ 11.85)$$

따라서, 확산 저항 r_d는 다음과 같이 표현된다.

$$r_d = \frac{dV_F}{dJ} = \frac{1}{dJ/dV_F} = \frac{1}{(q/kT)J} \qquad (식\ 11.86)$$

확산 커패시턴스는 (식 11.81)과 (식 11.84)를 기반으로 확산 저항과 연결되며, 다음과 같이 표현된다.

$$C_d = \frac{dQ_{tot}}{dV_F} = \frac{\tau_T dJ}{dV_F} = \frac{\tau_T}{r_d} = \frac{\tau_T}{(kT/q)}J = \frac{\tau_T}{V_T}J \quad (식\ 11.87)$$

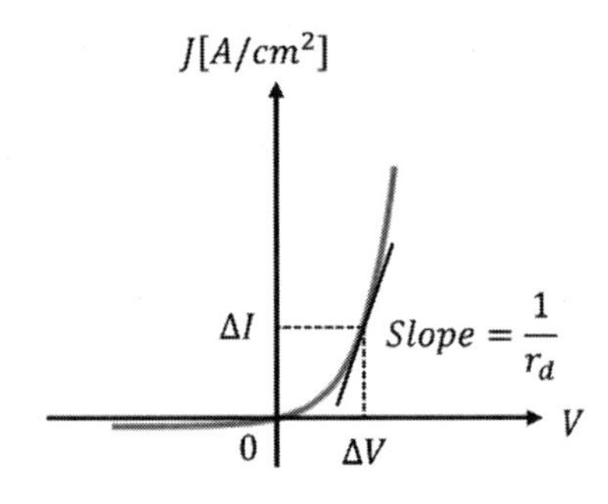

[그림 11-14] PN 다이오드의 이상적인 전류 특성과 확산 저항

예제 11-5 도핑 농도 N_A=$10^{18}cm^{-3}$ 이고 N_D=$10^{16}cm^{-3}$ 인 PN 다이오드가 $T = 300K$에서 동작한다. 평균 통과 시간 τ_T와 확산 커패시턴스 C_d를 구하라.

다이오드의 단면적 $A = 10^{-4}cm^2$ 이고 $D_p = 12\,cm^2/s$, $\tau_p = 1\text{us}, D_n = 36\,cm^2/s$, $\tau_n = 2\text{us}, kT/q = 26mV, n_i = 1.5 \times 10^{10}cm^{-3}, L_n$=85um, L_p=35um, $\mu_p = 470\,cm^2/(V \cdot s)\,, \mu_n = 1{,}350cm^2/(V \cdot s), \varepsilon_s = 1.04 \times 10^{-12}\,C^2/cm\,, I = 0.1mA$ 이다.

풀이

주어진 다이오드가 $Q_{n,p} \ll Q_{p,n}$이므로 일방형 접합이다. 따라서, 전자 주입에 의한 전류 효과는 무시되며, 다음 관계식을 만족한다.

$$Q_{tot} = Q_{n,p} + Q_{p,n} \approx Q_{p,n} = J_p\tau_p = J_t\tau_T = J_t\tau_s$$

따라서, 평균 통과 시간 τ_T는 다음과 같이 계산된다.

$$\tau_T \approx \tau_p = \frac{{L_p}^2}{D_p} = \frac{(35\text{um})^2}{12cm^2/s} = 1us$$

확산 커패시턴스 C_d는 다음과 같이 계산된다

$$C_d = \frac{\tau_T}{V_T}J = \frac{1us}{0.026V} \times \frac{0.1mA}{10^{-4}cm^2} = 3.100 \times 10^{-5}F/cm^2$$

CHAPTER

12

PN 다이오드의 비이상적 특성과 PN 접합 응용

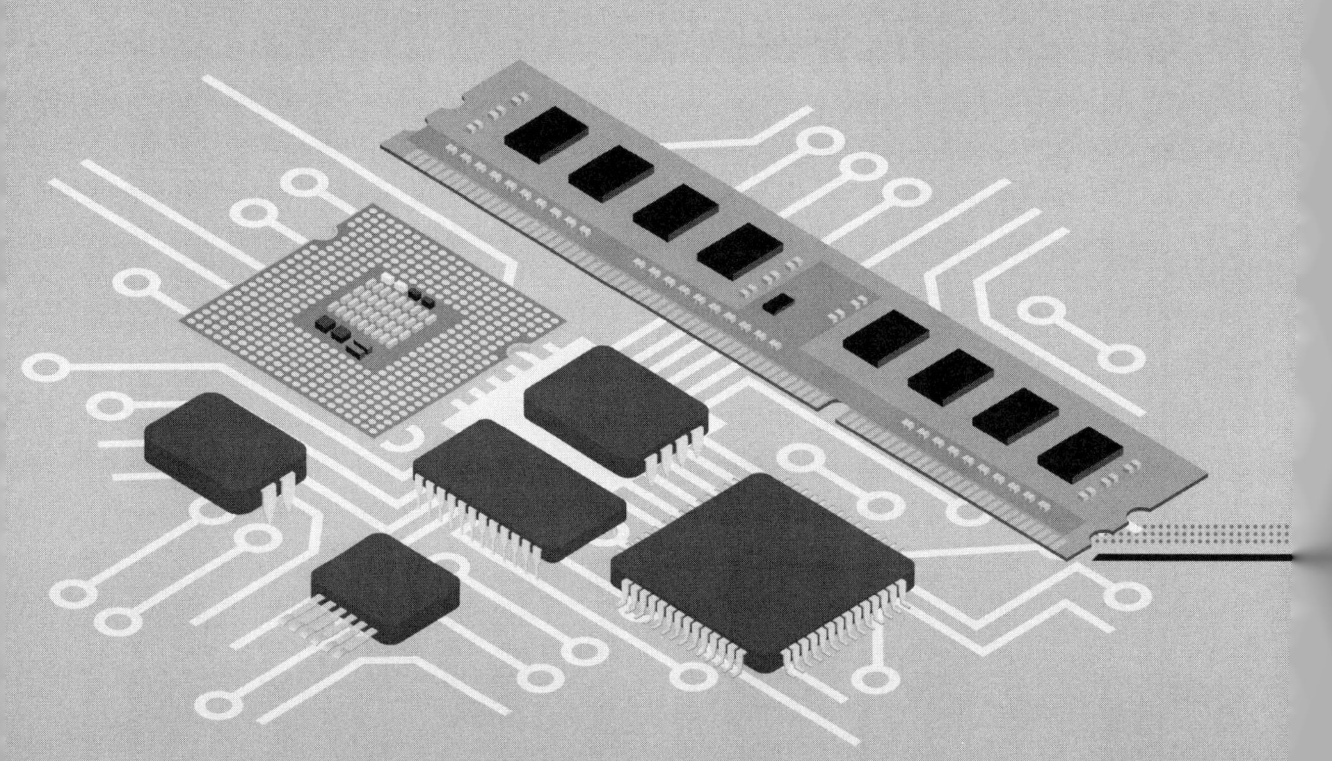

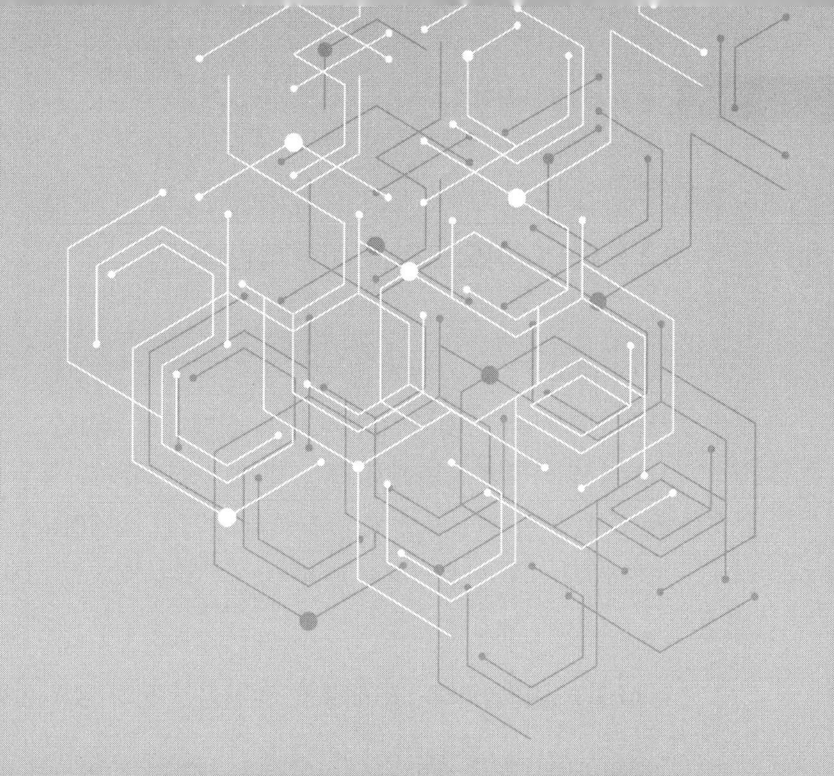

- **UNIT GOALS**

이상적인 PN다이오드의 전류 특성은 이상적인 가정을 기반으로 하지만, 실제 PN 다이오드에서는 비이상적인 특성이 나타난다. 이러한 비이상적인 특성에는 공핍영역 내에 존재하는 전하 재결합과 생성, 고준위 주입에 의한 효과, 축적된 소수전하에 의한 스위칭 속도 제한 등이 포함된다.

본 장에서는 PN 다이오드의 비이상적인 특성과 동작 속도 제한 요인을 분석하고, 다이오드를 저항과 커패시턴스로 표현하는 회로 모델을 살펴본다. 또한, PN 접합의 특성을 활용한 다양한 다이오드 응용에 대해 살펴본다.

12.1 PN 다이오드의 비이상적인 특성

PN 다이오드의 이상적인 전류 특성은 공핍영역에서의 전하의 생성 및 재결합 현상을 무시하는 가정에 기반하지만, 실제 PN 다이오드의 공핍영역에서는 이동하는 전하들이 비평형 상태에서 생성 및 재결합 과정을 겪는다. 이러한 과정은 반도체 제조 공정 중 발생한 결정 결함에 의해 형성된 트랩(trap) 에너지 준위에서 이루어진다. 트랩은 전자나 정공의 이동을 방해하며, 다이오드의 성능 저하를 초래할 수 있다.

12.1.1 공핍영역에서의 재결합 전류(공간 전하 영역 전류)

PN 다이오드에 순방향 바이어스를 가하면, n 영역과 p 영역에서 전자와 정공이 접합을 가로질러 각각 반대 영역으로 주입된다. 이러한 주입 전하가 결함이 존재하는 공핍영역을 통과하면서 트랩(trap)과 재결합하는 현상이 발생한다.

순방향 바이어스 상태에서 공핍영역 내 과잉 전하

순방향 바이어스 상태에서는 공핍영역의 경계에 과잉 전하가 주입되어, 중성 n 영역과 p 영역으로 확산된다. 이로 인해, 전자와 정공의 곱은 (식 11.20)에서와 같이 질량-작용 법칙을 따르지 않으며, 열평형 상태보다 더 많은 전자와 정공이 존재한다. 이러한 현상은 공핍영역에서도 발생하며, 순방향 바이어스 상태에서는 열평형 상태보다 높은 전자와 정공의 농도가 존재하며, 다음 관계를 만족한다.

$$pn = n_i^2 \exp\left[\frac{qV_F}{kT}\right] \qquad (식\ 12.1)$$

또한, 공핍영역 내에서 전자 농도와 정공 농도가 서로 같다고 가정하면, 이들의 농도는 다음과 같이 주어진다.

$$n = p = n_i \exp\left[\frac{qV_F}{2kT}\right] \qquad (식\ 12.2)$$

따라서, 열평형 상태의 전하 농도 n_i보다 더 많은 과잉 전자(Δn)와 과잉 정공(Δp)이 존재하며, 이들 간의 재결합이 발생할 수 있다. 과잉 전하량은 다음과 같이 표현된다.

$$\Delta n = \Delta p = n_i\left[\exp\left[\frac{qV_F}{2kT}\right] - 1\right] \qquad (\text{식 } 12.3)$$

예제 12-1 순방향 바이어스 다이오드에서 공핍영역 내의 전자와 정공의 농도 (식 12.2)로부터 과잉 전하량 (식 12.3)을 유도하라.

<u>풀이</u>

공핍영역 내 과잉 전자와 과잉 정공은 다음과 같다.

$$\Delta n = \Delta p = n - n_i$$

여기서, 전자의 농도 n 에 대해 (식 12.2)의 값을 대입하면,

$$\Delta n = \Delta p = n - n_i = n_i \exp\left(\frac{qV_F}{2kT}\right) - n_i$$

이를 정리하면, 다음과 같은 관계를 유도할 수 있다.

$$\Delta n = \Delta p = n_i\left[\exp\left(\frac{qV_F}{2kT}\right) - 1\right]$$

순방향 바이어스 상태에서 공핍영역 내 재결합률과 전류

쇼클리-리드-홀(Shockley-Read-Hall) 재결합 이론에 따르면, 공핍영역에서 발생한 과잉 전자와 과잉 정공은 트랩(Trap)을 매개로 재결합하여 소멸된다. 이때 트랩의 에너지 준위가 PN 접합의 밴드갭 중앙에 위치할 때, 전자와 정공의 재결합률이 가장 높아진다.

순방향 바이어스 상태에서는 과잉 전하가 재결합하며, 이때의 재결합률은 과잉 전

하 밀도를 평균 수명으로 나눈 값으로 정의된다. 공핍영역 내 단위 부피당 순 재결합률은 다음과 같이 표현된다.

$$r_{dep} = \frac{\Delta n}{\tau_{dep}} = \frac{n_i}{\tau_{dep}}\left(e^{qV_F/2kT} - 1\right) \qquad (\text{식 } 12.4)$$

여기서 r_{dep}는 공핍영역 내 전자와 정공의 재결합률, Δn은 과잉 전자 농도, τ_{dep}는 공핍영역 내 전자와 정공의 평균 수명을 의미한다.

[그림 12-1]은 순방향 바이어스 상태에서 열평형보다 많이 생성된 전자와 정공이 에너지 밴드갭 중앙의 트랩을 통해 서로 재결합하는 과정을 나타낸다.

공핍영역에서 과잉 생성된 전자는 트랩을 통해 재결합되며, 이를 보충하기 위해 n 영역(우측)의 외부 전원에서 전자가 공급된다. 이렇게 공급된 전자는 이동 방향과 반대 방향으로 전류를 생성하며, 이를 전자의 재결합 전류 밀도 $J_{rec}(electron)$라 한다. 마찬가지로, 정공은 p 영역(좌측)의 외부 전원에서 공급되며, 이는 정공의 재결합 전류 밀도 $J_{rec}(hole)$를 생성한다.

순방향 바이어스 상태에서는 $J_{rec}(hole)$와 $J_{rec}(electron)$의 방향이 전류가 흐르는 방향과 동일하며, 이는 p 영역에서 n 영역으로 흐르는 양의 전류로 나타난다. 따라서, PN 다이오드의 총 전류는 이상적인 확산 전류와 공핍영역 내 재결합에 의한 전류의 합으로 표현할 수 있다.

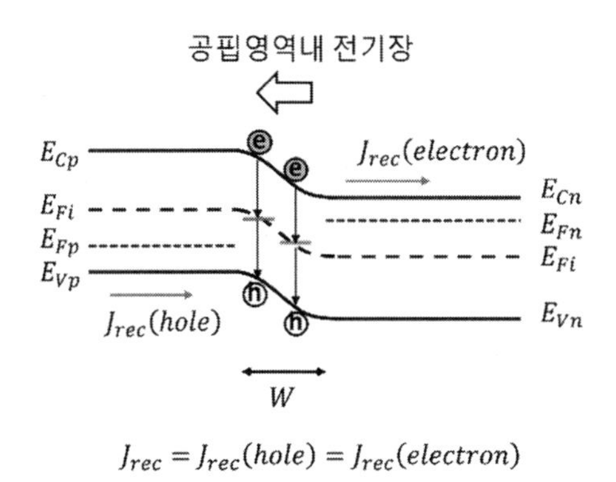

[그림 12-1] PN 다이오드 공핍영역 내 과잉 전자와 정공의 재결합 과정

순방향 바이어스 상태에서는 공핍영역 내 전자의 재결합 전류 밀도 $J_{rec}(electron)$와 정공의 재결합 전류 밀도 $J_{rec}(hole)$는 동일하다. 이때 총 재결합 전류 밀도는 두 성분의 합이 아니라 다음과 같이 정의된다.

$$J_{rec} = J_{rec}(electron) = J_{rec}(hole) \qquad (\text{식 } 12.5)$$

PN 다이오드의 공핍영역 두께 W_{dep}에서 재결합률 r_{dep}이 존재할 경우, (식 12.4)를 이용하여 계산된 재결합 전류 밀도는 다음과 같다.

$$J_{rec} = qW_{dep}\frac{n_i}{\tau_{dep}}\left(e^{qV_F/2kT} - 1\right) = J_{r0}\left(e^{qV_F/2kT} - 1\right) \qquad (\text{식 } 12.6)$$

여기서 J_{r0}는 공핍영역의 특성에 의해서 결정되며, 다음과 같이 정의된다.

$$J_{r0} = qW_{dep}\frac{n_i}{\tau_{dep}} \qquad (\text{식 } 12.7)$$

이 식에서 J_{r0}는 공핍영역의 두께 W_{dep}, 진성 전하 농도 n_i, 전하의 평균 수명 τ_{dep}의 조합으로 결정되는 공핍영역 내 고유한 특성을 나타낸다.

결과적으로, PN 다이오드의 실제 총 순방향 전류 밀도는 이상적인 확산 전류 밀도 J_D와 재결합 전류 밀도 J_{rec}의 합으로 표현된다. 이상적인 확산 전류 밀도 J_D는 (식 11.54)에서 정의된 중성 영역에서 소수전하의 확산과 재결합에 의해 발생하는 전류 밀도이며, 재결합 전류 밀도 J_{rec}은 공핍영역에서 전하 소멸을 보충하기 위한 전류 밀도이다.

$$J_{sum} = J_D + J_{rec} \qquad (\text{식 } 12.8)$$

이를 수식으로 정리하면 다음과 같다.

$$J_{sum} = J_S\left(e^{qV_F/kT} - 1\right) + J_{r0}\left(e^{qV_F/2kT} - 1\right) \qquad (\text{식 } 12.9)$$

예제 12-2 이상적인 다이오드의 포화 전류 밀도 J_S와 재결합 포화 전류 밀도 J_{r0}의 크기를 아래와 같은 조건에서 비교하라. PN 다이오드의 특성은 다음과 같다. $N_A = 10^{17} cm^{-3}$, $N_D = 5 \times 10^{17} cm^{-3}$, $D_p = 12\, cm^2/s$ s, $\tau_p = 1\text{us}$, $D_n = 36\, cm^2/s$, $\tau_n = 1\text{us}, kT/q = 26mV$, $n_i = 1.5 \times 10^{10} cm^{-3}$, L_n= 85um, L_p= 35um, $\varepsilon_s = 1.04 \times 10^{-12} C/cm^2$, $\tau_{dep} = 2\text{us}$ 이다.

<u>풀이</u>

이상적인 다이오드의 포화 전류 밀도 J_S는 다음과 같이 계산된다.

$$J_S = \left(\frac{eD_n}{L_n N_A} + \frac{qD_p}{L_p N_D}\right) {n_i}^2$$
$$= 1.6 \times 10^{-19} \left(\frac{36}{85 \times 10^{-4} \times 10^{17}} + \frac{12}{35 \times 10^{-4} \times 10^{16}}\right) (1.5 \times 10^{10})^2$$
$$= 1.4 \times 10^{-11} A/cm^2$$

내부 전위 V_o는 다음과 같다.

$$V_o = \frac{kT}{q} \ln \frac{N_D N_A}{{n_i}^2} = 0.026 \times \ln\left(\frac{5 \times 10^{17} \times 10^{17}}{(1.5 \times 10^{10})^2}\right) = 0.859V$$

(식 10.3)을 사용하여 $V_F = 0V$에서의 공핍영역의 두께 W를 구하면,

$$W = \sqrt{\frac{2\varepsilon_s}{q} \frac{N_D + N_A}{(N_D N_A)} V_o} = \sqrt{\frac{2 \times 1.04 \times 10^{-12}}{1.6 \times 10^{-19}} \frac{(5 \times 10^{17} + 10^{17})}{(5 \times 10^{17} \times 10^{17})} \times 0.859}$$
$$= 3.5 \times 10^{-5} cm$$

(식 12.7)에 의해서 재결합 포화 전류 밀도 J_{r0}는 다음과 같이 계산된다.

$$J_{r0} = qW_{dep} \frac{n_i}{\tau_{dep}} = 1.6 \times 10^{-19} \times 3.5 \times 10^{-5} \times \frac{1.5 \times 10^{10}}{2\text{u}} = 4.2 \times 10^{-8} A/cm^2$$

재결합 포화 전류 밀도 J_{r0}의 크기는 $4.2 \times 10^{-8} A/cm^2$이고, 이상적인 다이오드의 포화 전류 밀도 J_S의 크기는 $1.4 \times 10^{-11} A/cm^2$로 J_{r0}가 J_S보다 훨씬 크다.

일반적으로 재결합 포화 전류 밀도 J_{r0}는 이상적인 다이오드의 포화 전류 밀도 J_S 보다 크며, 확산 전류와 공핍영역의 재결합 전류는 전압에 따라 다음 관계를 가진다.

순방향 전압 V_F가 (kT/q)에 비해 충분히 클 경우, (식 12.5)의 재결합 전류 밀도는 다음과 같이 근사된다.

$$J_{rec} = J_{r0}\left(e^{qV_F/2kT} - 1\right) \approx J_{r0}e^{qV_F/2kT} \quad (\text{식 } 12.10)$$

이 식의 양변에 자연로그를 취하면 다음과 같이 표현된다.

$$\ln J_{rec} = \ln J_{r0} + \frac{qV_F}{2kT} \quad (\text{식 } 12.11)$$

마찬가지로, $V_F \gg (kT/q)$인 경우, 이상적인 다이오드의 확산 전류 밀도 (식 11.54)는 다음과 같이 근사된다.

$$\ln J_D = \ln J_S + \frac{qV_F}{kT} \quad (\text{식 } 12.12)$$

위 식을 $\ln J$ 대 (qV_F/kT) 그래프로 나타내면 [그림 12-2]와 같이 된다.

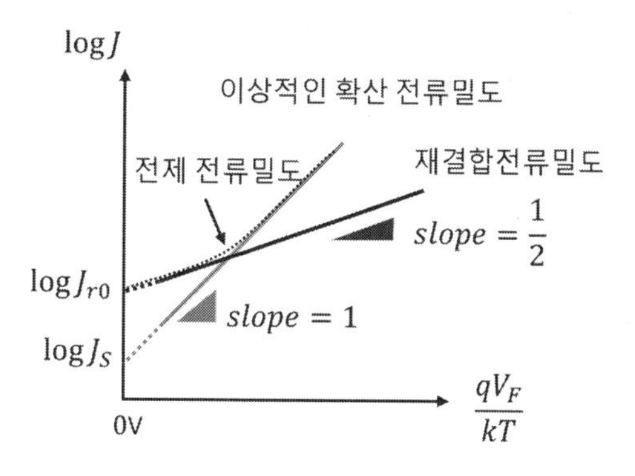

[그림 12-2] 이상적인 다이오드의 확산 및 재결합 전류의 (qV_F/kT)의 경향성

이상적인 확산 전류 밀도 $\ln J_D$는 (qV_F/kT)에 대해 기울기가 1 인 선형 관계를 보인다. 반면, 재결합 전류 밀도 $\ln J_{rec}$는 (qV_F/kT)에 대해 기울기가 (1/2)인 선형 관계를 가진다. 특히, 작은 순방향 전압에서는 재결합 전류 밀도가 지배적이지만, 순방향 전압이 증가함에 따라 이상적인 확산 전류 밀도가 우세해진다.

12.1.2 공핍영역에서의 생성 전류

역방향 바이어스를 인가하면, 순방향 바이어스 상태와는 달리 공핍영역 내의 전하 농도는 열평형 상태보다 낮아진다. 전하 농도가 낮아지면, 트랩(Trap)을 매개로 전하가 생성되어 열평형 상태로 복귀하려는 경향을 나타낸다.

역방향 바이어스 하에서는 진성 페르미 준위에 위치한 트랩에 의해 전하가 생성되며, 쇼클리-리드-홀(Shockley-Read-Hall) 재결합 이론에 따르면 단위부피당 생성되는 전하의 생성률 G는 다음과 같이 주어진다.

$$G = \frac{n_i}{2\tau_0} \quad (\text{식 } 12.13)$$

여기서 τ_0는 전자와 정공의 평균 수명을 나타낸다.

공핍영역에서 전자와 정공이 트랩을 통해 쌍으로 생성되어 공핍영역 내에서 이동한다면, [그림 12-3]과 같이 생성된 전자는 공핍영역 내 높은 전기장에 의해 우측으로 이동하며, 양의 외부 전압이 연결된 n 전극으로 빠져나간다. 이에 인해 생성된 전자의 전류는 n 영역에서 p 영역으로 흐른다.

마찬가지로, 생성된 정공은 공핍영역 내 높은 전기장에 의해 좌측으로 이동하여 음의 외부 전압이 연결된 p 전극으로 빠져나간다. 생성된 정공의 전류 역시 n 영역에서 p 영역으로 흐른다. 이 전류는 역방향 바이어스 전류와 같은 방향으로 흐른다. 따라서, 생성 전류는 역방향 바이어스 전류에 기여한다.

한편, [그림 12-3]에서 표현된 전자와 정공의 흐름 방향은 [그림 12-1]의 재결합 과정에서의 흐름 방향과 반대임을 유의해야 한다.

재결합 전류와 마찬가지로, 전자의 생성 전류 밀도 $J_{gen}(electron)$와 정공의 생성 전류 밀도 $J_{gen}(hole)$는 합하여 총 생성 전류 밀도를 이루지 않는다. 대신, 전자의 생성 전류는 정공에 의한 생성 전류와 동일하다. 따라서 총 생성 전류 밀도는 다음과 같이 표현된다.

$$J_{gen} = J_{gen}(electron) = J_{gen}(hole) \qquad (식\ 12.14)$$

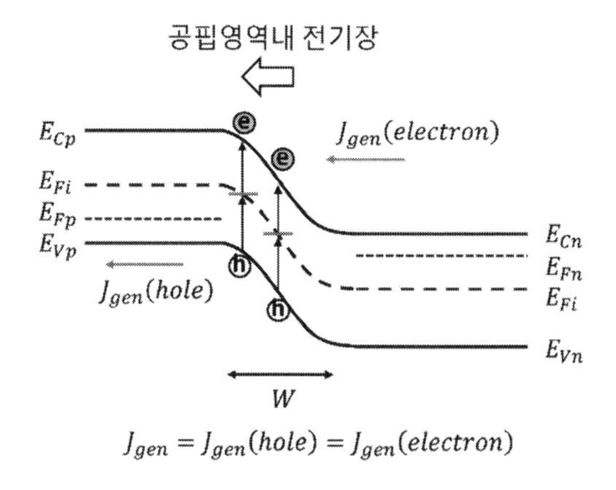

[그림 12-3] 역방향 바이어스된 PN 접합에서 트랩을 통한 전하의 생성

또한, 생성률이 공핍영역 내에서 일정하다고 가정하면, 생성에 의한 전류 밀도 J_{gen}는 다음과 같이 계산된다.

$$J_{gen} = qW_{dep}\frac{n_i}{2\tau_0} \qquad (식\ 12.15)$$

공핍영역 내에서 전자와 정공의 생성으로 인해 발생하는 역방향 바이어스 생성 전류 밀도 J_{gen}은 이상적인 역방향 바이어스 포화 전류 밀도 J_S에 추가되어 흐른다. 따라서 역방향 바이어스 전류 밀도 J_R은 이상적인 역포화 전류 밀도와 생성 전류 밀도의 합으로 다음과 같이 표현된다.

$$J_R = J_S + J_{gen} \qquad (식\ 12.16)$$

이상적인 역포화 전류 밀도 J_S는 역방향 바이어스 전압에 영향을 받지 않지만, 생성 전류 밀도 J_{gen}는 W_{dep}에 비례한다. 공핍영역 두께 W_{dep}는 역방향 바이어스 전압에 따라 달라지므로, 실제 역방향 바이어스 전류 밀도 J_R는 역방향 바이어스 전압이 증가함에 따라 증가한다.

예제 12-3 이상적인 다이오드 전류의 포화 전류 밀도 J_S와 생성 전류 밀도 J_{gen} 크기를 비교하라. PN 다이오드는 $T = 300K$에서 $V_{bi} + V_R = 5V$이며 PN 접합의 특성은 다음과 같다. $N_A = 10^{17} cm^{-3}$, $N_D = 5 \times 10^{17} cm^{-3}$, $D_p = 12\, cm^2/s$ s, $\tau_p = 1\text{us}$, $D_n = 36\, cm^2/s$, $\tau_n = 1\text{us}, kT/q = 26mV$, $n_i = 1.5 \times 10^{10} cm^{-3}$, L_n=85um, L_p=35um, $\varepsilon_s = 1.04 \times 10^{-12} C/cm^2$, $\tau_0 = \tau_p = \tau_n$이다.

<u>풀이</u>

(식 11.54)에 의하면, 이상적인 다이오드 전류의 포화 전류 밀도는 다음과 같이 계산된다.

$$J_S = \left(\frac{eD_n}{L_n N_A} + \frac{qD_p}{L_p N_D}\right) {n_i}^2$$
$$= 1.6 \times 10^{-19} \left(\frac{36}{85 \times 10^{-4} \times 10^{17}} + \frac{12}{35 \times 10^{-4} \times 10^{16}}\right) (1.5 \times 10^{10})^2$$
$$= 1.4 \times 10^{-11} A/cm^2$$

(식 10.3)을 이용하여, $V_{bi} + V_R = 5V$가 인가된 경우 공핍영역의 두께를 계산하면 다음과 같이 계산된다.

$$W = \sqrt{\frac{2\varepsilon_s}{q} \frac{N_D + N_A}{(N_D N_A)} (V_{bi} + V_R)} = \sqrt{\frac{2 \times 1.04 \times 10^{-12}}{1.6 \times 10^{-19}} \frac{(5 \times 10^{17} + 10^{17})}{(5 \times 10^{17} \times 10^{17})} \times 5}$$
$$= 8.5 \times 10^{-5} cm$$

따라서, (식 12.15)에 의해 생성 전류 밀도 J_{gen}는 다음과 같이 계산된다.

$$J_{gen} = qW_{dep}\frac{n_i}{2\tau_0} = 1.6 \times 10^{-19} \times 8.5 \times 10^{-5} \times \frac{1.5 \times 10^{10}}{2u} = 5.1 \times 10^{-8} A/cm^2$$

결과적으로, 생성 전류 밀도 J_{gen}의 크기는 이상적인 다이오드 전류의 포화 전류 밀도 J_S보다 약 1,000배 이상 크다. 따라서, 실리콘 PN 접합 다이오드에서 공핍영역의 생성 전류는 역방향 바이어스 전류의 주된 원인이 된다

12.1.3 PN 다이오드의 고준위 주입 효과

PN 다이오드에 순방향 전압이 일정 수준 이상 인가되면, 주입된 과잉 전하의 농도가 다수전하의 농도를 초과하는 고준위 주입(High level injection) 상태가 된다. 이 상태에서는 과잉 전하 농도가 다수 전하 농도를 지배하며, 전류가 비선형적으로 증가하는 특성이 나타난다.

n 영역의 공핍영역과 중성 영역의 경계인 $x = x_n$에서, 전자와 정공 농도의 곱 $n_n p_n$는 다음과 같이 표현된다.

$$n_n p_n = (n_{n0} + \delta n_n)(p_{n0} + \delta p_n) = {n_i}^2 e^{qV_F/kT} \qquad (식\ 12.17)$$

저준위 주입 조건에서는 $n_{n0} + \delta n_n \approx n_{n0}$ 및 $p_{n0} + \delta p_n \approx \delta p_n$으로 근사할 수 있으므로, 다음 관계가 성립한다.

$$n_n p_n = n_{n0}\delta p_n = {n_i}^2 e^{qV_F/kT} \qquad (식\ 12.18)$$

이를 정리하면, 과잉 정공 농도 δp_n는 다음과 같다.

$$\delta p_n = \frac{{n_i}^2}{n_{n0}} e^{qV_F/kT} = p_{n0} e^{qV_F/kT} \qquad (식\ 12.19)$$

고준위 주입 상태에서는 $n_{n0} + \delta n_n \approx \delta n_n$, $p_{n0} + \delta p_n \approx \delta p_n$으로 근사할 수 있으므로, $n_n p_n$는 다음과 같이 표현된다.

$$n_n p_n = \delta n_n \delta p_n = {n_i}^2 e^{qV_F/kT} \qquad (식\ 12.20)$$

과잉 전하는 같은 양으로 생성되므로, 과잉 전자와 과잉 정공 농도는 다음과 같이 동일하다.

$$\delta n_n = \delta p_n = n_i e^{qV_F/2kT} \qquad (식\ 12.21)$$

따라서, 고준위 주입 조건에서 확산 전류 밀도는 다음과 같이 표현된다.

$$J_{high} \propto q e^{qV_F/2kT} \quad (식\ 12.22)$$

[그림 12-4]는 다양한 주입 상태에서의 전류 특성을 나타낸다. 낮은 순방향 전압에서는 재결합 전류가 다이오드 전류의 주요 성분이지만, 순방향 전압이 증가하면 저준위 주입 조건에서 이상적인 다이오드 확산 전류가 우세해진다. 그러나, 순방향 전압이 더욱 커져 고준위 주입 조건에 도달하면, 확산 전류의 증가율이 감소하게 된다.

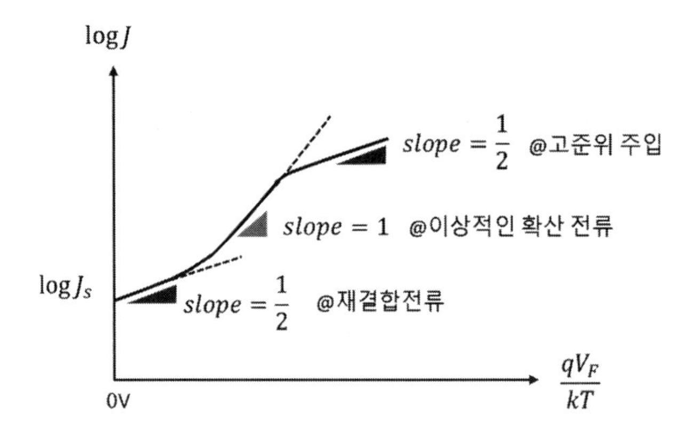

[그림 12-4] PN 다이오드의 재결합 전류, 이상적인 저준위 확산 전류 및 고준위 확산 전류

12.2 소수전하의 재분포에 의한 다이오드 스위칭 시간

PN 다이오드는 순방향 바이어스와 역방향 바이어스를 반복적으로 전환하며 회로에서 사용된다. 순방향 바이어스 상태에서 전류가 흐르는 상태를 도통(On) 상태, 역방향 바이어스로 전환되어 전류가 흐르지 않는 상태를 차단(Off) 상태라 한다.

이러한 도통과 차단 상태로 전환되기 위해서는, p 영역과 n 영역에 축적된 소수전하가 재분포되고 제거되는 시간이 필요하다. 이 과정은 PN 다이오드의 동작 속도를 제한하는 중요한 요인이다. 순방향 바이어스 상태에서는 소수전하가 p 영역과 n 영역에 축적되어 전류가 흐른다. 역방향 바이어스 상태로 전환되면 축적된 소수전하가 제거되며 전류가 점차 차단된다. 이 소수전하의 축적 및 제거 과정은 다이오드의 스위칭 속도에 직접적인 영향을 미치는 중요 요인이다.

[그림 12-5]는 순방향 바이어스 상태에서 도통 중이던 PN 다이오드가 $t = 0$에서 역방향 바이어스를 인가받은 후, $t = t_1$ 순간에 다시 순방향 바이어스를 인가받을 때 n 및 p 영역에서의 소수전하의 분포 변화를 보여준다.

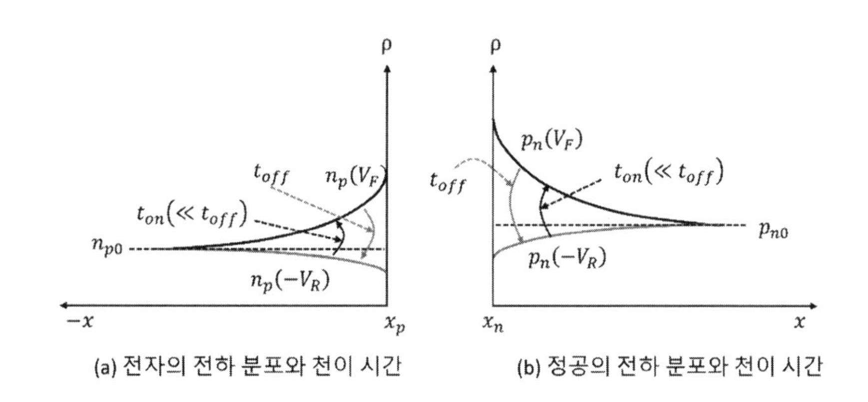

[그림 12-5] PN 다이오드의 도통 및 차단상태에서 n, p 영역 소수전하 분포와 전이 시간

$t<0$에서는 PN 다이오드에 순방향 전압 V_F가 인가되어 소수전하가 주입되며, 이때 소수전하의 분포는 $p_n(V_F)$와 $n_p(V_F)$로 나타난다. 이상적인 다이오드의 전류 밀도를 기준으로, 확산 전류 밀도는 다음과 같이 표현된다.

$$\begin{aligned} J_{total} = J_n(-x_p) + J_p(x_n) &= eD_n\frac{dn(x)}{dx} - qD_p\frac{dp(x)}{dx} \\ &= \left(\frac{eD_n}{L_n}n_{p0} + \frac{qD_p}{L_p}p_{n0}\right)\left(e^{qV_F/kT} - 1\right) \\ &= J_S\left(e^{qV_F/kT} - 1\right) \quad (\text{식 } 12.23) \end{aligned}$$

$t=0$에서 외부 전압이 역방향 바이어스 $-V_R$로 전환되면, 다이오드는 차단 상태로 전환되며 소수전하의 분포는 $p_n(V_F)$와 $n_p(V_F)$에서 $p_n(-V_R)$와 $n_p(-V_R)$로 변화한다.

[그림 12-6]은 입력 전압 변화와 시간에 따른 n 영역 내 소수전하인 정공의 분포를 보여준다.

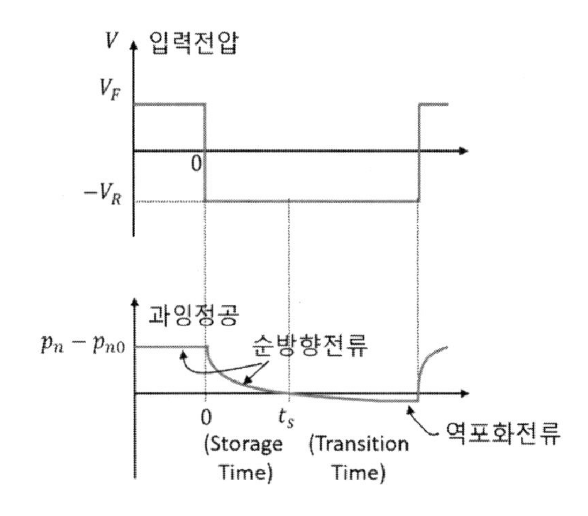

[그림 12-6] PN 다이오드의 차단 후 n 영역의 정공 분포와 축적 시간

$t=0$에서 역방향 바이어스 상태로 전환되면, n 영역에 축적된 정공은 초기 값 $p_n(V_F)$에서 감소하기 시작한다. 시간이 $t=t_s$에 도달하면, 축적된 전하가 완전히 제

거되어 열평형 상태의 농도 p_{n0}에 도달한다. 이 기간을 축적 시간(Storage time)이라 하며, 이는 다이오드가 역방향 바이어스 상태에서도 여전히 전류를 유지하는 시간이다.

축적 시간 동안, 다이오드는 외부 전압이 역방향 바이어스 상태로 바뀌었음에도 불구하고 축적된 소수전하로 인해 순방향 전류가 계속 흐른다. 시간이 더 경과하면, 공핍영역 경계에서 소수전하의 농도는 열평형 상태 농도 p_{n0}, n_{p0}보다 낮아지고, 결국 역방향 바이어스 상태의 정상 전하 분포에 도달하게 된다. 이 시점에서, 이상적인 PN 다이오드의 역포화 전류 밀도 J_S가 흐르게 된다.

$$J_S = \left(\frac{eD_n}{L_n N_A} + \frac{qD_p}{L_p N_D}\right) n_i{}^2 \quad (\text{식 } 12.24)$$

다이오드의 스위칭 시간(Diode switching time)은 축적 시간(Storage time)과 전이 시간(Transition time)으로 구성된다. 축적 시간 t_s는 소수전하가 완전히 제거되는 데 걸리는 시간으로, 소수전하의 수명이 짧을수록 축적 시간이 단축된다. 반면, 소수전하 농도가 높을수록 더 큰 순방향 전류를 생성하지만, 동시에 다이오드 내부에 축적되는 소수전하의 양도 증가하기 때문에 축적 시간이 더 길어질 수 있다. 역방향 전류 I_R가 크다면 축적된 소수전하가 더 빠르게 제거되므로 축적 시간이 단축된다.

이러한 특성은 일방형 p^+n 접합에서 유도된 축적 시간 (식 12.25)와 잘 일치한다.

$$t_s \approx t_{p0} \ln\left(1 + \frac{I_F}{I_R}\right) \quad (\text{식 } 12.25)$$

(식 12.25)는 스위칭 속도를 높이기 위해 역방향 전류 I_R를 증가시키거나 소수전하의 수명 t_{p0}을 줄여야 한다는 점을 보여준다.

역방향 바이어스 상태에서 순방향 바이어스 상태로 전환되면, PN 다이오드의 전하 분포가 변화하며 전하 재배치가 이루어진다. 이 과정에서 $p_n(-V_R)$와 $n_p(-V_R)$의 전하 분포는 $p_n(V_F)$와 $n_p(V_F)$의 전하 분포로 변환된다.

순방향 전압이 인가되면 공핍층의 두께가 감소하고 이후 소수전하가 축적되기 시작한다. 공핍층 두께가 줄어드는 시간은 접합 커패시턴스 C_J를 충전하는 시간이며, 소수전하가 축적되는 시간은 확산 커패시턴스 C_d를 충전하는 시간을 의미한다. 일반적으로 C_J와 C_d를 충전하는 시간은 역방향 상태에서의 스위칭 시간보다 짧다.

예제 12-4 일방형 p^+n 접합의 축적 시간 (식 12.25)를 유도하라. $t = 0$에서 역방향 바이어스가 인가되었을 때, 축적된 소수전하 $Q(t)$의 시간 변화율로부터 역방향 전류 I_R을 구하고, 이를 적분하여 축적 시간을 유도하라.

풀이

$t = 0$에서 역방향 바이어스가 인가되면, n 영역에 축적된 소수전하 $Q(t)$는 초기 전하량 Q_F에서 시간이 지남에 따라 지수적으로 감소한다. 이때 $Q(t)$는 다음 식으로 표현된다.

$$Q(t) = Q_F e^{-t/t_{p0}}$$

여기서 $Q_F = I_F t_{p0}$는 $t = 0$일 때 축적된 초기 소수전하량이며, t_{p0}는 소수전하의 수명(시간 상수), I_F는 순방향 전류를 나타낸다.

역방향 바이어스가 인가되면 축적된 소수전하 $Q(t)$는 역방향 전류 I_R의 시간 변화율($-Q(t)/dt$)로 나타낼 수 있다.

$$I_R = -\frac{Q(t)}{dt}$$

여기에 $Q(t) = Q_F e^{-t/t_{p0}}$, $Q_F = I_F t_{p0}$를 대입하면, 역방향 전류 I_R는 시간 t에 따라 지수적으로 감소한다.

$$I_R = -\frac{Q(t)}{dt} = \frac{Q_F}{t_{p0}} e^{-t/t_{p0}} = I_F e^{-t/t_{p0}}$$

축적 시간 t_s는 축적된 소수전하가 제거되는 시간으로, $t = t_s$에서의 역방향 전류는 다음과 같이 표현된다.

$$I_R = I_F e^{-t_s/t_{p0}}$$

위 식을 I_F로 나누고 양변에 자연로그를 취하면 t_s를 다음과 같이 구할 수 있다.

$$t_s = t_{p0} \ln\left(\frac{I_F}{I_R}\right)$$

축적 시간 t_s의 경계 조건을 살펴보자. 역방향 전류가 매우 큰 경우($I_R \to \infty$), 축적된 소수전하가 거의 즉시 제거된다. 즉, $t_s \to 0$이 되며, 물리적으로 타당하다. 반면, 역방향 전류와 순방향 전류가 같은 경우 ($I_R = I_F$), $t_s = 0$이라는 결과가 도출된다. 그러나 실제 다이오드에서는 소수전하가 축적된 상태에서 역방향 전압으로 전환되더라도 이 전하를 제거하는 데는 일정한 시간이 필요하다. 따라서, 이 경계 조건은 제거한다. 이를 보완하기 위해, $I_R \to \infty$에서 $t_s = 0$의 경계 조건과 $I_R = I_F$일 때에도 유한한 축적 시간이 되도록, 식에 보정항 +1 을 추가한다. 보정항을 추가하면 최종적으로 축적 시간은 다음과 같이 표현된다.

$$t_s = t_{p0} \ln\left(\frac{I_F}{I_R} + 1\right)$$

12.3 PN 접합의 소신호 등가 모델

PN 접합의 소신호 등가 회로는 PN 접합의 전기적 동작을 단순화하여 분석하기 위해 저항과 커패시터와 같은 기본 소자로 구성한 모델이다. 일반적으로 실리콘 웨이퍼 기반의 집적회로(IC)에서는 인덕턴스 L 의 크기가 매우 작아 무시할 수 있으므로, PN 접합의 소신호 특성은 [그림 12-7]와 같이 저항과 커패시터만으로 표현할 수 있다.

순방향 바이어스 상태에서 PN 다이오드는 공핍영역과 소수전하 분포를 반영하여 다음과 같은 주요 구성 요소로 모델링할 수 있다.

접합 커패시턴스 C_J는 공핍영역에 의해 형성되며, 공핍영역의 두께 W에 따라 결정된다. 다음과 같은 관계를 만족한다.

$$C = \frac{\varepsilon_s}{W} \quad [F/cm^2] \qquad (식\ 12.26)$$

여기서, ε_s는 반도체의 유전율을 나타낸다.

확산 저항 r_d는 소수전하 주입에 의한 전류 I와 열전압 $V_T = kT/q$의 관계로 정의되며, 다음과 같이 표현된다.

$$r_d = \frac{V_T}{I} \quad [\Omega] \qquad (식\ 12.27)$$

확산 커패시턴스 C_d는 소수전하 분포로 인해 발생하며, 확산 저항 r_d와 소수전하의 수명 τ_T에 의해 결정된다. 이는 다음과 같이 표현된다.

$$C_d = \frac{\tau_T}{r_d} = \frac{\tau_T}{V_T} J \quad [F/cm^2] \qquad (식\ 12.28)$$

여기서 J는 전류 밀도를 나타낸다.

중성 영역의 저항 r_s는 중성 영역의 저항으로 일반적으로 매우 작아 무시할 수 있다.

순방향 바이어스 상태에서는 확산 커패시턴스 C_d가 접합 커패시턴스 C_J보다 훨씬 크다. 따라서, $C_d > C_J$인 경우에는 간소화된 등가 회로 모델 [그림 12-7(b)]을 주로 사용한다.

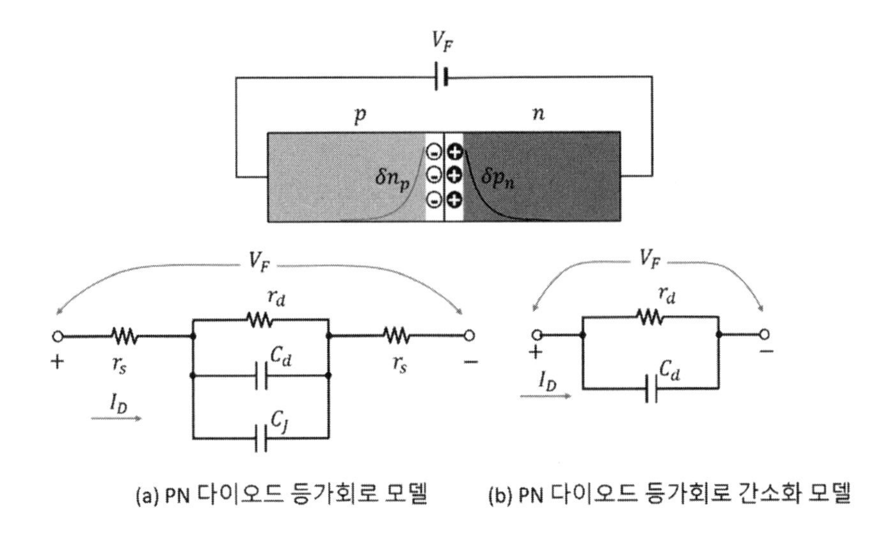

[그림 12-7] PN 다이오드: 순방향 바이어스 상태의 등가회로 모델

12.4 과잉 전하 생성

PN 다이오드에서 과잉 전자와 과잉 정공이 열평형 상태 이상의 농도로 존재할 경우, 전류가 흐르거나 재결합이 발생한다. 반대로, 열평형 상태 이하로 전자와 정공의 개수가 감소하면 생성 과정이 일어난다.

반도체 내 전하 농도를 제어하기 위해 세 가지 방법이 주로 사용된다. 첫째, 열에너지를 이용하여 전하 농도를 조절하는 방법이다. 둘째, 광자를 이용하여 과잉 전하를 생성하는 방법이다. 마지막으로, PN 다이오드에 접속된 외부 전압을 조절하여 과잉 전하 농도를 제어하는 방법이다.

열에너지에 의한 과잉 전하 생성

열에너지는 반도체 내에서 전도대와 가전자대에 전자·정공 쌍(Electron-Hole Pair, EHP)을 생성하는 주요 요인이다. 온도가 상승하면 열에너지가 반도체의 진성 전하 농도 n_i를 증가시키며, 이는 다음과 같이 표현된다. 이에 따라 온도가 증가하면 진성 전하 농도가 지수적으로 증가한다.

$$n_i = 2\left(\frac{2\pi kT}{h^2}\right)^{3/2}\left(m_n^* m_p^*\right)^{3/4} e^{-E_g/2kT} \qquad \text{(식 12.29)}$$

여기서, k는 볼츠만 상수, T는 절대온도, h는 플랑크 상수, m_n^*는 전자의 유효 질량, m_p^*는 정공의 유효 질량, 그리고 E_g는 밴드갭 에너지이다.

광자에 의한 빛 에너지를 이용한 과잉 전하 생성

빛이 반도체에 흡수되면 내부 광전 효과에 의해 PN 다이오드의 중성 n, p 영역과 공핍영역에서 전자·정공 쌍(Electron-hole pair, EHP)이 생성된다. 이 과정에서 빛 에너지는 전기 에너지로 변환되며, 두 가지 방식으로 활용된다. 역방향 바이어스된 외부 전원을 사용하는 광전도성 원리를 이용하는 광다이오드(PD, Photodiode), 그리고 외부 전원을 사용하지 않는 광기전력(Photovoltaic) 효과를 이용한 태양 전지(Solar cell)가 있다. 두 방식 모두 공핍영역에서 생성된 전자· 정공 쌍이 중요한 역할을 한다.

빛을 이용하여 과잉 전하를 생성하려면 반도체가 빛(광자)을 흡수할 수 있어야 한다. 이를 위해 다음 두 가지 조건이 필요하다.

첫째, 광자의 에너지가 반도체의 밴드갭 에너지 (E_g)보다 커야 한다. 만약 광자의 에너지가 E_g보다 작다면, 빛은 반도체에 흡수되지 않고 그대로 투과한다. 이 경우 반도체는 투명하게 보인다.

둘째, 빛의 침투 깊이보다 반도체의 두께가 충분히 두꺼워야 한다. 빛의 침투 깊이는 빛의 파장에 따라 달라지며, 짧은 파장의 빛은 얕게, 긴 파장의 빛은 깊게 침투한다. 예를 들어, 적외선(파장 1um)의 침투 깊이는 약 100um 이고, 자외선(파장 400nm)의 침투 깊이는 약 0.1um 이다. 따라서, 실리콘이 특정 파장의 빛을 효과적으로 흡수하려면 반도체의 두께가 해당 빛의 침투 깊이보다 충분히 두꺼워야 한다.

외부 전압을 이용한 과잉 전하 생성

순방향 바이어스 전압을 이용하여 과잉 전하를 생성하는 다이오드에는 일반적인 실리콘 다이오드, 정전압 제너 다이오드, 그리고 금속-반도체 접합을 활용하는 쇼트키 다이오드 등이 있다.

반도체에서 전하가 재결합할 때, 광자 방출 특성은 직접 밴드갭 반도체와 간접 밴드갭 반도체에서 상이하게 나타난다.

GaN, GaP, GaAs 와 같은 직접 밴드갭 반도체는 나노초(ns) 단위의 짧은 수명 동안 방사 재결합이 일어나며, 높은 광효율로 광자를 방출한다. 이러한 특성은 발광 다이오드(LED, Light-Emitting Diode)와 광 증폭 원리를 이용하는 레이저 소자에서 활용된다.

실리콘과 같은 간접 밴드갭 반도체는 전자와 정공이 내부 에너지 준위를 거쳐야 재결합할 수 있으므로 밀리초(ms) 단위의 느린 방사 재결합이 발생한다. 이 경우, 광자 방출 효율이 낮고, 주로 열을 발생시키는 트랩을 거치는 재결합 과정(포논 생성)이 우세하다.

12.5 PN 접합의 응용

PN 접합은 고유한 전자적 특성과 전기적 제어 능력을 바탕으로 다양한 반도체 소자의 기본 구조로 활용된다. 본 절에서는 PN 접합의 기본 동작 원리를 기반으로 설계된 주요 반도체 소자들을 소개한다. 이들 소자는 전력 제어, 신호 처리, 광전자 응용 등 다양한 분야에서 활용된다.

정류 다이오드(Silicon Diode)

실리콘으로 제작된 정류 다이오드는 전류를 한 방향으로만 흐르게 하여 정류 기능을 수행한다. 주로 전력 제어와 신호 처리에 사용되며, 역방향 전류와 순방향 전류의 비율이 중요하다. 실리콘의 높은 생산성과 안정성을 갖지만, 발열로 인해 전력 손실이 발생하는 단점이 있다.

정전압 다이오드(Zener diode)

정전압 다이오드는 역방향 바이어스 상태에서 특정 전압(제너 항복 전압) 이상이 되면 전류가 급격히 증가하는 특성을 이용한 소자이다. 안정적인 전압 조정에 사용되며, 과전압 보호 회로 등에 널리 활용된다.

쇼트키 다이오드(Schottky diode)

금속-반도체 접합을 이용한 쇼트키 다이오드는 낮은 순방향 전압 강하(0.2~0.3V)와 빠른 스위칭 속도가 특징이다. 이로 인해 전력 손실이 줄어들고, 고속 스위칭 회로, 전원 공급 장치, 고주파 응용 등에 널리 사용된다.

광 다이오드(Photo diode)

역방향 바이어스 상태에서 빛을 흡수하여 전자·정공 쌍(EHP)을 생성하는 소자이다. 생성된 과잉 전자는 n 영역으로, 과잉 정공은 p 영역으로 이동하며, 빛의 세기에 비례하는 전류가 흐른다. 광 다이오드는 광 감지 센서 및 광검출기 등에 사용된다.

태양 전지(Solar Cell, Photovoltaic)

태양 전지는 외부 전압 없이 빛을 흡수하여 전자·정공 쌍을 생성하고, 이를 통해 전류를 발생시키는 소자이다. 발생한 전류를 커패시터와 같은 에너지 저장 장치에 저장하여 광에너지를 전기 에너지로 변환한다.

발광 다이오드(LED, Light-Emitting Diode)

발광 다이오드는 순방향 바이어스 상태에서 생성된 과잉 소수전하가 방사 재결합하며 광자를 방출하는 소자이다. 직접 밴드갭 반도체를 사용하여 높은 광효율을 가지며, 조명 및 디스플레이 분야에서 널리 사용된다.

다이오드 레이저(Diode laser)

다이오드 레이저는 순방향 바이어스된 PN 접합에서 전력을 공급받은 직접 밴드갭 반도체를 이용해 동작한다. 이 과정에서 주입된 전자와 정공이 재결합하면서 광자가 방출되며, 방출된 광자는 자발 방출(Spontaneous Emission)과 유도 방출(Stimulated Emission)을 통해 증폭된다.

자발 방출은 전도대의 전자가 가전자대로 전이하면서 방향성이 없는 빛을 방출하는 과정이다. 반면, 유도 방출은 기존의 광자가 전도대의 전자를 자극하여 동일한 위상과 주파수를 가진 빛을 방출하게 하는 과정이다. 유도 방출에 의해 방출된 빛은 일정한 주파수와 위상을 가지며, 이를 통해 레이저의 특성이 형성된다.

다이오드 레이저의 핵심 원리는 점유 반전 상태와 광 증폭 메커니즘이다. 일반적으로 전도대는 전자가 비어 있을 확률이 더 크지만, 특정 조건에서 전자가 더 많이 점유된다. 이를 점유 반전 상태라 한다. 점유 반전 상태에서는 유도 방출이 우세해지며, 빛이 지속적으로 증폭되는 현상을 광 증폭이라 한다. 이러한 과정을 통해 다이오드 레이저는 높은 에너지 밀도의 빛을 생성하고, 특정 주파수의 레이저 동작을 구현한다.

광 다이오드와 발광 다이오드의 동작 원리

[그림 12-8]은 광 다이오드, 태양 전지, 발광 다이오드의 기본적인 동작 원리를 보여준다. 광 다이오드와 태양 전지는 빛을 흡수하여 전류로 변환하는 원리는 동일하지만, 동작 방식과 응용 분야에서 차이가 있다.

광 다이오드는 빛을 흡수하여 공핍영역에서 전자 · 정공 쌍을 생성하며, 빛의 강도에 따라 변화하는 광 전류를 검출하여 광 신호를 감지한다.

광 다이오드는 일반적으로 역방향 바이어스 상태에서 동작하며, 빛에 의해 생성된 전자 · 정공 쌍이 공핍영역에서 전기장에 의해 분리된다. 이 과정에서 전자는 n 영역으로, 정공은 p 영역으로 이동하며, 외부 회로를 통해 광 전류가 흐르게 된다.

태양 전지는 광기전력 효과(Photovoltaic Effect)를 이용하여 빛을 전기 에너지로 직접 변환하는 소자이다. 외부 전원 없이도 동작하며, 생성된 전류를 활용해 전력을 공급하거나 배터리, 커패시터 등의 에너지 저장 장치에 저장할 수 있다.

태양 전지는 빛(광자)이 PN 접합에 흡수되면서 전자-정공 쌍이 생성되는 원리로 동작한다. 이때, 생성된 전자는 n 영역으로, 정공은 p 영역으로 이동하며, 이는 PN 접합 내부의 전기장에 의해 발생한다. 이렇게 분리된 전하들은 외부 회로를 통해 전류를 형성한다.

발광 다이오드는 순방향 전압이 인가될 때, 생성된 과잉 전하가 재결합하며 빛을 방출하는 소자이다. 순방향 바이어스 상태에서는 전자가 n 영역에서 p 영역으로 주입되고, p 영역 내에서 정공과 재결합하면서 에너지를 방출한다. 이 과정에서 일부 에너지는 빛(광자)으로 변환되어 방출된다. 방출되는 빛의 파장은 사용된 반도체의 밴드갭 에너지에 의해 결정된다.

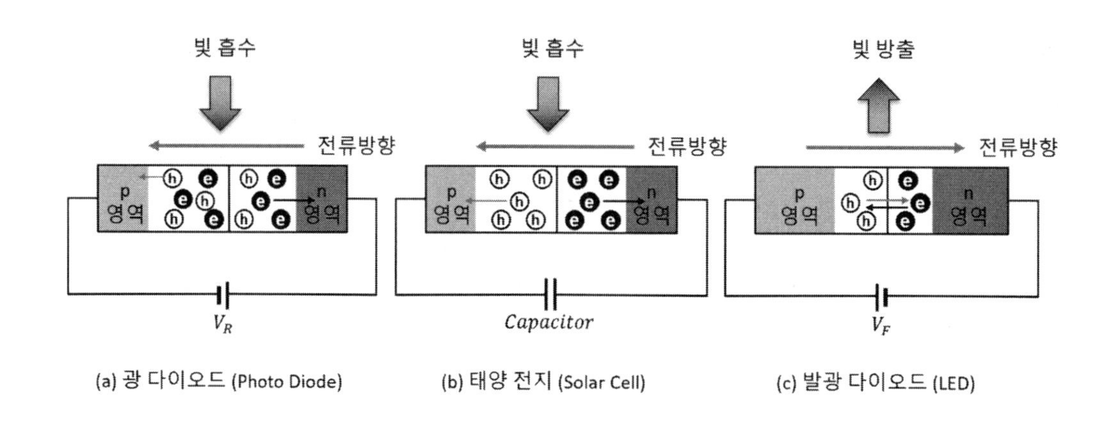

[그림 12-8] 광 다이오드, 태양 전지, 발광 다이오드의 전압 조건과 전류 흐름

참고문헌

- Anderson, B. L., & Anderson, R. L. (2004). Fundamentals of Semiconductor Devices. McGraw-Hill.
- Streetman, B. G., & Banerjee, S. (2005). Solid State Electronic Devices. Prentice Hall.
- DeWITT G ONG. (1984). Modern MOS Technology. New York: McGraw-Hill.
- S.M.Sze. (1990). 반도체디바이스. (이우일, 김봉열, 공역). 서울: 희중당. (1985).
- 윤현민 · 이윤섭. (2020). 기초 반도체공학. 서울: 복두출판사.
- 권기영. (2019). 핵심이 보이는 반도체 공학. 서울: 한빛아카데미.
- Robert F. Pierret. (1996). 반도체 소자공학, (이상렬 · 주병권 · 송준태 · 이영희 · 박태곤 공역). 서울: 퍼스트북. (2016)
- Donald A. Neamen. (2005). 반도체 소자공학, (이진구 · 이상렬 · 이승기 · 정원채 · 황호정 공역). 서울: 퍼스트북. (2019)
- Chenming Calvin Hu. (2009). 현대 반도체 소자공학, (권기영, 신형철, 이종호 옮김). 서울: 한빛아카데미. (2023)

❙ 저자약력

■ **김경생**(KyungSaeng Kim), Ph.D.

연세대학교 물리학과 학사, 석사
한국과학기술원(KAIST) 전기 및 전자공학 박사
LG반도체, 하이닉스, 매그나칩에서 수석 연구원으로 근무(1990-2012)
크루셜텍, 멜파스, 햅트릭스, 센스온 등 기술 기반 벤처기업에서 CTO 및 창업 활동(2012~2020)
(현) 청주대학교 시스템반도체공학과 교수

• 주요 연구 및 활동

- 연구 분야: 반도체 소자 물리와 Layout 기법, 집적회로 설계, Display Driver IC, Input Sensor Device
- IEEE 논문 게재 및 다수의 특허 발명·등록
- 인재 양성 사업
  - · 반도체 전공 트랙 사업, 과학벨트 산학연계 인력 양성 사업, 반도체 부트 캠프 사업 등 청주대 학부 반도체 인재 양성 사업단장
  - · 차세대 시스템 반도체 설계 전문 인력 양성 사업 등 청주대 석·박사 인재 양성 사업단장

• 교육 및 열정

반도체 공학 교육과 산업체 개발 환경에서의 실무 교육에 열정을 갖고 있으며, 특히 기초 이론부터 응용 사례까지 체계적인 반도체 IC설계를 가르치는 데 주력하고 있다.

반도체 소자공학 1
반도체 입문부터 PN 다이오드

발행일 | 2025년 2월 5일
저 자 | 김경생
발행인 | 모흥숙
발행처 | 내하출판사
주 소 | 서울 용산구 한강대로 104 라길 3
전 화 | TEL : (02)775-3241~5
팩 스 | FAX : (02)775-3246

E-mail | naeha@naeha.co.kr
Homepage | www.naeha.co.kr

ISBN | 978-89-5717-593-4 93560
정 가 | 25,000원